鄂尔多斯盆地致密油勘探理论与技术

付金华 著

科学出版社

北京

内 容 简 介

本书对照国内外典型盆地致密油地质特征，系统总结了以鄂尔多斯盆地上三叠统延长组长7段为代表的陆相致密油勘探地质理论和配套技术新进展，阐述了近年来鄂尔多斯盆地致密油勘探实践取得重大突破的成功经验。本书在综合分析细粒沉积大面积展布、致密储层成藏机理及特征的基础上，预测了鄂尔多斯盆地致密油资源潜力，并对勘探成效进行阐述，将地质与地震、测井、钻完井等关键配套技术有机地融合，以进一步启发和指导非常规致密油气勘探的思路和方法，对中国非常规致密油气勘探起到一定的借鉴作用。

本书可供石油地质、储层地质、石油成藏等研究方向的科研人员和高等院校师生阅读，也可为从事非常规油气科研生产管理的人员提供参考。

图书在版编目（CIP）数据

鄂尔多斯盆地致密油勘探理论与技术／付金华著 . —北京：科学出版社，2018.5

ISBN 978-7-03-057189-2

Ⅰ.①鄂… Ⅱ.①付… Ⅲ.①鄂尔多斯盆地–致密砂岩–油气勘探–研究 Ⅳ.①P618.130.8

中国版本图书馆 CIP 数据核字（2018）第 084239 号

责任编辑：焦　健　韩　鹏／责任校对：张小霞
责任印制：肖　兴／封面设计：北京图阅盛世

科 学 出 版 社 出版

北京东黄城根北街 16 号
邮政编码：100717
http://www.sciencep.com

北京汇瑞嘉合文化发展有限公司 印刷
科学出版社发行　各地新华书店经销
*

2018 年 5 月第 一 版　开本：787×1092　1/16
2018 年 5 月第一次印刷　印张：21 3/4
字数：498 000

定价：278.00 元
（如有印装质量问题，我社负责调换）

序

付金华教授所著的《鄂尔多斯盆地致密油勘探理论与技术》一书由科学出版社出版，相邀为序，我深感欣慰，欣然命笔。

鄂尔多斯盆地是我国第二大沉积盆地，也是我国最早发现石油并进行勘探开发的盆地之一，经过几代石油人艰苦创业、拼搏进取和科技创新，油气勘探开发取得了举世瞩目的成就，特别是 2013 年 12 月 22 日长庆油田年产油气当量跨上 5000 万吨历史新高点，标志着继大庆油田之后，我国又一颗能源巨星——长庆油田在鄂尔多斯盆地如期建成并保持持续稳产，目前成为我国最大的低渗透油气资源勘探开发基地。

致密油气在国外发展较早，特别是以美国为代表的世界页岩气、致密油"革命性发展的黄金十年"快速崛起，不仅扭转了美国持续 24 年石油产量的下降趋势，而且一举使美国的油气产量达到历史高峰并对世界能源供给产生了深远影响。中国石油人同样敢为人先、拼搏进取，在鄂尔多斯盆地，通过勘探开发地质理论与技术创新，发现并有效开发了世界单体规模最大的苏里格致密大气田。针对鄂尔多斯盆地以三叠系延长组长 7 段为代表的致密油资源，几代石油人从未放慢探索的脚步。从以"源"研究为主到"源储"一体攻关，从以地质研究为主到地震、测井、储层改造工艺一体化攻关，从以直井常规压裂改造试验到长水平段水平井大规模体积压裂试验区建设，数十年的艰苦探索终究没有辜负鄂尔多斯这个神奇的盆地：长庆油田开辟的西233等三个试验区完钻24口长水平段水平井（1500～1800m）试油平均日产高达100m³以上，目前累产突破30万吨，创造了我国致密油勘探的新奇迹，更为人称道的是在 2014 年，中国陆上探明了首个亿吨级致密油大油田——新安边油田，它在鄂尔多斯盆地诞生，标志着我国致密油勘探开发获得实质性突破。

《鄂尔多斯盆地致密油勘探理论与技术》一书，集中反映了中国石油长庆油田广大科技工作者在致密油勘探实践中的创造性思维和重要理论技术成果。一是明确了致密油的概念，系统总结了鄂尔多斯盆地致密油勘探发现历程；二是分析了鄂尔多斯盆地致密油形成的区域地质背景，尤其是对广泛发育的细粒沉积形成机制做了创新性的研究；三是对致密油储层特征进行了多尺度的分析，明确了致密储层成藏特征和富集机理；四是阐述了致密油勘探实践中形成的钻井、测井、地震、储层改造工艺等核心技术，非常值得借鉴推广；五是本书对鄂尔多斯盆地致密油资源量进行了客观地评价，明确了致密油勘探开发的前景。总之，这本专著反映了他们的辛勤劳动和丰硕成果，一些新思路、新理论、新方法以及相应的核心技术逐步走向成熟，这对我们揭开我国致密油气规模勘探的大幕无疑是具有启示作用的。

在我国陆上各大油田进入开发的新时期，国家石油能源供给大量依靠进口的情况下，《鄂尔多斯盆地致密油勘探理论与技术》一书，必将对我国致密油的勘探开发起到重要的指导作用, 推动这一最现实的非常规石油资源实现规模勘探和效益开发!

长庆油田的快速发展令人惊叹, 长庆石油人的顽强拼搏精神令人感动, 长庆油田决策者们的创新管理令人起敬!

中国工程院院士 邹中建

2018 年 1 月 8 日

前　言

　　鄂尔多斯盆地是中国第二大含油气盆地，处于中国大陆中西部，是一个稳定沉降、拗陷迁移、扭动明显的多旋回沉积型克拉通含油气盆地。从 1907 年钻成中国陆上第一口油井——延 1 井，到 2013 年实现年产油气当量 5000 万吨，至 2017 年已持续稳产 5 年。累计110 年间，鄂尔多斯盆地一直备受广大石油地质工作者和专家的关注。鄂尔多斯盆地石油资源主要富集于上三叠统延长组，素以低渗透闻名于世。"磨刀石上闹革命"的美誉也正因为"低渗透"而为众人所知。在几代石油人的艰苦努力下，先后实现了以安塞、靖安、西峰、姬塬油田为代表的低渗透（$10\times10^{-3}\sim50\times10^{-3}\ \mu m^2$）、特低渗透（$1\times10^{-3}\sim10\times10^{-3}\ \mu m^2$）、超低渗透（$0.3\times10^{-3}\sim1\times10^{-3}\ \mu m^2$）油藏的规模勘探和效益开发，目前已经成为我国最大的低渗透油气资源勘探开发基地。

　　致密油气是指夹在或紧邻优质烃源岩层系的致密储层中，未经过大规模长距离运移而形成的油气聚集，一般无自然产能，需通过大规模压裂技术才能形成工业产能。鄂尔多斯盆地延长组长 7 段是最为典型的"源储共生"型致密油资源。2010 年以前，人们更为关注陆相湖盆"源"的研究，形成的广覆式生烃理论有效指导了大型低渗透岩性油藏的发现，对于与源共生的致密储层，受限于极低的渗透性（渗透率 $0.1\times10^{-3}\ \mu m^2$ 左右）、较低的直井压裂产能（$4\sim10t/d$）和投产产能（小于 $1t/d$），因而尚未打开规模勘探的局面。目前来看，促成鄂尔多斯盆地致密油勘探步入快速发展并取得重大突破的国内外影响因素有两个重要的方面：一是以美国为代表的世界页岩气、致密油"革命性发展的黄金十年"带来的启示。2011 年美国致密油年产量达到 3000 万吨，不仅扭转了其持续 24 年的石油产量下降趋势，而且对世界能源供给产生了深远的影响。二是中国石油勘探界的有识之士面对国家能源安全日益严峻的挑战和后备石油接替资源尚不明朗的新问题，针对中国非常规石油资源的勘探提出了"搞清资源、准备技术、突破重点、稳步推进"的勘探大原则，敏锐而适时地把握了勘探突破口。2011 年，在鄂尔多斯盆地延长组长 7 段部署阳平 1、阳平2 两口 1500 米水平段水平井，借鉴体积压裂的理念，试油分别获得日产 124.51m^3、103.11m^3 的高产工业油流，极大地振奋了鄂尔多斯盆地实现致密油资源规模勘探的信心，完成由"必然王国"到"自由王国"这一质的飞跃。鄂尔多斯盆地从此步入常规低渗透和致密油并举发展的新局面。2011 年以来，以鄂尔多斯盆地为主战场，中国石油开展了为期五年的致密油勘探地质理论创新、核心配套技术攻关及致密油水平井试验区建设，取得了一批重大地质理论创新和技术突破，成功建成了西 233、庄 183、宁 89 三个致密油水平井体积压裂试验区，在中国非常规石油勘探中具有里程碑式的重要意义。为了系统总结这个阶段以鄂尔多斯盆地为代表的陆相致密油勘探地质理论进展、勘探突破和成功经验，撰写此书，以进一步启发和指导非常规油气勘探的思路和方法，相信会对包括鄂尔多斯盆地在内的中国非常规油气勘探起到一定的借鉴作用。

　　本书共分十一章，第一章至第六章以致密油地质理论创新为主线，围绕盆地致密油细粒砂岩形成机制和分布模式、储层致密机理与储集空间特征、致密油成藏机理和富集规律三个关键科学问题，通过系统介绍重力流沉积、致密油运聚、储层物性下限等地质理论与认识和微（纳）米孔喉识别与表征等核心技术，创新建立了陆相湖盆重力流沉积模式；精细刻画了富有机质泥页岩时空分布特征，总结广覆式分布的富有机质泥页岩的有机地球化学特征；揭示了致密储层储集空间及石油微观赋存本质；深化形成了"高强度生烃、持续充注、近源富集"的致密油成藏理论，明确了致密油富集规律。第七章至第十章以致密油关键配套技术攻关为主线，总结了致密油地震勘探面对盆地广泛分布的黄土塬地貌条件下的地震资料信噪比低等各种难点，在勘探实践中形成的有针对性的处理、解释、判识方法；致密油层钻完井技术阐述了适合盆地地貌特征的三维井轨迹设计方法，介绍了针对致密油水平井提高固井质量的技术措施；着重分析了致密油勘探实践中"三品质"测井（源岩品质、储层品质、工程品质）的技术要点，体现了测井在致密油研究中对地质和储层改造工艺的指导性意义；重点介绍了具有长庆特色的致密油储层改造理念、工具、液体体系等行之有效的体积压裂技术。第十一章以致密油资源评价方法体系的建立为重点，结合对致密油资源量的分级评价结果，对盆地致密油的勘探开发前景提出展望。

　　本书在内容布局上围绕"理论认识、技术创新、勘探成效"三条主线，在编写方式上重视两个突出，一是突出国内外致密油研究新理论、新进展、新技术和新手段的集成应用，丰富和发展了鄂尔多斯盆地致密油研究中所形成的独具特色的理论和技术；二是突出非常规系统、多学科、一体化的综合研究新思维，打破专业间的门户界限，形成专业互补，力争为读者呈现一套较为完整的致密油勘探新思路和新方法，具有较强的实用性，希望能为我国从事和即将从事非常规油气勘探事业的有识之士提供有益的参考。

　　在鄂尔多斯盆地致密油勘探的实践过程中，广大科技工作者深深感受到这一潜在的非常规石油资源地质研究难度之大，技术攻关之艰辛，勘探工作之艰苦。此书的编写过程亦似再次经历了致密油勘探的过程，从无到有，从起步到收获，从迷茫不前到柳暗花明。在此向奋斗在鄂尔多斯盆地油气勘探战线的人们表示敬意，向关心和支持长庆油田稳步发展的读者朋友表示谢意。

　　本书编写过程中得到中国石油勘探开发研究院、北京大学、同济大学、西北大学、长江大学、中国石油大学（北京）、西安石油大学等单位的相关专家、学者的大力支持与帮助。参加本书编写的人员还有：徐黎明、牛小兵、石玉江、张文正、张矿生、冯胜斌、尤源、杨友运、罗顺社、侯贵廷、罗安湘、周金昱、梁晓伟、张杰、唐梅荣、李士祥、赵彦德、淡卫东、杨伟伟、王长胜、樊凤玲、赵巍、尚晓庆、王克、杜金良、甄静、李继宏、李廷艳、王炯等。同济大学傅强教授、西北大学朱玉双教授、西安石油大学李琪教授、张洁教授、长庆油田贺静高工等提出了许多宝贵建议和修改意见，在此一并表示诚挚的谢意。由于时间紧迫和作者水平所限，书中难免存在不妥之处，恳请读者批评指正！

作　者
2018 年 1 月

目　　录

第一章 绪 论

致密油是一种重要的非常规油气资源。随着世界经济的发展，各国对油气资源的需求量持续增加，常规油气资源越来越难以满足工业和经济发展的需求。目前，非常规油气资源的研究与利用已经成为世界油气勘探、开发的趋势。其中，致密油是非常规油气资源最具现实意义的一种。致密油资源在全球范围内均有分布，其中北美地区致密油资源特别丰富，勘探开发较早，且效果最为突出。北美地区致密油勘探的突破及商业性开发的成功，改变了美国乃至全球石油供应格局，并对世界油气勘探产生深远的影响。同时，在致密油勘探、开发目标驱动下，带动了一系列地质理论和工艺技术革新，被称为"致密油工业革命"。受之启发，我国开展了陆相盆地致密油攻关研究和勘探实践，并在鄂尔多斯、松辽、准噶尔、三塘湖等多个盆地获得重要发现。其中，鄂尔多斯盆地中生界三叠系延长组长7段致密油是我国陆相盆地致密油的典型代表，勘探成效非常显著，已形成较系统的理论和技术体系，在国内外引起广泛关注。

本章首先介绍致密油的概念，然后对全球范围内致密油的分布及不同地区致密油的基本特征进行介绍，最后以鄂尔多斯盆地致密油为重点，详细说明其勘探现状和勘探历程。

第一节 致密油的概念

在石油地质领域，"致密油"是一个新生名词，以至于尚未正式收入油气勘探、开发科技词汇中，仅在百度等网络词库中能检索到。应该说，致密油的名称最初译自国外，但在外文文献中其名称却并不统一，见到较多的有 tight oil（直译为致密油）和 shale oil（直译为页岩油）。例如：美国能源信息署（U. S. Energy Information Administration，EIA）解释致密油是低渗透率的砂岩、碳酸盐岩或页岩储层中生产的原油（原文为'Tight oil' refers to crude oil and condensates produced from low-permeability sandstone, carbonate, and shale formations.）（EIA，2012[①]），"页岩油"则指利用人工化学处理技术（包括地面热解或地下原位改质技术）在油页岩中开采出的油（原文为 EIA use the terminology shale oil in that case when oil is made from the oil-shale, rock with kerogen, by artificial chemical process, pyrolysis, which can be surface or subsurface, in situ, technology.）（Papay，2014）。加拿大非常规资源协会（Canadian Society for Unconventional Resources，CSUR）解释致密油是一种赋存在很低渗透率岩石（砂岩、碳酸盐岩和页岩）中的轻质油，并指出这种石油只有经过诸如水平井加多级压裂等技术才能达到经济开采（原文为 Tight oil is conventional light oil that is found within very low permeability rocks, sandstones, carbonates, and shales. This oil will not flow at economic rate without, e. g. horizontal drilling coupled with multi-stage fracturing.）。关于致密油的渗透率

---

① EIA，2012. 2012 Annual Energy Outlook.

界限也不统一,如:EIA 和 ARI(先进资源国际公司)(2013[①])界定致密油储层渗透率小于 $0.1×10^{-3} \mu m^2$,Papay(2014)考虑到流度界定致密油储层渗透率小于 $1×10^{-3} \mu m^2$。实际上,大多数情况下,外文文献中既没有对致密油(tight oil)进行严格定义也没有严格区分致密油(tight oil)和页岩油(shale oil),只是其所指的地质目标与国内基本一致。如:北美的巴肯(Bakken)致密油藏,有的称为页岩油藏(shale oil play),有的称为致密油藏(tight oil reservoir)。Crain(2011)在文中就把致密油(tight oil)和页岩油(shale oil)作为并列语用,并且指出:"实际上,常说的页岩气(shale gas)或致密油(tight oil)其储层也并不是真正的页岩(shale),而是低孔隙度的泥岩或成层的泥质砂岩。"因此,作者认为外文文献中,"tight oil"和"shale oil"两种名称一般情况可以等同,都可以理解为致密油,只有特定情况下才需要加以区分。

在国内文献资料中,最早以定义形式提出"致密油"的是林森虎等(2011)撰写的"美国致密油开发现状及启示"。在该文中,作者首次对致密油给出了如下定义:致密油指以吸附或游离状态赋存于富有机质且渗透率极低的暗色页岩、泥质粉砂岩和砂岩夹层系统中的自生自储、连续分布的石油聚集。文中指出,此处的页岩储集层是指富有机质的暗色页岩以及薄夹层状存在的粉砂质泥岩、泥质粉砂岩、粉砂岩、砂岩地层,并总结了致密油的生产特点:一般无自然产能或低产,单井生产周期长;要开发好致密油资源需要的关键技术是多级水力压裂、重复压裂等储层改造技术和水平井开采技术。实际上,在此之前,国内也有少量文章中出现过致密油的叫法,但重点指致密油藏或致密储层,并没有做过明确的定义。在此之后,致密油的名称逐渐出现在专业会议和技术报道中。如:2011 年 12 月,中国石油网刊登的文章"我国致密油气开发亟待升温"就再次引述邹才能等人对致密油的定义:致密油是指生油岩层系的各类致密储层中聚集的石油,经过了短距离运移,储层岩性主要包括粉砂岩、泥质粉砂岩以及碳酸盐岩等。

2011 年 12 月 18 日,国家油气重大专项"中国大型油气田及煤层气勘探开发技术发展战略"(2011ZX05043)与中国石油长庆油田分公司在西安组织召开了"我国致密油勘探进展与资源潜力研讨会",对致密油定义的形成具有里程碑意义。会议以"致密油——全球非常规石油勘探开发新热点"为主题,交流了国内外致密油勘探新进展、地质新认识与技术;研讨了中国致密油的类型、地质特征、评价标准及资源前景;分析了中国致密油的勘探开发前景,提出了未来发展的战略重点和建议(许怀先、李建忠,2012)。在这次会议上,关于致密油的地质概念形成了以下 5 个方面重要的认识:第一,致密油不等同于页岩油,主要类型有致密砂岩油和致密灰岩油等。第二,中国致密油有 5 个地质特点:①主要为陆相湖盆体系;②与良好生油岩互生,有机碳含量(TOC)高、成熟度(R^o)适宜;③白云岩、砂岩储集层类型多样,砂岩横向变化大,部分为薄互层;④面积、规模相对较小;⑤晚期构造变动复杂。第三,致密油有 10 项基本评价指标:①孔隙度与渗透率;②基质孔类型(有机/无机);③流体品质、可流动性;④储集层压力;⑤可压裂性(脆性、矿物含量、天然裂缝);⑥烃源岩 TOC、R^o 值;⑦储集层厚度;⑧构造复杂性;⑨埋藏深度；⑩地面压裂条件（水、环保因素、井场）。第四，中国致密油资源潜力大，应加快发展鄂尔多斯盆地三叠系延长组长 7 段、准噶尔盆地二叠系和四川盆地侏罗系致密油。第五，应加强基础研究，深化致密油气孔喉结构渗流机理认识，重新评价地质和技术油气资源量，加强水平井和压裂技术攻关，整体突破非常规致密油新领域。这次会议是在中国致密油勘探和研究起步的关键时期召开的一次重要会议。会议基本确定了国内致密油的地质概念和致密油研究攻关的目标，对未来中国致密油的发展起到了重要的推动作用。此后，致密油的名称在学术领域被广泛采用。

然而，新的名称还缺乏严格的定义，造成应用过程中一些与致密油相似的概念很容易相互混淆。例如："页岩油"、"致密储层"、"致密气"、"页岩气"、"非常规资源"、"低渗透、特低渗透、超低渗透"等。因此，不同的专家尝试对致密油进行了定义（赵政璋等，2012；贾承造等，2012；邹才能等，2012；姚泾利等，2013；童晓光，2012；景东升等，2012；姜在兴等，2014），采用的定义语有所差别，未能得到统一。更为重要的是，不同单位或学者对致密油范畴的理解存在偏差，这制约甚至阻碍对致密油的研究和开发，特别是没有统一明确的致密油概念，不能区分攻关目标和对象，很难抓住核心问题开展研究。

随着国家对非常规油气资源的重视及油气勘探、开发技术的进步，准确定义致密油概念被提上日程并得到重视。2013 年，在历经 3 年研究和实践的基础上，行业标准《致密油地质评价方法》（SY/T 6943–2013）正式发布。在该标准中，致密油被定义为："储集在覆压基质渗透率小于或等于 $0.2 \times 10^{-3}\ \mu m^2$（空气渗透率小于 $2 \times 10^{-3}\ \mu m^2$）的致密砂岩、致密碳酸盐岩等储集层中的石油；单井一般无自然产能或自然产能低于工业油流下限，但在一定经济条件和技术措施下可获得工业石油产量。通常情况下，这些措施包括酸化压裂、多级压裂、水平井、多分支井等。"从文字表述来看，该标准主要是通过储层渗透率来定义致密油的。根据这个定义，我国主要盆地均不同程度地发育致密油。特别是很多盆地以往所说的"低渗透储层"、"表外储层"、"致密难动用储层"等都被列入致密油的范畴。

以低渗透著称的鄂尔多斯盆地，空气渗透率小于 $2 \times 10^{-3}\ \mu m^2$ 的储层占三叠系储层中的近一半，且通过研究攻关，以西峰油田、华庆油田为代表的储层空气渗透率在 $0.3 \times 10^{-3} \sim 2 \times 10^{-3}\ \mu m^2$ 的油藏都已经成功开发（付金华等，2014，2015），若再列入致密油范畴，将给油藏分类、攻关研究造成很大的困惑。考虑到鄂尔多斯盆地实际情况，为聚焦攻关目标，并与生产和研究需求相统一，长庆油田在企业标准《鄂尔多斯盆地致密油储层评价方法》（Q/SY CQ 3534–2015）中对鄂尔多斯盆地致密油做了专门的定义："指赋存于与烃源岩互层共生或紧邻的致密储层中，未经过大规模运移的石油聚集，其地面空气渗透率一般低于 $0.3 \times 10^{-3}\ \mu m^2$，以三叠系延长组长 7 段致密砂岩油最为典型。这种石油资源一般无自然产能，须对储层进行大规模体积压裂改造或通过水平井方式开采方可以获得商业性开发。"

需要指出的是，鄂尔多斯盆地致密油的定义与行业标准并不矛盾，与之具有统一性，只是鄂尔多斯盆地致密油的界定标准更为严格，也更加符合盆地石油勘探、开发实际。在本书中，对于鄂尔多斯盆地致密油采用长庆油田的定义，国内其他盆地致密油主要依据行业标准界定，国外致密油则采用更为广义的致密油概念。

目前，鄂尔多斯盆地致密油已逐渐为行业内所熟悉，然而其名称和地质概念的建立实属不易（牛小兵等，2016）。从最初国外"页岩油"概念引入国内，到后来"致密油"、"页岩油"混用的模糊状态，以至引发了地质研究人员很长一段时间的困惑："到底什么是致密油？"，"致密油和低渗透有什么本质区别？"。面对这些困惑，长庆油田的地质工作者主要从以下几个方面进行了厘定：首先，从国内学者一般认可的覆压渗透率小于 $0.1 \times 10^{-3} \mu m^2$（地面空气渗透率小于 $1 \times 10^{-3} \mu m^2$）的基本概念入手，大致圈定盆地"致密油"的资源分布（长庆油田中生界已有石油探明储量的 50% 以上、资源量 70% 以上属于这个范围）。其次，这种用渗透率划定的致密油界限是依据十分宽泛的国内不同油田和盆地给定的，是否符合鄂尔多斯盆地的生产实际，还需要分析其必要的界定条件，即"常规工艺改造难以有效动用"和"水平井+体积压裂技术可以实现效益开发"两个必要条件。最后，无论国外还是国内，无论海相还是陆相，对致密油有一点共识即"与烃源岩互层共生或紧邻的致密储层"，这也是划定是否为致密油的重要地质依据。因此，将盆地致密油定义为"与烃源岩互层共生或紧邻的致密砂岩储层（地面空气渗透率<$0.3 \times 10^{-3} \mu m^2$）中聚集的石油"就符合长庆油田的实情。目前，鄂尔多斯盆地的致密油就特指发育在中生界延长组长 7 段的致密油。对于延长组其他层系，虽然有的储层渗透率也低于 $0.3 \times 10^{-3} \mu m^2$，但依然不属于致密油范畴。明确这一概念的重要意义在于确定了盆地致密油攻关的对象和方向。

在此特别强调并阐明本书中所用的几个与"致密油"相近名称的含义："致密储层"统指岩性致密的储层；"致密油储层"则特指致密油资源赋存的载体，包括致密砂岩、碳酸盐岩等；鄂尔多斯盆地的"页岩油"特指中生界三叠系延长组长 7 段页岩中赋存的石油。低渗透、特低渗透和超低渗透主要采用长庆油田开发实践形成的储层渗透率划分方案，《中生界延长组低渗透砂岩储层分类定量评价标准》（Q/SY CQ 3634–2016），即低渗透 $10 \times 10^{-3} \sim 50 \times 10^{-3} \mu m^2$、特低渗透 $1 \times 10^{-3} \sim 10 \times 10^{-3} \mu m^2$、超低渗透 $0.3 \times 10^{-3} \sim 1 \times 10^{-3} \mu m^2$。

总之，从技术发展的角度来看，在中国将致密油的概念专门提出来并进行规范，有利于重新认识这类储层，并开展有的放矢的研究和技术攻关。致密油名称中的"致密"是反映储层特征的，说明这类储层比低渗透或特低渗透储层更致密，在储集空间、流体赋存方式、渗流机理等方面具有与前者显著不同的特点，使之区别于各类低渗透储层。"致密油"中的"油"与"油页岩"中"岩"核心字意的鲜明对比，表明在中国已经将这类资源列为一种可以大规模工业开发的液态烃类资源。

第二节　致密油分布及特征

根据致密油的定义，只要符合"源储一体"和"一定渗透率界限"的储层中的石油都属于致密油。那么理论上，国内外大型沉积盆地中都具有发育致密油的可能性。从国际和国内报道的资料来看，国外致密油主要分布在美国、加拿大、俄罗斯、利比亚、阿根廷、澳大利亚等国家（赵政璋等，2012）。在国内，致密油主要分布在鄂尔多斯、松辽、准噶尔、三塘湖、柴达木等盆地。必须强调的是，各盆地致密油的划定标准并不相同。

一、国内外致密油的分布

（一）国外致密油分布

据美国能源信息署报告（EIA and ARI, 2013[①]），全球致密油资源主要分布在俄罗斯、美国、中国、阿根廷、利比亚、澳大利亚、委内瑞拉、墨西哥、巴基斯坦和加拿大，总资源量为 67530×10^8 bbl[②]，技术可采量为 3350×10^8 bbl。该报告依据美国及美国以外 41 个国家的 137 个页岩层的评估结果得出。另外，英国石油公司（BP）在其发布的《2013 年能源展望》中，也说明致密油主要分布在美国、加拿大、俄罗斯、墨西哥、阿根廷等国家。

目前，已实现致密油工业开发的地区主要在北美，以下主要介绍北美地区主要盆地致密油概况。

1. 美国致密油分布

据 BHP 报告（2011），美国致密油资源主要分布在 8 个盆地，经评估致密油资源量为 477×10^8 bbl。Jarvie D. M.（2012）在报告中汇总了美国本土主要致密（页岩）油区带的地质年代、所处盆地和位置以及页岩类型（表 1.1）。美国地质调查局（United States Geological Survey, USGS）在 2013 年的报告中称，美国的致密油也主要分布在上述盆地。

表 1.1 美国主要盆地致密油地质概况汇总表

致密油田	年代	盆地	州	储层空间类型
蒙特雷 （Monterey）	中新世 （Miocene）	圣玛丽亚 （Santa Maria）	加利福尼亚州 （California）	裂缝性页岩（fractured shale）
奈厄布拉勒 （Niobrara）	白垩纪 （Cretaceous）	南方公园 （South Park）	科罗拉多州 （Colorado）	裂缝性页岩（fractured shale）和 混合页岩（hybrid shale）
皮埃尔 （Pierre）	白垩纪 （Cretaceous）	南方公园 （South Park）	科罗拉多州 （Colorado）	裂缝性页岩（fractured shale）
巴肯 （Bakken）	泥盆纪 （Devonian）	威利斯顿 （Williston）	北达科他州 （North Dakota）	裂缝性页岩（fractured shale）和 混合页岩（hybrid shale）
曼科斯 （Mancos）	白垩纪 （Cretaceous）	圣胡安 （San Juan）	新墨西哥州 （New Mexico）	混合页岩（hybrid shale）
巴尼特 （Barnett）	密西西比纪 （Mississippian）	沃思堡 （Fort Worth）	得克萨斯州 （Texas）	致密页岩（tight shale）
伍德福特 （Woodford）	泥盆纪 （Devonian）	阿科马 （Arkoma）	俄克拉何马州 （Oklahoma）	致密页岩（tight shale）和 裂缝性页岩（fractured shale）

① EIA, ARI, 2013. EIA/ARI world shale gas and shale oil resource assessment：technically recoverable shale—An assessment of 137 shale formations in 41 countries outside the United States.

② 1bbl = 0.159m³。

续表

致密油田	年代	盆地	州	储层空间类型
塔斯卡卢萨 （Tuscaloosa）	白垩纪 （Cretaceous）	墨西哥湾中部 （Mid-Gulf Coast）	密西西比州 （Mississippi）	致密页岩（tight shale）
安蒂洛普 （Antelope）	中新世 （Miocene）	圣华金 （San Joaquin）	加利福尼亚州 （California）	致密页岩（tight shale）和 裂缝性页岩（fractured shale）
鹰滩 （Eagle Ford）	白垩纪 （Cretaceous）	奥斯汀白垩层 （Austin Chalk trend）	得克萨斯州 （Texas）	混合页岩（hybrid shale）
奈厄布拉勒 （Niobrara）	白垩纪 （Cretaceous）	丹佛 （Denver）	科罗拉多州 （Colorado）	裂缝性页岩（fractured shale）和 混合页岩（hybrid shale）
莫里 （Mowry）	白垩纪 （Cretaceous）	保德河 （Powder River）	怀俄明州 （Wyoming）	致密页岩（tight shale）
凯恩格雷克 （Cane Creek）	二叠纪 （Permian）	盘洛达克斯 （Paradox）	犹他州 （Utah）	裂缝性页岩（fractured shale）
希思 （Heath）	密西西比纪 （Mississippian）	蒙大拿州中部 （Central Montana）	蒙大拿州 （Montana）	致密页岩（tight shale）、裂缝性页岩 （fractured shale）和混合页岩（hybrid shale）
科迪 （Cody）	白垩纪 （Cretaceous）	比格霍恩 （Bighorn）	怀俄明州 （Wyoming）	裂缝性页岩（fractured shale）

注：致密页岩（tight shale）指主要储集空间为页岩中有机质孔隙；裂缝性页岩（fractured shale）指主要储集空间为裂缝；混合页岩（hybrid shale）指主要储集空间为与页岩伴生的砂岩、石灰岩或碳酸盐岩。

2. 加拿大致密油分布

加拿大的致密油区主要分布在西加拿大盆地和东部的阿巴拉契亚山脉地区（表1.2），勘探工作起始于2005年萨斯喀彻温省东南部以及马尼托巴省西南部的巴肯地层（张君峰等，2015）。目前，在西加拿大沉积盆地，巴肯/埃克肖地层，卡尔蒂姆地层，维京地层，下肖纳文地层和下阿玛兰斯地层都发现了致密油（张君峰等，2015），未来具有较好的勘探前景。

表1.2　加拿大主要盆地致密油地质概况汇总表（侯明杨、杨国丰，2013）

致密油区带	巴肯/埃克肖 （Bakken/Exshaw）	卡尔蒂姆 （Cardium）	维京 （Viking）	下肖纳文 （Lower Shaunavon）	蒙特尼/多哥 （Monteny/Togo）	下阿玛兰斯 （Lower Amaranth）
地区	曼尼托巴省/ 萨斯喀彻温省/ 阿尔伯塔省	阿尔伯塔省	阿尔伯塔省/ 萨斯喀彻温省	萨斯喀彻温省	阿尔伯塔省	曼尼托巴省
埋深/m	900～2500	1200～2300	600～900	1300～1600	800～2200	800～1000
资源量 /（×10⁴bbl）	22500	13000	5800	9300	—	—
单井初始产量 /（bbl/day）	120～250	150～500	100～200	100～250	200～600	100～200

（二）中国致密油分布

中国致密油分布范围比较广，初步评价，主要盆地地质资源量达 $110\times10^8 \sim 135\times10^8\,t$，具有广阔的勘探前景（林森虎等，2011）。按照估计的资源量顺序，排在前五位的盆地依次是鄂尔多斯、松辽、渤海湾、准噶尔、四川盆地。另外柴达木、酒西、三塘湖、吐哈盆地也有致密油分布（赵政璋等，2012）。中国致密油主要类型有3种：①陆相致密砂岩油藏，如鄂尔多斯盆地延长组致密油藏；②湖相碳酸盐岩油藏，如渤海湾盆地歧口凹陷、四川盆地川中地区大安寨组油藏；③泥灰岩裂缝油藏，如渤海湾盆地济阳坳陷、酒泉盆地青西凹陷油藏。

二、国内外致密油特征

不同盆地致密油沉积类型、烃源岩条件、储层特征、发育规模、分布规律、控制因素，开发规律等各不相同。国内外的致密油沉积类型有差异，北美主要是海相沉积盆地，国内主要是陆相沉积盆地。岩性上，鄂尔多斯盆地和松辽盆地主要是致密砂岩，三塘湖盆地则为致密碳酸盐岩。在论述鄂尔多斯盆地致密油之前，有必要了解国内外主要盆地致密油的特征。对于国外致密油，需要重点了解北美地区致密油，对于国内致密油重点需要了解松辽盆地、准噶尔盆地、三塘湖盆地的致密油。以下分别介绍重点地区和盆地的致密油基本特征。

（一）国外致密油特征

对于国外致密油，重点介绍巴肯（Bakken）、鹰滩（Eagle Ford）和巴尼特（Barnett）致密油的特征。

1. 威利斯顿盆地巴肯致密油

威利斯顿盆地横跨美国和加拿大，包括美国北达科他州、南达科他州北部、蒙大拿州东部、明尼苏达州西北部，加拿大萨斯喀彻温省南部和曼尼托巴省南部，盆地总面积近 $34\times10^4\,km^2$（IHS，2014[①]）。该盆地为早古生代的克拉通盆地，形状近于圆形至长形的构造坳陷。威利斯顿盆地内主要为海相沉积地层，年代从寒武纪至古近纪，地层厚度可达5000m，其中巴肯组属于上泥盆统密西西比系，地层位于上泥盆统斯里福克斯（Three Forks）组之上，下密西西比统洛奇波尔（Lodgepole）组之下，从下至上可以划分为下巴肯页岩段、中巴肯混合岩性段和上巴肯页岩段3个段。下巴肯页岩段形成于海平面上升期的远端深水海相环境，由细粒纹层状富有机质黑色泥岩构成，岩相为黑色泥岩相（Mb），平均厚度有4m。中巴肯段形成于海平面快速下降期的近岸浅水海相环境，为多种岩性组成的混合层段，平均厚度有13m，根据岩相大致分为A、B、C亚段，而B亚段又可分为B1、B2和B3次亚段。上巴肯段形成环境与下巴肯段相似，形成于海平面上升期的远端深水海相环境，由暗灰色-黑褐色-黑色片状碳质页岩构成，含沥青，不含钙质，岩相为黑色泥岩相（Mb），平均厚度有2m。由此可见，巴肯组地层形成了上、下黑色泥页岩夹砂岩、

[①] IHS，2014. Going global：tight oil production.

粉砂岩的岩性组合模式，有些学者将其形象地称为"三明治"组合模式。巴肯组上段和下段黑色页岩有机质丰度最高，大部分都是烃源岩，厚5~12m，TOC为10%~14%，R°为0.6%~0.9%，生烃能力强。同时，巴肯下段和上段页岩内的总有机碳含量变化范围较宽，页岩内干酪根主要是Ⅱ型（Hui *et al.*，2015）。从平面上来看，不同地区页岩特征也有较大的差异。在威利斯顿盆地美国境内，一些样品有机碳含量可达72%，含烃指数都高于含氢指数，这显示有机质组分变化导致主体为Ⅱ型干酪根的情况下，Ⅰ型干酪根含量增加。而来自加拿大巴肯组下段的31个样品的平均总有机碳含量是11.77%，总生烃潜力平均值是61.4kg/t。来自加拿大巴肯组上段29个样品的平均总有机碳含量是17.63%，总生烃潜力平均值是93.72kg/t。原始含烃指数和总有机碳含量平均值分别是580mg烃/g碳和19%~20%（重量百分比）。热解温度T_{max}是425℃，开采指数是0.08，转化分数是0.1~0.5。巴肯致密油储层以白云质粉砂岩、生物碎屑砂岩、钙质粉砂岩为主，单层厚5~10m，累计厚度达55m；孔隙类型主要为粒间孔和溶蚀孔，孔隙度为5%~13%，渗透率为0.1~1.0×10^{-3}μm^2；其中，巴肯组中段储层孔隙类型包括原生粒间孔隙、粒内孔隙和裂缝，生物碎屑经溶蚀作用形成次生铸模孔和孔洞，研究认为，储层主要受到矿物组分和胶结作用的影响，导致低孔隙度和低渗透率（Oguzhan *et al.*，2016）。巴肯组发育多种类型的裂缝，包括区域裂缝、与构造有关的裂缝、小尺度的张性裂缝、流体释放形成的裂缝、水平层理缝和排烃裂缝等（Sonnenberg *et al.*，2011）。原油密度420°API[①]，低硫，油藏条件下黏度为0.3cP[②]，原始溶解气油比为89~142m^{3}气/m^{3}油。巴肯致密油埋藏深度为2590~3200m，含油面积为7×10^{4}km^2，资源量达到566×10^{8}t，可采资源量68×10^{8}t。截至2018年4月，美国境内巴肯致密油日产量约为100×10^{4}bbl/t。

2. 西墨西哥湾盆地鹰滩（Eagle Ford）致密油

西墨西哥湾盆地位于墨西哥湾盆地北部的内陆带，主要包括小牛（Maverick）盆地、圣马科斯（San Marcos）凸起和东得克萨斯（East Texas）盆地，面积约25×10^{4}km^2。该盆地为中生代裂谷盆地，主要发育海相沉积，其中鹰滩组属于白垩系。鹰滩组上覆于Buda石灰岩，下伏于奥斯汀白垩层，沉积在一个非常平缓的斜坡上，岩性主要为纹层状灰黑色石灰岩、泥质灰岩夹灰白色泥质灰岩，页理发育，整体沉积环境为碳酸盐台地相。地层顶深为1200~4500m，地层厚度为30~90m。该组岩石组分分别为石英20%，碳酸盐岩67%，总泥质含量7.5%，总有机质含量2.0%~6.5%，压力梯度为1~1.5MPa/100m（林森虎等，2011）。鹰滩组下段是泥灰岩和石灰岩，平均总有机碳含约3.5%，最大值是6.5%；鹰滩组上段中的有机质含量少（平均总有机碳含量约1%），岩性是石灰岩和泥灰岩（Harry R *et al.*，2015）。有机质类型可分为三类：碎屑有机质、次生有机质和不确定成因的有机质（Sebastian Ramiro-Ramirez，2016[③]）。岩性研究显示得克萨斯州西南部鹰滩组岩相是：骨架粒泥灰岩-泥粒灰岩、有孔虫泥粒灰岩、泥岩和生物扰动泥岩。X衍

---

① 1°API=141.5/d-131.5，d为15.6℃厚油相对密度。

② 1cP=1×10^{-3}Pa·s。

③ Sebastian Ramiro-Ramirez. 2016. Petrographic and petrophysical characterization of the Eagle Ford shale in La Salle and Gonzales Counties, gulf coast region, Texas.

射数据显示，主要化学相是硅质泥灰岩、黄铁矿质泥岩、钙质泥灰岩、泥质灰岩、钙质泥岩和硅质泥岩（Conte et al.，2016）。鹰滩组上段被认为主要含有无机孔隙，而下段则更多地是有机孔隙，与高有机质含量有关。鹰滩组原油重度为 43～60°API。油藏压力梯度 0.68～0.85psi/in①。美国能源信息局给出鹰滩组原油产量（EIA，2016），平均单井产量 1100bbl/day。Basel 等（2015）对鹰滩组页岩油井的产量预测显示，超过 6000 口油井具有长期高原油产量的潜力。

3. 沃思堡盆地巴尼特致密油

沃思堡盆地位于美国得克萨斯州中北部，面积 $1.5 \times 10^4 mi^2$②。是一个埋藏浅、南北向长形地槽，深度为 1800～2700m，厚度为 60～240m。巴尼特组为一套黑色硅质页岩，石英含量为 45%，伊利石含量为 20%～40%，方解石和白云石含量为 8%，长石含量为 7%，黄铁矿含量为 5%，菱铁矿含量为 3%，无自由水。镜质组反射率为 0.6%～1.6%，有机质干酪根以 Ⅱ 型为主。巴尼特页岩内的干酪根组分显示页岩具有在低–中等成熟度条件下生油–混合生油气类型（Brett M，2011③）。巴尼特页岩内的有机质含量很高，岩性变化要大于有机质含量变化。储层渗透率为 $70 \times 10^{-6}～500 \times 10^{-6} \mu m^2$，孔隙度为 2%～10%，有机碳含量为 4.0%～8.0%。组成巴尼特页岩的泥岩沉积地层可分为 4 种岩相，每种岩相都组成一套不同的地层，具有不同的岩石类型、物理沉积构造、生物成因构造和成岩特征。这些成岩相包括：泥质页岩、硅质泥岩、钙质泥岩和白云质泥岩。岩心由粉砂质–黏土岩和黏土岩互层组成。粉砂质黏土岩渗透率为 $34 \times 10^{-6} \mu m^2$，孔隙度为 5.6%；黏土岩渗透率为 $0.0182 \times 10^{-6} \mu m^2$，孔隙度 4.8%，有效水平渗透率为 $20.8 \times 10^{-6} \mu m^2$，垂直渗透率为 $0.0452 \times 10^{-6} \mu m^2$。巴尼特页岩的特点是非均质性强，局部高产能。巴尼特区带产多种烃类，包括 40°API 的油、凝析油、湿气和干气（林森虎等，2011）。通过研究认为，主要有两大因素控制油气保存：①有机质性质，例如：有机质丰度、干酪根类型、热成熟度和有机质孔隙度；②其他因素，例如：矿物组分、孔隙度、渗透率、裂缝、胶结作用和压力等。

（二）中国致密油特征

实际上，在"我国致密油勘探进展与资源潜力研讨会"上，已对中国致密油特征进行了很好的总结，即中国致密油的 5 个地质特点（见本章第一节）。此外，诸多专家研究总结了国内不同盆地致密油特征。如：赵政璋等（2012）统计了中国各盆地致密油的主要地层参数（表 1.3）。中国主要盆地致密油多为陆相沉积，可以看出，岩性以粉细砂岩或碳酸盐岩为主。

表 1.3　中国主要盆地致密油参数对比表（据赵政璋，2012，有修改）

盆地	层位	岩性	厚度/m	孔隙度/%	渗透率/($\times 10^{-3} \mu m^2$)	有利面积/($\times 10^4 km^2$)
鄂尔多斯	延长组	粉细砂岩	20～80	2～12	0.01～1	2.5

---

① $1psi/in = 2.71457 \times 10^3 Pa/cm$。

② $1mi^2 = 2.589988km^2$。

③ Brett M. 2011. Lithologic characterization of the Barnett shale：controls on reservoir quality.

续表

盆地	层位	岩性	厚度/m	孔隙度/%	渗透率 /($\times 10^{-3} \mu m^2$)	有利面积 /($\times 10^4 km^2$)
准噶尔	二叠系芦草沟组	灰质粉砂岩、白云岩	80~200	3~10	<1.0	0.56
四川	侏罗系	粉细砂岩、介壳灰岩	10~60	0.2~7	0.0001~2.1	3.8
渤海湾	沙河街组	粉细砂岩、碳酸盐岩	100~200	5~10	0.2~1.0	2.2
松辽	白垩系	粉细砂岩、碳酸盐岩	5~30	2~15	0.6~1.0	2.5
柴达木	古近系、新近系	泥灰岩、藻灰岩、粉砂岩	100~150	5~8	<1.0	1.5~2
酒泉	白垩系	粉砂岩、碳酸盐岩	100~300	5~10	<0.01	0.2

杜金虎等（2014）总结了中国陆相致密油的6大基本特征：①烃源岩有机碳含量中—高，厚度较大，分布面积较小（相比国外而言）；②储层类型多，物性差；③分布范围相对较小，累计厚度大，"甜点"富集；④含油饱和度高，原油性质变化大；⑤压力异常不明显；⑥改造初期产量高，递减快。贾承造等（2012）总结：中国的致密油主要分布在陆相湖盆沉积体系内，以中生代、新生代沉积为主，总体表现为以下特征：①中国陆相盆地类型主要包括断陷、拗陷、前陆等，发育多个生油凹陷，为致密油形成创造了有利条件；②存在多套优质烃源岩，有机质丰度高，处于生油演化阶段，其中最有利于形成致密油的生油岩一般 TOC 大于1%，R^o 介于0.6%~1.3%；气油比高，易于形成高产；③致密储层分为碳酸盐岩和砂岩两大类，岩性多样，其中砂岩横向变化大，部分薄互层，碳酸盐岩厚度相对较大；④中国致密油区分布面积、规模相对较小，一般单个面积小于2000km²；⑤晚期构造变动复杂，对致密油的保存有一定影响。

鄂尔多斯盆地致密油主要表现为以下6方面的特征：

（1）形成于半深湖-深湖相沉积环境，发育广覆式分布的优质烃源岩和大面积分布的厚层砂岩。

鄂尔多斯盆地延长组长7期属内陆拗陷湖盆，泥页岩分布范围约 $5 \times 10^4 km^2$，有机质母源以湖生藻类为主（张文正等，2011），有机母质类型主要为腐泥型-混合型，镜质组反射率 R^o 分布于0.7%~1.2%，为优质烃源岩且达到了热成熟阶段和生排烃阶段（张文正等，2006）。富有机质泥页岩广覆式分布是形成连续性致密油藏的基础（付金华，2015）。此外，长7沉积时期，盆地周缘多水系输砂，物源供应充足，发育湖泊沉积体系，砂岩大面积复合连片，砂体延展约150km，宽25~80km，砂地比大于30%的面积超过8000km²，砂岩厚度大，单砂层厚度一般为5~40m，累计厚度一般为25~80m，局部地区连续砂岩厚度达百米（姚泾利，2013）。长7段沉积期，湖盆周缘发育大型三角洲沉积，中部深湖区发育大型重力流沉积，砂体在空间展布上具有横向上连片、纵向上叠加的特点。大规模分布的砂岩为致密油大油区的形成提供了重要的储集体（杨华等，2017）。

（2）沉积物粒度细且成岩作用强烈，造成储层非常致密。

鄂尔多斯盆地延长组长7段致密砂岩储层岩石类型主要为岩屑长石砂岩，碎屑颗粒粒级以极细砂为主，砂岩粒径主要分布于0.06~0.14mm，砂岩分选中等—差，结构成熟度低。长7段砂岩普遍较为致密，面孔率2%左右，孔隙类型主要为长石和岩屑粒内溶孔、胶结物溶孔、残余粒间及填隙物微孔（姚泾利等，2013）。孔径范围变化大，呈大孔隙（>20μm）、中孔隙（10~20μm）、小孔隙（2~10μm）、微孔隙（0.5~2μm）、纳米孔隙（<0.5μm）多孔径孔隙共存的特征（付金华等，2015）。填隙物含量高（平均14.9%），伊利石所占比例较大（平均9.0%），往往呈片状、毛发状、纤维状，含铁碳酸盐平均含量为5.2%，充填粒间孔隙和长石溶孔，胶结致密。强烈的压实、胶结和黏土矿物转化等成岩作用造成致密砂岩储集层孔喉细小，结构复杂，连通性差。

（3）孔喉结构复杂，储层物性差。

鄂尔多斯盆地延长组长7段致密油储层喉道细小，孔喉结构复杂，恒速压汞法测定粉细砂岩喉道半径大部分小于0.2μm，平均孔喉比492；常规压汞法测定的粉细砂岩喉道半径80%以上分布于0.05~0.20μm，最大连通喉道半径为0.51μm，平均喉道半径为0.16μm（姚泾利等，2013）。鄂尔多斯盆地长7段致密油储层孔隙度平均值为8.18%，渗透率平均值为 $0.076×10^{-3}$ μm²。

（4）天然裂缝发育，水平两向应力差适中。

鄂尔多斯盆地延长组长7段宏观裂缝主要为构造裂缝，以高角度剪切裂缝为主，裂缝产状稳定，可见剪切裂缝派生的次级张裂缝，走向以 NEE 和 NWW 为主；微裂缝主要为张裂缝或张剪复合型裂缝，可与宏观剪切裂缝及基质孔喉系统连通。每10m发育天然裂缝约2~3条。天然构造缝及微裂缝的发育，有利于提高储集层的渗流能力，为致密油聚集形成了有利运移通道，同时增加储集空间，形成致密油富集的"甜点区"（杨华等，2017）。

（5）含油饱和度高、原油性质好。

鄂尔多斯盆地延长组长7致密砂岩储层紧邻烃源岩，石油充注程度高，含油饱和度高达70%以上，可动流体饱和度为47.38%。原油性质好，密度和黏度较低，可流动性强。地面条件下的原油密度一般为0.83~0.88g/cm³，地层条件下原油密度约0.70~0.76g/cm³，黏度平均在1.0mPa·s左右，凝固点在17~20℃。

（6）压力系数低。

鄂尔多斯盆地延长组油藏普遍为低压，根据24个开发区块的地层压力统计，平均压力系数一般为0.70~0.85，低于国内外典型油田的压力系数（付金华等，2015）。

第三节　致密油的勘探历程

因为致密油具有独特性，使得认识致密油、开发致密油必然要经历不同寻常的过程。在国际上，对致密油勘探、开发的关注乃至投资，首先取决于该国致密油资源的规模和在总资源中的构成。同时，致密油的勘探和开发进程又受各国的工业技术水平、经济环境、财税、政治、地域等多方面的影响。北美地区致密油勘探开发起步较早，却经历了较长的发展过程，最终形成完整的理论和技术体系，达到了工业规模开发。国内致密油勘探开发起步较晚，其历程更为艰辛，目前主要处于攻关研究和试验阶段。本节详细介绍鄂尔多斯盆地致密油的勘探历程。

尽管在鄂尔多斯盆地"致密油"是近几年才出现的新名称，但对盆地延长组长7段的早期勘探和基础地质研究则可以追溯到 20 世纪 70 年代。1973 年，针对盆地延长组勘探部署了 24 口探井组成的两条十字大剖面，部分井在长 7 段就钻遇了致密油层，其中部署在合水地区的剖 22 井在延长组长 7 段识别出致密油层累计厚度达 30 多米，限于当时的地质认识和技术水平，只能被视为无开采价值的油层。

20 世纪 80 年代初，随着盆地勘探方针的转变，对盆地三叠系延长组的勘探得到加强。这一时期，在盆地延长组部署探井约 530 口，见油气显示有 410 口，从而认识到延长组是盆地重要的含油层且在盆地范围内大面积含油，但普遍渗透率很低，无工业开采价值（长庆油田，1989①）。在延长组勘探过程中还首次引入了压裂技术，当时虽然见效，但增产幅度较小。80 年代中后期，地质研究上引进了河湖三角洲成藏理论，通过对盆地三叠系延长组的沉积体系、砂体分布、储层演化和油气富集规律的系统研究，认识到三叠系油气富集受三角洲和湖底浊积砂体控制，提出"东抓三角洲、西找湖底扇"的勘探思路。通过钻探，在盆地西南部的镇北、南庄等地区发现延长组以重力流为沉积特征的水下扇的存在，但所钻的庄 3 和镇 2 井，长 7 段岩性变细未见好的油气显示，也未发现有利的成藏组合（长庆油田，2016②）。文献资料还记载"勘探程度较高的庆阳—马岭一带，处于大型水下扇体前缘，储层条件较差，尽管有多层浊积砂体夹于主要生油层中，构成典型的自生自储含油组合，但因浊积砂岩层薄、粒度细、物性特别差（一般孔隙度为 5%～11%，渗透率小于 1× $10^{-3}\mu m^2$），压裂改造难度大，单井产油量低。"文献资料中，这一时期编写的盆地中生界地层表，关于长 7 段描述为"灰绿色泥岩、砂岩互层，下部页岩发育，盆地南部获工业油流"（长庆油田，1989）。

20 世纪 90 年代，盆地延长组石油勘探重点工作是落实陕北安塞和靖安地区的大型三角洲油藏。因勘探和成藏研究的需要，对盆地延长组长 7 段烃源岩开展了研究，认识到延长组地层为湖相沉积，暗色泥质岩生油指标属好—较好生油岩，有机碳含量在 2% 左右，氯仿沥青 "A" 在 0.1%～0.3%，烃含量在 1000ppm 左右，干酪根为混合型及腐殖型，成熟度已达成熟—高成熟阶段。据当时评价，平面上最有利的生油区面积为 $4.2\times10^4 km^2$，生油岩厚度为 300～400m。在有利生油区外围还有较有利的生油区 $2.2\times10^4 km^2$ 及较差生油区 $3.8\times10^4 km^2$。与此同时，在盆地范围内延长组各小层继续开展勘探工作，并在西峰、合水等地长 7 段发现含油显示，受当时压裂装备和工艺限制，仍然被视为不具备开发价值的油层。如这一时期合水地区勘探后认为，"长 6—长 8 普遍见含油显示，油层厚度大，但低渗低产。"

进入 21 世纪，随着国内外石油地质理论发展和技术进步，盆地石油勘探理论和技术进一步完善，勘探工作投入加大，取得了丰硕的地质成果。安塞、靖安等大型低渗透油田的成功开发，给盆地石油勘探和开发工作者带来巨大的信心。这一时期，地质研究上从优质烃源岩、有利储集相带、高渗储层发育特征及成藏动力等方面，综合分析延长组大型低渗透岩性油藏形成的主控因素和石油富集规律。在烃源岩方面，重点开展了油源对比分析和生烃能力评价。通过长 7、长 8、长 9 甾烷成熟度参数的油–岩对比，明确除陕北地区延

① 长庆油田，1989. 长庆油田志（1970—1985）（内部资料）.
② 长庆油田，2016. 长庆油田志（1986—2013）（内部资料）.

长组下组合可能具有混源供烃外，盆地中生界大部分油藏油源来自长7烃源岩。从而确定了长7段是盆地中生界石油最重要的烃源岩的认识，并持续加大对长7烃源岩的研究。通过生烃模拟实验结果得出长7段烃源岩平均液态烃产率高达400kg/t，且推断长7段烃源岩产生过强的排烃作用，平均排烃率达到72%（张文正等，2006）。根据当时找到的岩性大油田基本都位于或紧邻生烃中心的现象，提出长7优质烃源岩构成良好配置关系，为大规模油藏形成提供了有利的条件。通过模拟计算发现，烃源岩生烃作用体积膨胀可达8%～18.7%，提出长7段烃源岩生烃产生超压的认识，预测连续油相运移是长7烃源岩的主要排烃方式（张文正等，2006）。计算表明最大埋深期，长7油层组具有显著过剩压力，最高可达20MPa，与长6、长4+5存在明显压力差，具备油气垂向运移的动力条件。在过剩压力下，长7生成的原油通过微裂缝和叠置砂体发生垂向及侧向运移，多点充注成藏，形成复合岩性油藏。研究还发现延长期湖盆底形平缓，物源供应充足，大面积分布的储集砂体与下伏的长7优质烃源岩形成有利生储配置，控制油藏分布。如在西峰油田勘探过程中，认为西峰地区长7段发育深湖油页岩及滑塌浊积扇群沉积，具备形成大型岩性油藏的地质条件（付金华等，2004）。在分析陇东地区延长组油源、储层、圈闭及运聚条件的基础上，提出长7段是这一地区的主要烃源岩，也是下部长8的盖层。勘探实践中，发现了多处长7含油富集。如2003年，在合水地区勘探过程中，发现长7具有含油富集区。

2008年长庆油田重组后，顺应油田发展战略，地质专家把地质理论创新作为勘探工作突破口，在早期认识的基础上，不断解放思想，大胆创新，创立了"广覆式生烃、满盆富砂、全方位运聚、大面积成藏、立体式叠合"等一系列全新油气成藏地质理论体系，形成盆地油气资源宏观、立体、全方位的新认识，引领油气勘探不断取得突破和发现（付金华等，2013a，2013b）。这一时期石油勘探面积持续扩大，盆地石油总资源量达到128.5亿吨。这一阶段，依托国家重大科技专项（2008ZX05001）研究，利用磷灰石裂变径迹、锆石U-Pb微区测年等综合分析技术，测试盆地周缘岩浆岩体和盆地腹地延长组凝灰岩年代，明确长8末存在一次显著构造事件，导致盆地格局、沉积演化和生物面貌发生重大变革，腹地长7底部凝灰岩分布广泛；发现西南地区延长组早期和中晚期碎屑组分差异大，表现为石英含量显著提高、长石含量降低，普遍出现白云岩屑等；长7期，西南缘和西缘冲积扇开始发育，腹地整体快速沉降，深水区面积迅速扩大。长庆油田技术专家通过加大基础地质研究力度，揭示了鄂尔多斯盆地深湖相泥岩富含Fe、P、S、Cu、Mo、V等生命元素，反映湖盆水体具有富无机营养盐的特征，提出富营养水体促进生物勃发是形成优质烃源岩物质基础的新认识；富含有机质纹层、莓状黄铁矿、胶磷矿和具有高V/（V+Ni）、U/Thd等地球化学特征揭示盆地中生代湖盆为淡水－微咸水缺氧沉积成岩环境，明确该环境是有机质大量富集的重要条件。评价盆地长7源岩达到烃源岩级别，烃源岩有效分布面积约$3×10^4km^2$。沉积方面，形成了湖泊中部三角洲和重力流复合控砂等地质理论（付金华等，2013a，2013b，2013c）。以往认为延长组主要发育东北和西南两大沉积物源，长庆科研人员应用地质露头古水流测定，轻重矿物组合等方法，系统开展晚三叠世延长组沉积物源分析，结合盆地周缘地质剖面及钻井剖面岩性与岩相组合研究，划分沉积体系类型，分析延长组各油层组沉积相及其演化特征（付金华等，2005）。明确晚三叠世盆地具有多物源、多水系注入特征，主要发育东北、西南、西北、西部和南部五个方向。总结认为，延长组沉积类型丰富，发育冲积扇、河流、三角洲、湖泊和重力流等沉积类型（付金华等，2005，2012a，2012b）。其中三角洲、湖泊最发育，湖盆中部延长组中期重力流沉积影响范围较大。2009 年以来，在华庆油田勘探中，长庆油田地质工作者冲破固有认识，重新审视延长组沉积体系和湖盆，认识到长 7 深湖区是有利的生油区，和长 6、长 8 匹配有利于形成大型油藏（付金华等，2012a，2013d，2013e，2017）。综合分析沉积相标志，地球化学标志和地球物理标志，明确华庆地区长 6 三角洲前缘亚相和半深湖重力流相为主要沉积类型，进一步细化东北体系重力流水道砂质碎屑流和西南体系滑塌重力流，其中砂质碎屑流为主要储集砂体（杨华等，2012）。湖盆中部厚层砂体的发现，引起了勘探领域对泥页岩层中伴生的大规模致密砂岩的关注，也颠覆了以往认为湖盆中部主要发育泥页岩，而不发育优质储层的传统观念，这为后期长 7 重力流沉积认识奠定了基础（付金华等，2013b，2013c）。这个时期，长庆油田围绕姬塬、华庆、镇北、合水、环江等 8 个地区深化石油预探和油藏评价，证实全盆地范围内三叠系延长组长 7 普遍存在致密油藏。如 2008 年在姬塬油田的勘探中，在长 7 发现罗 38、安 81、黄 14 等三个高产富集区，获得工业油流井 14 口，落实有利含油面积 320km²。在陇东地区长 7 试油获得工业油流井 104 口，其中日产大于 20 吨的井 7 口。

伴随着石油工业的发展，特别是 21 世纪以来的近 20 年时间，鄂尔多斯盆地大型低渗透岩性油藏的勘探和开发，为现今拉开致密油勘探开发序幕打下坚实的基础。地质理论和勘探思维的创新起到了引领作用，而工艺技术的革新将其变为现实。与此同时，北美地区致密（页岩）油气革命引起国内对同类型油气资源的重视，特别看到了通过增大改造体积"解放"致密储层的潜力。长庆油田首先在盆地延长组长 7 段直井中开展了混合水压裂试验，取得了一定效果，这些工作为盆地致密油勘探突破奠定了基础。

鄂尔多斯盆地真正意义上的致密油攻关试验起始于 2011 年，其重要标志是在国内首次开展了致密油双水平井同步体积压裂并取得了成功（阳平 1 井和阳平 2 井），并成功建立了西 233 致密油水平井体积压裂示范区。与此同时，2011 年至 2012 年，中国石油天然气集团公司通过周密的论证设立了重大科技专项"鄂尔多斯盆地致密油勘探开发关键技术研究"，针对致密油开展理论和技术攻关，在研究认识的基础上，勘探部署稳步推进，勘探成果持续扩大（牛小兵等，2016）。在五年时间内，长庆油田按照"搞清资源、准备技术、突破重点、稳步推进"的勘探原则，立足资源向储量、储量向效益转变的攻关目标，通过地质认识的不断创新，新工艺、新技术的集成试验与应用，开拓了致密油勘探评价找油新局面，坚定了"水平井+体积压裂"的攻关理念，新的含油富集区不断扩大和落实（付金华等，2015）。陆续开辟了庄 183 示范区、安 83 和庄 230 等致密油规模开发试验区，致密油水平井试油产量屡创新高、试采产量平稳，规模开发试验稳步推进。对致密油的研究力度也进一步加大，2014 年以来，长庆油田陆续承担国家 973 项目课题"淡水湖盆细粒沉积与富有机质页岩形成机理"（编号：2014CB239003）、国家重大科技专项课题"鄂尔多斯盆地致密油资源潜力、甜点预测与关键技术应用"（编号：2016ZX05046005）等，持续开展科技攻关。地质上进一步深化致密油认识，明确致密油成藏条件和富集规律。工艺上通过改进方法及参数优化，使新技术应用规模不断扩大，特别是大力推广自主开发的装备和压裂材料，使储层改造成本逐步降低，具备致密油规模开发条件，勘探及研究成果丰硕，受到国内外关注，并获得多项科研奖励：2013 年落实安 83 井区规模储量超 2 亿吨，名列中国石油当年二十四项勘探成果之首；在姬塬地区发现我国首个亿吨级致密大油田——新安边大油田；研究及勘探成果获得中国地质学会 2014 年度"十大地质找矿成果"、2015 年度"中国石油十大科技进展"；2013 年 9 月 29 日勘探成果在中华人民共和国中央人民政府门户网站报道。截至目前，已评估盆地致密油资源量达 30 亿吨，累计提交三级储量超过 7 亿吨，在鄂尔多斯盆地发现了安 83 井区、西 233 井区、庄 183 井区等 14 个致密油富集区，建成致密油产能 138 万吨，年产量达到 54 万吨。

综上可见，盆地致密油的勘探历程也是盆地地质认识和技术进步的历史，在曲折中前行，虽起步较晚但发展迅猛。可以预见，未来鄂尔多斯盆地致密油勘探还将继续经历飞跃发展，实现更大的突破。

参 考 文 献

杜金虎，何梅清，杨涛等 . 2014. 中国致密油勘探进展及面临的挑战 . 中国石油勘探，19（1）：1 ~ 9

付金华，罗安湘，喻建等 . 2004. 西峰油田成藏地质特征及勘探方向 . 石油学报，25（2）：25 ~ 29

付金华，郭正权，邓秀芹 . 2005. 鄂尔多斯盆地西南地区上三叠统延长组沉积相及石油地质意义 . 古地理学报，7（1）：34 ~ 43

付金华，高振中，牛小兵等 . 2012a. 鄂尔多斯盆地环县地区上三叠统延长组长 6_3 砂层组沉积微相特征及新认识 . 古地理学报，14（6）

付金华，李士祥，刘显阳等 . 2012b. 鄂尔多斯盆地上三叠统延长组长 9 油层组沉积相及其演化 . 古地理学报，14（3）：270 ~ 284

付金华，李士祥，刘显阳 . 2013a. 鄂尔多斯盆地石油勘探地质理论与实践 . 天然气地球科学，24（6）：1091 ~ 1101

付金华，邓秀芹，张晓磊等 . 2013b. 鄂尔多斯盆地延长组深水岩相发育特征及其石油地质意义 . 古地理学报，15（5）：928 ~ 938

付金华，邓秀芹，楚美娟等 . 2013c. 鄂尔多斯盆地三叠系延长组深水砂岩与致密油的关系 . 沉积学报，31（5）：624 ~ 634

付金华，柳广弟，杨伟伟等 . 2013d. 鄂尔多斯盆地陇东地区延长组低渗透油藏成藏期次研究 . 地学前缘，20（2）：125 ~ 131

付金华，李士祥，刘显阳等 . 2013e. 鄂尔多斯盆地姬塬大油田多层系复合成藏机理及勘探意义 . 中国石油勘探，18（5）

付金华，罗安湘，张妮妮等 . 2014. 鄂尔多斯盆地长 7 油层组有效储层物性下限的确定 . 中国石油勘探，19（6）：82 ~ 88

付金华，喻建，徐黎明等 . 2015. 鄂尔多斯盆地致密油勘探开发新进展及规模富集可开发主控因素 . 中国石油勘探，20（5）：9 ~ 19

付金华，邓秀芹，王琪等 . 2017. 鄂尔多斯盆地三叠系长 8 储集层致密与成藏耦合关系 . 石油勘探与开发，44（1）：48 ~ 57

侯杨明，杨国丰 . 2013. 北美致密油勘探开发现状及影响分析，国际石油经济（7）：10 ~ 16

贾承造，邹才能，李建忠等 . 2012. 中国致密油评价标准、主要类型、基本特征及资源前景 . 石油学报，33（3）：343 ~ 350

姜在兴，张文昭，梁超等 . 2014. 页岩油储层基本特征及评价要素 . 石油学报，35（1）：184 ~ 196

景东升，丁锋，袁际华．2012．美国致密油勘探开发现状、经验及启示，国土资源情况，（1）：18～19

匡立春，胡文瑄，王绪龙等．2013．吉木萨尔凹陷芦草沟组致密油储层初步研究：岩性与孔隙特征分析．高校地质学报，19（3）：529～535

梁狄刚，冉隆辉，戴弹申等．2011．四川盆地中北部侏罗系大面积非常规石油勘探潜力的再认识．石油学报，32（1）：8～12

林森虎，邹才能，袁选俊等．2011．美国致密油开发现状及启示．岩性油气藏，23（4）：25～30

牛小兵，冯胜斌，尤源等．2016．鄂尔多斯盆地致密油地质研究与试验攻关实践及体会．石油科技论坛，4：38～46

施立志，王卓卓，张革等．2015．松辽盆地齐家地区致密油形成条件与分布规律．石油勘探与开发，42（1）：1～7

童晓光．2012．非常规油的成因和分布．石油学报，33（S1）：20～26

徐志武，杨邵军．2011．国内首次双水平井水力喷砂分级多簇体积压裂试验在长庆油田获成功．长庆石油报

许怀先，李建忠．2012．致密油勘探进展与资源潜力研讨会在西安召开致密油——全球非常规石油勘探开发新热点．石油勘探与开发，39（1）：99

杨华，付金华，何海清等．2012．鄂尔多斯华庆地区低渗透岩性大油区形成与分布，石油勘探与开发，39（6）：641～648

杨华，李士祥，刘显阳．2013．鄂尔多斯盆地致密油、页岩油特征及资源潜力．石油学报，34（1）：1～11

杨华，梁晓伟，牛小兵．2017．陆相致密油形成地质条件及富集主控因素——以鄂尔多斯盆地三叠系延长组长7段为例．石油勘探与开发，44（1）：1～10

姚泾利，邓秀琴，赵彦德．2013．鄂尔多斯盆地延长组致密油特征．石油勘探与开发，40（2）：150～158

张君峰，毕海滨，许浩等．2015．国外致密油勘探开发新进展及借鉴意义．石油学报，36（2）：127～137

张文正，杨华，李剑锋等．2006．论鄂尔多斯盆地长7段优质油源岩在低渗透油气成藏富集中的主导作用——强生排烃特征及机理分析．石油勘探与开发，33（3）：289～293

张文正，杨华，杨奕华等．2008．鄂尔多斯盆地长7优质烃源岩的岩石学、元素地球化学特征及发育环境．地球化学，37（1）：59～64

张文正，杨华，解丽琴等．2011．鄂尔多斯盆地延长组长7优质烃源岩中超微化石的发现及意义．古生物学报，50（1）：109～117

赵政璋，杜金虎等．2012．致密油气．北京：石油工业出版社

邹才能，朱如凯，吴松涛等．2012．常规与非常规油气聚集类型、特征、机理及展望——以中国致密油和致密气为例．石油学报，33（2）：173～187

Basel A *et al*. 2015. Production forecast, analysis and simulation of Eagle Ford shale oil wells. SPE, SPE172929

Conte R A, Jreij S, Pope M C *et al*. 2016. Stratigraphy and facies characterization of the cenomanian to turonian Eagle Ford group in southwest Texas: implications for identifying potentially productive hydrocarbon pay zone. AAPG

Crain E R. 2011. Unicorns in the garden of good and evil: Part9 Tight oil reservoirs. Reservoir, Issue 7

Harry R *et al*. 2015. High-resolution chemical facies analysis of the Cenomanian-Turonian Eagle Ford formation: sedimentation and water mass evolution in the Maverick basin, South Texas. AAPG

Hui J, Stephen A. Sonnenberg *et al*. 2015. Source rock potential and sequence stratigraphy of Bakken shales in the Williston basin. Unconventional resources technology conference

Oguzhan A, Ursula H and William L. Fisher *et al*. 2016. Distribution of depositional environment, diagenetic features, and reservoir quality of the middle Bakken member in the Williston basin, North Dakota. AAPG

Annual Convention and Exhibition

Papay J. 2014. Exploitation of light tight oil plays. NAFTA, 65 (3): 231~237.

Philip H. N. 2009. Pore-throat sizes in sandstones, tight sandstones and shales. AAPG Bulletin, 93 (3): 329~340

Sonnenberg S A *et al.* 2011. Fracturing in the Bakken petroleum system, Williston Basin, in the Bakken-Three

Forks petroleum system in the Williston basin, AAPG

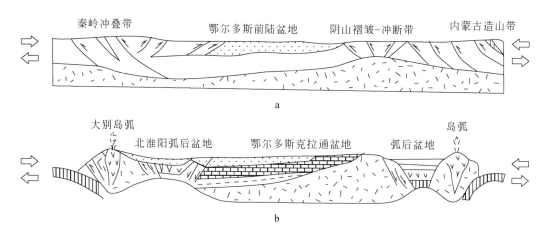

图 2.2　印支期鄂尔多斯盆地南北造山带构造演化图（据翟光明等，2002）
a. 陆—弧—陆碰撞造山带与周缘前陆盆地形成（T₃-K）；b. 伸展—压缩交替阶段（C-T₂）

在晚三叠世，鄂尔多斯盆地的沉降伴随着秦岭造山带隆升，也是经历了发育、发展和缓慢衰竭过程，由于区域应力强弱不均衡引起的盆地结构变化，其中在晚三叠世早期（长10—长9期）秦岭古隆起雏形浮现，鄂尔多斯盆地缓慢伸展下沉，承袭早期地台型盆地特征；中期（长8—长7—长4+5期）秦岭强烈造山，鄂尔多斯盆地快速沉陷；晚期（长3—长1期）构造活动趋缓，盆地开始肢解。

二、湖盆边界范围与构造属性

控制鄂尔多斯盆地西南部地区延长组地层沉积与分布特征的主要是西北、西南和南部边界，这些边界以往争议和分歧较大。在确定这些边界时，主要采用地质与地球物理相结合的方法，通过区域构造、生物地层对比、重矿物组合分区、裂变径迹测年、稀土元素分析以及重磁、地震、CEMP 资料分析大地构造环境，恢复岩相古地理环境（付金华等，2013a）、边缘相及晚三叠世原盆不同边界。鄂尔多斯盆地西北、西南以及南部边界，经过地层、岩石、构造、沉积以及地球物理和地球化学综合分析研究，查明了盆地晚三叠世延长组沉积时的构造属性（图 2.3）。

（一）湖盆西北缘边界范围及构造属性

鄂尔多斯盆地大地构造以及残留延长组地层分布特征对比表明：盆地北部与之相邻的贺兰山以及更西北的阿拉善古陆的地层发育特征有差异。其中贺兰山西缘断裂带以西的阿拉善地块主体之上缺失上元古宇、下古生界及三叠系，阿拉善群与中、晚侏罗世地层角度不整合接触，说明在印支–燕山运动早期长期隆起剥蚀，贺兰山西缘断裂带东侧的鄂尔多斯盆地发育中、上三叠统纸坊组和延长组。

沉积相序演化与相带对比结果显示，贺兰地区延长组地层不仅具有相变快、近源沉积清晰的边缘相特点，而且在剖面上，延长组 5 个岩相组发育齐全，与鄂尔多斯盆地北部同

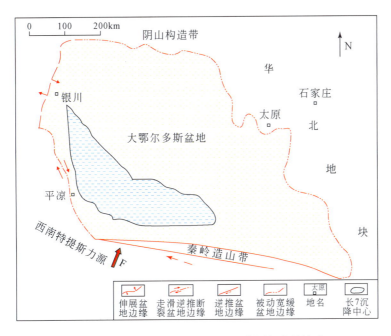

图 2.3　印支期鄂尔多斯盆地沉积范围与边界构造

期沉积地层可以完全对比。沉积环境和沉积相也具有与盆地内部相似的由陆上向水下、由浅水向深水演化的完整沉积旋回，而且在贺兰山西缘断裂东侧的哈拉乌沟—水磨沟、汝箕沟、香池子沟等地发育有延长组紫红色混杂堆积砾岩、含砾砂岩，较好地指示了盆地边缘沉积相带。

地震剖面上显示：银川地堑东部斜坡的延长组是在燕山运动中期才被逆冲断层推至地表遭受剥蚀（图2.4），晚三叠世延长组沉积时，银川地区与整个鄂尔多斯盆地连为一体，共同接受沉积。重矿物组合以及演化规律表明（赵文智等，2006），由盆地西北贺兰山的汝箕沟与盆地西缘石沟驿，继续延伸到盆地内部盐池、定边一带，延长组均属于同一沉积体系。横向变化特征显示，沉积体系内部重矿物组合相同，不稳定矿物逐渐减少，稳定矿物绿帘石、石榴子石含量逐渐增高。西缘构造带北段汝箕沟区的拉斑玄武岩与裂变径迹测

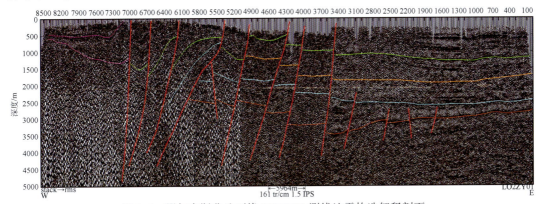

图 2.4　鄂尔多斯盆地西缘 L02XY01 测线地震构造解释剖面

年研究（刘少峰等，1997；高山林等，2003）表明，晚三叠世贺兰地区延长组形成时的构造环境属于陆内裂陷阶段拉张环境；延长组稀土元素、微量元素分配模式也表明，晚三叠世鄂尔多斯盆地本部与河西走廊过渡带都具有上地壳典型曲线形态。主、微量元素判别图解上的投影区均落入大陆岛弧–活动陆缘地区，说明盆地西界边缘曾经超越现今范围，贺兰山地层与沉积特征均可与鄂尔多斯盆地相比。贺兰山西缘断裂带及以西的查汉布鲁格断裂共同构成了晚三叠世延长期鄂尔多斯盆地的西北边界，贺兰地区延长组应属鄂尔多斯沉积盆地一部分。

近年来，有关学者对晚三叠世盆地西北部的构造属性进行了分析，主要通过中生代该区多期岩浆活动发育规律，特别是通过贺兰山汝箕沟玄武岩的分布位置及结构构造、形成年龄、岩石地球化学特征微量元素和稀土元素分析，并结合附近早期煤层热演化程度高、边缘相砾岩发育等特点以及地球物理等资料综合判断，认为在晚三叠世，鄂尔多斯盆地西北部处于伸展环境，贺兰山与鄂尔多斯盆地本部属于一个统一的大型沉积盆地，其原始盆地属性应该为克拉通内拗陷盆地的一部分，盆地边界可以外推到阿拉善古陆边缘。

与湖盆西北部细粒沉积密切相关的边缘露头剖面有汝箕沟与石沟驿剖面，分析表明：延长组地层沉积反映出相对独立的物源和水系，普遍有近源和相变较快的洪积特点，剖面上沉积建造反映的是伸展构造影响下的产物。其中汝箕沟剖面延长组5个岩相组发育齐全，形成一个完整的沉积旋回，总厚1543m，自下而上由河流相过渡为湖泊相、由浅水向深水的演化趋势；岩性从黄绿色砾岩、砂砾岩逐渐过渡为黄绿色中厚层硬砂质长石石英砂岩，黄绿色中厚层粗–中粒硬砂质长石石英砂岩夹黑色、灰黑色薄层细砂岩、粉砂岩、砂质泥岩，黄绿色厚–中厚层状细粒硬砂质长石石英砂岩、石英砂岩，夹少量黑色页岩、黑色片状页岩、灰色粉砂岩夹薄–中厚层状砂岩。横向粒度自西向东逐渐变细，且厚度也随之变薄。在石沟驿剖面，延长组为灰绿色中–粗粒长石砂岩，含砾石，偶夹粉砂岩或泥岩。纵向上呈多个沉积小旋回，砂岩单层厚度从几十厘米到4～5m不等。砂岩粒度下粗上细，正粒序。

（二）湖盆西缘和西南缘边界范围及构造属性

在盆地西缘，不同时代地层中的磷灰石、锆石裂变径迹年龄多小于200Ma，平均为146.8Ma。平衡剖面恢复研究亦表明，西缘逆冲断裂发育时代主要在燕山期，裂变径迹反映的构造信息与平衡剖面恢复结果非常吻合，均反映出盆地西缘隆升发生在晚侏罗世以后，晚三叠世鄂尔多斯盆地本部与六盘山盆地及河西走廊地区之间并无明显隔挡，应为一体沉积。其中赵文智等（2006）从构造应力角度分析认为，晚三叠世鄂尔多斯盆地是近SN向的压应力，盆地西界不具有形成近向北向前陆盆地条件，晚三叠世鄂尔多斯盆地和六盘山盆地是连通一起同时接受沉积的。

由于在西缘外围河西走廊地区的南营儿群与环县地区延长组的轻、重矿物组合均为石榴子石–锆石组合特征，从环县往东岩石中锆石含量逐渐增加，在走廊地区延长组沉积期古水流总体又指向环县方向，在二者之间的炭山、窑山等地，剖面上发现有上三叠统湖相、河控三角洲相含煤沉积，表明当初河西走廊与环县地区上三叠统属同一沉积体系。

　　关于鄂尔多斯盆地西南缘边界，黄汲清先生从槽台观点分析认为，鄂尔多斯盆地西南缘是秦祁地槽系和华北地台两大构造单元接合部的一个褶皱构造带，二者边界以青铜峡–固原断裂为界。随后一些持"逆冲推覆"以及"前陆冲断"学说观点的学者也认为，青铜峡–固原大断裂是秦祁活动带与华北地块的地质分界线。长庆油田组织多学科专家，通过地震、地层分布（张进等，2000；杨友运，2004）、重磁、CEMP 资料以及海原大地震活动规律以及盆地区域应力性质研究后认为，青铜峡–固原断裂虽然是一条形成于元古宙末，主要活动于中新生代的重要深大断裂，但并非秦祁造山带与华北地块的分界断裂，只是祁连和华北陆缘地块拼接的接触界限和运动面（章贵松等，2005）。真正控制延长期鄂尔多斯盆地的西南沉积边界是海原–宝鸡一线断裂（即西华山–六盘山断裂），该断裂向西与北祁连北缘断裂相接，断裂带南北两侧构造单元发育史截然不同，南侧属秦祁加里东褶皱带，北侧为华北陆块，延长期鄂尔多斯盆地西南缘的边界大体位于西华山–六盘山断裂带东侧。而青铜峡–固原深大断裂则应为划分鄂尔多斯盆地与河西走廊过渡带的分界断裂。由此认为，鄂尔多斯盆地西南沉积边界应是西华山–六盘山西缘断裂。

　　盆地外围六盘山盆地盘探 3 井和六盘山盆地与鄂尔多斯盆地之间地震剖面上，可见中、下侏罗统煤层强反射波组，尚未剥蚀的 TJ-TT7 反射波组清晰、稳定，且厚度变化小，延长组从环县过沙井子断裂带可继续向西延伸。盆地原始沉积与六盘山相互连通。延长组（T_3y）厚度向西在西华山–六盘山断裂附近减薄甚至尖灭，显示盆地边缘带沉积特征。

　　在西华山–六盘山断裂带的东侧，发育一系列盆地边缘相，平凉崆峒山（图 2.5）、麻武后沟及策底坡等地有延长组棕褐色、灰褐色底砾岩，其中在崆峒山最发育。在策底坡，底砾岩砾石成分复杂，主要由变质基性火山岩、硅质岩和花岗岩、变质岩（石英岩、片岩和千枚岩）、碳酸盐岩等组成，来自盆地西南部边界古老造山带的砾岩成分明显，边缘相砾岩的存在表明，在鄂尔多斯盆地西南部延长期盆地边界不会超出此范围，祁连山地区隆起成为物源区，策底坡地区在晚三叠世沉积期紧邻秦祁造山带。

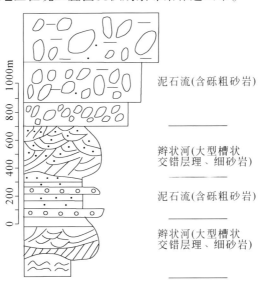

图 2.5　平凉崆峒山延长组边缘相砾岩

通过分析盆地西南边界构造属性和剖面岩性及层序特征，认为剖面上中三叠统纸坊组与上三叠统延长组之间存在区域平行不整合或低角度不整合接触关系。进一步结合西南部晚三叠世延长期发育的类磨拉石建造，以及湖盆大幅度拗陷沉降过程中残留的锆石裂变径迹峰值年龄为215~210Ma，推断晚三叠世在华北区域以及鄂尔多斯大型盆地开始自东向西退缩。同时在位于秦岭造山带北麓的鄂尔多斯盆地西南缘，受该次构造事件影响相应形成粗碎屑磨拉石建造，并且晚三叠世时期的盆地西南边界受走滑逆冲断层控制，构造变动事件中沉积物响应特征也显示，延长组在盆地西南部有巨厚沉积，这也是秦祁造山带强烈碰撞和快速隆升的结果，断层砾岩具体位置位于靠近西秦岭以及祁连山北麓的西华山断裂附近。

在盆地西缘上三叠统露头剖面上，六盘山上三叠统窑山组为河流灰绿色粗碎屑岩、湖沼相的砂泥岩煤系地层，以一套浅灰、灰黄、灰绿色砂质泥岩构成的河控三角洲相为主。其中同心县为中厚层黄褐色、灰黄色砂岩夹黑色泥岩及煤线，具三角洲平原相与湖沼相沉积特征；同心县上流水剖面为湖沼相细碎屑岩、泥质岩夹薄煤及劣质煤线；固原炭山阁家沟剖面由两个由粗至细粒砂岩旋回组成，以河道、边滩、泛滥平原相组成；海原县盘探3井窑山组厚870.3m（未穿），岩性为浅灰色、灰黄色含钙质粉细砂岩、粉砂质泥岩与深灰、灰黑色泥岩互层，夹煤层及油页岩，为滨浅湖及三角洲相沉积。

（三）湖盆南缘边界范围及构造属性

刘绍龙（1986）通过分析野外残存露头特征以及区域范围对比后认为，晚三叠世延长期的沉积范围南界应跨越渭河地堑和北秦岭地区，达商丹缝合带北侧的周至—洛南—卢氏—南召一线。

通过对鄂尔多斯盆地南部地层的古地磁极性、古生物地理、岩相古地理、同位素测年以及地层沉积学和古生物学特征分析，并结合盆地外围火山岩浆活动以及盆地内部活跃的动力学背景研究，认为盆内深水区延长组广泛发育的细粒浊积岩、优质烃源岩，主体上呈NW-SE向展布。但当初湖盆南缘的构造属性属于逆冲断层控制，受秦岭造山带强烈挤压而沉降的深水湖盆控制着细粒沉积相带的发育和分布，由于盆地南部边界以商丹断裂为界，于是平行于秦岭造山带呈狭长带状展布的不对称冲断挠曲盆地，具有明显的造山带与前陆盆地耦合现象，也控制细粒沉积分布。现今连续分布的残留地层，属于同一原始盆地。

沉积相演化分析结果显示，现今鄂尔多斯盆地南部与秦岭造山带之间，不仅未发现晚三叠世盆地边缘相，相反却是大规模湖泊和湖泊三角洲相及重力流沉积。在现今秦岭造山带北部沿陕西周至柳叶河、洛南云架山、河南卢氏五里川及南召的留山、马市坪一线残留的上三叠统浅湖-半深湖或三角洲河流相砂、暗色泥岩夹油页岩中延长植物群（Danaeopsis-Bernoullia）与盆地内部延长组相似（杨友运，2004）。北秦岭地区晚三叠世沉积至今未发现晚三叠世山间盆地磨拉石堆积（殷鸿福等，1996），但在洛南蟒岭南侧却分布有上三叠统盆地边缘河湖相以及局部夹劣质煤线，北秦岭地区地层展布、岩性特征及沉积厚度变化与鄂尔多斯盆地内部同时代地层具有很好的相似性。于是推测，鄂尔多斯盆地南部边界将跨越渭河盆地与北秦岭向南扩大。

对比物源后发现，古流向有来自南部的物源。同时，岩层主、微量元素地球化学分析结果亦表明，北秦岭洛南、周至等地区延长群主、微量元素分配模式与鄂尔多斯盆地本部具有良好的一致性，进一步表明晚三叠世盆地的南界可延伸至北秦岭。其中在北秦岭东段陕西周至柳叶河、板房子、洛南云架山、河南卢氏五里川及南召留山、马市坪狭条一线上三叠统为灰白色厚层石英细砾岩、砂砾岩、长英质砂岩及紫灰色泥砂质板岩，含炭泥（砂）质板岩与中细粒石英砂岩、长石石英砂岩。豫西济源、洛阳、伊川、临汝、留山、义马、中牟、汤阴地堑及宜阳一带为浅湖–半深湖与三角洲以及湖沼相细粒沉积，岩性包括暗色砂、泥岩夹油页岩、泥灰岩。自下而上：①油坊庄组（T_3y）：河流–浅湖相红、灰白色砂岩，泥岩互层夹杂色砂、泥岩，厚465.6m；②椿树腰组（T_3c）：滨浅湖相、湖沼相深灰、灰绿色泥岩与砂岩互层夹煤线，厚750～840m；③谭庄组（T_3t）：浅湖–半深湖相深灰、灰黑色泥岩与灰白色砂岩互层夹淡水灰岩、泥灰岩、薄层油页岩、煤线或薄煤层厚440～560m。济源剖面、义马剖面上，沉积序列、地层结构和岩性特征与鄂尔多斯盆地延长组相似。

在北秦岭西段，天水–宝鸡–洛南–栾川断裂，即北秦岭北缘断裂带与华北地块分界，上三叠统零星分布，岩层中有上三叠统安山质凝灰岩，含角砾凝灰岩、片理化砂砾凝灰岩等。蟒岭南侧的上三叠统下部为板岩夹长英质砂岩，含砾砂岩；上部为板岩夹泥灰岩、粗粒砂岩及粉砂岩，厚度大于780m。

三、盆内沉积地层厚度与结构变化

延长组地层的分布范围反映延长湖盆的大小，地层厚度变化反映盆地结构及演化。残留地层的分布规律是分析判断沉积环境、恢复盆地结构的重要依据。早期研究表明，晚三叠世延长期是鄂尔多斯盆地发育的一个鼎盛时期，湖盆开阔，但受后期强烈而不均匀剥蚀改造的影响。对比地层发育残留厚度变化，分析原始盆地沉积范围及骨架砂体展布趋势，对于研究盆地结构变化，恢复淡水湖湖岸线位置和迁移演化特征，以及弄清成盆演化过程中构造运动、细粒沉积物充填过程以及沉积范围和厚度有重要作用。

（一）盆内沉积地层厚度及结构特征

通过钻井、测井以及露头剖面测量结果研究，编绘了鄂尔多斯盆地延长组残留地层分布特征（图2.6），根据图2.6所示趋势，结合盆地、构造改造与沉积环境演化判断，盆内延长组地层总体北薄南厚、西厚东薄。差异变化较大区主要是盆地西部边缘，其中在西北缘汝箕沟煤矿地区厚度为1947m，西南缘崆峒山—泏水河一带厚度近3000m，石沟驿地区忠1井延长组厚度2375.9m，镇原—环县以西至同心—盐池地区较薄约为500m，窑山、炭山等地和环26井等多处更薄，相差近2500m，反映盆地西部边缘结构复杂，地形差异大，变化快；南缘由于构造岩浆作用强烈，破坏程度高，延长组残留露头少。从旬邑三水河、麟游澄河、铜川金锁关、韩城薛峰川以及秦岭北坡的残留地层情况分析，地层厚度普遍较大；在盆内，由西向东以及北东方向，厚度总体缓慢减小，特别是在陕北斜坡上变化明显，向东南厚度具有增大的趋势，厚度最大地区位于富县—黄陵—铜川一带，地层厚度大于1500m，变化反映了盆地古地形呈北部高，西南部和东南部低，显然当初鄂尔多斯盆地的地质结构为不对称非均衡沉降，湖盆沉降和沉积中心偏向西南。

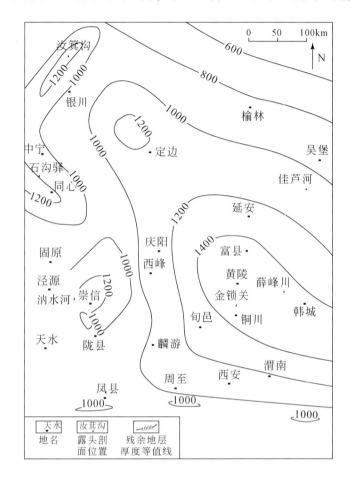

图2.6　鄂尔多斯盆地南部延长组残留地层厚度分布

对于盆内的结构，重点选择地层保存完整、深度较大的钻井剖面地层进行对比研究，发现在湖盆内不同地区，上三叠统延长组残留的各油层亚组（或岩性段）地层，在南北和东西方向存在差异和横向厚度变化。进一步进行对比，结果在南北向对比剖面上，富县—黄陵—铜川、定边、灵台、崇信、麟游一带都较厚，地层厚度一般1200～1500m，继续往南追踪，由于后期的渭北隆起，尽管地层曾遭受不同程度的剥蚀，但若考虑原始沉积面貌，按变化趋势恢复原始沉积厚度，地层厚度明显比盆地内部增厚；相反向北到陕北斜坡，延长组地层明显变薄，除定边厚度大于1200m，一般厚度为800～1100m，因而整体形成北薄（400～800m）南厚（900～1300m）格局，南北相差近300～500m，南厚北薄的变化趋势明显。

在盆地EW向剖面上，因盆地沉降幅度受周围构造环境及沉积物供给量以及沉积环境等因素影响，晚三叠世延长组地层在盆地中北部与盆地南部东西向剖面厚度变化幅度不同。其中中北部定边、安塞一带EW向残留地层厚度在盆地西缘较薄（图2.7），但进入盆地内部，东西方向上变化不是很明显，显然盆地当初东西向实现均衡沉降；在盆地西南部镇原—西峰一带东西剖面上，镇探 2 井达 1600m，而东部正 36 井为 1100m，相差近500m，同样在西南部陇县一带拗陷带内，沉积了厚达 2000～3000m 的类磨拉石沉积，进一步反映出盆地当初具有明显的西厚东薄的非均衡沉降特征。总之，不同方向剖面和平面厚度值变化揭示的盆地结构变化特征是一致的。

虽然鄂尔多斯盆地的古地形总体呈西北和东北高，南部（尤其是东南部）低的特点，盆地内部厚度也呈西厚东薄，北薄南厚之势，但对比盆地西南缘和西北缘的地层厚度值，最厚的约 2000～3000m 不等，薄的 600～700m，二者相差悬殊。进一步深入分析盆地内部地层厚度变化还发现，在盆地西部，存在的近 SN 向展布的低隆起区分隔了 SN 向的石沟驿和崆峒山较厚地层沉积区，但对于 EW 向，该隆起仅为当时沉积的水下隆起，向西延伸，并未分隔鄂尔多斯盆地与其西邻六盘山盆地。总之，多种迹象显示，延长组沉积期间，鄂尔多斯湖盆沉降的鼎盛期，湖盆水体曾可能与河西走廊地区有过沟通，导致位于该水下隆起之西的盘探 3 井和香山南麓地区仍普遍沉积残留有晚三叠世的沉积地层。深入盆地南缘至北秦岭北坡，地层均已遭受不同程度剥蚀改造，结合相带演化并考虑恢复的厚度，则原始沉积厚度可能会更大。虽然一系列晚三叠世延长组 EW 向的地层厚度对比图也显示，晚三叠世延长组的厚度在 EW 向有差异，但主要表现在盆地边缘，在盆地内部其他地区的地层稳定，差别较小，一般小于 1400m。

所以，秦岭祁连山造山山带以及山前的陇西古隆起的形成和演化对鄂尔多斯盆地的沉积环境格局具有重要意义。晚三叠世的鄂尔多斯盆地，沉积范围超越现今残留地层分布范围，延长组沉积时是一个南深北浅、NW–SE 向沉积展布，曾局部向西和东南开口大型不对称非均衡超大型拗陷盆地。

（二）盆地结构演化

晚三叠世延长组沉积时，鄂尔多斯盆地经历了发生、发展、消亡的完整演化过程。在地层剖面上按照盆地演化阶段，自上而下可将油层分为长 1、长 2、长 3、长 4+5、长 6、长 7、长 8、长 9、长 10 共 10 个油层组，对应油组相应沉积期，长 10 以河流、三角洲及部分浅湖相沉积为主，沉积物粒度总体较粗，中砂岩为主；长 9、长 8 湖盆沉积范围大幅度扩大，细粒沉积明显增加（付金华，2012）；长 7、长 6、长 4+5 期是一套砂泥岩互层夹高阻凝灰岩细粒沉积，且大面积分布，其中长 7 期是重力流、细粒沉积段，发育高阻段、高自然伽玛油页岩或碳质页岩，俗称"张家滩页岩"。长 6、长 4+5 期延续了长 7 期沉积格局，但细粒沉积范围、规模缩小；长 3、长 2 期，主要为浅色、灰绿色中-细粒砂岩夹灰黑色粉砂质泥岩；长 1 期早期为含煤的砂泥岩沉积，剖面构成韵律层，富含植物化石，中期为浅灰色中厚层粉-细砂岩与深灰色泥页岩互层，夹薄煤层及泥灰岩，晚期为浅灰色块状硬质长石砂岩与黑灰色-灰绿色粉砂质泥岩、泥质粉砂岩，夹灰色粉细砂岩沉积。延长期鄂尔多斯盆地的结构演化也反映了湖盆曾经历了早期孕育、发展、缓慢均衡沉降；中期非均衡快速沉降，湖水鼎盛外扩；晚期衰竭收缩、肢解、废弃、残留，又均衡缓慢沉积的演化过程。同时由此控制了细粒沉积物的局部形成、沉降、大面积重力流、三角洲前缘、前三角洲相细粒沉积及细粒沉积分布向湖盆腹地收缩的演化规律（付金华等，2005，2012，2013b，2013c）。

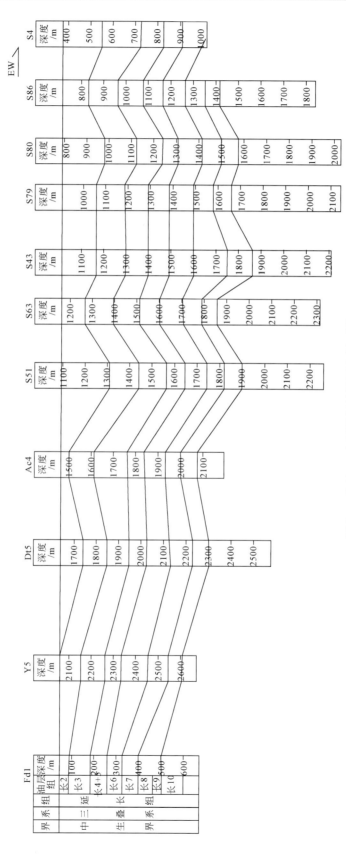

图 2.7　盆地 EW 向延长组地层厚度剖面图

四、晚三叠世鄂尔多斯湖盆原型与构造演化

(一) 鄂尔多斯湖盆原型

综合分析对比鄂尔多斯盆地内部延长组沉积过程中不同阶段和不同地区形成的充填特征后发现，盆地南缘受中生代晚期印支构造运动不均衡沉降作用影响，外围秦岭造山带持续隆升，盆地内部 SN 向不均衡沉降，沉降幅度 NE–SW 向差异较大，横向由盆地西南边缘向北东进入陇东地区，已成为盆地腹地，也是延长组沉积、沉降中心，不仅沉积环境为半深湖–深湖，持续接受了 800~1000m 的较厚沉积，而顺沉积物的水流和物源方向向东北翼追索，长 6—长 8 段地层厚度在盆地东北翼斜坡上明显小于陇东沉积中心的地层厚度，可见，平面上沉积地层厚度受湖盆沉积中心位置南移影响，盆地结构也控制湖盆内部沉积环境变化。

进一步通过选取秦岭北侧盆地本部和盆地南缘秦岭区的三叠系地层进行沉积相对比研究，发现秦岭北侧盆地内和秦岭区延长组沉积物的古水流均指向一致，物源相同。鄂尔多斯盆地北部与南侧秦岭山区局部保留的延长组地层具有相似可比的沉积充填特征及演化层序，说明鄂尔多斯盆地在晚三叠世属于广域盆地，从延长组长 6—长 8 段开始，秦岭造山带强烈挤压隆升控制了盆地深湖相沉积相带发育演化趋势，导致深湖相呈 NW–SE 向展布。于是，由此恢复的原型盆地沉积轮廓为北部以贺兰山西缘断裂带—查汗布鲁格断裂与阿拉善古陆为界；向西与六盘山盆地和河西走廊过渡区相通；西南部至西华山–六盘山断裂（海原–北祁连北缘断裂），与陇西古陆界分；南部边界跨越现今渭河地堑和北秦岭地区，可达商丹缝合带北侧一带（图 2.8）。原盆沉积范围远远超出现今延长群残留范围，周缘西北阿拉善古陆、西南祁连造山带和南部秦岭造山带为主要剥蚀区。盆地演化可划分为三个阶段，即晚三叠世早期、中期和晚期，三个阶段之间有两次区域构造下降，并形成了延长组韵律层序，演化历史记录了晚三叠世秦岭山区自东向西的隆起造山过程。

(二) 晚三叠世构造演化与沉积特征

晚三叠世，在印支运动作用下，鄂尔多斯湖盆经历了 4 个主要阶段：①早期长 10、长 9 段沉积期，沉积盆地面积大，但由于气候影响，湖盆范围较小，湖盆平稳沉降，主要接受河流粗碎屑为主以及部分湖相沉积，沉积范围广，粒级分带清晰，其中细粒沉积物位于沉积体系末端，聚集于盆地腹地，地层厚度较薄；②长 8、长 7 段沉积期，在构造强烈沉降作用下，盆地周围火山喷发，盆地结构转型，由于盆地不均衡强烈下陷，其中西南沉降幅度大，东北沉降幅度小，滑塌、重力流等事件沉积作用频发，细粒沉积平面主要位于陇东渭北一带湖盆腹地沉降中心，聚集在盆地深水区以及半深水斜坡带下方（付金华等，2013b，2013c），沉积厚度大，范围广；③长 6、长 4+5 段沉积期，盆地构造强烈回返，早期长 6 油层亚组沉积格局继承了长 7 期的特点，细粒沉积物分布范围开始分散外扩，湖盆斜坡带半深水湖带大量分布，后期进入长 4+5 段沉积期，湖底地形缓慢趋平，湖水总体变浅，但由于湖盆水深韵律性变化，沉积体中细粒砂泥岩频繁互层，

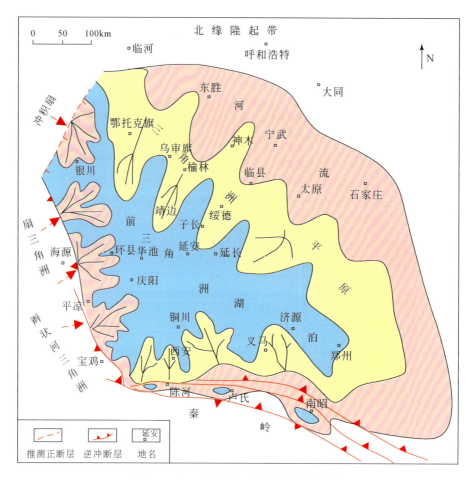

图 2.8   晚三叠世鄂尔多斯盆地沉积体系

但层厚小；④长 3—长 1 段沉积期，盆地平缓均匀沉降，细粒沉积物主要分布在沉积体下游，位于湖盆腹地以及残留湖盆中。可见，在盆地沉积演化过程中，不同阶段细粒沉积物沉积形式、分布场所及规模均不同。

第二节   晚三叠世盆地物源供给体系与沉积充填特征

由于受到构造格局的影响，晚三叠世湖盆具有多个物源供给体系，物源的远近、物源方向的变化、古地理和古地形的变化均会造成细粒沉积物分布的差异，进而造成致密油烃源岩和储集砂体展布的差异。

一、物源供给体系

鄂尔多斯盆地外围陆源源区的母岩类型以及沿途流域的裸露基岩岩性与盆地沉积物有着密切的关系。在鄂尔多斯盆地西南部，陆源沉积物外围主要属于秦岭造山带与祁连造山带接合部，是众多构造单元的汇聚区，西南侧以秦祁昆中央造山带与松潘—甘孜地块毗邻，东南缘以秦岭造山带与扬子地块相连，近 SN 向的六盘—贺兰构造带也位于该区西北，所以，物源分区多，区内岩石地层发育较全，岩性复杂，统计出露地层主要有前寒武系（Pret）、古生界（P_z）、中下三叠统（T_{1-2}）和上三叠统（T_3）。其中在北祁连造山带，主要发育古元古代结晶基底陇山岩群（Pt_1l）及新元古代晚期奥陶纪的葫芦河群（Z-Pzhl）等前寒武纪地层以及奥陶纪红土堡变基性火山岩、晚奥陶世浅变质陈家河群组成的早古生代（Pz_1）地层，造山带内还发育大量的加里东期（r_3）深成花岗岩体和印支期（r_{51}）花岗岩体；在北秦岭造山带，主要由古元古代结晶基底秦岭岩群（Pt_1）、中元古代青白口纪变质基底宽坪岩群（Pt_2k）、新元古代木其滩岩组（Pt_3）等前寒武系地层和丹凤岩群、草滩沟群和斜峪关群等早古生代（Pz_1）地层组成，造山带内部还发育大量规模不等的加里东期和印支期的侵入岩体，以及少量的四堡、晋宁期和海西期的岩体。此外，由于多活动物源，还有来自西北部阿拉善群、千里山群的相关岩石类型。

对延长组沉积物组分有影响的除盆地外围造山带的古老岩石外还有盆地边缘抬升区以及斜坡区基底或者下伏较老的岩石，二者共同形成了鄂尔多斯盆地西南部延长组的主要物源，其后者的风化物往往会随着外围的冲积物一起被带入盆内沉积，在盆地南缘和西缘的下古生界碳酸盐岩台地、上古生界的碎屑物以及盆地北部隆起斜坡区上古生界二叠系的粗碎屑沉积物也是三叠系延长组沉积物的潜在物源，盆地边缘主要有下古生界海相碳酸盐岩和碎屑岩，上古生界海陆过渡相碳酸盐岩、滨海沼泽相以及河流相碎屑沉积。

通过测定分析上述岩石类型和分布背景，研究母岩区的岩性结构和组分，有助于判断盆地内部陆源碎屑岩的岩石以及化学成分，可以提供揭示沉积物中更为细微的信息，特别是为判断水系来源和砂体方向提供依据，进而对湖盆发育、充填过程、物源变迁以及沉积环境演化等问题进行分析提供借鉴，为重塑盆地的沉积演化提供大量可靠依据。

二、物源体系与盆内细粒沉积分布特征

（一）物源对细粒沉积分布的控制

多物源区供给陆源碎屑是鄂尔多斯盆地延长组沉积的一大特点。区域地质研究表明，延长组沉积时，盆地周缘存在多个古陆，包括北方阴山古陆以及西北缘阿拉善古陆、南部的祁连-秦岭古陆以及西南陇西古陆等，它们构成了盆内碎屑物质的主要来源；其次，延长组形成时，盆内各种沉积体系的发育与分布规律，除与主要水系有关外，也受到外围物源区的控制（图2.9）。

在盆地腹地细粒沉积区，东北和西南物源体系是主要提供者，其中来自东北物源体系的沉积物，经过上游陆上长距离搬运，在河流以及三角洲平原河流的共同作用下，颗粒分选磨圆程度高。当沉积物进入湖盆继续在水下迁徙运移，细粒沉积物便成为三角洲前缘以及前三角洲沉积亚相的主要颗粒结构，细颗粒不仅流程距离长，分布范围广，而且沉积面

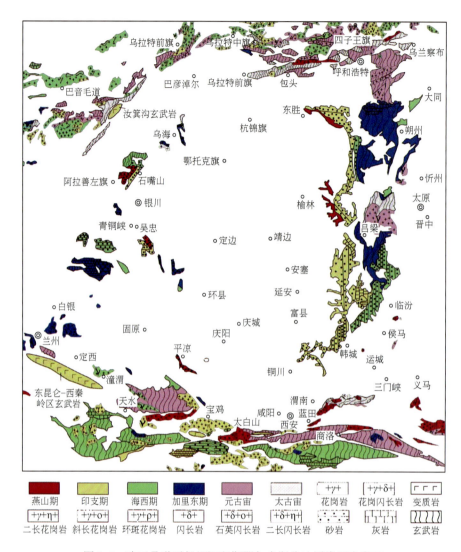

图2.9 晚三叠世延长组沉积期鄂尔多斯盆地周缘母岩类型

积大；而来自西南物源体系的沉积物，虽然沉积物流程短，但供应充分，母岩以沉积岩为主，颗粒大部分属于二次搬运、分选，沉积物颗粒总体较细，分选磨圆好，且古陡坡地形条件是细粒沉积物大量沉积充填进湖盆深水区的重要条件。

（二）物源方向改变引起的细粒砂岩颗粒组分、组合类型变化

由于盆内细粒碎屑物质来源于多物源区（付金华等，2017），而砂岩物源分区特征体现在岩石的碎屑成分、组合，填隙物特征、碎屑的粒级、分选、磨圆、支撑类型、胶结类型等一系列特征中。所以，砂岩岩石类型及主要组分的空间变化、重矿物组合类型具有分区性（表2.1），其砂体展布也与古流向有关。于是，对于以细粒陆源碎屑沉积为主的延长组沉积物，准确判断物源方向是预测砂体以及组分分区展布规律、分布范围的重要依据（付金华等，2013a，2013b，2013c，2013d）。

表 2.1　陇东地区长 6—长 8 油层组砂岩碎屑含量统计表

井区	井数/口	样品数/块	石英/%	长石/%	岩屑/%			云母和绿泥石/%
					火成岩	变质岩	沉积岩	
环县	2	4	35.83	33.17	4.07	6.43	5.13	3.84
镇原北	4	28	34.44	33.32	3.53	7.58	0.71	4.19
马岭	15	128	32.08	32.26	5.64	6.35	1.89	5.57
西峰	3	10	30.25	35.16	8.23	11.05	1.28	4.02
板桥	5	27	26.73	40.50	6.47	5.20	1.14	3.58
华庆	6	20	32.33	35.37	4.12	5.16	2.00	5.99
白豹	1	1	13.00	37.00	14.0	7.00	0.00	23.0
木钵	3	3	25.55	25.2	6.91	13.27	0.50	6.29
上里原	2	3	33.6	30.4	7.91	9.60	0.48	4.69

1. 石英组分的分区变化

通过对延长组石英颗粒成分、标型特征、含量特征统计分析发现，石英会因物源方向、源区母岩成因类型不同而不同。常见的石英成因类型有单晶、多晶及二轮回石英、碎裂石英、富尘状混浊石英和波状消光石英等多种类型。其中单晶石英中常见的二轮回石英在盆地内镇 49 井长 8_1 和白 402 井长 6_3 等层的砂岩中有分布，镜下石英颗粒具有核加大边和双层结构，核边缘有明显或不明显的薄尘边，石英的次生加大边已有明显磨蚀或者黏土膜，来自盆地外围边缘基底前古生界沉积岩以及秦岭造山带前寒武系沉积岩变质型母岩；碎裂石英是在应力作用下产生粒内微裂的石英，主要来自盆地南缘秦岭造山带和西缘逆冲带中；马岭、木钵、上里塬、环县和贺旗一带的长 8_1 以及华庆长 6_3 砂岩中矛头状、鸡骨状石英，来源于西北缘阿拉善群、渣尔泰群火山岩、变凝灰岩等；富尘状混浊石英主要来自盆地北缘阴山地区前寒武系；马岭长 8_1 砂岩中比较常见多晶石英，主要来自秦岭古隆起基底的片麻岩。

来自不同成因的石英，消光也有从突变到波状变化多种差异，其中来自古老变质岩的石英常显示出明显的波状消光；来自年轻火山岩的石英则常呈突变消光，并带小的熔蚀港湾的圆化的轮廓或具有六方双锥形的直边；火山石英易于和霏细岩屑共生，并可能与环带状长石颗粒共生。部分碎屑石英颗粒中任意分散于颗粒之内或沿晶体的显微裂隙分布的针状金红石、磷灰石、夕线石、阳起石，片状的绿泥石以及锆石、磁铁矿等细小包裹体，虽然很小，但是指示石英来源的重要标志。来自火成岩的石英是以针状或不规则状包裹物为特征，片岩和片麻岩则有规则的包裹物。石英也有单晶石英和多晶石英之分，单晶石英是指由单个石英晶体构成的颗粒，而多晶石英则是指由多个石英晶体构成的石英集合体，成因条件有差异，多晶石英其实是一种岩石碎屑。

2. 长石颗粒的分区与组分变化

长石是鄂尔多斯盆地延长组砂岩中又一重要的骨架矿物颗粒，颗粒细，分选好，含量高（一般为 22%～65%），分布普遍。长石的性质和数量往往成为岩石分类和命名的依据，精确地测定长石的性质、区分长石的类别以及研究长石的特点对于物源分析和成岩作用研究显得尤为重要。其中盆内中酸性斜长石主要来自盆地外围的关山岩体、翠华山、海源以及陇西中酸性黑云母花岗岩体，环带状斜长石与阴山老地层的基性侵入岩和变质岩有关，钾长石主要来自周缘地壳运动剧烈，物源丰富、气候干燥的花岗岩和花岗片麻岩区。以华庆地区长 6_3 小层为例，来自东北部物源区的砂岩矿物成熟度较低，具有高长石、低石英、低岩屑含量的特点；西南部物源区具有高石英、高岩屑、低长石含量的特点。

3. 岩屑的组合分区与变化

碎屑岩中岩屑是唯一保持着母岩性质的矿物集合体，较之其他碎屑颗粒带有更多的源岩区证据。岩屑含量既受源区构造稳定性、风化物的供给量、搬运沉积速度影响，构造与火山活动频发地区，岩屑供给量丰富，搬运沉积速度快、岩屑保留多；同时颗粒搬运距离、颗粒粒度、各类母岩的成分、稳定性不同，也会影响岩屑的含量。所以岩屑在各级碎屑岩中含量差异很大。

由于岩屑的岩石种类很多，变化也大，火成岩屑具隐晶结构或斑状结构；碎屑岩岩屑常具有碎屑岩的结构；区域变质岩岩屑常具有片状或半片状等定向结构；高级变质岩岩屑常具不等粒结构及定向构造等。搬运距离与不稳定岩屑含量成反比，与沉积速度成正比。盆地腹地，沉积物沉积前一般都经历了长距离搬运，碎屑岩中岩屑的含量与粒度有很强的依存关系——在粗砂岩中岩屑含量丰富，在细粒砂岩中，岩屑含量较低。当然由于各类岩石的成分、结构、风化稳定性等存在着显著差别，经过风化、搬运进入沉积盆地之后，细粒沉积越靠近湖盆腹地，颗粒中岩屑含量越低。根据对盆地外围区域地质特征研究，陇东地区延长组潜在母岩由两部分组成：一是盆地外围阴山、秦岭造山带以及吕梁、陇西、海源、千里山古隆起的古老基岩风化冲积物，二是盆地边缘的古生代基岩。

4. 延长组砂岩填隙物组分的分区与物源

填隙物中胶结物和杂基是沉积和成岩作用的综合产物，延长组砂岩填隙物的类型多、含量变化大（付金华等，2013a，2013b，2013d），分布不均匀，填隙物含量从 10% 到 30%，杂基含量从 2% 到 15%。研究发现，受沉积相带控制，高杂基填隙物砂岩主要分布于西南部的长 8 曲流河三角洲体系中的分流河道、河口坝中细粒长石砂岩以及长 7 重力流砂体、长 4+5 和长 3 滨浅湖相和河道间细粒分布区；在华庆长 6_3 和长 7 细粒砂岩中，伊利石是重要填隙物。

三、盆内古地理、古地形变化对细粒沉积物分布的影响

（一）古气候对沉积环境及沉积物特征的影响

古气候通过控制湖盆生态系统中的温度、光照以及营养物质的供给，影响着当时生态系统的古生产力，进而控制烃源岩的形成。通过古地磁研究，认为华北地块与扬子地块的拼接呈现由东向西的剪刀式对接（朱日祥等，1998）。晚三叠世是延长组沉积期，两地块

的结合带位于北纬25°左右，正是华北地块当时所处的地理位置条件，造就了当时位于华北板块西南部的古鄂尔多斯湖有利的湿润温暖的气候环境，为延长组长7段优质烃源岩的形成提供有利条件。

鄂尔多斯盆地长7样品地球化学测试分析表明，Sr/Ba值一般为0.31~0.46，小于0.5，为淡水环境，气候比较湿润，Ca/Mg值一般介于0.41~1.29，比值高低交替，总体较高，表明古气温高低交替，但总体较高，为热带-亚热带气候。表明长7期为较湿润的热带-亚热带气候。温暖湿润的古气候对延长组长7沉积期优质烃源岩形成的控制作用体现在以下几个方面：①温暖湿润的气候条件下，物源区风化程度高，水系发育，更多的营养物质被水流带入湖盆中，为浮游植物所利用，促进极高生物生产力的形成（张文正，2011）；②温暖湿润的气候由于降雨量丰富，湖盆水域面积大且深，易形成深水湖盆。

深水湖盆常因底水与表层水体温度、盐度、密度等的差别而形成分层湖，浅湖则不能。如深咸水湖常因盐度差异形成永久分层湖；热带深淡水湖因温度差异形成永久分层湖；亚热带深淡水湖为单季回水湖，冬季回水，春、夏、秋则为分层湖；温带深淡水湖为双季回水湖，春秋回水，冬夏为分层湖；寒带深淡水湖也是单季回水湖，夏季回水，春、秋、冬则为分层湖。分层湖由于底水不流动，一般为缺氧的强还原环境，十分有利于有机质保存，沉积有机质或无机矿物沉积以后，在分层湖底部，因水体宁静，无生物扰动，因此常形成纹层结构，依据纹层的稳定性甚至还可以判别湖水分层的程度与好坏。鄂尔多斯盆地延长组长7段页岩中有机质丰度高的烃源岩多具有纹层结构，应是与湖水分层，底水还原环境良好有关。

对于生物繁衍以及烃源岩有机质形成，长7油层组沉积时期的温暖潮湿气候通过控制着湖盆水体中生物的生存环境以及通过风、水流等介质从陆地搬运至湖盆中营养物质的数量，影响着湖盆水体中生物的生长，从而影响湖盆水体古生产力的大小，也影响细粒沉积岩的形成：①初级生产力的形成，其实就是生物将阳光的能量转化为生物能的过程。那么，在日照合适充足，水体中的生物大量发育的情况下，有助于形成高的初级生产力，生物可将大气中的碳大量固结，进而转化为有机质；②温暖湿润的气候下，陆地上植被发育，营养物质丰富，通过古河流携带至湖水中的营养物质较多，进一步增加了湖盆水体中营养物质的富集，为水生生物的繁衍生长提供大量物质基础；③温暖潮湿的气候可形成稳定繁盛的植被，在植被类型丰富、数量较大的情况下，陆地上土壤受到固结，通过河流及风等介质搬运到湖泊中的无机碎屑含量较低，从而降低了无机组分对有机质的稀释作用；④在温暖湿润的气候条件下，湖盆中的水体可出现分层现象，湖底的缺氧还原环境有利于有机质的聚集保存，另外，在一定的温度下，水体中氧的溶解量大大减少，也有利于有机质保存。

在晚三叠世延长期，鄂尔多斯淡水湖盆的古地理、古纬度跨度大、古气候变化复杂，这对沉积环境也产生了影响，进而影响细粒沉积物分布。平面上，从湖盆边缘到盆地腹地，形成了多种环境类型，既有北部地表河流、冲积扇、也有中南部湿润环境下的多种类型湖泊三角洲及湖泊浅水、半深水和深水，淡水湖的水体范围、深度在湖盆不同演化阶段变化较大，其中细粒沉积物主要分布在长6—长8阶段的湖盆腹地，尤以深湖-半深湖区事件沉积中最具代表性。古气候也影响细粒沉积物的组分、结构以及分区，延长组长 3、长 4+5 和长 7—长 10 段均分布有来自不同类型母岩的石英、长石、岩屑组分类型，进一步通过石英、长石、岩屑类比法，能够将沉积盆地中砂岩的碎屑成分类型及含量与潜在的母岩成分进行有效对比，恢复母岩以及物源方向。

（二）古地形对细粒沉积物分布的影响

延长组长 6—长 8 期，在盆地北东、南西两翼斜坡上具有多级坡折带（付金华等，2013b），其中盆地西南翼坡折带坡度为 3.5°～5.5°，局部最大到 5.5°，平均宽度为 15～25km；北东翼坡折带坡度为 2°～2.5°，最大达到 5°，平均宽度为 15～25km（傅强、李益，2010）。不同沉积坡折的特征区别主要体现在水深和坡降上，其沉积响应以及对三角洲前缘细粒砂体的控制作用也由此而定。由于盆地西南部坡度比北东部大，属于陡坡型坡折带，辫状河三角洲和西缘扇三角洲前端广泛发育重力流沉积砂岩；盆地北东翼由于地层倾斜度较平稳，属于缓坡型坡折带，重力流沉积不发育（图 2.10）。

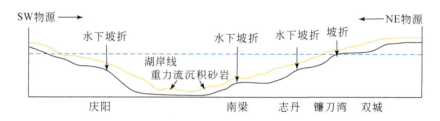

图 2.10　鄂尔多斯盆地长 6—长 8 期 NE-SW 向湖盆底形以及坡折带

结合盆地结构分析延长期鄂尔多斯湖盆中沉积物的粒度空间展布规律发现，在湖盆东北岸边宽缓坡坡折带或者平台浅水区的滨浅湖带，以滨湖相和三角洲平原及前缘亚相中细粒沉积物为主。细粒沉积物主要位于三角洲下游前缘及前三角洲亚相带，其发育程度和分布范围明显受湖泊基底古地形和古地理条件变化趋势影响。在湖岸边及滨岸带，主要是三角洲平原亚相分流河道的河漫滩、河间，细粒沉积，沉积物分布明显受相带约束，平面上顺河道呈带状分布，剖面上为透镜体状夹层，空间上总体分布局限，并在细粒沉积中夹有粗碎屑及泥质沉积；在半深湖区斜坡区，主要分布三角洲前缘亚相和末端沉积，沉积物经过上游长距离搬运沉积，分选磨圆程度高，于是在三角洲水下分流河道及末端扇沉积的砂岩中，细粒沉积物广泛分布；位于半深湖斜坡带之下的深湖区，不仅有前三角洲细粒沉积物分布，而且由于坡折带作用，重力流发育，其中在重力流沉积环境形成的沉积体系中，剖面上均发育厚层细粒沉积物，平面上以规模不等的扇状体分布在盆地腹地半深湖斜坡带及湖盆西南洼陷带。对于盆地西南翼，由于湖底地形坡降大于东北翼，沉积物搬运距离短，沉积速度快；由于沉积物源区组分为再沉积，颗粒细，沉积厚度大，分布范围不及东北物源沉积区。

在湖盆演化的不同阶段，湖盆底形会有变化。湖盆底形存在差异，这种变化既体现在不同层序砂体结构与形态变化中，同时也控制着同期及同一层序在不同地区砂体发育与保存形态。在剖面层序演化中，从长 10 到长 2 期，细粒沉积沉积环境稳定，叠加厚度大；尤其长6—长8是盆地结构转型期，也是湖盆在延长期由早期强烈下陷扩容后回返上升转换的关键时期，由于湖盆强烈下陷，湖水快速上涨，深水范围向外扩展，半深湖、深湖相细粒沉积面积迅速增大，长7期达到鼎盛期（付金华，2013b，2013c，2015），细粒沉积厚度最大，同时伴随火山活动、重力流等事件沉积最发育的时期；长4+5期以后到长1期，湖盆再次进入平缓沉降期，湖水退缩，细粒沉积物沉积范围向湖心收缩，分布面积减小，整个过程反映了湖盆的演化过程，同时也控制了细粒沉积物的发育和分布。

（三）淡水湖盆古水深与长7优质烃源岩形成

优质烃源岩发育厚度与分布范围与古湖泊深度变化有内在关联性。生物有机质分解作用中会产生许多二氧化碳，因而对比海水有光带，一般在100～500m处，微生物有机质分解作用剧烈，同时消耗大量水中的溶氧，并导致氧的含量随深度增加而减少，逐渐形成缺氧还原环境。考虑到晚三叠世鄂尔多斯盆地处于内陆，一般湖水浪小，生物种类少而单一，周围水中碎屑供给充分，湖水含泥量以及污浊度高，结合自生矿物、典型沉积构造，推测有光带可能在20～50m左右。通过泥岩稀土元素Co含量变化（吴智平和周瑶琪，2000）计算鄂尔多斯盆地长7期湖水深度，具体计算公式：

$$V_s = V_o \times N_{Co} / (S_{Co} - t \times T_{Co})$$
$$h = 3.05 \times 10^5 / (V_s^{1.5})$$

式中，h 为古水深，V_s 为样品沉积时的沉积速率；V_o 为当时正常湖泊中沉积物的沉积速率（0.15～0.3mm/a）；S_{Co} 为样品中Co的丰度；N_{Co} 为正常湖泊沉积物中Co的丰度（20ppm[①]）；T_{Co} 为物源中Co的丰度；t 为物源对样品的Co贡献值。由此恢复的长7期古湖盆水体深度为30～70m，其中深湖区位于盆地南部低纬度区。

在鄂尔多斯盆地晚三叠世古延长湖中，浮游藻类含有丰富的营养元素，浮游生物死亡后从有光带下沉，重新分解后产生的营养元素有待水体混合，重返有光带进行新的光合作用，季节性回水有利于发生藻类勃发，不仅能够提高湖泊生产力，也是沉积长7巨厚优质烃源岩主要因素之一。

长7烃源岩的沉积形成，虽然有一定的生物和物化条件，形成演化中与强还原缺氧环境有关，深水还原缺氧环境往往是有机碳富集的重要因素，但在鄂尔多斯盆地南部，延长组长7沉积时，南部古湖泊浅水环境湖中丰富营养物质还与光照率和营养元素有关。光照率又取决于纬度，低纬度有利于营养元素形成。

第三节　晚三叠世盆地原型及构造演化对细粒沉积物的影响

盆地的构造演化、岩相古地理、事件沉积均会对沉积物的分散样式产生影响，进而影响细粒沉积物的展布。

---

① 1ppm=1×10⁻⁶。

一、晚三叠世盆地原型及构造演化对沉积物分散样式的控制

（一）盆地原型结构与平面上沉积物分散样式

鄂尔多斯盆地不对称的湖盆结构与基底斜坡不仅影响湖水深浅变化和来自湖盆上游的河流流动方式，而且作用于河流携带沉积物的搬运距离和分散样式，在盆地的西翼和南翼，基底斜坡坡降大，盆缘湖水深浅变化快，入湖河流及分叉河流的流动阻力大，流程短，离岸分叉能力弱，携带的碎屑沉积物难以充分分选、淘洗，易于形成快速混杂沉积，主要为扇状体、扇三角洲和束窄带状（辫状）河流三角洲沉积。平面上沉积物分布面积和范围小，细粒扩散能力差，沉积体分散程度与颗粒分选性均较差，细粒分布相带窄；剖面上多为锥状，厚度大，重力作用导致颗粒沉降韵律性强，韵律旋回厚度大。

在盆地东北翼，湖盆基底坡降幅度小，地形开阔平坦，湖水深且变化缓慢，入湖河流及分叉河流的流动阻力小，流程曲折漫长，离岸分叉能力强，携带碎屑沉积物经过长距离牵引流的分选，颗粒均匀，分带性强，主要形成曲流河三角洲沉积。平面上沉积物分布面积和范围大，特别是细粒沉积物扩散能力强，粉细砂岩分布相带宽；剖面上多为透镜体状，厚度薄，虽然颗粒沉降韵律性强，但韵律旋回厚度小，且多与泥质互层。

（二）晚三叠世构造演化中形成的沉积物分散样式差异

晚三叠世延长期，印支运动对鄂尔多斯盆地结构、沉积环境及沉积物分散样式均有重要的影响，鄂尔多斯湖盆也经历了孕育发展期、构造强烈下陷沉降与快速回返期、后期的缓慢沉降沉积期与分解衰亡期。其中在早期长10—长9期，湖盆平稳沉降，湖盆范围小，水体浅，广泛接受河流以及湖相碎屑沉积，局部少量细粒沉积，沉积体粒级分带清晰，细粒沉积物主要位于沉积体系末端，不同方向的细粒沉积物聚集于盆地腹地，沉积厚度较薄。

长8—长7期，湖盆开始不均衡强烈下陷，西南沉积幅度大，东北沉降幅度小，与此同时，湖泊水涨外扩，湖水面积增大，尤其是深水和细粒沉积范围大幅扩大，细粒沉积相以湖盆腹地陇东为中心占据了盆地内部大部分地区。由于主要水流方向源自 NNE、SSW 向，顺水流方向在三角洲前缘及前三角洲相带是细粒沉积最主要分布区，湖盆东北翼大于西南。在湖盆腹地，受事件沉积作用，细粒沉积聚集在盆地深水区及半深水斜坡带下方，剖面厚度大，颗粒均匀。

长6—长4+5期，湖盆底形开始趋平，湖水缓慢变浅，湖盆斜坡带半深水湖带大量分布（付金华等，2013a）。平面上，早期长6沉积期，沉积格局继承了长7时期面貌，细粒沉积物分布范围主要集中在盆地腹地，持续时间长，环境稳定，发育三个韵律过程；长4+5后期，在区域抬升运动影响下，随着湖泊间歇性抬升变浅，湖岸河流与三角洲沉积向盆地边缘退缩，相应细粒沉积物分布范围开始分散外扩，相带变小缩窄。在剖面上韵律层增多，厚度减小，砂泥频繁互层。

长3—长1期，湖盆开始缓慢平缓均匀韵律式沉降抬升，河湖沉积体系进入衰竭期，

细粒沉积物主要分布在沉积体系下游，位于湖盆腹地以及一些小的残留洼陷中，范围规模收缩，粗碎屑增加。

可见，盆地结构演化转换过程中，不同阶段细粒沉积物沉积形式和分布场所及规模不同，构造运动导致的湖盆结构、古地理、古地形变化对沉积物分散样式有重要的控制作用，盆内发育受控于区域东隆西拗的构造背景，隐伏或者低起伏隆起区，不仅影响周围沉积环境、而且对水流方向具有控制作用。

二、盆地沉积物分散样式对细粒沉积物分布的影响

盆地沉积物分散样式与细粒沉积物分布有密切关系，古水流有助于判断盆地边缘古斜坡的坡降、倾斜方向以及沉积物的供给方向。盆地内部不对称沉降的原型结构直接影响盆地内部沉积体系和细粒沉积物聚集分散样式，结果造成细粒沉积物的空间分布差异。平面上，同一层序不同区带中，由于湖盆内沉积物分别来源于东北、西南以及西北三个不同方向，沉积物搬运流域与沉积场所的坡降存在差异。西南坡和西北坡降大，坡形陡，漫流分散性差，分别形成辫状河三角洲和扇三角洲，其中分支河道砂体厚度大，流程短，分叉性差，带状砂体少，粒度粗，河口坝砂体不发育，但河道侧向迁移改道能力强，所以砂体横向连续对比性好；而东北属于正常曲流河三角洲，上游有湖岸浅水滩砂，中游水下分流河道和河口砂坝发育，沿途受坡折影响，会有二次搬运，有湖底浊积砂与扇前薄层席状砂，韵律性强。剖面上，延长组长10—长9、长8—长6以及长4+5—长1各沉积阶段，湖盆底形存在差异，其中长8—长6时期是盆地结构转型期，也是湖盆在延长期由早期强烈下陷扩容后回返上升转换关键期，盆地结构以及底形特征比湖盆发展早期的长9—长10期以及盆地经历长期沉积充填回返后的长3—长1期复杂，盆地边缘坡降幅度大，并受盆地底形、坡折线、重力流以及湖底流影响，砂体分布形态复杂多样。

在砂体结构内部，由于细粒砂在搬运和沉积过程中常常在岩层中会形成各种沉积构造，例如交错层理、流水波痕、槽模构造、砾石叠瓦构造等特有的岩石组分、粒级结构、地层和沉积相变化，所以细粒沉积物的分散样式往往就记录在古水流的相关沉积组构与构造中，并且受相带演化控制。延长组沉积物分散样式也可以通过沉积构造、岩石组分、粒级结构、地层和沉积相变化分析判断。进一步结合碎屑颗粒轻、重矿物组合与砂岩粒度变化趋势，确定沉积物水系分布、细粒沉积范围和边界。在延长期长8—长6细粒主要沉积期，通过系统的在盆地南部麟游、耀县庙湾、铜川漆水河、韩城薛峰川、西南部汭水河地区、策底坡、西部崆峒山、固原窑山和炭山等剖面实测交错层理、砾石最大扁平面、层面植物根茎、沟模、槽模、纵向脊、砾石叠瓦等，获得数据260多个，恢复了古水流，并发现砂体延伸方向近似水流方向，细粒沉积形态继承了砂体的轮廓形态，主要位于扇状体外扇及末端。

三、晚三叠世盆地事件沉积对细粒沉积物分布的影响

晚三叠世延长期（尤其长8—长6沉积阶段），是鄂尔多斯湖盆构造动力学的活跃期，不仅盆地结构在沉降回返期不断改变，而且周缘及盆地内部伴生的火山喷发、地震活动与

11（3）：41～48

殷鸿福，杨逢清，赖旭龙等.1988.秦岭三叠系分带及印支期发展史.地球科学，2（3）：355～365

殷鸿福，杜远生，许继锋等.1996.南秦岭勉略古缝合带中放射虫动物群的发现及其古海洋意义.地球科学，21（2）：184

翟光明，宋建国，靳久强等.2002.板块构造演化与含油气盆地形成和评价.北京：石油工业出版社

张进，马宗晋，任文军.2000.鄂尔多斯盆地西缘逆冲带南北差异的形成机制.大地构造与成矿学，24（2）：124～133

章贵松，张军，王欣等.2005.鄂尔多斯盆地西缘晚古生代层序地层划分.天然气工业，25（4）：19～22.

赵文智，王新民，郭彦如等.2006.鄂尔多斯盆地西部晚三叠世原型盆地恢复及其改造演化.石油勘探与开发，33（1）：6～13

朱日祥，杨振宇，马醒华等.1998.中国主要地块显生宙古地磁视极移曲线与地块运动.中国科学（D辑：地球科学），28（S1）：1～16

张文正，杨华，付锁堂.2006.鄂尔多斯盆地晚三叠世湖相优质烃源岩段中震积岩的发现及其地质意义.西北大学学报（自然科学版），36（SI）：31～37

张文正，杨华，彭平安等.2009.晚三叠世火山活动对鄂尔多斯盆地长7优质烃源岩发育的影响.地球化学，38（6）：573～582

张文正，杨华，解丽琴等.2010.湖底热水活动及其对优质烃源岩发育的影响——以鄂尔多斯盆地长7烃源岩为例.石油勘探与开发，37（4）：424～429

张文正，杨华，解丽琴等.2011.鄂尔多斯盆地延长组长7优质烃源岩中超微化石的发现及意义.古生物学报，50（1）：109～117

第三章　致密油大面积富砂特征与成因机理

鄂尔多斯盆地三叠系延长组长 7 沉积期，东北部发育曲流河三角洲–湖泊沉积体系与西南部发育辫状河–重力流–湖泊沉积体系交汇形成大面积砂体，砂体成因类型多样，成因机理复杂。

本章系统总结晚三叠世盆地沉积物源区、沉积体系类型和致密油细粒砂岩特征；通过致密油砂体沉积过程水槽模拟实验，结合晚三叠世沉积构造背景，总结盆地半深湖–深湖区细粒级砂体大面积分布的控制因素和空间分布规律。

第一节　致密油砂体沉积体系及特征

根据盆地周缘古水流方向，粒度变化特征，轻、重矿物，岩屑组合特征及稀土元素富集规律分析，鄂尔多斯盆地长 7 期沉积时为一个大型汇水盆地，其物源分别来自于周边不同古陆。根据物源方向及影响区域的不同，可划分为东北物源、西北物源、西–西南物源及南部物源。物源区分别为盆地北东–北缘的大青山及阴山古陆，西北部的阿拉善古陆、西南部的陇西古陆及南部的秦岭古陆；而盆地东部的吕梁山尚未隆起不提供物源。其中对盆地影响最大的为东北物源及西南物源（图 3.1）（宋凯等，2002；魏斌等，2003；王若谷，2010）。在东北物源体系控制下，主要发育曲流河三角洲–湖泊沉积体系；在西南物源体系控制下，主要发育辫状河三角洲–重力流–湖泊沉积体系（表 3.1）（蔺宏斌等，2008；朱筱敏等，2013；付金华等，2013a，2013b）。

一、曲流河三角洲–湖泊沉积体系

鄂尔多斯盆地在延长期是一个东北缓、西南陡的不对称盆地（付金华等，2015a，2015b）。晚三叠世延长期，气候湿润、降水充沛，盆地周缘水系发达，地处东北缘、北缘的阴山古陆和大青山古陆能够为盆地东北部提供终年稳定的物源供给；加之东北缘一侧处于湖盆长轴方向，区域构造稳定，地形坡降和缓，坡度约为 2°~2.5°，有利于曲流河三角洲的发育。

在东北部物源体系控制下，盆地东北部长 7 沉积期向盆地中心依次发育：曲流河三角洲平原—曲流河三角洲前缘—湖泊沉积（图 3.2）。曲流河三角洲沉积主要发育曲流河三角洲平原和前缘亚相，其中曲流河三角洲平原细分为分流河道、天然堤、决口扇、分流间洼地 4 种微相；曲流河三角洲前缘细分为水下分流河道、河口砂坝、远砂坝、支流间湾微相（表 3.1），由于曲流河三角洲平原仅在盆地东北部少量发育，因此，下面主要对曲流河三角洲前缘各微相特征详细描述。

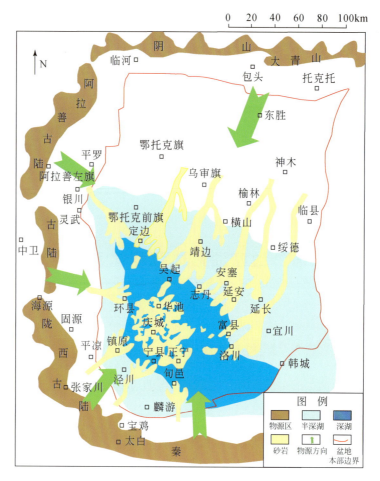

图 3.1　鄂尔多斯盆地延长组长 7 物源方向

表 3.1　鄂尔多斯盆地长 7 段沉积体系划分

沉积体系	沉积相	亚相	微相	分布区域
曲流河三角洲–湖泊沉积体系	曲流河三角洲	曲流河三角洲平原	分流河道、天然堤、决口扇、分流间洼地	盆地东北部
		曲流河三角洲前缘	水下分流河道、支流间湾、河口砂坝、远砂坝	
	湖泊	半深湖–深湖	半深湖–深湖泥	
辫状河三角洲–重力流–湖泊沉积体系	辫状河三角洲	辫状河三角洲前缘	水下分流河道、分流间湾、席状砂	盆地西南部
	重力流沉积	水道、堤岸、前端朵叶	滑塌沉积、砂质碎屑流沉积、浊流沉积、原地沉积	
	湖泊	半深湖–深湖	半深湖–深湖泥	

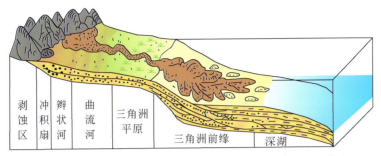

图 3.2　盆地东北物源水系形成的曲流河三角洲–湖泊沉积模式

　　水下分流河道：岩性为灰色中—厚层状长石细砂岩，砂岩泥质含量少，结构成熟度高；发育平行层理、槽状交错层理等高能牵引流沉积构造（图 3.3a、b、c）；整体为向上变细的正韵律，剖面上表现为多期河道砂体的垂向叠加，冲刷面构造发育，砂体底部常见定向排列的泥砾；SP 曲线幅度为中–高幅，形态为钟形或箱形形态组合，GR 值在 40～120API 之间（图 3.4）。

图 3.3　盆地东北部长 7 段岩心构造典型照片

a. 平行层理细砂岩，安 28 井，长 7$_2$，2013.7m；b. 槽状交错层理细砂岩，桥 24 井，长 7$_3$，1119.1m；c. 槽状交错层理细砂岩，环 54 井，长 7$_3$，2714.95m；d. 包卷层理，丹 150 井，长 7$_3$，1143.04m；e. 灰黑色粉砂质泥岩，见植物叶片，环 79 井，长 7$_3$，2659m；f. 灰色泥岩，见植物化石，安 28 井，长 7$_2$，1963.40m

　　河口砂坝：岩性以灰色中层状岩屑质长石细砂岩为主，其次为灰色泥质粉砂岩、粉砂质泥岩，砂岩泥质含量低，分选磨圆好，无明显冲刷面和泥岩隔层。自下而上有一定粒级变化，多为下细上粗的反韵律。自然伽马曲线幅度自下而上幅度递增，曲线形态呈齿化的漏斗状，GR 值在 50～130API 之间（图 3.4）。

远砂坝：岩性为灰色岩屑质长石粉砂岩、泥质粉砂岩，发育沙纹层理及浪成波痕构造，平面上分布稳定，延伸较远；纵向上相带分布范围窄，厚度薄，常与滨浅湖泥互层，自然伽马曲线呈低幅值微齿化的漏斗型。

支流间湾：岩性以暗色泥岩、粉砂质泥岩为主，泥岩中富含植物碎屑、炭屑及介壳类化石（图3.3e、f），沉积构造见低能的水平层理，沙纹层理，垂直虫孔等生物遗迹构造也较为常见，测井曲线呈微齿化或光滑的低幅平直曲线（图3.4）。

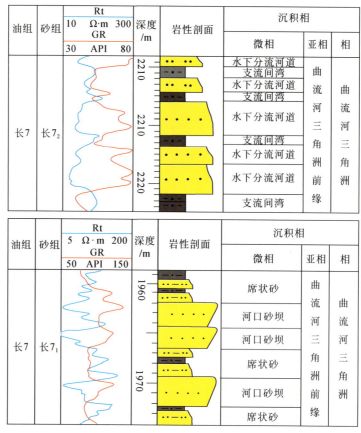

图3.4   盆地东北部长7段曲流河三角洲前缘各微相测井曲线特征

盆地东北部长7期的沉积特征主要是（窦伟坦，2005；杨华等，2013；付金华等，2013a）：①曲流河三角洲发育在距物源区相对较远的地方，是一个相带发育完整的沉积相；②沉积物粒度较细，以灰色长石细砂岩、岩屑质长石细砂岩、泥质粉砂岩、粉砂质泥岩、暗色泥岩为主；结构成熟度及矿物成熟度较高，矿物成分与物源成分一致；③发育多种沉积构造，其中包括冲刷面构造、平行层理、槽状交错层理、沙纹层理、浪成波痕构造、水平层理，含植物化石及生物遗迹构造（图3.3），在三角洲平原部分可见到一些水上暴露沉积构造标志；④曲流河三角洲平原的分流河道具有复杂的分支与决口扇，因此常呈交织状，河道砂多为对称或近于对称的上平下凸的透镜体，平面上为分支或交织的带状；⑤一般说来，河口坝受分流河道的冲蚀而不发育，只有少数情况下发育完整；⑥鄂尔多斯盆地的曲流河三角洲主要形成在湖盆拗陷回返期，砂体分布范围广泛。

二、辫状河三角洲–重力流–湖泊沉积体系

鄂尔多斯盆地陇东地区南部、西南部属西秦岭北缘断裂构造带与稳定鄂尔多斯克拉通之间的过渡区域，造山带发育，地形坡降大，平均坡度范围为3.5°~5.5°，距物源较近，满足辫状河三角洲形成构造背景条件。

在西南部物源体系控制下，盆地西南部长7沉积期向盆地中心依次发育：辫状河三角洲前缘—重力流沉积—湖泊沉积体系（图3.5）。

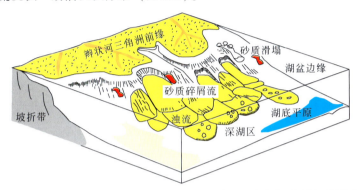

图3.5 盆地西南物源水系形成的辫状河三角洲–重力流–湖泊沉积模式

（一）辫状河三角洲前缘

盆地长7期辫状河三角洲沉积主要发育辫状河三角洲前缘亚相以及水下分流河道、席状砂、支流间湾等微相，各微相沉积特征如下：

水下分流河道：岩性为浅灰色细砂岩、灰绿色长石石英砂岩，长石、岩屑等不稳定组分含量较高，成熟度偏低；沉积构造以交错层理、波状层理为主；河道砂体间泥岩、粉砂岩夹层较多，底部冲刷面广泛发育，垂向上表现为下粗上细的正韵律，单砂体厚度向上逐渐变薄，测井曲线形态为箱形或钟形，GR值为60~170API（图3.6）。

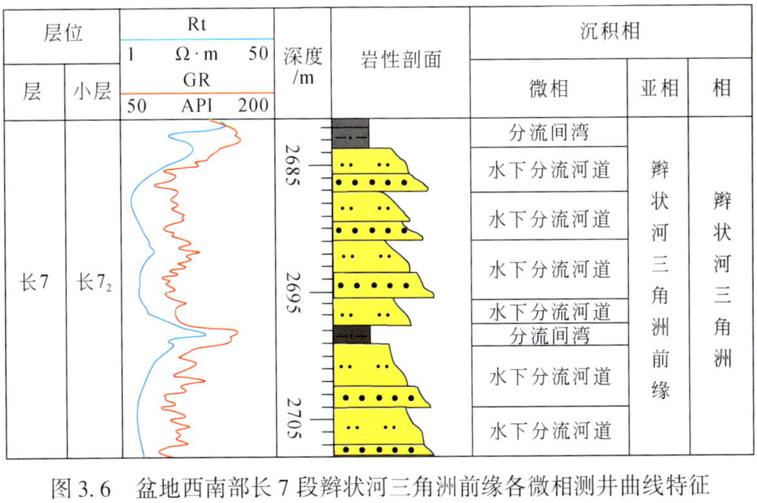

层位		Rt		深度 /m	岩性剖面	沉积相		
		1　Ω·m　50				微相	亚相	相
层	小层	GR						
		50　API　200						
长7	长7₂			2685		分流间湾	辫状河三角洲前缘	辫状河三角洲
						水下分流河道		
						水下分流河道		
				2695		水下分流河道		
						水下分流河道		
						分流间湾		
				2705		水下分流河道		
						水下分流河道		

图3.6 盆地西南部长7段辫状河三角洲前缘各微相测井曲线特征

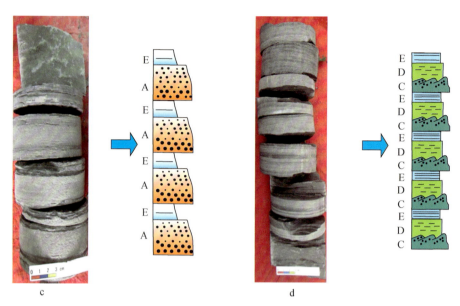

图 3.9　长 7 段浊流沉积鲍马序列

a. 演 22 井，长 7，2642.2m；b. 西 63 井，长 7，17712m；c. 庄 140 井，长 7，1844.37m；d. 演 22 井，长 7，2612.35m

图 3.10　浊流沉积的槽模构造

a. 宁 34 井，长 7，1598.82m；b. 旬邑野外露头，长 7

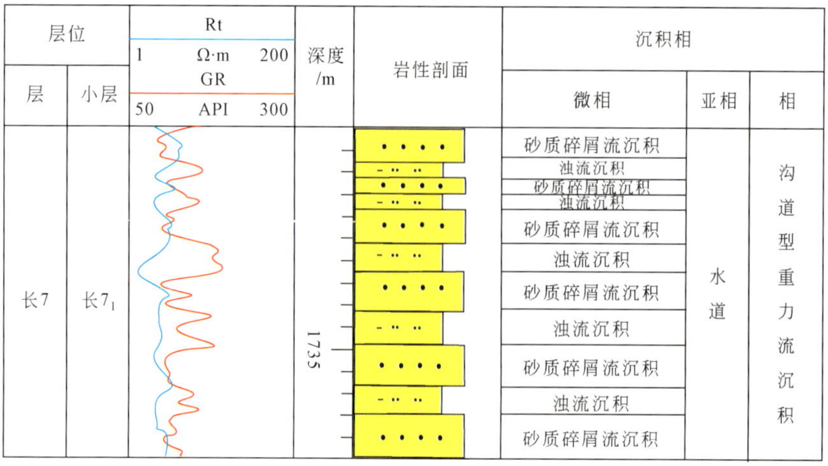

层位		Rt		深度	岩性剖面	沉积相		
		1　Ω·m　200		/m				
		GR						
层	小层	50　API　300				微相	亚相	相
长 7	长 7₁			1735		砂质碎屑流沉积	水道	沟道型重力流沉积
						浊流沉积		
						砂质碎屑流沉积		
						浊流沉积		
						砂质碎屑流沉积		
						浊流沉积		
						砂质碎屑流沉积		
						浊流沉积		
						砂质碎屑流沉积		
						浊流沉积		
						砂质碎屑流沉积		

图 3.11　浊流沉积微相的测井响应特征（西 66 井）

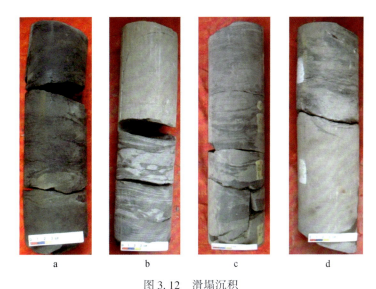

图 3.12 滑塌沉积

a. 里 88 井，长 72，2292.25~2292.65m；b. 正 70 井，长 7_1，1585.4~1585.75m；c. 白 227 井，
长 7_1，2240.35~2240.72m；d. 正 70 井，长 7_2，1605.35~1605.75m

盆地长 7 段重力流沉积砂体具有以下特征（李相博等，2010a，2010b；付金华等，2015a）：①砂质碎屑流沉积近源分布，浊流沉积远源分布；②顺物源方向，砂质碎屑流沉积向浊流沉积时空转换；③砂体纵横向连通性差异明显：砂体纵向连通性较好，横向连通性较差；④整体上，重力流砂体具有带状展布的特征。

（三）湖泊沉积

盆地延长组湖泊沉积体发育在盆地中心偏西南一带，主要发育半深湖–深湖亚相的半深湖–深湖泥微相沉积（付金华等，2013c），半深湖–深湖泥微相位于湖盆中水体较深的部位，波浪作用几乎完全不能涉及，水体安静，地处乏氧的还原环境。岩性的总特征是粒度细、颜色深、有机质含量高。岩石类型以质纯的泥岩、页岩为主；主要为水平层理和细水平纹层、常见介形虫等浮游生物化石（图 3.13）；可见菱铁矿和黄铁矿等自生矿物，多呈分散状分布于黏土岩中（图 3.14）。

图 3.13 黑色页岩，常见介壳类化石，张 22 井，长 7_3，1644.39m

图 3.14　黑色页岩（含黄铁矿），盐 56 井，长 7_3，3058.35m

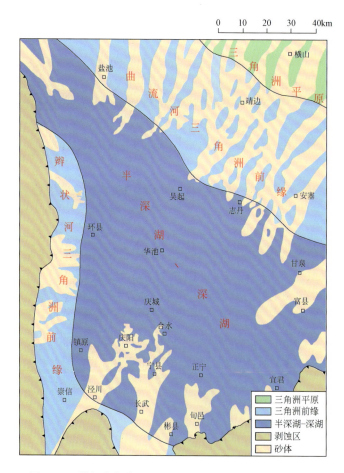

图 3.15　鄂尔多斯盆地晚三叠世延长组长 7_3 沉积相平面图

鄂尔多斯盆地长 7 沉积期在多物源沉积背景下，三角洲主要自西南、东北方向向湖盆中心推进，并逐渐过渡为深水重力流沉积和半深湖–深湖泥沉积（杨华等，2010；付金华等，2013b，2013c，2015a，2015c）。长 7_3 沉积期，鄂尔多斯盆地湖盆面积最大，东北部地区湖岸线位于横山一带，西南部地区冲积扇直接过渡为三角洲前缘沉积；半深湖–深湖沉积面积最大（图 3.15）。长 7_2 期的岩相古地理是在长 7_3 的基础上进一步演化而成，分布特征继承了长 7_3 期的格局，盆地湖水面积有减少趋势，显示湖侵作用逐渐减弱，三角洲平原相带变化不大，而前缘亚相带向湖盆中心扩大，半深湖–深湖相沉积面积较长 7_3 明显减少，沉积中心位于环县—华池—正宁一线（图 3.16）。长 7_1 期的岩相古地理基本继承了长 7_2 期的格局，盆地内总体上湖水面积比长 7_2 明显减少，显示湖侵作用进一步减弱，相应的三角洲平原相带进一步变宽；前缘亚相带较长 7_2 向湖盆中心推进，与平原相带的界限位置明显向湖盆中心进一步位移；长 7_1 明显的特征是重力流砂体和前缘相砂体较长 7_2、长 7_3 发育（图 3.17）。

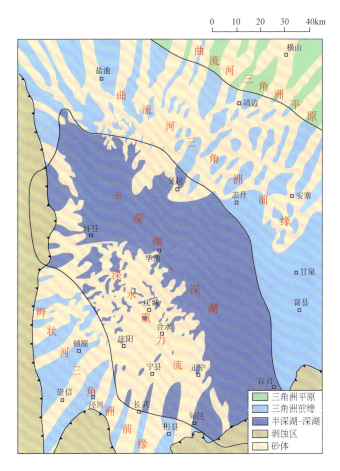

图 3.16 鄂尔多斯盆地晚三叠世延长组长 7_2 沉积相平面图

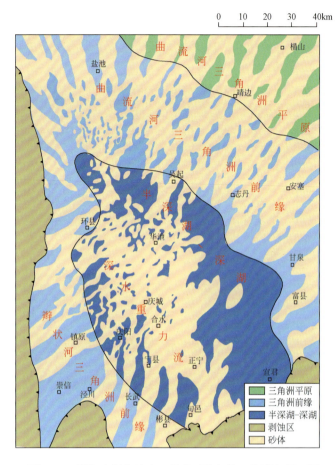

图 3.17　鄂尔多斯盆地晚三叠世延长组长 7_1 沉积相平面图

第二节　致密油细粒砂岩类型、特征与分布

致密油砂体叠置关系反映了砂体形成过程中的水动力特征、物源及沉积相垂向演化。鄂尔多斯盆地长 7 段发育叠置型砂体（A 型）、厚层等厚型砂体（B 型）、薄层等厚型砂体（C 型）、向上变薄型砂体（D 型）、向上变厚型砂体（E 型）、薄厚互层型砂体（F 型）6 种致密油砂体垂向组合类型。在平面上，盆地长 7 段块状-中层状平行、交错层理细砂岩主要发育在三角洲前缘水下分流河道、河口砂坝；中-薄层状沙纹、水平层理粉砂岩、块状变形层理粉砂岩主要分布在远砂坝、席状砂；厚层状含泥岩撕裂屑细砂岩主要分布在半深湖滑塌沉积环境；块状细砂岩主要分布在半深湖砂质碎屑流沉积环境；中-厚层状底模构造细砂岩，薄-厚层状粒序层理粉砂岩主要分布在浊流沉积环境中；长 7_3—长 7_1 沉积期，随着湖盆面积的萎缩，砂质沉积向前推进，泥质沉积范围减小。

本节通过总结致密油砂体的结构类型和特征，选取顺物源过半深湖-深湖沉积区的 NE-SW 向和横切物源 NW-SE 向两条岩石类型剖面图进行解剖，进而从横向上分析不同沉积体系下细粒岩的分布规律。

一、致密油细粒砂岩的内涵及特征

术语"细粒沉积岩"主要是根据岩石粒度分析提出（Krumbein，1932），是指粒级<0.1mm 的颗粒含量大于 50% 的碎屑沉积岩，主要由黏土和粉砂等细粒物质组成，包含少量盆地内生碳酸盐、生物硅质、磷酸盐等颗粒（Picard，1971），目前已被国内外学者普遍接受和广泛应用。

致密油气（页岩油气）勘探开发的对象是泛指有石油和天然气聚集的致密砂岩层系、页岩层系和碳酸盐岩层系，基于科学研究和生产实践的需要将鄂尔多斯盆地淡水湖盆细粒沉积岩定义为粒度在细砂级以下（包括细砂）的细粒物质组成的复杂岩石组合。致密油细粒砂岩是指粒度在细砂级及以下的细粒物质组成的类型多样、成分复杂的砂岩（袁珍等，2011；庞军刚等，2014；袁选俊等，2015）。

在对盆地周缘长 7 段野外露头观察及实测的基础上，结合岩心资料、测井资料、分析测试资料等发现长 7 段细粒沉积岩石类型丰富、矿物成分多样（付金华等，2013b，2015c）。矿物成分是研究细粒沉积岩的基础，因此依据碎屑、黏土、火山碎屑和碳酸盐四组分含量，将细粒沉积划分为砂岩、黏土岩、火山碎屑岩和碳酸盐岩四大岩类，其中细粒砂岩类包括细砂岩、粉砂岩；细砂岩可进一步依据单层厚度、沉积构造划分出块状-中层状平行、交错层理细砂岩，厚层状含泥岩撕裂屑细砂岩，块状细砂岩，中-厚层状底模构造细砂岩；粉砂岩可划分出中-薄层状沙纹、水平层理粉砂岩，块状变形层理粉砂岩，薄-厚层状粒序层理粉砂岩（表3.2）。

表 3.2　鄂尔多斯盆地长 7 段细粒砂岩类型及特征

岩石类型		沉积特征	矿物成分	沉积环境	发育情况
细砂岩	块状-中层状平行、交错层理细砂岩	灰色、灰绿色、灰褐色为主，发育大型槽状、板状、楔状交错层理，砂岩成熟度较高，具冲刷面	石英 27%，长石 38%，黏土 17%	三角洲前缘水下分流河道/河口沙坝	十分发育
	厚层状含泥岩撕裂屑细砂岩	浅灰色、灰色为主，棱角状、次棱角状泥砾发育，砂泥岩混杂	石英 30%，长石 48%，黏土 15%，碳酸盐 4%	三角洲前缘或坡折带滑塌沉积	发育
	块状细砂岩	浅灰色、灰色、灰褐色为主，块状、无粒序层理，见棱角状、次棱角状泥砾及"泥包砾"构造，与上、下岩层均呈突变接触	石英 34%，长石 45%，黏土 14%，碳酸盐 5%	坡折带砂质碎屑流沉积	十分发育
	中-厚层状底模构造细砂岩	灰色、深灰色为主，为鲍马序列 A 段，发育槽模、沟模、火焰状构造	石英 40%，长石 30%，黏土 15%，碳酸盐 11%	浊流沉积（A 段）	发育

续表

岩石类型		沉积特征	矿物成分	沉积环境	发育情况
粉砂岩	中－薄层状沙纹、水平层理粉砂岩	浅灰绿、灰色为主，质纯、分选好，见生物扰动构造	石英 25%，长石 40%，黏土 17%，碳酸盐 5%	三角洲前缘远砂坝、席状砂	发育
	块状变形层理粉砂岩	灰黑色、灰色为主，发育包卷层理、小型褶皱，与上下岩层岩性差异显著	石英 28%，长石 45%，黏土 18%，碳酸盐 3%	三角洲前缘	较发育
	薄－厚层状粒序层理粉砂岩	深灰、灰黑色为主，发育平行层理、沙纹层理，具完整或不完整的鲍马序列	石英 35%，长石 42%，黏土 20%，碳酸盐 1%	浊流沉积（A—D段）	十分发育

块状－中层状平行、交错层理细砂岩：该岩石类型在盆地十分发育，以灰色、灰绿色、灰褐色为主，中层－块状，单层厚度可达数米，发育大型平行层理，槽状、板状、楔状交错层理。石英平均含量为 27%，长石平均含量为 38%，黏土平均含量为 17%。由高能量的水流作用形成，沉积于三角洲前缘水下分流河道和河口砂坝。

厚层状含泥岩撕裂屑细砂岩：该岩石类型在盆地较发育，岩性主要以浅灰色、灰色为主，厚层－块状，厚度约为 1m，棱角状、次棱角状泥砾发育，砂泥岩混杂，底部揉皱变形，与下伏泥页岩突变接触。石英平均含量为 30%，长石平均含量为 48%，黏土平均含量为 15%，碳酸盐平均含量为 4%。由重力作用滑塌形成，沉积于三角洲前缘陡坡或半深湖坡折带。

块状细砂岩：该岩石类型在盆地十分发育，以浅灰色、灰色、灰褐色为主，块状、无粒序层理，与上、下岩层均呈突变接触，局部见棱角状、次棱角状泥砾及"泥包砾"构造，直径几个厘米，呈褐黄色。石英平均含量为 34%，长石平均含量为 45%，黏土平均含量为 14%，碳酸盐平均含量为 5%。由非黏性碎屑流以块体搬运方式形成，沉积于半深湖坡折带附近。

中－厚层状底模构造的细砂岩：该岩石类型在盆地发育，以灰色、深灰色为主，中－厚层状，单层厚度普遍小于 50cm，为鲍马序列 A 段，底模构造以槽模、沟模为主，可见向上变细的递变层理及火焰状构造。石英平均含量为 40%，长石平均含量为 30%，黏土平均含量为 15%，碳酸盐平均含量为 11%。由浊流自悬浮沉积形成，多沉积于半深湖坡折带近湖底平原的地带。

中－薄层状沙纹、水平层理粉砂岩：该岩石类型在盆地发育，以浅灰绿、灰色为主，中－薄层状，发育沙纹层理、水平层理，质纯、分选好，局部见生物扰动构造。石英平均含量为 25%，长石平均含量为 40%，黏土平均含量为 17%，碳酸盐平均含量为 5%。由较高能量的水流作用形成，多沉积于三角洲前缘远砂坝、席状砂。

块状变形层理粉砂岩：该岩石类型在盆地较发育，主要见于东北部，以灰黑色、灰色为主，块状，发育包卷层理、小型褶皱，与上、下岩层岩性差异显著。石英平均含量为 28%，长石平均含量为 45%，黏土平均含量为 18%，碳酸盐平均含量为 3%。由液化变形作用形成，多沉积于三角洲前缘。

薄－厚层状粒序层理粉砂岩：该岩石类型在盆地发育，以深灰、灰黑色为主，薄－厚层状，单层厚度小于 50cm，发育平行层理、沙纹层理、水平层理，具完整或不完整的鲍马序列，多见 AB、ABC、DE 等组合形式，常与底模构造细砂岩共同出现。石英平均含量为 35%，长石平均含量为 42%，黏土平均含量为 20%，碳酸盐平均含量为 1%。由浊流自悬浮沉积形成，多沉积于半深湖坡折带近深湖的地带（图 3.18）。

图 3.18　鄂尔多斯盆地长 7 段致密油细粒砂岩野外照片

a. 黄绿色平行层理细砂岩，水下分流河道，长 7$_1$ 宁东宝塔剖面；b. 灰色含泥岩撕裂屑细砂岩，长 7$_1$，三水河剖面；c. 块状细砂岩中"泥包砾结构"，长 7$_1$，瑶曲剖面；d. 灰色块状细砂岩，长 7$_1$，三水河剖面；e. 灰色槽模构造细砂岩，浊流沉积，长 7$_1$，三水河剖面；f. 灰色水平层理粉砂岩，席状砂，第 11 层，长 7$_2$，延河剖面；g. 灰色沙纹层理粉砂岩，远沙坝，长 7$_3$，黄龙剖面；h. 鲍马序列，长 7$_1$ 石佛峡剖面；i. 砂岩交错层理，长 7$_3$ 神木枯叶河剖面

二、致密油砂体结构类型及特征

沉积环境控制着不同成因类型砂体的发育，其不同成因类型砂体叠置关系也反映了砂体形成过程中的水动力特征、物源及沉积相垂向演化。通过野外剖面及岩心观察、测井资

砂体的垂向组合特征。因此，不同沉积相带具有不同的砂体垂向组合类型。在三角洲沉积环境中，砂体厚度随着物源方向逐渐减薄，到三角洲前缘，水下分流河道砂体在横向上迁移摆动，分流河道砂体相互切割形成叠置型砂体（A型）；或分流河道厚层砂体冲刷接触，砂体之间被一定厚度的细粒沉积所分割，形成厚层等厚型砂体（B型）。

在坡折带沉积环境中，主要发育近物源的深水重力流沉积。在沟道亚相中，砂质碎屑流沉积较为发育，不同沉积期的砂质碎屑流沉积厚层砂体在垂向上的相互叠加，之间被原地细粒沉积所分割，形成厚层等厚型砂体（B型）；在沟道边缘，浊流沉积较为发育，不同沉积期的浊流沉积薄层砂体在垂向上的相互叠加，之间被原地细粒沉积所分割，形成薄层等厚型砂体（C型）。

在深湖沉积环境中，主要发育远物源的深水重力流沉积。砂质碎屑流沉积与浊流沉积相互转化，可形成以下3类砂体：①砂质碎屑流沉积向浊流沉积演化，后期浊流沉积砂体叠加在前期砂质碎屑沉积砂体之上，形成向上变薄型砂体（D型）；②浊流沉积向砂质碎屑流沉积演化，后期砂质碎屑流沉积砂体叠加在前期浊流沉积砂体之上，形成向上变厚型砂体（E型）；③砂质碎屑流沉积和浊流沉积相互演化的沉积砂体在垂向上的叠加，形成薄厚互层型砂体（F型）。

因此，不同沉积相带具有不同的砂体垂向组合类型。三角洲沉积砂体类型以A+B型为主，坡折带沉积以B+C型为主，深湖区主要发育D+E+F型沉积砂体（图3.20）。

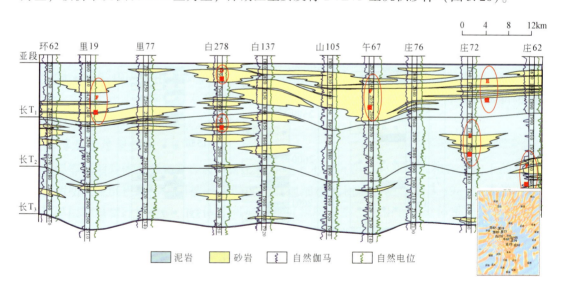

图3.20　环62井—庄62井长7段砂体结构剖面图

（三）砂体结构平面分布特征

通过延长组长 7_1、长 7_2 亚段来描述鄂尔多斯盆地砂体结构平面分布特征。

1. 长 7_2 砂体结构展布特征

长 7_2 期，盆地湖泊面积开始逐渐缩小，以三角洲前缘和深水重力流沉积为主，东北部发育小规模的三角洲平原沉积。在三角洲沉积环境中，三角洲前缘水下分流河道砂体较为发育，呈 NE 向和 SW 向条带状展布，顺物源方向砂体有减薄的趋势，砂体结构类型以 A+B 型为主；在坡折带区，以深水重力流沉积的砂质碎屑流沉积砂体为主，浊流沉积相对较少，呈条带状展布，砂体沉积厚度较小，砂体结构类型以 B+C 型为主；在深湖区，深水重力流沉积的浊流沉积砂体较为发育，其次为砂质碎屑流沉积砂体，呈条带状展布，砂体沉积厚度较小，砂体结构类型以 D+E+F 型为主。砂体结构平面上具有环带状分布的特征（图 3.21）。

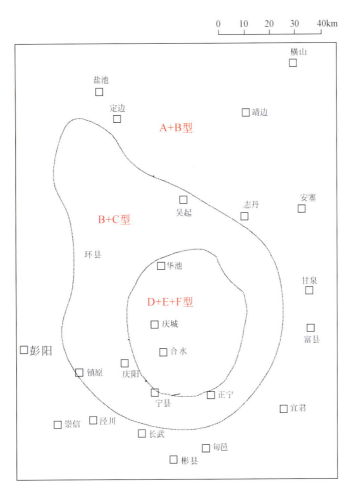

图 3.21　鄂尔多斯盆地长 7_2 砂体结构平面分布图

2. 长 7_1 砂体结构展布特征

长 7_1 期，盆地湖泊面积进一步缩小，砂体向湖区推进，以三角洲前缘和深水重力流沉积为主，深水重力流沉积范围进一步扩大，为重力流积鼎盛时期，三角洲平原相面积也有所增加。与长 7_2 期砂体展布特征相似，只是砂体发育规模有所变化。最为明显的是在深湖区，浊流沉积和砂质碎屑流沉积砂体均较发育，呈条带状展布，砂体沉积厚度相

（二）垂直物源方向

演 65 井—正 34 井岩石类型剖面图为一条 NW–SE 向依次受三角洲体系、半深湖–深湖体系控制的垂直物源剖面，细粒沉积岩在时空分布上也具明显的分异性（图 3.24）。

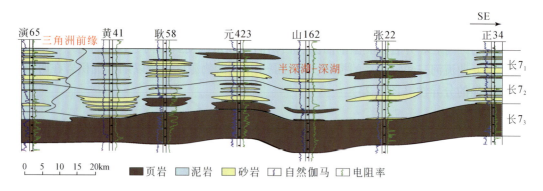

图 3.24　鄂尔多斯盆地演 65 井—正 34 井长 7 岩石类型剖面图

长 7_3 沉积期：主要为深湖沉积环境，主要发育了一套厚层的稳定性好、分布范围广的黑色页岩，仅在西北部的演 65 井顶部见暗色泥岩。

长 7_2 沉积期：依次发育辫状河三角洲前缘、半深湖–深湖。辫状河三角洲前缘规模小，以暗色泥岩、浅色泥岩为主，夹少量的细砂岩、粉砂岩。半深湖–深湖发育重力流砂体、黑色页岩、暗色泥岩。重力流砂体以块状细砂岩为主，在黄 41 井可见含泥岩撕裂屑细砂岩，在其他一些井可见少量的粒序层理粉砂岩，整体而言，砂体发育较孤立，并无连通的趋势。

长 7_1 沉积期：长 7_1 沉积期整体上继承了长 7_2 沉积期的沉积格局。但长 7_1 时期湖盆面积缩小，浅色泥岩分布范围向前扩张，三角洲前缘砂体变得发育，以平行、交错层理细砂岩为主，湖盆中部以块状细砂岩、粒序层理粉砂岩、暗色泥岩为主，元 423 井和张 22 井发育厚层黑色页岩，整体上看粒序层理粉砂岩较长 7_2 发育，砂体孤立。

（三）细粒砂体平面分布特征

通过盆地长 7 段各小层岩石类型平面分布图来描述其平面上的分布规律和特征：

长 7_3 沉积期：平行、交错层理细砂岩和浅色泥岩主要分布在盐池–靖边–安塞以东，崇信–泾川–长武以南，以及西部边缘区域，沙纹层理粉砂岩主要分布在东北部志丹–富县–盐池一线，庆阳–宁县区域，局部零星发育，含泥岩撕裂屑细砂岩在西南镇 359 井区域发育，粒序层理粉砂岩在湖盆中部白 240 井–黄 41 井一线发育，块状砂岩不是很发育，黑色页岩主要发育在吴起–宜君–旬邑–环县所包围的深湖区域，暗色泥岩则分布在浅色泥岩和黑色页岩过渡区（图 3.25）。

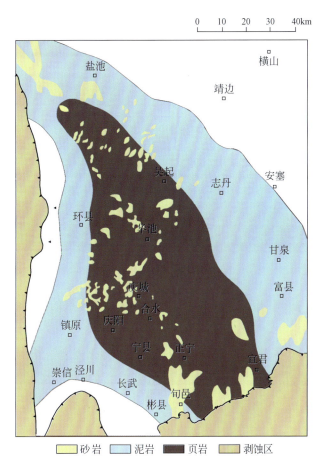

图 3.25　鄂尔多斯盆地长 7_3 细粒沉积岩平面分布图

　　长 7_2 沉积期：由于水体变浅，平行、交错层理细砂岩在东部推进至吴起—富县一线，西部发育多条砂带，靠近湖盆开始演化成沙纹、水平层理粉砂岩，至庆阳—宁县一带开始大量发育块状砂岩，到庆城—合水一带则为浊流沉积，连片发育，含泥岩撕裂屑细砂岩在局部零星发育。浅色泥岩较长 7_3 沉积时期范围变大，暗色泥岩则退到志丹—甘泉—镇原所围成的区域，黑色页岩则在庆城—合水—华池一带发育（图 3.26）。

　　长 7_1 沉积期：大致继承了长 7_2 细粒沉积岩的分布格局，但水体进一步变浅，主要有几点变化，沉积中心有向东偏移的趋势，西部平行、交错层理细砂岩砂带变粗向前进积而东部砂带变细向后退积，湖盆中部与东北部的粒序层理粉砂岩连片发育，暗色泥岩和黑色页岩分布范围有所萎缩（图 3.27）。

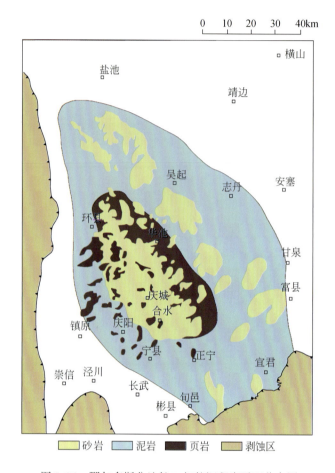

图 3.26 鄂尔多斯盆地长 7_2 细粒沉积岩平面分布图

通过上述综合研究，盆地长 7 段块状–中层状平行、交错层理细砂岩主要发育在三角洲前缘水下分流河道、河口砂坝；中–薄层状沙纹、水平层理粉砂岩，块状变形层理粉砂岩主要分布在远砂坝、席状砂；厚层状含泥岩撕裂屑细砂岩主要分布在半深湖滑塌沉积环境；块状细砂岩主要分布在半深湖砂质碎屑流沉积环境；中–厚层状底模构造细砂岩，薄–厚层状粒序层理粉砂岩主要分布在浊流沉积环境中；长 7_3—长 7_1 沉积期，随着湖盆面积的萎缩，砂质沉积向前推进，泥质沉积范围减小。

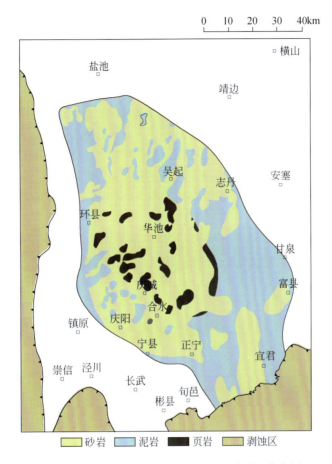

图 3.27 鄂尔多斯盆地长 7_1 细粒沉积岩平面分布图

第三节 致密油砂体沉积过程模拟

　　沉积模拟技术是基于水动力学、沉积学和储层地质学之上发展起来的一项储层描述及预测技术，通常是从时间尺度及空间尺寸上缩小自然界真实的碎屑沉积体系，抽取控制其发展的主要因素，并在质量、动量和能量守恒定律等物理定律基础上建立实验模型与原型之间应满足的对应量的相似关系，具有沉积条件可控性、沉积模型正演性及模型与原型可对比性等特点。

　　鄂尔多斯盆地陇东地区长 7 段致密砂岩主要发育辫状河三角洲和重力流沉积砂体，其中重力流沉积砂体具有很大的勘探开发潜力（付金华等，2013b，2013c）。本节在鄂尔多斯盆地陇东地区长 7 段各类砂体沉积初始条件和建立砂体沉积过程地质模型的基础上，确定水槽实验模型及参数，通过沉积模拟实验定性观察和定量描述，再现辫状河三角洲及湖泊重力流沉积的形成过程，弄清沉积微相类型、典型沉积构造和砂体形态分布。

一、水槽实验模型与参数的确定

（一）实验原型分析

陇东地区长 7 期主要由西南和南部两大方向物源所控制，向盆地中心依次发育：辫状河三角洲、重力流沉积、半深湖-深湖 3 种沉积类型。根据测井资料、物性资料等，利用压实恢复原理，对鄂尔多斯盆地延长组长 7 段古厚度进行恢复，由图 3.28 可以看出：鄂尔多斯盆地延长组长 7 段总体呈东部较为宽缓，西部较为陡窄的不对称大型向斜形态；结合沉积构造、古生物分析，认为陇东地区斜坡带古水深为 30～70m 左右，其中湖中最大水深可达 150m 左右。并利用坡度角（θ）计算公式为 $\theta = \arctan\theta = (d_1 - d_2)/S$，其中：（$d_1 - d_2$）为两点处的压实恢复后的沉积厚度差，$S$ 为两点之间的水平距离，计算出陇东地区南部、西南部长 7 沉积期平均坡度范围为 3.5°～5.5°。据有机质碳同位素分析资料，鄂尔多斯盆地延长组沉积时古气候温暖湿润。该时期重力流沉积岩石类型多样，以细砂岩、粉砂岩为主，成分较复杂。该地区半深湖-深湖区的砂体主要以砂质碎屑流沉积和浊流沉积为主。

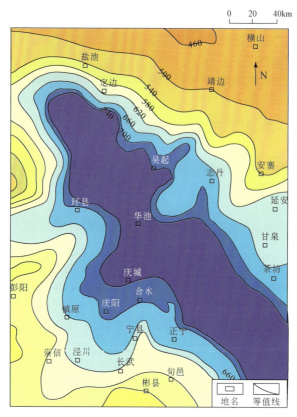

图 3.28　鄂尔多斯盆地延长组长 7 古厚度等值线图

根据该研究地区地质模型，结合实验室实际条件，建立物理模型，分阶段进行陇东地区长 7 段的长 7_2 和长 7_1 期重力流沉积模拟（杨华等，2015），设计了不同的实验方案，包括详细的底形设计、来水过程、加砂组成等方面（刘忠保等，2008）。

（二）实验装置及底型设计

沉积模拟实验在长江大学沉积模拟重点实验室内完成，实验装置如图 3.29。该装置长 16m，宽 6m，深 0.8m，距地平面高 2.2m。实验装置包括 4 块活动底板组成的活动底板系统，每块活动底板面积 2.5m×2.5m=6.25m²，活动底板能够向四周同步倾斜、异步倾斜、同步升降、异步升降。活动区倾斜坡度为 35%、升降幅度为 −35～10cm、同步误差小于 2mm，基本满足实验要求。

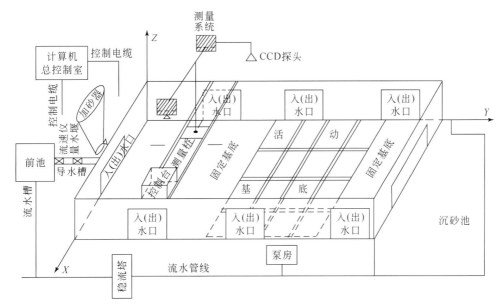

图 3.29　沉积模拟实验装置示意图

根据陇东地区物源及砂体展布特征，实验设计 4 个物源：1 号物源为南部物源，2、3、4 号物源为西南物源，与实际相符（图 3.30）。根据该地区原始地形、古地貌、沉积体系特征，设计原始底形如图 3.30，本实验为一变态模型，物源置于实验装置前端，X 方向有效使用范围为 0～6.0m，比尺为 1:31000；Y 方向有效使用范围为 3.0～12.0m，比尺为 1:31000；Z 方向厚度比尺为 1:100。$Y=0～3.0m$ 为固定河道区，不计入有效测量范围；$Y=3.0～6.0m$ 为入湖斜坡区，坡度约 5°，为辫状河三角洲沉积区；$Y=6.0～8.5m$ 为斜坡带，坡度约 12°，$Y=8.5～12.0m$ 为深湖区，$Y=6.0～12.0m$ 为重力流沉积区。

（三）实验参数的确定

重力流可以是由于三角洲砂及砂砾或砾石沉积物经滑塌作用，在重力作用下搬运至半深湖–深湖区中形成，也可以是因碎屑源区砂质碎屑由洪泛事件直接形成重力流被搬运至半深湖–深湖区中形成。盆地这两种成因重力流均有发育，主要有砂质碎屑流和浊流两种类型。通过对盆地长 7 段大量岩心观察，重力流沉积砂体块状层发育大，见冲刷现象，单层厚度较大（一般大于 0.5m），最大可达数十米，横向变化快，指示了流体的高浓度流动

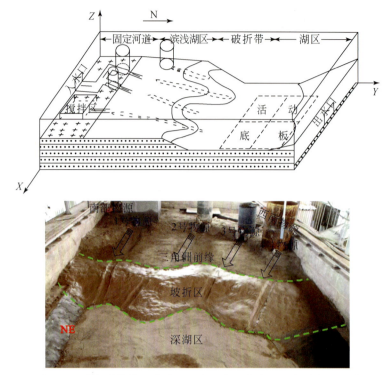

图 3.30　鄂尔多斯盆地陇东地区长 7 段重力流沉积实验底形设计

和塑性流变学特征。

　　本实验设计了长流水和阵发性两种来水方式。长流水又包括洪水期、中水期及枯水期，主要模拟辫状河三角洲沉积；阵发性又包括低强度泵注和高强度泵注，主要模拟重力流沉积。综合考虑到盆地沉积物粒度特征，实验过程的可操作性，水流的搬运能力，洪水期、中水期和枯水期含砂量的变化，设计长流水加砂、泥组成见表 3.3。综合砂质碎屑流、浊流两种重力流的搬运能力、流量、携砂量及携砂粒径等沉积特性的差异，并结合前人对砂质碎屑流与浊流的模拟参数及相关研究（Elverhoi and Issler，2005；姜辉，2010），设计了低强度泵注模拟砂质碎屑流沉积；高强度泵注模拟浊流沉积；并设计低强度泵注、高强度泵注加砂、泥组成见表 3.4，来水含砂浓度平均值分别为 17.11% 和 28.58%。

表 3.3　陇东地区长 7 段长流水加砂、泥组成

沉积期	加砂、泥组成（体积百分比，%）								
	洪水期			中水期			枯水期		
	中砂	细砂	粉泥	中砂	细砂	粉泥	中砂	细砂	粉泥
长 7_2	19	31	45	7	28	65	10	15	75
长 7_1	25	35	40	13	32	55	5	25	70

　　根据陇东地区长 7 段沉积特征，本实验重力流沉积模拟按照长 7_2、长 7_1 两个层将实验分为两个沉积期，其中长 7_2 沉积期又分为 5 轮、长 7_1 沉积期又分为 8 轮。实验过程中各轮

实验条件及水动力参数见表3.5。

表3.4 陇东地区长7段重力流沉积实验阵发性来水加砂、泥组成

沉积期	加砂、泥组成（体积百分比，%）					
	低强度泵注			高强度泵注		
	细砂	粉砂	泥	细砂	粉砂	泥
长7₂	12	78	10	69	26	5
长7₁	14	79	8	73	23	4

表3.5 陇东地区长7段重力流沉积实验条件及水动力参数

实验轮次		来水过程	历时/min	流量/(L/s)	含砂浓度/%	湖水位/cm
第一沉积期（长7₂）	Run I-1	长流水	1680	1.34	—	58.5~57.5
		高强度泵注	38.8	3.68	25	
	Run I-2	长流水	660	1.34	—	57.5~56.0
		低强度泵注	40.6	2.96	18.5	
	Run I-3	长流水	660	1.34	—	56.0~54.5
		低强度泵注	37.2	2.85	14.6	
	Run I-4	长流水	480	1.56	—	54.5~53.0
		高强度泵注	40.7	3.69	26.4	
	Run I-5	长流水	480	1.56	—	53.0~51.5
		低强度泵注	19.1	2.95	19.8	
第二沉积期（长7₁）	Run II-1	长流水	660	1.52	—	51.8~49.5
		高强度泵注	23.5	3.66	32.4	
	Run II-2	长流水	480	1.52	—	48.0~47.0
		低强度泵注	20.6	2.61	18.5	
	Run II-3	长流水	660	1.52	—	47.0~46.0
		低强度泵注	29.1	2.61	17.1	
	Run II-4	长流水	660	1.52	—	46.0~45.0
		高强度泵注	29.7	3.42	30.2	
	Run II-5	长流水	660	1.52	—	45.0~44.5
		低强度泵注	37.9	2.69	10.2	
	Run II-6	长流水	660	1.52	—	44.5~44.1
		高强度泵注	37.3	3.1	28.9	
	Run II-7	长流水	480	1.68	—	44.1~43.1
		低强度泵注	28.3	2.64	20.7	
	Run II-8	长流水	480	1.68	—	43.1~42.5
		低强度泵注	21.4	2.65	20.2	

二、实验过程与结果

依据设计方案开展了沉积模拟实验。模拟过程中，监控辫状河三角洲和重力流两个沉积体系的生长形态及演变规律。根据各期砂体的沉积厚度以及实验后三维切剖面获取的砂泥层的厚度，深入研究过程与结果的对应性并进行分析。实验分二期，共13轮完成，累计进行约145h。长流水来水贯穿整个实验，每期实验按不同要求进行了中水期—洪水期—中水期—枯水期的过程模拟，其中以中水期为主；阵发性来水按实验设计方案开展，累计进行约404.2min；其中低强度泵注约234.2min、高强度泵注约170.0min。每个实验沉积期湖水位不断变换，总体上是一个湖退沉积过程。伴随着来水过程、加砂过程及湖平面等实验控制条件的不断改变，最终形成重力流沉积砂体在半深湖–深湖区大面积展布。

实验初期，为辫状河三角洲沉积砂体发育期。水流沿袭原始河道携带泥砂快速在河道部位沉积，后逐步向湖区方向推进，并于入湖处形成三角洲雏形，砂体形态初期规模较小，外形圆滑，呈钝舌状。随后，主水流的频繁摆动，砂体发育的优势方向随之改变，砂体全方位发育，呈指状或鸟足状。随着沉积的不断进行，砂体在入湖斜坡区形成较大规模的辫状河三角洲沉积砂体。随着辫状河三角洲沉积砂体不断扩大，三角洲沉积砂质沉积物搬运至斜坡带，多数顺斜坡带沟道经滑塌作用，在重力作用下搬运至半深湖–深湖区中形成重力流沉积。

阵发性来水在砂泥搅拌充分的砂质碎屑流经斜坡区迅速入湖，起始砂体前端出现裂纹伴随着裂纹的发育砂体出现缓慢滑动，进而砂体分裂并呈块体向湖区滑塌，块体大小不一，大部分沉积物最终堆积在斜坡脚及邻近斜坡的湖底处。阵发性来水形成的重力流沉积成因是碎屑源区的砂和砂砾碎屑由洪泛事件直接形成重力流被搬运至半深湖–深湖区中所形成。

三、实验结果分析

（一）沉积微相类型

通过对实验过程的监测、描述，以及三维切片发现实验条件下，半深湖–深湖区的沉积微相类型主要包括砂质碎屑流、浊积岩、深湖泥等，而滑塌沉积不太发育。在实验过程中，随着辫状水道的不断迁移，三角洲砂体不断向斜坡带—深湖区持续推进，发育砂质碎屑流沉积和浊流沉积。实验条件下砂质碎屑流沉积是最发育的沉积微相，呈块状沉积，单层沉积厚度最大可达10.44cm。浊流沉积单层厚度数毫米到几厘米，浊积岩单层沉积厚度最大可达4.86cm（图3.31）。

长7_2沉积期，砂质碎屑流主要发育在斜坡带，常呈大面积的舌状体；沉积厚度较大，少量发育在湖区；而浊流主要发育在半深湖–深湖区，常在碎屑流沉积物的前方或上部发育，厚度变化不大，分布均匀。长7_1沉积期，砂质碎屑流沉积在斜坡带和半深湖–深湖区均发育，厚度较大，分布面积广；而浊流在斜坡带和半深湖–深湖区也均发

图 3.31　$X=5m$，$Y=9\sim10.5m$ 纵剖面

育，湖区沉积厚度较长 7_2 沉积期更大，两种类型重力流成因砂体常呈互层沉积，但以砂质碎屑流沉积为主。且砂质碎屑流、浊积岩之间可以相互转化，而多为砂质碎屑流向浊积岩转化（图 3.32）。

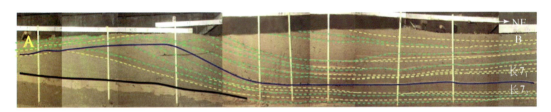

图 3.32　$X=3m$，$Y=5\sim11.5m$ 纵剖面
注：绿色线之间为砂质碎屑流沉积、黄色线之间为浊积岩沉积

（二）　典型沉积构造

通过实验精细三维切片，发现重力流沉积层理类型较典型，常见的有块状沉积、鲍马序列（下平行纹层、粒序层）和重荷模发育（图 3.33、图 3.34）。

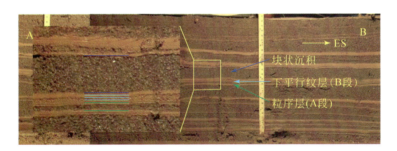

图 3.33　实验条件下发育块状沉积、鲍马序列沉积构造（$X=4\sim5.5m$，$Y=10m$）

在实验条件下，模拟实验切片剖面中可以明显看出，块状层理最为发育，代表砂质碎屑流沉积；鲍马序列多发育粒序层 A 段及少量下平行纹层 B 段，层序上有典型的由下向上

粒度变细的韵律变化，与砂质碎屑流块状构造有明显的沉积区别，代表明显的浊流沉积（图3.33）。重荷模构造是指覆盖在泥岩上的砂岩底面上的圆丘状或不规则的瘤状突起，突起的高度从几毫米到几厘米，甚至达几十厘米，它是由于下伏饱和水的塑性软泥承受上覆砂质层的不均匀复合压力而使上覆的砂质物陷入到下伏的泥质层中，形成重荷模。重荷模沉积代表典型的深水重力流沉积构造（图3.34）。

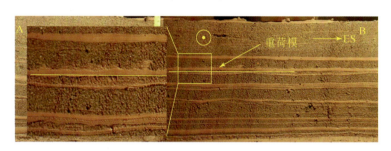

图3.34　实验条件下发育重荷模沉积构造（$X = 4 \sim 5.5\,\text{m}$，$Y = 10.5\,\text{m}$）

（三）砂体形态分布

通过对实验砂体测量数据，分别绘制出了原始底形等高线图、每个沉积期砂体厚度等值线图（图3.35）。从图3.35中可以看出不同沉积期有以下变化趋势：

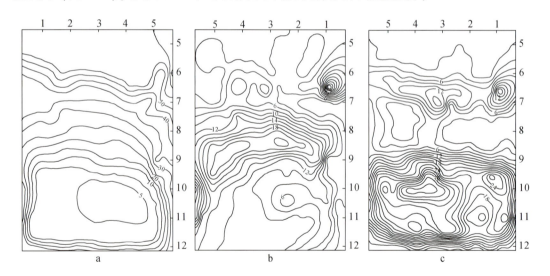

图3.35　实验原始底形及实验条件下各沉积期砂体厚度等值线图

a. 原始底形；b. 第一沉积期（长7_2）；c. 第二沉积期（长7_1）；等高线或等厚线单位为cm

（1）从各沉积期砂体厚度等值线图可以看出，Y 在 $8.0 \sim 10.0\,\text{m}$ 附近沉积较厚，说明无论是第一沉积期（长7_2）还是第二沉积期（长7_1），该部位都是重力流沉积的主体，即半深湖–深湖区。

（2）从第一沉积期（长7_2）砂体厚度等值线图可以看出，$7.5\,\text{m} \leqslant Y \leqslant 9.5\,\text{m}$ 附近沉积

较厚，为斜坡带和半深湖–深湖区近端，$9.5\text{m} \leq Y \leq 12.0\text{m}$ 附近沉积较薄，为半深湖–深湖区远端；说明在第一沉积期（长 7_2），因三角洲沉积砂质沉积物搬运至斜坡带，多数顺斜坡带沟道经滑塌作用，在重力作用下搬运至斜坡带或半深湖–深湖区近端中形成重力流沉积。

（3）从第二沉积期（长 7_1）砂体厚度等值线图可以看出，$9.0\text{m} \leq Y \leq 12.0\text{m}$ 附近沉积较厚，为半深湖–深湖区，$7.5\text{m} \leq Y \leq 9.0\text{m}$ 附近沉积较薄，主要为斜坡带；说明在第一沉积期沉积的基础上，砂质沉积物因重力或洪泛事件（阵发性来水）直接形成重力流被搬运至半深湖–深湖区中形成。

（4）无论是第一沉积期还是第二沉积期，砂体在 $2.5\text{m} \leq X \leq 5.5\text{m}$、$8.0\text{m} \leq Y \leq 10.5\text{m}$ 沉积区，重力流沉积砂体较厚，说明 1 号物源（即南部物源）砂体沉积厚度较大，是有利储层分布区域。

实验条件下重力流沉积砂体厚度分布趋势与实际吻合。

第四节　致密油大面积富砂成因机理

与粗粒沉积岩相比，致密砂岩的形成机理更为复杂，包括物理、化学、生物等作用。因此对其具有影响的因素也有很多。本节在区域构造、古气候、古地貌和沉积体系等研究基础上，通过沉积模拟实验，再现鄂尔多斯盆地长 7 段重力流砂体形成过程及其主要控制因素，实验研究表明，影响重力流沉积砂体的形成及其演化的主要控制因素有湖盆底形、构造活动与物源供给、重力流沉积和湖平面变化。

一、湖盆底形对砂体成因类型的控制作用

通过开展露头沉积学、沉积微相精细刻画与水槽沉积模拟实验综合研究，表明湖盆底形控制了细粒沉积岩的成因类型。

鄂尔多斯盆地在延长期是一个东北缓、西南陡的不对称盆地。东北部坡度为 2° ~ 2.5°，发育曲流河三角洲沉积体系，以砂质沉积为主，砂带延伸远，粒度变化慢；西南部坡度为 3.5° ~ 5.5°，发育辫状河三角洲沉积体系，以砂质沉积为主，砂带延伸短，粒度变化快，同时受同期构造事件控制，三角洲前缘沉积物顺斜坡滑动、滑塌，发育大规模的重力流沉积，在近源的斜坡主要分布细砂岩，砂体沉积厚度大、横向连通性差，在远源的相对平缓的坡脚主要分布粉砂岩，砂体沉积厚度相对较薄、横向连片。在安静平坦的湖盆中心主要为半深湖–深湖沉积，泥质沉积广泛发育（付金华等，2012a，2013b，2013c）。同时，在大的沉积背景下局部凸起的地形沉积厚度较小；局部凹陷的地形沉积厚度较大。

在坡折区，不平坦的斜坡地形砂体分布不均匀。砂质碎屑流主要沉积在斜坡带，横向连通性差；而在深湖区，相对平坦的湖底地形有利于重力流砂体的均匀分布，形成面积较大的重力流砂体，浊流主要沉积在深湖区，横向连通性好（邹才能等，2009；李相博等，2011；陈飞等，2012；付金华等，2005，2013b，2013c）。局部凸起的地形沉积厚度较小；局部凹陷的地形沉积厚度较大。长 7_2 沉积期，重力流砂体大部分在斜坡带沉积；长 7_1 沉积

期，砂体就会继续向半深湖–深湖区推进沉积（图3.36）。

图3.36　实验条件下的湖盆底形对砂体成因类型的控制作用

总体来看，缓坡带为三角洲前缘，发育牵引流搬运细粒沉积，坡折带发育重力滑塌及重力流搬运细粒沉积，深湖平原为静水悬浮搬运细粒沉积。在三角洲与重力流沉积复合作用控制下，盆地在三角洲前缘—斜坡区—坡脚—湖底平原区普遍发育细粒级砂体，并呈现规律性横向与纵向组合变化（图3.37）。

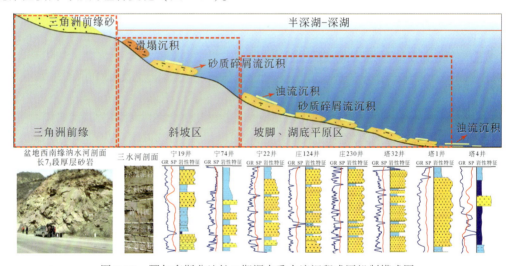

图3.37　鄂尔多斯盆地长7期深水重力流沉积成因机制模式图

二、构造活动与物源供给耦合对富砂的控制作用

构造活动控制着湖区的可容纳空间，物源供给速率为富砂提供了物质基础。盆地延长组是河流–三角洲–湖泊相为特征的陆源碎屑沉积。由于构造活动导致盆地基底下沉，长10期—长7期为湖进期，其中长7期为湖盆发展的鼎盛阶段，因此，盆地长7期湖区可容纳空间不断增大（图3.38）。

晚三叠世盆地北东—北缘的大青山及阴山古陆、西北部的阿拉善古陆、西南部的陇西古陆及南部的秦岭古陆向盆地源源不断的注入沉积物，物源供给充足，为砂体沉积的发育奠定了物质基础。在湖盆基底下沉、物源供给充足的条件下，三角洲分流河道经决口改造，向地势较低的区域沉积，产生新的朵体填积近岸湖区。后期的河流流过近岸三角洲朵

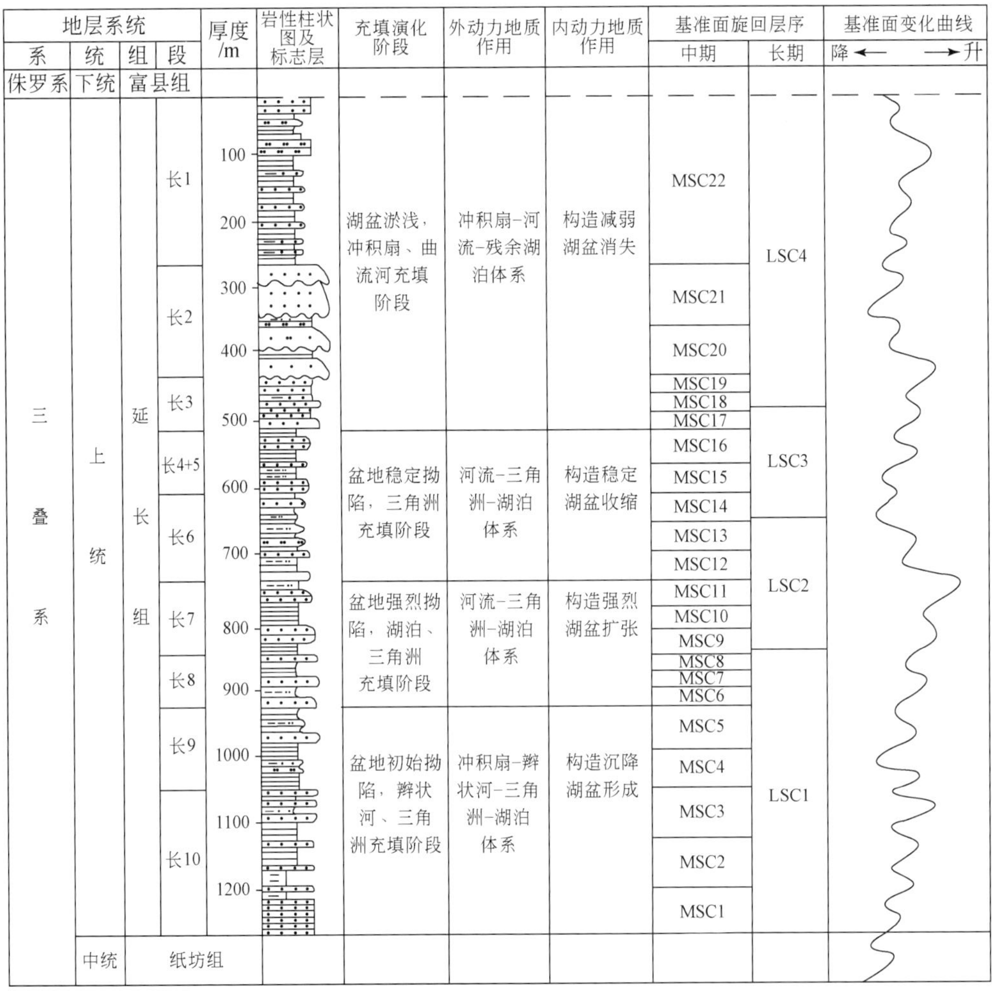

地层系统				厚度/m	岩性柱状图及标志层	充填演化阶段	外动力地质作用	内动力地质作用	基准面旋回层序		基准面变化曲线
系	统	组	段						中期	长期	降 ← → 升
侏罗系	下统	富县组									
三叠系	上统	延长组	长1	100 200		湖盆淤浅、冲积扇、曲流河充填阶段	冲积扇-河流-残余湖泊体系	构造减弱湖盆消失	MSC22	LSC4	
			长2	300 400					MSC21		
									MSC20		
			长3	500					MSC19 MSC18 MSC17		
			长4+5	600		盆地稳定拗陷，三角洲充填阶段	河流-三角洲-湖泊体系	构造稳定湖盆收缩	MSC16 MSC15 MSC14	LSC3	
			长6	700					MSC13 MSC12		
			长7	800		盆地强烈拗陷、湖泊、三角洲充填阶段	河流-三角洲-湖泊体系	构造强烈湖盆扩张	MSC11 MSC10 MSC9 MSC8 MSC7 MSC6	LSC2	
			长8	900							
			长9	1000		盆地初始拗陷、辫状河、三角洲充填阶段	冲积扇-辫状河-三角洲-湖泊体系	构造沉降湖盆形成	MSC5 MSC4	LSC1	
			长10	1100 1200					MSC3 MSC2 MSC1		
	中统	纸坊组									

图 3.38　鄂尔多斯盆地延长期盆地动力地质作用与层序发育、充填耦合关系

体时发生过路作用，在向湖一侧卸载形成新的三角洲朵体群，并不断地向湖心迁移，三角洲砂体不断向湖区推进，砂体垂向增厚，如此不断地进积形成大面积分布的三角洲砂体。随着沉积的进行，三角洲前缘砂体不断堆积，在入湖区，由于三角洲前缘砂体顺斜坡滑动、滑塌，在坡折带-半深湖区形成分布较广的深水重力流砂体。因此，构造活动与物源供给耦合决定了砂体的沉积规模（Shanmugam *et al.*，1995；刘自亮等，2013）。

三、重力流沉积对深水区成砂的控制作用

鄂尔多斯盆地长7期半深湖-深湖区砂体大规模发育，与"湖盆中部以泥质沉积为主，缺乏有效储集体"的观点相悖。盆地长7期半深湖-深湖区砂体主要为深水重力流砂体（付金华等，2005，2013b，2013c，2015d），发育砂质碎屑流沉积、浊流沉积及滑塌沉积3种成因类型的重力流砂体（刘芬等，2015）。通过系统开展的深水沉积地质露头沉积学

和沉积相精细对比研究，结合沉积体系、湖盆底形、构造事件等综合分析，在垂向上识别出水道和朵体两种沉积序列。水道沉积顶底一般有冲刷面、块状层理、鲍马序列、"泥包砾"结构（李相博等，2011）、旋转构造，表现为砂质碎屑流—浊积岩—湖相泥岩沉积序列，平面上呈长条状，剖面上呈下凸上平透镜体特征，在斜坡区较为发育；朵体沉积顶底突变平整面、块状层理，表现为砂质碎屑流叠合沉积序列，平面上呈近似板状，剖面上呈下平上凸透镜体，在坡脚、湖底平原较为发育（表3.6）。在水道与朵体沉积（图3.37）共同作用过程控制下重力流沉积延伸远（图3.39），深水区坡脚和湖底平原亚相构成砂体沉积主要相带，并建立了长7期深水区"水道+朵体"重力流沉积模式（图3.40）。

表 3.6 鄂尔多斯盆地长 7 段水道与朵体沉积特征对比表

项目类别	水道沉积	朵体沉积
砂体几何形态	平面上长条状，剖面上下凸上平透镜体	平面上近似板状，剖面上下平上凸透镜体
沉积构造	顶底一般有冲刷面、块状层理、鲍马序列、"泥包砾"结构、旋转构造	顶底突变平整面、块状层理
沉积位置	斜坡区	坡脚、湖底平原
沉积序列	砂质碎屑流—浊积岩—湖相泥岩	砂质碎屑流叠合沉积

图 3.39 鄂尔多斯盆地南缘露头剖面长 7 砂体沉积特征

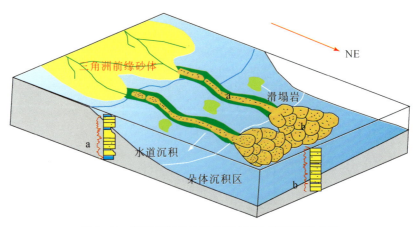

图 3.40 鄂尔多斯盆地长 7 深水重力流沉积模式图

　　盆地长 7 期在重力及构造事件作用下（付金华等，2013b，2013c；李相博等，2010a，2010b；钟高润，2015），三角洲前缘砂体滑动滑塌形成了层流态的砂质碎屑流，在坡脚或湖底平原沉积形成厚层连片性较好的细粒砂体（图 3.37），突破了"湖盆中部以泥质沉积为主，缺乏有效储集体"的传统认识，并提出在深水区发育大规模重力流砂体的新认识。

四、湖平面变化对砂体空间展布的控制作用

　　湖水位控制重力流砂体沉积的可容纳空间大小。在鄂尔多斯盆地长 7 期沉积模拟实验条件下，湖水位高，重力流砂体主要堆积在斜坡区，所沉积的平面范围较小，湖水位低，重力流砂体向深湖区推进，所沉积的平面范围大（图 3.41）。湖水位的高低，直接影响重力流砂体发育规模的大小。湖水位高，砂体沉积厚度较大，所形成的平面范围较小，湖区和斜坡区下部是重力流砂体的主要发育部位，砂体的前缘及侧缘坡度比较大；湖水位低，重力流砂体沉积厚度比较小，所形成的平面范围大，湖区是重力流砂体的主要发育部位，砂体的前缘及侧缘坡度较小。

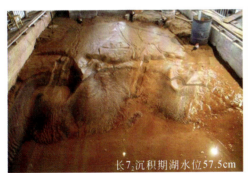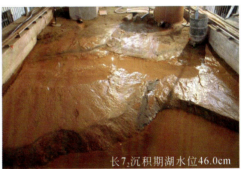

长 7_2 沉积期湖水位 57.5cm　　长 7_2 沉积期湖水位 46.0cm

图 3.41　长 7 期实验条件下不同湖水位条件下的重力流的砂体展布特征

　　长 7 段沉积早期湖盆深湖环境分布范围广，沉积了一套厚层富有机质页岩。长 7_3—长 7_1 沉积期，随着湖平面下降，盆地东北和西南两大物源在河流的强大搬运作用下不断进积，在浅湖区发育广覆式分布的三角洲内、外前缘亚相，沉积了展布稳定、厚度为 15～20 m 的细砂岩和粉砂岩储集层。当发生洪水、地震或垮塌等重力流触发机制时，三角洲外前缘亚相的沉积物通过多级坡折带以砂质碎屑流和浊流的形式进入湖盆中央，形成大面积的叠置砂体，若经历较长的搬运距离，也会形成粉砂质或泥质粉砂岩为主的重力流沉积。湖盆东北部发育多级缓坡坡折带，三角洲分布范围广，在定边—新安边—志丹—安塞一带发育复合连片的厚层三角洲前缘沉积砂体；湖盆西南部发育一级陡坡坡折带，辫状河三角洲沉积分布范围小，在环县—庆城—正宁一带沉积了一套砂质碎屑流和浊流复合连片、广覆式分布的致密砂岩储集体。长 7 段沉积期，随着湖平面持续下降导致盆地三角洲–重力流砂体不断向湖区推进，砂体空间展布面积不断扩大（图 3.25～图 3.27）。

参 考 文 献

陈飞, 胡光义, 孙立春等. 2012. 鄂尔多斯盆地富县地区上三叠统延长组砂质碎屑流沉积特征及其油气勘探意义. 沉积学报, 30 (6): 1042~1052

邓秀芹, 付金华, 姚泾利等. 2011. 鄂尔多斯盆地中及上三叠统延长组沉积相与油气勘探的突破. 古地理学报, 13 (4): 443~455

窦伟坦. 2005. 鄂尔多斯盆地三叠系延长组沉积体系储层特征及油藏成藏条件研究. 成都理工大学博士学位论文

付金华, 罗安湘, 喻建等. 2004. 西峰油田成藏地质特征及勘探方向. 石油学报, 25 (2): 25~29

付金华, 郭正权, 邓秀芹. 2005. 鄂尔多斯盆地西南地区上三叠统延长组沉积相及石油地质意义. 古地理学报, 7 (1): 34~43

付金华, 高振中, 牛小兵等. 2012a. 鄂尔多斯盆地环县地区上三叠统延长组长 63 砂层组沉积微相特征及新认识. 古地理学报, 14 (6)

付金华, 李士祥, 刘显阳等. 2012b. 鄂尔多斯盆地上三叠统延长组长 9 油层组沉积相及其演化. 古地理学报, 14 (3): 270~284

付金华, 李士祥, 刘显阳. 2013a. 鄂尔多斯盆地石油勘探地质理论与实践. 天然气地球科学, 24 (6): 1091~1101

付金华, 邓秀芹, 张晓磊等. 2013b. 鄂尔多斯盆地延长组深水岩相发育特征及其石油地质意义. 古地理学报, 15 (5): 928~938

付金华, 邓秀芹, 楚美娟等. 2013c. 鄂尔多斯盆地三叠系延长组深水砂岩与致密油的关系. 沉积学报, 31 (5): 624~634

付金华, 罗安湘, 张妮妮等. 2014. 鄂尔多斯盆地长 7 油层组有效储层物性下限的确定. 中国石油勘探, 19 (6): 82~88

付金华, 罗顺社, 牛小兵等. 2015a. 鄂尔多斯盆地陇东地区长 7 段沟道型重力流沉积特征研究. 矿物岩石地球化学通报, 34 (1): 18~24

付金华, 喻建, 徐黎明等. 2015b. 鄂尔多斯盆地致密油勘探开发新进展及规模富集可开发主控因素. 中国石油勘探, 20 (5): 9~19

付金华, 罗顺社, 牛小兵等. 2015c. 浅水三角洲细粒沉积野外露头精细解剖~以鄂尔多斯盆地延河剖面长 7 段为例. 吉林大学学报 (地球科学版) 增刊, 45 (1): 1515~1516

付金华, 邓秀芹, 王琪等. 2017. 鄂尔多斯盆地三叠系长 8 储集层致密与成藏耦合关系. 石油勘探与开发, 44 (1): 48~57

姜辉. 2010. 浊流沉积的动力学机制与响应. 石油与天然气地质, 31 (4): 428~435

李相博, 陈启林, 刘化清等. 2010a. 鄂尔多斯盆地延长组 3 种沉积物重力流及其含油气性. 岩性油气藏, 22 (3): 16~21

李相博, 刘化清, 陈启林等. 2010b. 大型坳陷湖盆沉积坡折带特征及其对砂体与油气的控制作用—以鄂尔多斯盆地三叠系延长组为例. 沉积学报, 28 (4): 43~49

李相博, 付金华, 陈启林等. 2011. 砂质碎屑流概念及其在鄂尔多斯盆地延长组深水沉积研究中的应用. 地球科学进展, 26 (3): 286~294

廖纪佳, 朱筱敏, 邓秀芹等. 2013. 鄂尔多斯盆地陇东地区延长组重力流沉积特征及其模式. 地学前缘, 20 (2): 29~39

蔺宏斌, 侯明才, 陈洪德等. 2008. 鄂尔多斯盆地上三叠统延长组沉积体系特征及演化. 成都理工大学学报 (自然科学版), 35 (6): 674~680

刘芬，朱筱敏，李洋等．2015. 鄂尔多斯盆地西南部延长组重力流沉积特征及相模式．石油勘探与开发，42（5）：577～588

刘忠保，龚文平，王新海等．2008. 洪水型浊流砂体形成及分布的沉积模拟实验．石油与天然气地质，29（1）：26～30

刘自亮，朱筱敏，廖纪佳等．2013. 鄂尔多斯盆地西南缘上三叠统延长组层序地层学与砂体成因研究．地学前缘，20（2）：1～9

卢龙飞，史基安，蔡进功等．2006. 鄂尔多斯盆地西峰油田三叠系延长组浊流沉积及成因模式．地球学报，27（4）：303～309

庞军刚，李赛，杨友运等．2014. 湖盆深水区细粒沉积成因研究进展——以鄂尔多斯盆地延长组为例．石油实验地质，36（6）：706～711

宋凯，吕剑文，杜金良等．2002. 鄂尔多斯盆地中部上三叠统延长组物源方向分析与三角洲沉积体系．古地理学报，4（3）：59～66

王若谷．2010. 鄂尔多斯盆地三叠系延长组长6～长7油层组沉积体系研究．西北大学博士学位论文

魏斌，魏红红，陈全红等．2003. 鄂尔多斯盆地上三叠统延长组物源分析．西北大学学报（自然科学版），33（4）：447～450

杨华，窦伟坦，刘显阳等．2010. 鄂尔多斯盆地三叠系延长组长7沉积相分析．沉积学报，28（02）：254～263

杨华，付金华，何海清，等．2012. 鄂尔多斯华庆地区低渗透岩性大油区形成与分布，石油勘探与开发，39（6）：641～648

杨华，刘自亮，朱筱敏等．2013. 鄂尔多斯盆地西南缘上三叠统延长组物源与沉积体系特征．地学前缘，20（2）：10～18

杨华，牛小兵，罗顺社等．2015. 鄂尔多斯盆地陇东地区长7段致密砂体重力流沉积模拟实验研究．地学前缘，22（3）：322～332

袁选俊，林森虎，刘群等．2015. 湖盆细粒沉积特征与富有机质页岩分布模式——以鄂尔多斯盆地延长组长7油层组为例．石油勘探与开发，42（1）：34～43

袁珍，李文厚，范萌萌等．2011. 深水块状砂岩沉积特征及其成因机制探讨：以鄂尔多斯盆地东南缘上三叠统长6油层组为例．地质科技情报，30（4）：43～49

赵俊兴，李凤杰，申晓莉等．2008. 鄂尔多斯盆地南部长6和长7油层浊流事件的沉积特征及发育模式．石油学报，29（3）：389～394

钟高润．2015. 鄂尔多斯盆地西南部延长组长7段重力流沉积特征．重庆科技学院学报（自然科学版），17（3）：5～9

朱筱敏，邓秀芹，刘自亮等．2013. 大型坳陷湖盆浅水辫状河三角洲沉积特征及模式：以鄂尔多斯盆地陇东地区延长组为例．地学前缘，20（2）：19～28

邹才能，赵政璋，杨华等．2009. 陆相湖盆深水砂质碎屑流成因机制与分布特征——以鄂尔多斯盆地为例．沉积学报，27（6）：1065～1075

Elverhoi A，Issler D. 2005. Emerging insights into the dynamics of submarine debris flows. Natural Hazards and Earth System Sciences，5：633～648

Krumbein W C. 1932. The dispersion of fine-grained sediments for mechanical analysis. Journal of Sedimentary Research，2（3）：140～149

Picard M D. 1971. Classification of fine-grained sedimentary rocks. Journal of Sedimentary Research，41（1）：179～195

Shanmugam G. 2008. Deep-water bottom currents and their deposits// Rebesco M，Camerlenghi A. Developments in sedimentology 60：contourites. Amsterdam：Elsevier

Shanmugam G. 2013. 深水砂体成因研究新进展. 石油勘探与开发，40（3）：294～301

Shanmugam G，Bloch R B，Mitchell S M *et al*. 1995. Basin-floor fans in the North Sea：Sequence stratigraphic models vs. sedimentary facies. AAPG Bulletin，79（4）：477～512

第四章 致密油储层精细表征与评价

储层致密是致密油的本质特征之一，因而储层的表征和评价是致密油研究的重点和难点。致密油储层在矿物组构、微观孔隙结构、敏感性及渗流机理等方面明显不同于常规储层。致密油储层的研究需采用不同于常规储层的研究思路和技术手段，建立适合的储层模型和表征参数（牛小兵等，2016）才能解释其储集机理。储层的致密化是在长期地质历史中，受沉积作用、构造作用、成岩作用等因素影响形成的。深入了解储层的演化过程，有助于明确相对优质储层的控制因素，进而开展储层预测和甜点的优选。此外，深入认识储层特征，特别是明确储层微（纳）米级孔隙结构特征，是建立致密油储层体积压裂改造理念和形成致密油有效开发技术的理论基础。本章介绍了致密油储层表征技术和方法，以识别和表征致密油储层微（纳）米级孔隙结构的高精度测试新技术为切入点，系统分析了鄂尔多斯盆地延长组长 7 段致密油储层的岩石矿物学、储集空间、物性、敏感性和渗流等基本特征，探讨致密油储层的致密成因并开展致密油储层综合评价。

第一节 致密油储层表征技术与方法

开展致密油储层表征和评价时，应用新技术和新方法是关键。因为，常规方法无法揭示致密油储层的形成机理，也就难以形成有效解释致密储层的思路。例如，在岩石薄片下观察，鄂尔多斯盆地延长组长 7 段致密砂岩储层可见孔隙极少，然而生产实践表明致密油储层普遍含油，那么储集空间就是由尺度更小的孔喉组成，致密储层的孔隙结构超出了现有技术表征的尺度极限，需采用高精度的实验测试技术。

国外在致密油储层表征技术方面研究起步较早，积累了一定经验，值得借鉴（尤源等，2014a）。例如，国外开展致密油储层研究时非常重视以下工作：①广泛采用新的技术手段开展储层评价；②储层类型和致密化本质的深入研究；③将微观储层特征同宏观工程参数相结合；④将储层研究和评价的结果快速应用于储层识别和预测；⑤建立数字模型，将储层表征和评价定量化；⑥综合现有多种储层评价手段，根据研究目标建立储层分类模式。

另外，国外致密油储层评价技术也取得了许多突破。例如，①采用数字化岩心分析技术，使用先进的 3D 影像技术，通过捕获岩心的结构、颗粒构造、孔隙空间的几何特征，从而在 $1\mu m \sim 5nm$ 尺度级别描述岩心，生成数字岩心样品；②通过离子束对薄片进行高度抛光，然后用常规的蓝色染料浸透厚度为 $30\mu m$ 的薄片，通过紫外光显微镜进行岩石学分析，在致密储层发现了纳米级孔隙（Loucks et al., 2009）；③制定了全面描述和表征致密砂岩的方法和流程，为了提供一个在地质学尺度和岩石学尺度两方面把致密砂岩储层的岩石物理特性统一起来的方法，结合了多数据评价技术和多种数据体，使用了基于岩心分析的岩石分类方法，从而获得致密砂岩的岩石学特性（Rushing et al.，2008[①]）。

国内刚刚开始致密油储层研究时，主要应用常规测试技术描述致密油储层，但在实际研究过程中遇到了许多问题。例如，在统计面孔率时发现，一些致密砂岩的面孔率为0。以往认为这些岩石不具有储集性。后来逐渐认识到，受测试精度的制约，光学显微镜甚至扫描电镜等常规测试技术无法观察到孔隙。国外致密油的勘探开发突破得益于技术的进步，其中包括高精度的新测试技术用于致密油储层的研究。国内近年开始借鉴，并引进国外相关技术开展致密油储层研究。目前，在鄂尔多斯盆地致密油研究过程中，引入了场发射扫描电镜（FSEM）、聚焦离子束扫描电镜（FIB-SEM）（也称双束电镜）、微（纳）米CT（Micro-CT 或 Nano-CT）、背散射电子大面积拼接成像（MAPS）（也称微图像拼接技术）、自动矿物岩石学定量分析系统（QEMSCAN）等致密油（页岩油）储层研究最先进的测试技术，成功识别和表征了致密油储层的孔喉系统。以下分别介绍这些储层表征技术。

一、致密油储层常规表征技术

在致密油储层研究中，虽然应用了众多高精度测试方法，但常规储层测试和评价技术仍然是储层研究的基础，也是全面准确认识致密油储层的必要环节。这些常规方法包括：岩石薄片、扫描电镜（SEM）、图像粒度分析、孔隙图像分析、高压压汞分析等。下面简要介绍几种常规表征技术方法的基本原理、功能和优缺点等。

1. 岩石薄片分析技术

岩石薄片既是最基本的储层研究手段（裘亦楠、薛叔浩，1997），也是开展各种储层表征首选的方法。主要用途是观察和描述岩石的组分、结构、构造、成岩过程、孔隙特征、孔隙演化、次生变化等特点，并对岩石进行定名。根据研究需要也可以对薄片进行处理或者对显微镜进行改进，从而衍生出了铸体薄片、荧光薄片、图像孔隙、图像粒度、阴极发光等分析方法。铸体薄片是为了方便观察，将带色的有机玻璃或环氧树脂注入岩石的孔隙、裂缝中，用以研究孔隙的含量、大小、类型、分布及连通性等。所铸材料颜色国际上通用为蓝色，我国使用较为广泛的有蓝色、红色、绿色和黄色。长庆油田多选择红色。此外，由于泥页岩样品孔隙很少，无法将带色的树脂注入，因此，常采用普通岩石薄片进行观察。荧光薄片是利用石油中某些物质在紫外光激发下可以产生荧光的特征，在显微镜上安装荧光光源，从而观察岩石薄片中荧光物质本身的颜色差异及其与岩石、构造之间的关系，判断有机质的类型、变质程度、有效储集空间、油气运移等。岩石薄片的优点是制作简单，成本低，图像真，使用范围广，缺点是表征尺度有限，图像视域面积较小（薄片的面积一般小于4cm^2）。所以，各种薄片鉴定应尽量与岩心或标本观察相配合。否则当沉积和成岩构造引起的储层非均质性较为严重时，薄片中仅能反映其中一部分。只有将薄片与岩心对

---

① Rushing J A，Newsham K E，Rlasingame T A，2008. Typing-Keys to understanding productivity in tight gas sands，SPE114164，2008 SPE unconventional reservoirs conference，Keystone Colorado USA.

比观察，才能提高对储层的认识程度，为下一步测试提供依据。当储层非均质性严重时，必须把全部薄片中的特征描述清楚，切勿"以管窥豹"，特别是对于致密油储层，切勿依据一张片子来评价整个储层。考虑到这个问题，长庆油田已研发了变尺度薄片分析方法，使视域范围扩大（利用"铸体薄片全尺寸图像浏览系统 V1.2"，著作权登记号：2016SR379736）。

2. 图像分析技术

图像分析包括图像孔隙分析和图像粒度分析。该方法（方少仙、侯云浩，2006；裴亦楠、薛叔浩，1997）主要是借助图像分析仪器，定量识别和统计图像视域范围内孔隙和颗粒发育情况，是常规砂岩储层孔隙分布和粒度特征研究的主要定量分析资料。虽然，现今图像分析仪的图像采集分辨率和系统分辨率有了显著提高，但对于致密油储层，由于普遍发育微小孔隙，用这种方法对孔隙的描述不够准确，但对于粒度分析，它仍是最主要的研究手段。

3. 阴极发光分析技术

阴极发光分析技术是成岩研究的重要手段。阴极发光显微镜是在偏光显微镜上装配阴极发光装置（阴极射线管）而构成的。阴极射线管发出的加速电子对含有激活剂杂质的矿物或自身结构有缺陷的矿物进行轰击时，矿物由于能量增加而处于不稳定状态，在自然放出能量的过程中可以受激发辐射而产生可见光，即阴极发光，故也称阴极荧光。该方法主要用于研究岩石的碎屑成分、胶结物成分及岩石组构，也特别适用于研究岩石的结构及胶结物的形成世代等。

4. 扫描电镜分析技术

扫描电镜是利用聚焦非常细的高能电子束在样品上扫描，激发出各种物理信息。然后通过对这些信息的接收、放大和显示成像，获得样品表面形貌特征。扫描电镜主要用于矿物、岩石的微观形貌、组构特征的观察，包括矿物形态、颗粒或碎屑表面特征，微孔、微裂隙的发育和连通性，孔喉配置关系，孔隙充填物，内衬物，桥接物等各种自生矿物的形态和组合特征，生物化石，特别是微体化石，如孢子、花粉、菌藻类的鉴定（方少仙、侯云浩，2006）。扫描电镜和能谱结合，可以获得样品中所观察矿物的化学成分，准确鉴定矿物种类。普通扫描电镜的放大倍数可从 20 倍到 20 万倍连续变焦，分辨率 200nm，而场发射扫描电镜在低真空下可获得 2nm 的高分辨图像。

5. X 射线衍射分析

X 射线分析能揭示矿物晶体结构，对鉴定黏土矿物或某些自生矿物起到特殊作用，特别是对黏土矿物的研究，是最有效的手段。X 射线衍射分析所能解决的问题主要有：①黏土矿物的定性定量分析；②混层黏土矿物的鉴定及混层比的求取；③矿物的分析鉴定。

6. 电子探针及能谱分析技术

电子探针是通过 X 射线分析仪电子枪发射的高能电子束轰击样品表面，产生反映样品激发区化学组成和物理特征的各种信息，包括：二次电子、背散射电子、透射电子、吸收电子、俄歇电子。对这些信息分别进行检测、显示及数据处理，获得样品所测定微区的化学成分。电子探针波谱分析特别适用于细小疑难矿物的鉴定，能够对被测定矿物微区成分做高灵敏度的测定。能谱分析的检测原理与波谱相似，即通过检测元素的特征 X 射线的能量强度进行元素的定性和定量分析，一般与扫描电镜观察配合进行。

7. 流体包裹体分析技术

包裹体是成岩矿物生长过程中或生长以后在矿物晶体中的缺陷、窝穴或次生显微裂缝中被包裹的固体、液体或气体（方少仙、侯云浩，2006）。这些物质保存在矿物中，并与宿主矿物间存在界线。通过对流体包裹体的识别和其中流体特征的测试，获得捕获包裹体时期的地质和物理化学信息，从而对相关研究提供依据。流体包裹体主要的用途有：确定矿物捕获的温度、压力、成分和成因；分析温度、压力和流体成分演变历史；增进对成岩系统、地下流体演化、孔隙演化、油气运移的了解；开展热史、构造、地层重建；古环境和古气候重建等。

8. 同位素分析技术

研究同位素中微小的差别是稳定同位素地球化学的基础。同位素测定是在质谱仪上进行的。质谱是按照物质的质量与电荷比值顺序排列的谱图。按同位素核的稳定性，可以分为稳定同位素和放射性同位素。当带电离子束在电场和磁场中运动时，在电场和磁场力作用下，运动方向会发生不同程度的偏转，其偏转程度与样品同位素的质量有关。根据图谱中谱线的偏转程度与标准样品谱线偏差的测量，可以求出二者的 δ 差值。样品的 δ 值越高，反映重同位素越富集。

9. 高压压汞分析技术

汞对一般固体不润湿，施加外压使汞进入孔隙，外压越大，汞能进入的孔隙半径越小。通过测量不同外压下孔隙中进入汞的量即可知晓相应孔径的大小。在油藏研究中，压汞方法主要用来测试毛细管压力曲线，描述多项储层的特征，特别是多孔介质的孔喉大小分布。

10. 储层物性分析技术

无论是常规油气储层，还是非常规油气储层，煤油或酒精饱和法是岩石孔隙度测试最为常用的方法，而渗透率多以空气或氮气为介质测得。因为致密储层往往具有较强的应力敏感性，因此，测试覆压下的物性显得更为重要。

二、致密油储层非常规表征技术

致密油储层中多尺度孔喉共存，孔喉配置关系较为复杂，仅依靠常规测试手段不能全面地反映微孔隙特征及各类孔隙的组合关系。要了解致密油储层孔喉特征，必须突破常规，通过技术进步不断提高各类孔隙和喉道的表征精度，综合运用各类先进的测试手段和方法对其进行分析和研究。以下介绍国际上致密油储层研究较为先进的 CT 扫描技术、双束电镜（FIB-SEM）、微图像拼接（MAPS）和矿物自动识别与分析系统（QEMSCAN）方法。

1. 微（纳）米 CT 分析技术

X 射线 CT 是利用锥形 X 射线穿透物体，通过不同倍数的物镜放大图像，由可 360°旋转所得到的大量 X 射线衰减图像重构出岩石三维立体模型。根据扫描精度又可以分为工业 CT、微米级 CT 和纳米级 CT。利用 CT 进行岩心扫描的特点在于，可以在不破坏样本的条件下，通过大量的图像数据对很小的特征面进行全面展示。由于 CT 图像反映的是 X 射线在穿透物体过程中能量衰减的信息，因此三维 CT 图像能够真实地反映出岩心内部的孔隙结构与相对密度大小。一般来说，根据扫描精度不同，选择样品尺寸（尤源等，2016）也不同。长庆油田企业标准《鄂尔多斯盆地致密油储层评价方法》（Q/SY CQ 3534–2015）中对致密砂岩扫描时样品尺寸进行了规定：微米级 CT 扫描样品直径为 2mm，纳米级 CT 扫描样品直径为 65μm。

2. 双束电镜分析技术

双束电镜是在场发射电镜中加入了与电子束呈 52°夹角的镓离子束，离子束垂直于样品表面进行切割，电子束与样品表面呈 38°夹角扫描成像。由于离子束精细切割，表面平整度较高，所以成像分辨率较高。并且，通过设置单张切片的厚度而得到 10～20nm 厚的一系列连续切片，通过后期软件重组得到三维的体结构，从而可以量化孔隙、有机质含量和连通性，进而可以基于建立的模型进行计算、模拟。样品制备有两种方式：一是物理破碎，二是粒子束抛光。前者可以分辨出样品的表面形态，后者在粒子束抛光的样品表面可以实现精确聚焦，分辨微孔隙的能力更高。

3. 微图像拼接

微图像拼接基本测试原理是在选定区域内排布扫描出几千张超高分辨率的大小相同的图像，利用小图像拼接成一张超高分辨率、超大面积的二维背散射电子图像。针对需要大面积观察且内部物质结构很小的样品（如页岩），在样品表面设置一系列连续且边缘重叠的大量高分辨率的小图像扫描，扫描完成以后会将这些小图像进行拼接，进而得到一张高分辨率且覆盖大面积的图像。

4. 矿物自动识别与分析系统（QEMSCAN）

矿物自动识别与分析系统（QEMSCAN）测试原理是根据一次电子在样品表面原子中激发二次电子过程中产生的特征 X 射线的能量来判断所扫描点中物体的元素种类，依据元素分布信息在后台的矿物种类数据库中将实际元素组合成矿物，进而得出矿物分布信息。样品表面的原子核外电子受一次电子激发跃迁的过程当中会释放出特征 X 射线，受相同能量的一次电子激发时不同的原子核外电子跃迁时释放出的特征 X 射线的能量不同，能谱探头通过接收和区分特征 X 射线的能量大小来判断扫描区域的元素种类，然后在软件后台的矿物数据库中根据元素信息组合成不同的矿物。

在鄂尔多斯盆地致密油储层研究过程中，根据致密油储层微孔隙发育特征及致密油储层微孔隙的表征难点，引入以上测试技术对致密油储层微小孔隙进行表征（尤源等，2014a，2014b），通过探索研究和实践完善，逐步形成了致密油储层微小孔隙的识别和表征方法，对致密油储层、页岩储层的表征具有较好的效果。表 4.1 系统总结了这些测试技术的技术特点、研究尺度、图像形式、定量效果等技术特征。

相比常规孔隙测试方法，致密油储层微观孔隙测试系列方法在研究尺度上更加精细（尤源等，2014a，2014b）；视域范围上兼顾宏观与微观；图像展示形式上由二维向三维扩展；定量效果上更加准确、多样。实际研究过程中发现，这些方法对致密油储层微观孔隙特征的研究具有独特的功能和较好的效果，可根据不同的测试目的和需求选取相应的测试方法或者组合各类测试方法，满足致密油储层孔隙结构的研究需要。

表 4.1 致密油储层微观孔隙测试系列方法及特点

测试方法	微（纳）米 CT [Mirco（Nano）CT]	场发射扫描电镜 （FSEM）	双束电镜 （FIB-SEM）	微图像拼接 （MAPS）	矿物自动识别与分析系统（QEMSCAN）
技术特点	无损测试+数字岩心计算	场发射电子束+（粒子束抛光）	粒子束切割+电子束扫描	高精度扫描+图像拼接	能谱矿物识别+高分辨率扫描图像拼接
最小尺度	45nm（纳米CT），0.8μm（微米CT）	0.8nm	0.5nm	1nm	1μm
视域范围	小	小	小	任意缩放	大、小
图像类型	二维、三维	二维	二维、三维	二维	二维
定量参数	孔喉尺寸分布、数量、连通性，物性、渗流特征	孔喉尺寸	孔喉尺寸，连通体积	孔喉尺寸	面孔率，矿物种类及分布，各类成因孔隙比例

三、致密油储层多尺度孔喉综合表征方法

作为致密油最重要的储层类型——致密砂岩，具有多尺度孔喉发育的特征。多尺度的孔喉既作为油气的储集空间，又作为油气在其中的渗流通道。因此，迫切希望了解致密砂岩多尺度孔喉特征，从而在理论和技术上实现突破，提出致密油勘探及有效动用的技术方法。Nelson（2009）统计对比了常规储层、致密砂岩储层和页岩中孔喉的分布特征。在致密砂岩表征过程中，所选用的分析测试技术、测试精度必须与致密储层多尺度孔喉分布范围相匹配，才能得出较好的表征效果。

针对鄂尔多斯盆地致密油储层具有的微尺度孔隙与常规尺度孔隙共存的特征及研究需要，把常规测试技术和高精度的非常规测试新技术相结合，发挥各种技术的功能特点和优势，形成了适合鄂尔多斯盆地致密油储层微米-纳米级多尺度孔喉精细识别及表征系列方法（图4.1）。这些技术的研究尺度范围覆盖了盆地致密油储层、低渗透储层发育的孔隙尺度范围，通过选择合适的技术组合，可以实现不同储层的孔隙特征研究。

综上所述，新的测试技术填补了致密油储层微孔隙尺度表征的空白尺度范围。根据每种方法的技术特点并根据致密油储层研究及生产部署的需求，确定了相应的表征参数，总结了致密油储层孔喉结构单因素定量评价关键图件。可按照表4.2编制系统描述致密油储层孔隙特征的平面及剖面图件，为相关研究及生产部署工作提供依据。

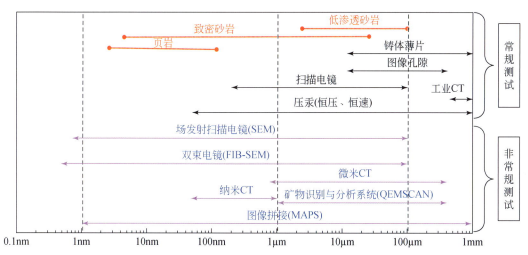

图 4.1　鄂尔多斯盆地延长组致密油储层孔隙（喉道）分布及各类测试技术研究尺度范围

表 4.2　致密油储层多尺度孔喉表征参数

技术方法	测试精度	表征参数	图件类型	孔喉评价类型
铸体薄片	10μm	孔隙类型及百分含量	孔隙类型百分含量、面孔率等值线图	定性、定量
环境扫描电镜	200 万倍	孔隙类型、大小、赋存	/	定性
双束电镜	0.5nm	孔喉大小、连通性	/	
矿物自动识别与分析系统	1μm	矿物种类、孔隙类型	/	
场发射扫描电镜	0.8nm	孔喉大小与类型	/	
工业 CT	500μm	储集空间宏观分布（孔隙、裂缝）	/	
图像孔隙	10μm	孔隙半径	孔隙大小分布图	定量
X 衍射	/	黏土矿物类型及含量	黏土矿物分布图（反映微孔−纳米孔分布）	
恒压压汞	50nm	中值、平均孔喉半径	孔喉中值半径、平均半径分布图	
恒速压汞	100nm	孔隙、喉道大小及分布	喉道半径分布图	
核磁共振	8nm	孔喉大小及分布、可动流体	可动流体分布图	
微米 CT	0.8μm	孔隙与喉道数量、大小、配位数	与常规测试技术开展相关性研究，建立孔喉特征评价参数	
纳米 CT	45nm			
BET 法	<2nm	孔隙类型、孔隙大小与分布	/	

第二节　致密油储层岩石学及储集特征

和常规储层一样，岩石学特征仍是致密油储层研究的主要内容之一，尤其是对储层致密的成因机制和储层工程品质评价，岩石学特征分析显得更为重要。对于致密储层的孔隙类型、尺度大小、孔隙结构的表征和描述，无论是测试仪器的精度、表征参数的选择，还是从一维到二维到三维多测试技术的联测表征，都有别于常规储层，是致密油储层研究的核心内容。

一、储层岩石学特征

（一）岩石成分

1. 颗粒成分

钻井岩心和露头样品薄片分析表明，鄂尔多斯盆地延长组长 7 段致密砂岩储层碎屑颗粒主要为石英、长石和岩屑。另外，含有一定量的云母和绿泥石，偶见钙化碎屑和泥化碎屑（表 4.3）。石英含量主要分布在 20% ~ 50%，平均值为 36.2%；长石含量主要分布在 10% ~ 40%，平均值为 25.3%；岩屑含量主要分布在 5% ~ 25%，平均值为 16.3%。由于源区母岩的差异，鄂尔多斯盆地延长组长 7 段致密砂岩颗粒成分组合分区性明显。东北和西北物源控制沉积区，砂岩具有低石英（平均含量为 27.1%）、高长石（平均含量为 37.9%）、低岩屑（平均含量为 11.1%）组合特征；西南、西部和南部物源控制沉积区，砂岩具有高石英（平均含量为 39.2%）、低长石（平均含量为 21.4%）和高岩屑（平均含量为 18.0%）组合特征。

砂岩成分成熟度对常规储层和致密油气储层的孔隙结构均具有重要的影响（寿建峰等，2005）。同时，岩石的脆性是致密油气评价内容的重要组成部分（赵政璋、杜金虎，2012），而砂岩储层的成分成熟度指数和脆性指数均与碎屑颗粒石英含量呈正相关性。可见，研究致密油储层中石英颗粒的含量及分布特征具有重要意义。鄂尔多斯盆地延长组长 7 段西南、西部和南部物源沉积区砂岩具高石英、低长石特征，因而，砂岩成分成熟度一般在 0.6 ~ 1.4，平均值为 1.06；相比之下，东北和西北物源沉积区砂岩低石英、高长石，砂岩成分成熟度低，一般在 0.3 ~ 0.8，平均值为 0.60。一般情况下，在同一个盆地或地区内砂岩成分成熟度变化很小（寿建峰等，2005），然而，鄂尔多斯盆地延长组长 7 段致密砂岩中石英含量受物源区控制明显，导致砂岩成分成熟度在盆地范围内变化较大，区域差异性分布特征明显。

表 4.3　鄂尔多斯盆地延长组长 7 段致密砂岩岩石组分表

分区	石英/%	长石/%	岩屑/%	云母/%	绿泥石/%	填隙物/%	其他/%
东北、西北物源沉积区	27.06	37.86	11.08	7.10	0.66	15.04	1.22
西南、西部、南部物源沉积区	39.16	21.36	18.00	5.16	0.23	15.43	0.66
盆地平均值	36.25	25.33	16.33	5.63	0.33	15.34	0.79

延长组长 7 段致密砂岩碎屑组分中岩屑的类型多样，且含量差异大。岩屑类型包括喷发岩、高级变质岩、低级变质岩和沉积岩岩屑。西南、西部和南部物源沉积区砂岩与东北和西北物源沉积区砂岩比较，两大沉积区砂岩中花岗岩、隐晶岩、高变岩和石英岩等刚性岩屑组分含量（4.5%）与火山喷发岩岩屑含量（2.4%）相近。最为显著的差异表现在西南、西部和南部沉积区含有碳酸盐岩岩屑，且含量较高（4.9%），且千枚岩等塑性岩屑

含量较高（3.6%）。寿建峰等（2005）根据岩屑组分中的塑性岩屑对岩石的压缩率的影响作用，认为在相同的外部地应力条件下，塑性岩屑基本上决定了岩石的变形速率，并据此提出了岩屑成分成熟度的概念。依此计算，西南、西部和南部物源沉积区砂岩岩屑成分成熟度较低，平均值为 0.29；东北和西北物源沉积区砂岩岩屑成分成熟度高，平均值为0.45。这与上述应用岩矿成分成熟度表征的储层抗压性特征不一致。综合分析认为，鄂尔多斯盆地延长组长 7 段致密砂岩储层的颗粒成分复杂，应用传统的脆性指数计算方法 [脆性指数=100×石英含量/（石英含量+方解石含量+白云石含量+黏土含量）] 可能难以客观地表征致密储层的脆性特征。因而，在评价致密油储层的岩石脆性特征过程中，需综合考虑颗粒成分的类型及组合特征，需描述和说明岩屑中塑性岩屑的类型及含量。

长石碎屑是碎屑岩在埋藏成岩过程中形成次生孔隙的主要矿物，通常在有机酸溶液介质条件下，钾长石较斜长石易溶蚀形成次生孔隙（张永旺等，2009；赵姗姗等，2015），可见，长石的进一步分类和详细描述是评估储集层品质所需要的。虽然长石类矿物的鉴定和分类在技术上不存在问题，但实际上从常规的岩石薄片分析资料中难以获得这些数据。为了确定延长组长 7 段致密砂岩长石的类型，运用 QEMSCAN 方法对其开展了矿物定量分析（图 4.2）。

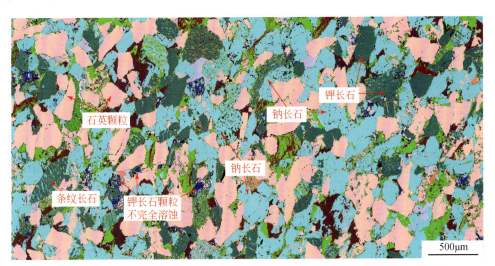

图 4.2　鄂尔多斯盆地延长组长 7 段致密砂岩 QEMSCAN 方法测试矿物成分特征
（胡 210 井，长 7_2，2209.2m）

分析结果表明，长 7 段致密砂岩中碎屑长石骨架主要为钠长石（相对含量为64% ~ 78%），其次为钾长石及条纹长石（相对含量为 19% ~ 26%），另外含有少量的奥长石（相对含量为 2% ~ 6%）。

2. 填隙物成分

鄂尔多斯盆地延长组长 7 段致密砂岩填隙组分由杂基和胶结物两部分组成。其中，杂基可分为黏土杂基和小于 0.03mm 的陆源碎屑，其普遍吸附重油（图 4.3）。胶结物类型包括伊利石、铁方解石、铁白云石、绿泥石、高岭石、硅质及长石质等。受物源区、沉积环境及沉积类型控制，砂岩中的填隙物类型组合特征及含量在盆地范围内差异性较大

（表4.4）。湖盆中部半深湖–深湖环境发育的重力流沉积（砂质碎屑流沉积为主）砂岩，填隙物为水云母杂基、铁白云石、铁方解石与硅质类型组合。其中，水云母杂基含量最高（平均含量为9.3%），对储层的物性影响具有双重作用，一方面是储层致密化，另一方面是储层发育大量的微（纳）米级孔隙（王芳等，2012）。浅湖环境的三角洲前缘水下分流河道砂岩呈铁方解石、绿泥石、高岭石和硅质胶结物类型组合。其中，铁方解石胶结物含量最高（平均含量为4.2%），对储层的致密化具有重要影响，而绿泥石多呈薄膜式胶结，砂岩中普遍发育（平均含量为2.5%），一般对改善储层的物性具有建设性作用。

图4.3　鄂尔多斯盆地延长组长7段致密砂岩杂基显微特征（庄226井，长7$_1$，1701.34m）

表4.4　鄂尔多斯盆地延长组长7段致密砂岩填隙物组分表

沉积类型	水云母杂基/%	绿泥石薄膜/%	铁方解石/%	铁白云石/%	高岭石/%	硅质/%	长石质/%	其他/%
三角洲沉积	3.33	2.66	4.17	0.91	1.50	1.09	0.11	1.27
重力流沉积	9.31	0.48	1.62	1.96	0.12	1.00	0.07	0.88

3. 岩石类型

据3700余块薄片资料统计表明，鄂尔多斯盆地延长组长7段致密砂岩岩石类型总体以岩屑长石砂岩（占46%）为主，其次为长石岩屑砂岩（占29%）和长石砂岩（占23%）。受物源区母岩性质影响，岩石类型具鲜明的分区性分布特征。西南、西部和南部物源控制沉积区，岩石类型主要为岩屑长石砂岩，其次为长石岩屑砂岩；东北和西北物源控制沉积区，岩石类型主要为长石砂岩，其次为岩屑长石砂岩（图4.4）。

（二）砂岩结构

1. 粒度、圆度及分选性

根据图像粒度分析资料统计，鄂尔多斯盆地延长组长7段致密砂岩碎屑颗粒粒径集中于极细砂粒度趋势，碎屑颗粒平均粒径（Mz）和中值（Md）均为0.12mm。由盆地范围内1213块砂岩薄片图像粒度数据平均值分析（图4.5），砂岩碎屑颗粒粒级组成中极细砂级颗粒含量最高（占 43.9%），其次为细砂级（占 32.95%）和粉砂级颗粒（占 17.45%）。按颗粒粒级分类，鄂尔多斯盆地延长组长 7 段致密砂岩主要为极细砂岩（占 60.43%，包括粉砂质极细砂岩、细砂–极细砂岩、极细砂岩、细砂质极细砂岩、粉砂–极细砂岩），其次为细砂岩（占 35.2%，包括细砂岩、极细–细砂岩、中砂–细砂岩），含少量的粉砂岩、中砂岩和不等粒砂岩（图 4.6）。

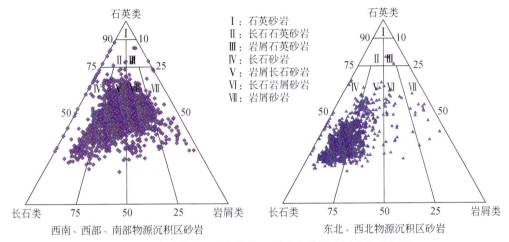

Ⅰ：石英砂岩
Ⅱ：长石石英砂岩
Ⅲ：岩屑石英砂岩
Ⅳ：长石砂岩
Ⅴ：岩屑长石砂岩
Ⅵ：长石岩屑砂岩
Ⅶ：岩屑砂岩

图 4.4 鄂尔多斯盆地延长组长 7 段致密砂岩碎屑成分三角图

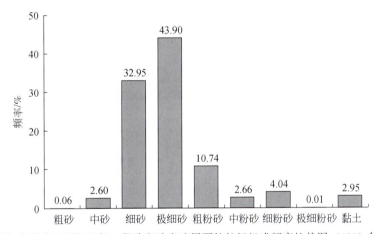

图 4.5 鄂尔多斯盆地延长组长 7 段致密砂岩碎屑颗粒粒级组成频率柱状图（1213 个数据均值）

颗粒磨圆度是反映颗粒结构成熟的重要标志。长 7 段致密砂岩磨圆度主要为次棱角状，占统计数据的 90.3%，含少量的棱角状和次圆状。采用图解法计算（表 4.5），长 7 段致密砂岩标准偏差（$\sigma 1$）主要分布于 0.50～2.00，砂岩分选为较好—中等—较差，三者含量相近。

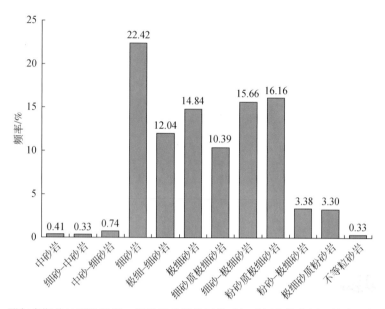

图 4.6　鄂尔多斯盆地延长组长 7 段致密砂岩岩石类型组成频率柱状图（按岩石粒度定名）

表 4.5　鄂尔多斯盆地延长组长 7 段致密砂岩分选性评价表

标准偏差	<0.35	0.35~0.50	0.50~0.71	0.71~1.00	1.00~2.00	2.00~4.00	>4.00
频率/%	0.00	5.08	31.93	30.04	30.12	2.83	0.00
分选性评价	极好	好	较好	中等	较差	差	极差

2. 颗粒接触关系及胶结类型

鄂尔多斯盆地延长组长 7 段致密砂岩为颗粒支撑结构，颗粒间以线接触为主（占 35%以上），其次为点–线和线–点接触，有少量的凹凸–线和线–凹凸接触。胶结类型多样，发育孔隙、加大–孔隙、薄膜–孔隙、孔隙–薄膜、薄膜、孔隙–加大、接触、孔隙–接触、压嵌–孔隙和基底等多种类型，其中以孔隙胶结为主（占 60%以上）（图 4.7）。

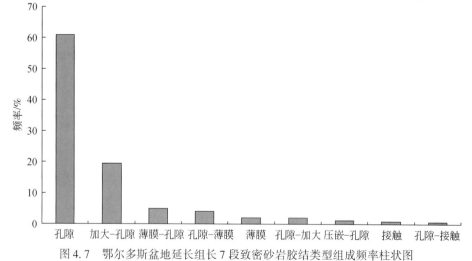

图 4.7　鄂尔多斯盆地延长组长 7 段致密砂岩胶结类型组成频率柱状图

二、储层微观孔隙结构特征

（一）致密油储层面孔率特征

据盆地1600余块铸体薄片统计发现，长7致密油储层面孔率较小，平均值仅1.88%（表4.6）。镜下观察发现，整个视域范围内岩石致密，可见孔隙不多（图4.8a、b、c、d）。这既与盆地侏罗系中高渗砂岩储层不同，也与延长组其他低渗透储层的孔隙特征不同，前者粒间孔隙发育（图4.8e），后者虽然较致密，但仍然有一定的粒间孔隙存在（图4.8f）。

表4.6　鄂尔多斯盆地延长组长7段致密油储层孔隙构成统计表

层位	孔隙组合/%					面孔率/%	样品数/个
	粒间孔	溶孔	晶间孔	微裂隙	其他		
长 7_1	0.77	0.92	0.03	0.02	0.01	1.76	777
长 7_2	0.84	1.12	0.04	0.04	0.01	2.03	661
长 7_3	1.04	0.79	0.04	0.02	0.01	1.89	208
平均	0.83	0.98	0.03	0.03	0.01	1.88	1646

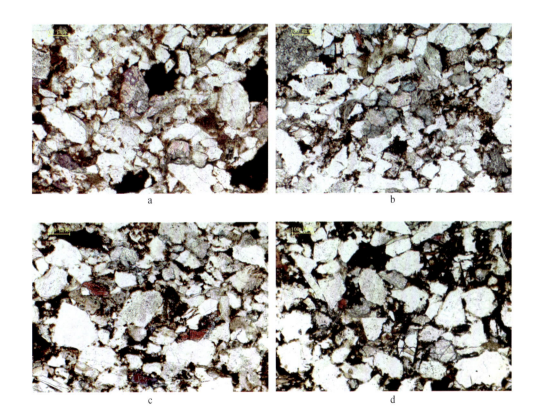

图 4.8　鄂尔多斯盆地中生界典型砂岩样品储层铸体薄片特征

a. 面孔率 1.5%，宁 33 井，长 7_2，1673.15m；b. 面孔率 0.5%，板 4 井，长 7_1，1758.1m；

c. 面孔率 0，庄 180 井，长 7_1，1892.99m；d. 面孔率 0，里 17 井，长 7_3，1878.05m；

e. 面孔率 9%，黄 72 井，延安组延 8，1962.53m；f. 面孔率 3%，白 168 井，长 8_1，2232.36m

　　实际上，致密油储层中应存在大量的微孔隙。只是因为常规储层表征手段精度范围有限，无法观察到这些尺度更小的微孔隙。以下重点介绍通过高精度测试新技术识别出的微孔隙特征。

（二）致密油储层孔隙类型及组合特征

　　通过高精度的场发射扫描电镜、双束电镜、微米级 CT 和纳米级 CT 扫描技术对致密油储层进行表征发现，鄂尔多斯盆地延长组长 7 段致密油储层中发育丰富的微（纳）米级多尺度孔隙（图 4.9），并且孔隙类型多样，形态各异。既有小尺度的残余粒间孔隙、颗粒及粒间溶蚀孔隙、又有黏土矿物间孔隙、晶间孔隙。

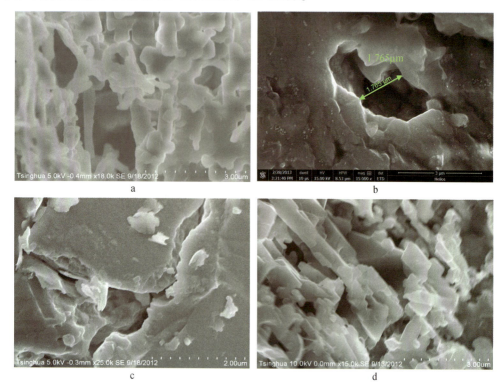

图 4.9　鄂尔多斯盆地延长组长 7 段致密油储层微孔隙图像

a. 纳米-微米级伊利石晶间孔，庄 233 井，长 7_2，1771.15m；b. 微米级矿物晶间孔，阳测 4 井，长 7_2，2061.47m；c. 压实作用形成的纳米级微裂隙，阳测 3 井，长 7_2，2013.84m；d. 纳米-微米级溶蚀孔隙，庄 180 井，长 7_2，1893.3m；e. 微米级剩余粒间孔，庄 180 井，长 7_2，1893.3m；f. 纳米级高岭石晶间孔，午 233 井，长 7_2，1915.48m；g. 纳米-微米级多尺度孔隙全貌，庄 214 井，长 7_1，1748.09m；h. 纳米-微米级多尺度孔隙全貌，阳测 4 井，长 7_2，2061.47m

　　鄂尔多斯盆地延长组长 7 段致密油储层孔隙以小孔隙、微孔隙和纳米孔隙最多，孔隙类型主要是各类溶蚀孔隙、剩余粒间孔隙和晶间孔隙，局部发育微裂隙。在总结前人对低渗透储层孔隙类型划分方案（李道品，2003）的基础上，结合盆地致密油储层孔隙大小、孔隙类型发育特点，提出了鄂尔多斯盆地致密油储层孔隙大小划分方案（表 4.7）。

表 4.7　鄂尔多斯盆地延长组长 7 段致密储层孔隙尺度及孔隙类型划分表

孔隙大小分类	大孔隙	中孔隙	小孔隙	微孔隙	纳米孔隙
孔隙半径/μm	>20	20~10	10~2	2~0.5	<0.5
孔隙类型	原生粒间孔 铸模孔	粒间孔隙 颗粒溶孔 岩屑溶孔	剩余粒间孔 粒内溶孔 杂基溶孔	剩余粒间孔 溶蚀微孔隙 晶间孔隙 黏土矿物晶间孔	微溶孔 晶间孔隙 晶内孔隙 晶体缺陷

续表

孔隙大小分类	大孔隙	中孔隙	小孔隙	微孔隙	纳米孔隙
孔隙数量	少	较少	多	丰富	很丰富
孔隙图像					

(三) 致密油储层微观非均质性特征

致密油储层存在显著微观非均质性 (尤源等, 2015)。以鄂尔多斯盆地阳测 4 井延长组长 7 致密油储层全直径岩心样品 (图 4.10) 工业 CT (扫描分辨率 0.5mm) 成像扫描研究结果 (图 4.11) 为例。样品 CT 值高, 表明储层总体致密, 但样品的底部 CT 值较低, 该位置储层孔隙或微裂缝较为发育。

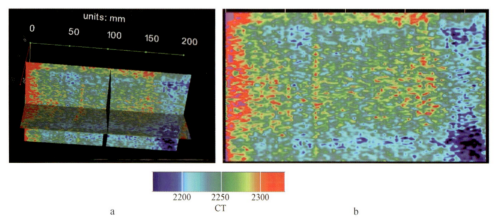

图 4.10 鄂尔多斯盆地延长组长 7 段全直径岩心照片特征 (阳测 4 井, 长 7_2, 2066.36~2066.56m)

a. 全直径岩心特征; b. 取样位置图

图 4.11 鄂尔多斯盆地延长组长 7 段全直径岩心 CT 扫描图像 (阳测 4 井, 长 7_2, 2066.36~2066.56m)

a. 三维图像; b. 正向切片图像

为了验证以上 CT 测试的结果, 在全直径样品不同部位连续取样 (图 4.10b) 进行了铸体薄片的联测分析（图 4.12）。样品顶部的储层石英加大现象明显，压实作用强烈，储层非常致密；中部储层长石溶孔相对比较发育；底部储层微裂缝发育。这表明致密油储层具有一定的微观非均质性；也说明致密油储层中不全部都是微（纳）米级的孔隙。同时也表明工业 CT 扫描能够比较精确和有效地描述致密油储层的孔隙发育程度。

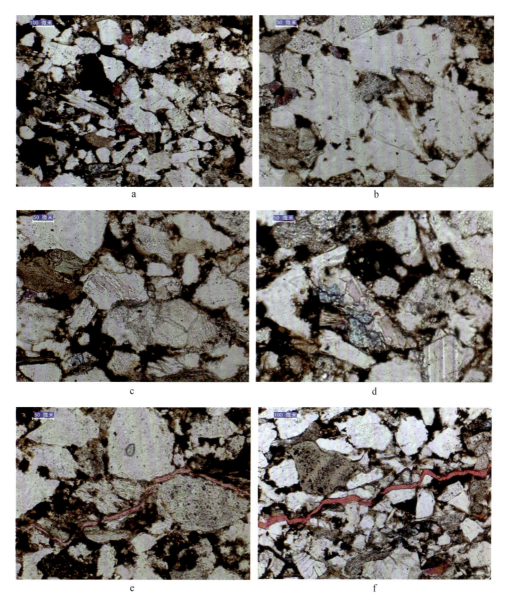

图 4.12　鄂尔多斯盆地延长组长 7 段全直径岩心联测铸体薄片对比图

（阳测 4 井，长 7_2，2066.36 ~ 2066.56m）

a. 碎屑大小混杂，储层致密；b. 石英加大明显，压实作用强烈；c. 发育少量溶蚀孔隙；

d. 发育少量长石溶孔；e. 发育微裂缝；f. 微裂缝

另外，在观察微孔隙的时候，往往只能看到局部区域。这就是一般的表征技术中微观和宏观的矛盾，追求精度的同时很难兼顾整体。然而，对于致密油储层的研究，既要了解微小孔隙的特征，又要了解各尺度孔隙发育的情况。如本章第一节所述，微图像拼接技术（MAPS）很好地解决了这个问题。在研究过程中，通过微图像拼接技术首次获得了鄂尔多斯盆地延长组长 7 段致密油储层样品的微孔隙全景图像（图 4.13）。由图 4.13 可见，致密油储层发育多尺度孔隙，其中大孔隙主要以残余粒间孔隙为主；小尺度孔隙主要是填充胶结后的剩余粒间孔隙和溶蚀产生的微孔隙。

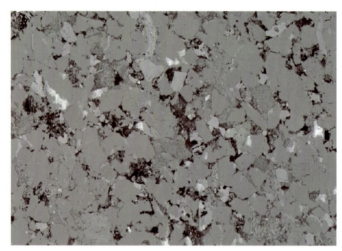

图 4.13　鄂尔多斯盆地延长组长 7 段储层孔隙全景图像（视域 1mm×0.7mm）

（阳测 4 井，长 7$_2$，2061.47m）

（四）致密油储层孔喉系统特征

1. 孔隙尺度分布特征

通过微米 CT 扫描识别出致密油储层各尺度孔隙，并进行定量分析。获得了致密油储层孔隙半径分布特征（图 4.14），致密油储层具有各尺度孔隙连续分布的特征，从几十微

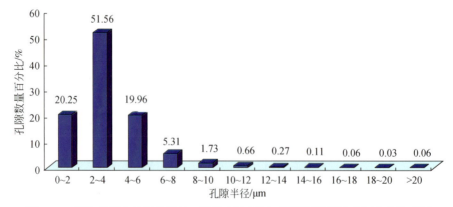

图 4.14　鄂尔多斯盆地延长组长 7 段致密油储层不同尺度孔隙数量百分比构成图

注：图中柱体上方所标注的数字为测试样品中识别出来不同尺度级别孔隙的绝对数量的百分比，测试样品体积为 1mm^3

米到纳米级别都有。其中大孔隙（>20μm）和中孔隙（10~20μm）比例并不高，小孔隙和微孔隙（<2μm）数量最多。

考虑到不同尺度孔隙所占有的孔隙体积是储集空间特征的重要反映，对样品不同半径的孔隙所占有的孔隙体积进行统计（图4.15）。

孔隙数量与孔隙体积的分布特征图对比发现，大孔隙（>20μm）数量虽然不多，但所占的孔隙体积比重并不小；而小孔隙（2~10μm）所占的孔隙体积最大；微孔隙和纳米孔隙（<2μm）虽然数量较多，但所占有的孔隙体积并不大。研究测试样品中，半径>2μm的孔隙所占体积超过95%。综合以上分析，半径大于2μm的孔隙是致密油储层储集空间的主体。微米级小尺度孔隙，构成鄂尔多斯盆地延长组长7段致密油储层的主要储集空间。正是这种原因，致密油储层储集能力相对较好。

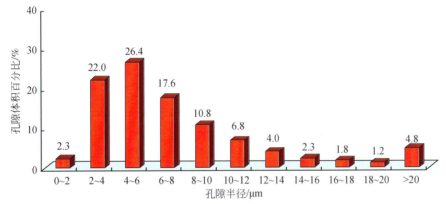

图4.15　鄂尔多斯盆地延长组长7段致密油储层不同尺度孔隙体积百分比构成图

注：图中柱体上方所标注的数字为测试样品中识别出来不同尺度级别孔隙的累积体积所占百分比，测试样品体积为1mm³

2. 致密油储层喉道特征

致密储层中，喉道是影响孔隙连通性的关键，也是制约流体渗流的关键。因此，在致密油储层孔喉系统中，对喉道特征的研究显得尤为重要。通过高压压汞、恒速压汞和纳米CT三种不同的方法对致密油储层喉道特征进行表征和分析。

高压压汞分析测试结果表明，致密油储层孔喉半径小，孔喉半径主要分布于25~250nm，平均值在80nm左右（图4.16）。

当然，高压压汞分析并不能区分出孔隙和喉道。其测试结果反映的是对孔喉系统起到控制作用的等效"孔喉半径"。

恒速压汞结果表明：致密储层喉道半径小，主要分布于100~800nm，孔喉比大，平均在500左右（图4.17）。将不同渗透率级别的样品的喉道分布曲线对比发现，喉道半径是储层渗透率的主控因素之一（李卫成等，2012）（图4.18），喉道半径与致密油储层的渗透率具有较好的相关性（图4.19）。

恒速压汞技术虽然可以区分出孔隙和喉道，准确地计算出喉道的尺度特征及孔隙和喉道的组合关系。但压汞测试的原理是通过毛管力公式计算得到孔喉半径。因此，计算出来的孔喉半径也是一个等效的结果。因此，要了解真实的喉道尺度特征，只有通过纳米级

CT 进行研究。

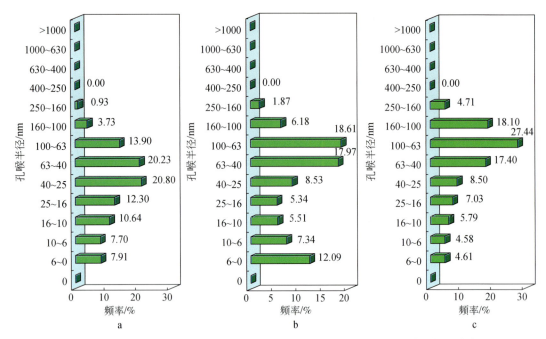

图 4.16　鄂尔多斯盆地延长组长 7 段致密油储层高压压汞法分析孔喉半径柱状分布图

a. 平均孔喉半径 65nm，里 218 井，长 7，2380.09m；b. 平均孔喉半径 81nm，白 220 井，长 7，2003.4m；

c. 平均孔喉半径 116nm，庄 233 井，长 7，1757.4m

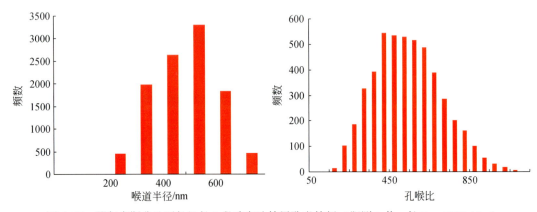

图 4.17　鄂尔多斯盆地延长组长 7 段致密油储层孔喉特征（阳测 1 井，长 7_2，1980.12m）

　　通过纳米级 CT 扫描，结合数字岩心算法就可以精确识别出每一个孔隙和喉道半径，其统计计算结果是最为真实、准确的。通过纳米级 CT 测试结果表明：鄂尔多斯盆地致密油储层喉道为纳米级尺度，半径主要分布在 20～150nm（图 4.20）。

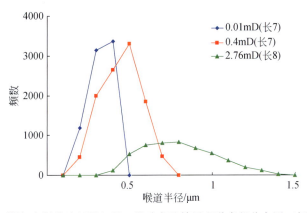

图 4.18　鄂尔多斯盆地延长组长 7 段致密油储层喉道半径分布图（恒速压汞）

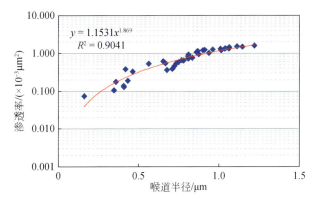

图 4.19　鄂尔多斯盆地延长组长 7 段致密油储层喉道半径与渗透率相关图

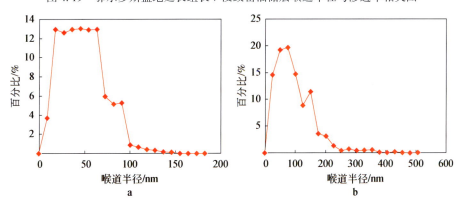

图 4.20　鄂尔多斯盆地延长组长 7 段致密油储层喉道半径分布图（纳米 CT）

a. 阳测 4 井，长 7_2，2061.47m；b. 胡 2i0 井，长 7_2，2209.2m

3. 三维孔喉网络特征

通过微（纳）米级 CT 扫描，可以直观地观察到致密油储层孔喉微观三维空间结构（图 4.21）。将 CT 扫描和数字岩心算法结合，提取孔喉网络（图 4.22），对微米–纳米级孔喉系统进行定量表征，这些表征的参数包括：孔喉的数量、尺度、连通性等（表 4.8）。定量计算结果能够直观、明确地获得孔隙数量、喉道数量以及孤立孔隙的数量。

图 4.21　微米 CT 扫描三维灰度图（阳测 4 井，长 7_2，2061.47m）

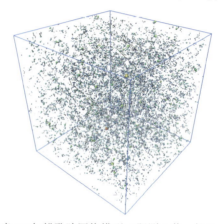

图 4.22　微米 CT 扫描孔隙网络模型（阳测 4 井，长 7_2，2061.47m）

表 4.8　数字岩心孔隙结构参数计算表

项目	孔喉数量	孔喉尺度	孔喉体积	孔喉结构	孔喉连通性	孔隙度	渗透率
定量参数	孔隙数，喉道数	孔隙半径，喉道半径	孔隙体积，喉道体积	形状因子	配位数，孔隙喉道连接编号	图像孔隙度，模型孔隙度	X 方向渗透率，Y 方向渗透率，Z 方向渗透率
统计分析结果	总孔隙数，总喉道数，孤立孔隙数，截面孔隙数，截面喉道数	平均孔喉半径，最大孔喉半径，最小孔喉半径，孔喉半径分布曲线，分孔隙区间，喉道分布	孔隙体积构成，喉道体积构成，体积贡献曲线，连通孔隙体积，连通喉道体积	形状因子分布	平均配位数，最大配位数，最小配位数，配位数分布，分区间配位数分布	分区间孔隙度（孔隙度与面孔率关联关系）	平均渗透率，孔渗关系，毛管压力曲线，相渗曲线

通过孔隙配位数进一步分析孔喉连通性。盆地致密储层样品孔隙配位数较低，平均配位数 2.5，大孔隙配位数分布范围相对较宽（图 4.23）。

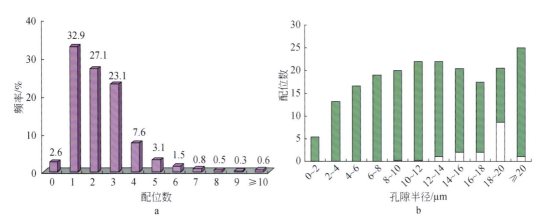

图4.23　鄂尔多斯盆地延长组长7段致密油储层孔隙配位数特征

a. 致密油储层孔隙配位数频率分布图；b. 致密油储层分孔隙区间配位数分布图

通过 CT 扫描结合数字岩心技术，提取了致密油储层样品的三维孔喉网络（图 4.24）。结果表明：致密油储层孔喉网络是由多个相互独立但内部连通的孔喉体所构成的，这些连通孔喉体呈簇状分布，通过大规模的体积压裂实现彼此连通。并与人工压裂缝一起，形成一个复杂的孔隙裂缝网络系统，从而达到增产的效果。

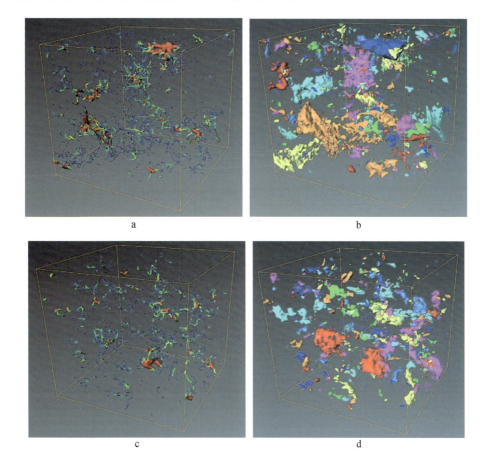

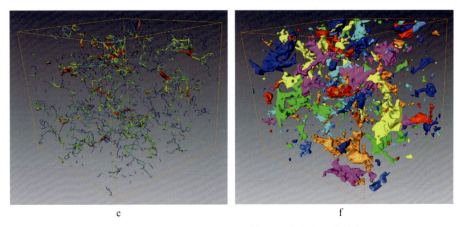

图 4.24　鄂尔多斯盆地致密油储层三维孔喉网络特征

a. 孔喉半径分布，胡 196 井，长 7_2，2354.98m；b. 孔喉连通体积，胡 196 井，长 7_2，2354.98m；
c. 孔喉半径分布，镇 393 井，长 7_2，2090.14m；d. 孔喉连通体积，镇 393 井，长 7_2，2090.14m；
e. 孔喉半径分布，庄 193 井，长 7_1，1735.25m；f. 孔喉连通体积，庄 193 井，长 7_1，1735.25m

4. 孔喉系统中流体的可动性

多孔介质中流体的流动，主要受孔喉结构特征的影响（牛小兵等，2013）。通过核磁共振等技术测试储层可动流体饱和度，可以反映储层内流体动用的难易程度，从而反映油田开发的难易程度。

对鄂尔多斯盆地延长组长 7 段致密油储层样品进行核磁共振可动流体测试，获得其 T_2 弛豫时间谱。对于超低渗透样品，T_2 弛豫时间截止值取为 13ms，但并非所有大于 13ms 的长弛豫部分都是可动流体，因为低渗透样品具有较大的孔喉比，有些孔隙虽然大，但和周边连通的喉道小，同样也是不能流动的。因此，对致密油储层岩样进行高速离心后，长弛豫部分分离了出来，而短弛豫部分几乎没有改变，说明仍滞留在岩样内部的流体是由于毛管力的作用被束缚在孔隙中。求取两次长弛豫部分的差值就得到了可动流体饱和度值。

测试结果表明，鄂尔多斯盆地延长组长 7 段致密油储层可动流体饱和度较高，达到 52% 左右（图 4.25）。同时，大量的分析统计表明，致密油储层可动流体饱和度主要分布于 100～500nm 喉道控制的储集空间中（占总可动流体饱和度的 60%）；说明 100～500nm 的纳米级喉道是影响可动流体饱和度的主要因素（图 4.26）。

通过可动流体与物性相关性分析（图 4.27）可以看出，可动流体饱和度与渗透率相关性较好，具有较好的正相关关系，随着渗透率的增大，可动流体百分数增加，说明渗透率是控制储层可动流体饱和度的主要因素。根据拟合关系式，可以计算获得单井的可动流体饱和度，从而了解可动流体饱和度的平面分布特征。

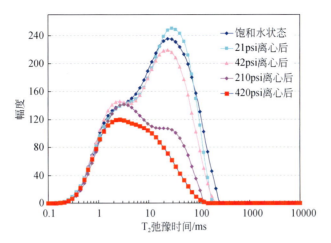

图 4.25　延长组长 7 致密储层典型样品可动流体分布谱图

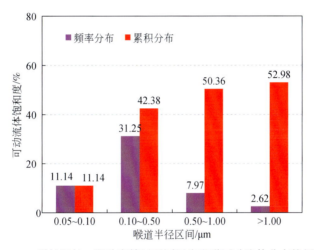

图 4.26　延长组长 7 段致密储层不同尺度喉道可动流体分布特征图

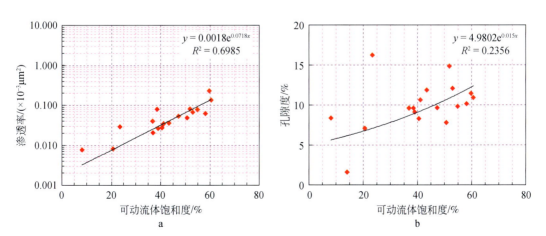

图 4.27　鄂尔多斯盆地延长组长 7 段致密油储层可动流体与物性相关图

a. 可动流体饱和度与渗透率相关图；b. 可动流体饱和度与孔隙度相关图

三、储层物性特征

储层物性是非常规油气区别于常规油气的关键参数（邹才能等，2015），也是决定致密油能否形成规模并实现经济开发的关键指标（贾承造等，2012）。另外，体积压裂虽然具有增大致密储层改造体积和油藏泄油体积的技术优势，但鄂尔多斯盆地长7段致密油受储层地质特征的影响，体积压裂裂缝网络形态仍是以主缝为主，滑移缝、天然缝开启交错为辅的裂缝网络系统（李宪文等，2013），这与国外致密储层改造后呈复杂裂缝网络特征存在较大差异。可见，尽管致密油的本质是储层致密，但优选相对"高孔、高渗"的优质储层仍是致密油实现勘探开发的关键点之一。孔隙度和渗透率描述储层储集和渗透性能的研究工作仍然是致密油地质研究的重要内容之一。

（一）储层地面与地层条件下物性特征

1. 地面物性特征

储层地面物性是指岩石在常压、常温条件下测量的，是最为常见的储层物性分析资料。鄂尔多斯盆地延长组长7段致密砂岩储层开展了大量的常规岩心地面物性分析，具有地面物性数据资料的井数达600余口，遍布于致密油分布区，这为致密油储层储集性能评价和有利储层预测奠定了基础。其中，地面孔隙度为酒精加压饱和法测定，地面渗透率为空气渗透率。

鄂尔多斯盆地延长组长7段3个亚段中，长7_3亚段以富有机质黑色页岩、暗色泥岩及贫有机质的湖相（粉砂质）泥岩等细粒沉积为主，砂岩不发育，为页岩油层段；长7_2亚段和长7_1亚段以极细砂岩和细砂岩沉积为主，是长7段致密油发育层段。鄂尔多斯盆地延长组长7段致密油储层孔隙度平均值为8.18%，渗透率平均值为$0.076×10^{-3}\ \mu m^2$，储层物性略差于岩性相似的北美巴肯（Bakken）致密油层（邹才能等，2013）。长7段致密油的两个层段及其不同沉积区间，储层物性存在一定差异。西南、西部和南部物源控制沉积区，长7_2、长7_1亚段孔隙度主要分布于6%~12%，平均值为8.5%；长7_2、长7_1亚段渗透率主要分布于$0.03~0.4×10^{-3}\ \mu m^2$，长$7_2$亚段平均渗透率（$0.091×10^{-3}\ \mu m^2$）略高于长$7_1$亚段（$0.079×10^{-3}\ \mu m^2$）。东北和西北物源控制沉积区，长$7_2$、长$7_1$亚段孔隙度主要分布于6%~11%，长$7_2$亚段平均孔隙度（6.52%）低于长$7_1$亚段（7.62%）；长$7_2$、长$7_1$亚段渗透率主要分布于$0.03×10^{-3}\ \mu m^2~0.3×10^{-3}\ \mu m^2$，长$7_2$亚段平均渗透率（$0.052×10^{-3}\ \mu m^2$）低于长$7_1$亚段（$0.076×10^{-3}\ \mu m^2$）（图4.28、图4.29）。

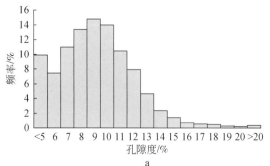

a

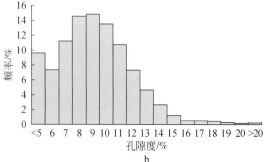

b

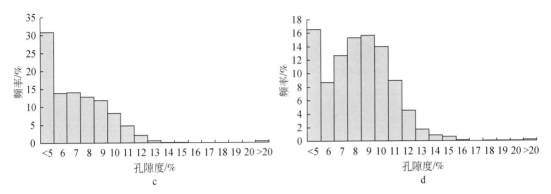

图 4.28　鄂尔多斯盆地延长组长 7 段致密砂岩孔隙度分布频率直方图

a. 西南、西部和南部物源控制沉积区延长组长 7_2 亚段；b. 西南、西部和南部物源控制沉积区延长组长 7_1 亚段；

c. 东北和西北物源控制沉积区延长组长 7_2 亚段；d. 东北和西北物源控制沉积区延长组长 7_1 亚段

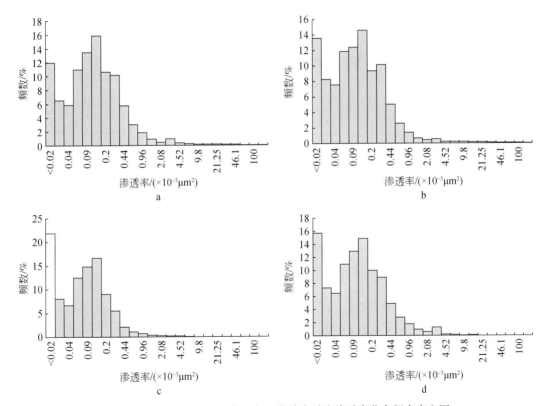

图 4.29　鄂尔多斯盆地延长组长 7 段致密砂岩渗透率分布频率直方图

a. 西南、西部和南部物源控制沉积区延长组长 7_2 亚段；b. 西南、西部和南部物源控制沉积区延长组长 7_1 亚段；

c. 东北和西北物源控制沉积区延长组长 7_2 亚段；d. 东北和西北物源控制沉积区延长组长 7_1 亚段

通过储层物性与含油性、产油量及可动流体的相关性分析，结合频率丢失方法对下限取值合理性分析，鄂尔多斯盆地长 7 段致密油储层渗透率下限值为 $0.03 \times 10^{-3} \ \mu m^2$；孔隙度下限值为 5.0% 。以湖盆中部长 7_2 亚段致密油储层孔隙度和渗透率等值线图为例分析（图 4.30），鄂尔多斯盆地致密油渗透率大于 $0.03\times10^{-3}\ \mu m^2$、孔隙度大于 6% 的有效储层，在平面上大面积分布，且局部发育相对高孔高渗区。

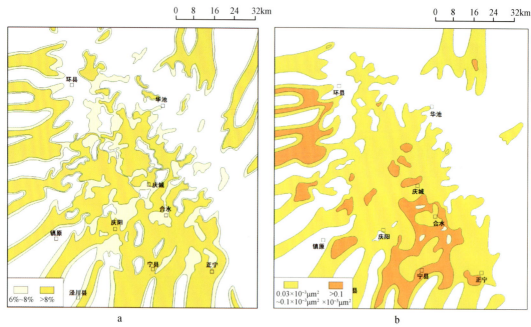

图 4.30　鄂尔多斯盆地湖盆中部延长组长 7_2 亚段致密砂岩孔隙度、渗透率等值线图

a. 孔隙度等值线图；b. 渗透率等值线图

2. 地层条件下物性特征

地层条件下的储层物性对提高储量计算精度和认识储层地下渗流特征具有重要意义。以延长组长 7 段致密油储层的平均埋深 2000m 和平均地层压力 15.27 MPa 计算，30MPa 净应力测试点的孔隙度和渗透率接近于地层条件下的储层物性特征。实验结果表明，$\phi sc/\phi bp$（地面孔隙度/覆压孔隙度）分布于 1.05～1.45，K_{sc}/K_{bp}（地面渗透率/覆压渗透率）主要分布于 2.0～4.87；储层渗透率小于 $0.06\times10^{-3}\ \mu m^2$ 时，地下物性与地面物性相差较大（图 4.31）。实验过程中只考虑了地层条件下的压力，未考虑温度，实际上地层的温度远高于地面温度。李传亮（2008）研究认为，温度升高会使岩石膨胀，相应物性会有所增大。结合上述实验结果分析，鄂尔多斯盆地延长组长 7 段致密油储层孔隙度在地层条件下损失甚微，K_{sc}/K_{bp} 也远小于传统认为的 10 倍关系特征。

（二）储层渗透率各向异性特征

地层渗透率的各向异性是制约水平井产油效果的重要因素（徐景达，1991；邓英尔等，2002；高健等，2003；魏漪等，2014），而对于致密油，"长水平段+体积压裂"是最有效的开发模式。因此，开展致密油储层的渗透率各向异性特征研究对致密油的开发具有实际意义。实验选取了代表不同沉积类型储层的样品，测试了长 7 段致密油层的水平与垂直渗透率。实验结果表明，K_v/K_h（垂直渗透率/水平渗透率）平均值为 1.04，ϕ_v/ϕ_h（垂直孔隙度/水平孔隙度）平均值为 1.06，这说明鄂尔多斯盆地延长组长 7 段致密油储层渗透率各向异性总体较弱，但不同沉积类型储层的渗透率各向异性特征存在差异。以砂质碎屑流沉积类型为主的陇东地区，是盆地致密油的主力区，其储层渗透率各向异性弱，有利于水平井开发；而以三角洲前缘水下分流河道沉积类型为主的陕北地区，储层垂直渗透率显著低于水平渗透率，在一定程度上影响了水平井产能，储层的压裂改造工艺参数需有别于陇东地区致密油。

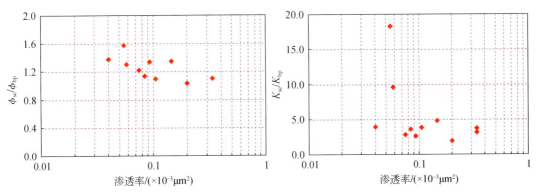

图 4.31　鄂尔多斯盆地长 7 段致密油储层样品 ϕ_{sc}/ϕ_{bp}（左图）、K_{sc}/K_{bp}（右图）与渗透率变化关系图

第三节　致密油储层致密成因

国内外学者对砂岩储层的致密成因已开展了相关研究（表 4.9）。Soeder 和 Randolph（1987）认为成岩作用在孔隙中沉淀的胶结物与沉积时原生孔隙中充填的杂基是砂岩储层致密的成因机制；张哨楠（2008）强调除沉积作用和胶结作用外，压实作用也是砂岩储层致密的一种成因类型；邹才能等（2013）将致密砂岩储层划分为原生沉积和成岩改造两种成因机制；于兴河等（2015）根据不同成岩作用对储层致密的贡献程度，将成岩改造型致密砂岩储层细分为胶结型和压实型两种类型。虽然不同学者对砂岩储层致密成因的认识不尽一致，但结论与认识具有共性，即致密砂岩储层为单一因素控制形成。鄂尔多斯盆地延长组长 7 段致密油储层表现为孔隙尺度小、喉道狭窄、孔隙配位数低、渗透率极低及孔喉系统簇状分布的致密特征。如此致密的特征，是受多种因素作用叠加控制形成，还是单一因素主导所致？而致密油有效储层的预测、成藏研究和勘探部署的前提是搞清储层致密成因，可见致密油储层的致密成因是致密油研究的核心内容。

表 4.9　砂岩储层致密成因研究进展

序号	作者	年代	致密砂岩储层成因类型
1	Soeder 和 Randolph	1987	①自生黏土矿物沉淀造成岩石孔隙堵塞的致密砂岩储层； ②自生胶结物的堵塞而改变原生孔隙的致密砂岩储层； ③沉积时杂基充填原生孔隙的泥质砂岩

续表

序号	作者	年代	致密砂岩储层成因类型
2	张哨楠	2008	①自生黏土矿物的大量沉淀形成的致密砂岩储层； ②胶结物的晶出改变原生孔隙形成的致密砂岩储层； ③高含量塑性碎屑因压实作用形成的致密砂岩储层； ④粒间孔隙被碎屑沉积时的泥质充填形成的致密砂岩储层
3	邹才能，陶士振，侯连华等	2013	①原生沉积型致密砂岩储层； ②成岩型致密砂岩储层（分为陆相成岩型致密砂岩储层和海相成岩型致密砂岩储层两种类型）
4	于兴河，李顺利，杨志浩	2015	①胶结型致密砂岩储层； ②压实型致密砂岩储层； ③其他成因类型

一、沉积作用是储层致密的内在因素

鄂尔多斯盆地延长组长 7 段致密砂岩储层形成于半深湖–深湖区低能量的水介质环境，决定了沉积物以细粒级的细砂、粉砂和泥页岩为主，且延长组长 7 段致密油砂岩储层主要为重力流沉积作用控制形成的砂质碎屑流和浊流两种沉积，从而其砂岩的粒度大小、分选性、成熟度及杂基含量与高能量环境沉积的砂岩存在较大的差异，这不仅影响了储层的初始孔渗特征，而且控制了后期的成岩作用类型、强度和演化过程。

（一）沉积粒度细，砂岩初始孔隙尺度小

碎屑颗粒粒级以极细砂为主，是鄂尔多斯盆地延长组长 7 段砂岩最为显著的岩石学特征之一，砂岩粒径主要分布于 0.06 ~ 0.14mm。应用 Trask 分选系数法计算，鄂尔多斯盆地延长组长 7 段砂岩初始孔隙度平均值为 36.8%。何自新和贺静（2004）研究了鄂尔多斯盆地西峰油田产油层延长组长 8 段的砂岩粒级和初始孔隙度特征，其砂岩粒径主要分布于 0.13 ~ 0.4mm，初始孔隙度分布于 35.4% ~ 37.1%。可见，虽然延长组长 7 段和长 8 段砂岩粒径相差较大，但初始孔隙度相近。这与杨胜来和魏俊之（2004）通过等径圆球理想岩石模型分析得出的初始孔隙度大小与碎屑颗粒粒径无关的结论一致。鄂尔多斯盆地延长组长 7 段致密砂岩与西峰油田延长组长 8 段低渗透储层的现今物性特征的对比研究结果表明，二者间渗透率相差较大，而孔隙度相近（冯胜斌等，2013），这说明现今孔隙度对初始孔隙度具有较好的继承性。微米 CT 对两类储层现今孔隙的定量表征结果表明，长 7 段致密砂岩孔隙半径主要分布于 2 ~ 8 μm，长 8 段低渗透储层孔隙半径大于 8 μm，但前者孔隙数量是后者的 3 ~ 7 倍（尤源等，2014b）。上述特征揭示鄂尔多斯盆地延长组长 7 段致密油储层的致密不仅体现在"低渗"，另一鲜明特征是孔径小。因而，传统的探究砂岩颗粒粒径与孔隙度关系的研究思路和方法不适用于致密油储层孔隙特征的研究，即致密油储层需揭示砂岩粒径与孔径之间的关系。

基于上述分析与认识，采用等径圆球理想岩石模型入手，揭示砂岩颗粒粒径与孔隙半

径间的变化规律。图 4.32 所示为球粒排列形式的截面图。设球粒半径为 r，则粒间孔隙面积 $S=4r^2-\pi r^2$，粒间孔隙半径 $r_1=\left[(4r^2-\pi r^2)/\pi\right]^{1/2}$。据此计算可得到不同颗粒粒径所组成的粒间孔隙半径大小，并得出粒间孔隙半径与颗粒粒径的变化关系（图 4.33）。分别以延长组长 7 段致密油储层和延长组长 8 段低渗透储层砂岩颗粒粒径分布范围计算，其粒间孔隙半径分布区间分别为 0.016 ~ 0.034mm 和 0.037 ~ 0.105mm。显然，延长组长 7 段致密油储层因受砂岩颗粒粒径小因素影响，初始孔隙尺度小于长 8 低渗透储层。

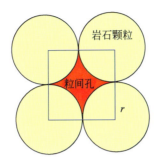

图 4.32　等径圆球理想岩石模型截面图

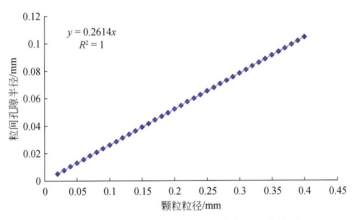

图 4.33　砂岩颗粒粒径与粒间孔隙半径相关性图

（二）砂岩沉积粒度细、分选差，初始渗透率低

岩石比面大，渗透率低；而岩石比面大小取决于砂岩粒度和孔隙大小（杨胜来、魏俊之，2004）。前已述及，鄂尔多斯盆地延长组长 7 段砂岩颗粒粒度细、孔隙半径小，由此分析，其初始渗透率低。砂岩颗粒分选差，则碎屑颗粒大小混杂，小颗粒碎屑充填大颗粒间的孔隙或喉道，从而使孔隙度减小、孔隙连通性变差、迂曲度和岩石比表面增大。通常，随着孔隙度减小、孔隙连通性变差、迂曲度增大等孔隙结构特征的变化，岩石的渗透率会降低。鄂尔多斯盆地延长组长 7 段砂岩分选中等–差比例占 60% 以上，同时砂岩结构成熟度低，因此这进一步会使延长组长 7 段砂岩的初始渗透率降低。应用 Sneider 图版（Leder *et al.*，1987）恢复得到延长组长 7 段砂岩的初始渗透率，其主要分布于 0.80 ~

$2.5\mu m^2$。Beard 和 Weyl（1973）采用人工混合砂研究了砂岩粒度大小和分选性对渗透率的影响，结果表明分选中等–差的极细砂岩初始渗透率分布于 $0.46 \sim 2.1\mu m^2$，而分选极好的粗砂岩初始渗透率分布于 $238 \sim 475\mu m^2$。李金宜等（2016）等研究了疏松沉积砂岩的渗透率特征，与延长组长7段岩性相近的砂岩，初始渗透率分布于 $2.99 \sim 4.39\mu m^2$。可见，受砂岩粒度、孔隙尺度和分选性等因素的综合作用，鄂尔多斯盆地延长组长7段砂岩初始渗透率显然偏低。

（三）沉积物特定的岩石学特征、砂泥岩互层结构及紧邻烃源岩特征，奠定了砂岩后期强成岩作用的物质基础

砂岩的成分、结构和粒径等岩石学特征对水岩反应速率和规模以及砂岩的抗热性和抗压性具有重要的影响，进而控制砂岩的成岩演化特征（寿建峰等，2005）。鄂尔多斯盆地延长组长7段形成于盆地构造活动最为强烈、湖盆范围最大、湖水最深的演化阶段，因此，砂岩具有特定的岩石学特征。延长组长7期强烈的构造抬升作用使盆地西缘和南缘蚀源区母岩性质发生了较大变化，延长组长7段砂岩中出现较高含量的碳酸盐岩岩屑。碳酸盐岩岩屑化学性质极不稳定，在压溶过程可形成碳酸盐胶结物。延长组长7致密油储集砂体为三角洲前缘前端和重力流沉积，因此板岩、片岩、千枚岩和泥岩等塑性碎屑组分富集，几种组分含量合计，平均为6.19%。此外，砂岩颗粒粒径细和分选较差是其最为显著的岩石学特征。一般情况，塑性组分和细粒级颗粒在上覆载荷作用下，抗压性弱、成岩压实速率大。与其相邻的延长组长8和长6段砂岩相比，长7段砂岩塑性组分含量明显偏高（图4.34）、粒级偏细，这无疑降低了其抗压实作用能力。同时，延长组长7段砂岩初始孔径小和初始渗透率偏低的孔隙结构特征影响成岩流体的流动，从而影响后期的胶结作用类型和溶蚀作用强度。

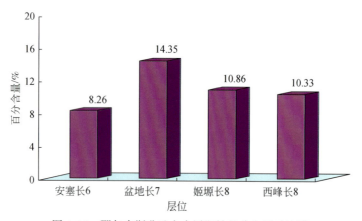

图4.34　鄂尔多斯盆地主力层塑性组分含量对比图

鄂尔多斯盆地延长组长7段沉积厚度为 $90 \sim 110m$，单砂体厚度主要分布于 $3 \sim 8m$，厚度大于10m的单砂体所占比例小于15%，砂地比主要分布于10% ~ 30%。砂体结构类型研究结果表明，鄂尔多斯盆地延长组长7段主要以砂泥岩互层型砂体结构为主，而叠置型砂体结构类型不发育。综上所述，鄂尔多斯盆地延长组长7段砂岩垂向沉积序列结构为

典型的砂泥岩薄互层型沉积。已有研究成果认为，砂泥岩互层沉积体系可形成砂岩和泥岩的成岩演化相互制约的成岩系统，一方面泥岩和砂岩会发生差异压实作用；另一方面泥岩中的流体进入砂岩，改变了砂岩孔隙内原有的固相–液相之间的化学平衡，形成钙质、硅质和自生黏土矿物等胶结物（王行信、周书欣，1992；谭先锋等，2016），从而薄互层砂岩更容易形成致密储层（于兴河等，2015）。另外，鄂尔多斯盆地延长组长 7 段泥页岩富含有机质，是盆地中生界的主力烃源岩，且在纵向上三个亚段均发育（杨华等，2016），因此，延长组长 7 段砂岩储层呈与烃源岩紧邻或互层的沉积特征。大量的岩石薄片分析发现，延长组长 7 段烃源岩在埋藏成岩过程中，一方面有机质热演化释放的有机酸注入砂岩，形成长石的溶蚀；另一方面有机质经历了低成熟—成熟油的演化过程，因此储层中赋存大量低成熟油。通常低成熟油流动性差，因此储层中早期充注的低成熟油会堵塞孔隙和喉道。

二、成岩作用是储层致密化的关键

与常规储层一样，压实作用、胶结作用和溶蚀作用仍是引起鄂尔多斯盆地延长组长 7 段砂岩储层变化的 3 种成岩作用。一般认为，压实作用与碳酸盐、硅质等胶结作用对储层具有破坏性作用；溶蚀作用和环边绿泥石胶结作用对储层具有建设性作用。鄂尔多斯盆地延长组长 7 段因其特定的沉积环境，建设性成岩作用对储层的改善作用程度小；相反，压实和胶结两种破坏性成岩作用对储层的改造程度大，其在储层致密化过程中起主导作用，是决定储层致密化的关键因素。

（一）沉积物粒度细、塑性组分含量高，压实作用减孔显著

鄂尔多斯盆地延长组长 7 段砂岩颗粒间以线接触为主（部分颗粒凹凸接触）、刚性颗粒（石英和长石）和云母多呈定向排列、岩屑压实变形及颗粒破裂现象普遍（图 4.35），并存在压溶现象，表明延长组长 7 段砂岩压实作用强。鄂尔多斯盆地延长组地层沉积后，延长组长 10—长 1 段普遍经历了早期持续埋深和后期抬升剥蚀浅埋（图 4.36），但与埋藏更深的长 10、长 9 和长 8 段砂岩相比，长 7 段压实作用更强。研究发现，砂岩的孔隙度随埋深增加总体呈下降趋势，值得注意的是，不同岩石类型在同一埋藏深度下，孔隙度相差较大。由此分析，长期持续埋藏仅仅是延长组长 7 段砂岩发生压实作用的必要条件，而压实作用使砂岩致密的根本机理是受下述因素所控制。

寿建峰等（2005）开展了砂岩粒径与压实量的关系研究，发现细砂岩较中砂岩压实量高约 2%，其形成机理是，细粒砂岩在同等的上覆载荷作用下，其颗粒易滑动和重新排列，从而颗粒间的支撑力较小，加快了砂岩的压实作用进程。鄂尔多斯盆地延长组长 7 段砂岩碎屑颗粒粒级组成中，中砂含量小于 3%，极细砂含量达 43.9%，若将小于 0.01mm 的颗粒归入"泥或黏土"中，则其含量达 10%。朱国华（1982）研究了成岩作用与砂岩孔隙的演化规律，发现砂岩中黏土含量达 10% 以上时，在压实作用过程中孔隙度缩小至 15% 以下。据此分析，延长组长 7 段砂岩粒径如此细，且黏土杂基含量较高，无疑大大地降低其抗压性，而压实量将加大。

延长组长 7 段致密砂岩除碎屑粒径偏细外，岩屑组合以板岩、片岩、千枚岩和云母等塑性岩屑为主，更为特殊的是含有较高的白云岩屑等沉积岩屑，与延长组各段对比分析，长 7 段砂岩中塑性组分含量最高，达 14.35%（图 4.34）。在薄片下观察，延长组长 7 段砂岩中的塑性岩屑在压实过程中，普遍发生塑性变形，有的甚至被挤入粒间孔隙形成假杂基，堵塞孔喉（图 4.35a、b、c）。这与高博（2015）采用含有塑性岩屑的真实砂岩模拟压实过程中塑性岩屑的变形特征及对孔隙度的影响实验观察到的现象相似。

在常规储层研究中，通过薄片下统计的孔隙、胶结物数据与岩心物性分析数据的结合，定量恢复孔隙演化是常用的方法。而对于致密储层，薄片分析参数与物性参数反映的储层储集性能之间存在显著差异。以鄂尔多斯盆地宁 33 井和庄 182 井为例，延长组长 7 段储层孔隙度测试结果分别为 10.0% 和 9.3%，而偏光显微镜下测得面孔率分别为 0.5% 和 0（图 4.35g、h）。正如前面所述，孔径小是致密油储层致密的特征之一，因为偏光显微镜受其仪器分辨率的限制，那些细小的孔隙在薄片下难以识别和统计，故用此方法统计的面孔率不能反映致密储层孔隙的真实特征。应用核磁共振成像、场发射扫描电镜和微（纳）米级 CT 等高分辨率测试仪器对延长组长 7 段致密油储层表征的结果，发现其以小孔隙和微孔隙（<2μm）为主，并普遍发育纳米级孔隙。上述特征一方面说明传统的孔隙度演化定量恢复方法不适用于致密储层，压实作用对致密储层的减孔程度，只能定性地评价；另一方面说明鄂尔多斯盆地延长组长 7 段砂岩在沉积作用控制下形成的小尺度初始孔隙，在后期强烈的成岩压实作用过程中孔隙尺度急剧减小，达到纳米–微米级尺度。

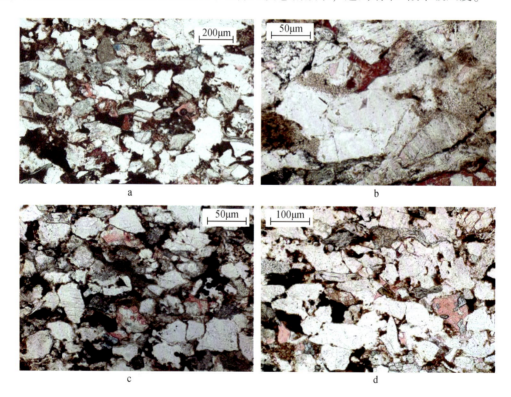

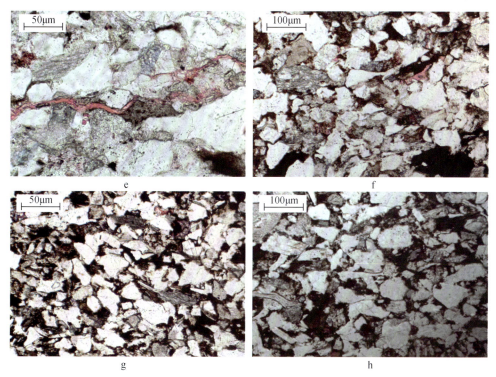

图 4.35 鄂尔多斯盆地延长组长 7 段砂岩成岩作用特征

a. 石英长石颗粒定向排列；b. 碎屑颗粒压实破裂缝；c. 塑性岩屑变形，挤入粒间孔隙；d. 塑性组分变形定向排列；e. 颗粒间线-凹凸状接触；f. 云母蚀变膨胀变形呈假杂基，不发育粒间孔；g. 压实作用强，面孔率 0.5%，孔隙度 10.0%；h. 压实作用强，面孔率 0，孔隙度 9.3%

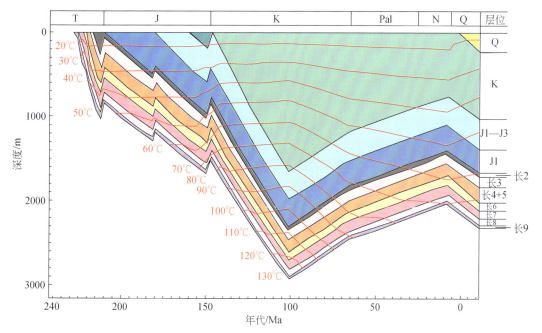

图 4.36 鄂尔多斯盆地延长组长 7 段埋藏史曲线

（二）黏土矿物、碳酸盐和硅质胶结作用强烈，储层孔喉结构复杂化、渗透率急剧降低

自生黏土矿物和硅质胶结物仅分布于孔隙周边而在砂岩颗粒接触部位缺失的现状，以及碳酸盐胶结物类型为铁白云石和铁方解石的特征，说明鄂尔多斯盆地延长组长7段砂岩主要的成岩胶结作用形成于机械压实作用之后。已有研究成果表明，不同的储集空间和渗流条件，会形成不同类型的成岩矿物（朱国华，1988；黄思静等，2004；钟大康，2017）。延长组长7段砂岩经机械压实作用之后，孔喉变得更为细小，致使自生矿物的晶出空间小、成岩流体难以流动，因此导致其成岩胶结作用强度和产物与常规砂岩储层存在较大差异。

1. 黏土矿物胶结作用

（1）伊利石。

伊利石的产状和形态以及含有一定量成岩转化序列的中间产物——伊利石/蒙脱石混层黏土矿物（图4.37a、b），说明鄂尔多斯盆地延长组长7段砂岩中的伊利石主要是由蒙脱石经伊/蒙混层转化形成。延长组长7段砂岩中的蒙脱石主要是碎屑黏土杂基沉积成因的。由于黏土矿物杂基的沉积主要受矿物质点粒级沉积分异作用控制，粒度越小，沉积离岸边越远，蒙脱石黏土矿物粒级细小，因此延长组长7段重力流和三角洲前缘前端沉积砂岩中的蒙脱石黏土杂基含量较高。另外，延长组长7段埋藏深度和温度（图4.36）已达到蒙脱石向伊利石转化的条件（黄思静等，2009；孟万斌等，2011），且目前黏土矿物组成中，缺少蒙脱石矿物，这揭示延长组长7段砂岩中的蒙脱石已全部转化为伊利石或伊/蒙混层黏土矿物，一定程度上也反映延长组长7段砂岩中自生伊利石黏土矿物的含量，受控于沉积过程形成的蒙脱石黏土杂基含量。这可从黏土矿物X射线衍射分析结果（表4.10）得到印证，延长组长7段重力流沉积砂岩黏土矿物主要由伊利石组成，伊利石和伊/蒙混层含量合计占黏土矿物含量的75.52%，远远高于长7段三角洲沉积砂岩；虽然三角洲沉积砂岩伊利石和伊/蒙混层黏土矿物的含量显著低于重力流沉积，但砂岩的黏土矿物中，仍含有较高含量的伊利石。结合薄片统计的胶结物组成及含量结果分析，伊利石是鄂尔多斯盆地延长组长7段砂岩最主要的填隙物。

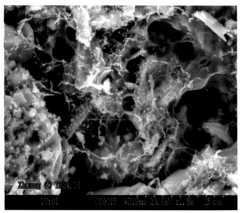

a　　　　　　　　　　　　　　　b

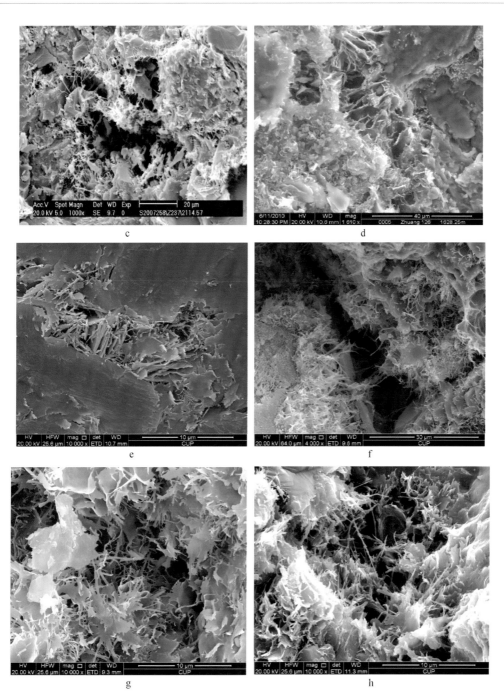

图 4.37　鄂尔多斯盆地延长组长 7 段砂岩中伊利石和伊/蒙混层扫描电镜下特征

a. 粒间孔隙中伊/蒙混层矿物，庄 30 井，长 7_2，1872.38m；b. 粒间孔隙中伊/蒙混层矿物，庄 40 井，长 7_1，1824.16m；c. 溶蚀孔隙中丝状伊利石，镇 237 井，长 7_3，2114.57m；d. 粒间孔隙中伊利石搭桥状充填，庄 126 井，长 7_1，1628.25m；e. 喉道中伊利石搭桥状充填，宁 44 井，长 7_2，1498.4m；f；粒间孔隙中伊利石，粒表上丝状，里 17 井，长 7_2，1824.0m；g. 孔隙伊利石胶结，晶间孔隙，里 17 井，长 7_2，1824.0m；h. 粒间孔隙伊利石胶结，晶间孔隙，镇 425 井，长 7_2，1934.2m

表 4.10　鄂尔多斯盆地延长组长 7 段砂岩黏土矿物含量分析结果

沉积类型	黏土矿物类型及含量/%				
	伊利石（I）	伊/蒙混层（I/S）	高岭石（K）	绿泥石（C）	伊/蒙混层比（I（I/S））
三角洲沉积	23.27	15.09	28.33	33.31	15.10
重力流沉积	57.84	17.68	5.38	19.10	17.79

扫描电镜下，鄂尔多斯盆地延长组长 7 段砂岩中的伊利石集合体形态为丝状和片状。形态呈丝状时，位于剩余粒间孔、溶蚀孔和颗粒表面，孔隙较小时搭桥状生长于孔隙间（图 4.37c、d、f、g、h）；呈片状时多位于喉道（图 4.37e）。另外，伊/蒙混层因由黏土杂基蚀变形成，故主要位于粒间孔（图 4.37a、b），形态似蜂窝状、边部卷沿、丝化。伊利石充填于孔隙或喉道的产状说明，伊利石对延长组长 7 段储层质量具有重要的影响。伊利石丝状生长于孔隙，更甚者搭桥状生长于孔隙间，已有研究表明，这种产状增加了流体流动通道的弯曲度（孟万斌等，2011）。另外，延长组长 7 段砂岩储层的喉道中，片状或丝状伊利石普遍发育，多呈搭桥状。因此，从渗透率角度来说，伊利石无疑降低了延长组长 7 段砂岩储层的渗透性能。图 4.38 为延长组长 7 段砂岩伊利石含量与渗透率的相关图，表明随伊利石含量的增加延长组长 7 段砂岩储层渗透率呈减小趋势。Lander 和 Bonnell（2010）研究发现，储层中伊利石的形成可使渗透率降低 1～3 个数量级。据此分析，伊利石含量高是鄂尔多斯盆地延长组长 7 段砂岩储层渗透率急剧降低的最主要因素。

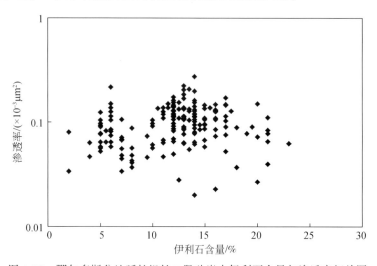

图 4.38　鄂尔多斯盆地延长组长 7 段砂岩中伊利石含量与渗透率相关图

虽然已有研究认为，伊利石包膜在原生孔隙保存中具有与绿泥石环边结构相同的作用（Stovoll et al.，2002）。鄂尔多斯盆地延长组长 7 段砂岩成岩演化序列研究发现，伊利石胶结作用主要形成于机械压实作用之后，且与硅质胶结物同期形成。伊利石包膜阻止石英次生加大或微晶石英生长是其保护孔隙的机理（孟万斌等，2011），从这一角度分析，延长组长 7 段砂岩中伊利石与石英微晶共生及石英次生加大现象普遍发育，可见伊利石对延长组长 7 段砂岩的原生孔隙不具有保护作用，相反，由于伊利石在粒表的生长，原生孔隙空间变小；或者由于伊利石充填于粒间孔，原生孔隙转化为孔隙尺度更小的伊利石晶间孔隙

（图 4.36g、h）。

（2）绿泥石。

砂岩中作为颗粒包膜（或孔隙衬里）的自生绿泥石，因其能够抑制石英和长石的再生长，而被众多研究者认为绿泥石胶结作用对储层原生孔隙具有保护作用，是一种建设性成岩作用（Pittman and Lumsden，1968；朱国华，1988；柳益群、李文厚，1996；黄思静等，2004）。大量铸体薄片及扫描电镜分析结果表明，鄂尔多斯盆地延长组长 7 段砂岩中自生绿泥石总体较低，三角洲沉积砂岩中绿泥石含量相对较高，平均含量为 2.66%，但与盆地主力油层延长组长 8、长 6 等油层段相比，低 2.0% ~ 4.0%；重力流沉积砂岩中绿泥石胶结不发育，平均含量仅为 0.48%。前人对绿泥石的形成机理已开展了大量的研究（朱国华，1988；郑俊茂、庞明，1989；黄思静等，2004），认为沉积物富铁是绿泥石形成的必要条件，黑云母是提供铁来源的最主要矿物。一般认为三角洲前缘环境铁富集，故易形成自生绿泥石（Ehrenberg，1993；黄思静等，2004）。鄂尔多斯盆地延长组长 7 段，无论是三角洲沉积还是重力流沉积，均富集铁元素。岩石薄片下统计，砂岩中黑云母碎屑含量大于 5%；常量元素地球化学分析，砂岩中氧化铁含量达 5.14% ~ 8.52%。因此，Fe^{2+} 介质不是鄂尔多斯盆地延长组长 7 段砂岩自生绿泥石不发育的制约条件。从扫描电镜下绿泥石晶体以叶片状和针叶状分布于颗粒表面，作为孔隙衬里产出，以及通过延长组长 7 段三角洲沉积与重力流沉积砂岩储层孔隙特征差异（图 4.39）分析，存在一定大小的孔隙空间是黏土矿物从孔隙水中结晶并生长的重要条件。通过对鄂尔多斯盆地中生界延长组各油层段的自生绿泥石的发育特征及含量与孔隙特征的对比分析发现，孔隙衬里自生绿泥石的发育具有一普遍规律，即其具原始粒间孔发育的指示意义。鄂尔多斯盆地延长组长 7 段砂岩经过机械压实作用后，粒间孔已变得极为细小，因此正是细微的孔隙制约了绿泥石从孔隙水中结晶并生长。另外，延长组长 7 段砂岩紧邻或与富有机质泥页岩互层，成岩过程中孔隙水为酸性介质条件，而绿泥石需在碱性介质条件下形成，因此这可能抑制了蒙脱石等黏土矿物向绿泥石的转化。上述分析说明，绿泥石胶结作用对鄂尔多斯盆地延长组长 7 段砂岩储层孔隙的建设性作用有限，尤其是重力流沉积砂岩储层。

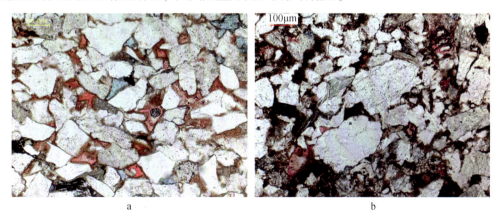

图 4.39　鄂尔多斯盆地延长组长 7 段不同沉积类型储层孔隙及绿泥石胶结特征

a. 三角洲沉积砂岩，孔隙较大、连通好，绿泥石薄膜胶结，新 283 井，长 7_1，2001.0m；

b. 重力流沉积砂岩，孔隙小、孤立状，不发育绿泥石薄膜，庄 226 井，长 7_1，1705.47m

2. 碳酸盐胶结作用

鄂尔多斯盆地延长组长 7 段砂岩中碳酸盐胶结作用普遍，胶结物主要为铁方解石和铁白云石。在薄片和扫描电镜下观察，其在延长组长 7 段砂岩中主要有 3 种胶结方式：①连生式充填粒间孔隙，铁方解石或铁白云石在孔隙中连晶状产出，晶粒粗大；②连生式或自形晶体状充填溶蚀孔隙或交代矿物碎屑，铁方解石主要以连生式充填溶蚀孔隙，铁白云石主要以自形晶体状充填溶蚀孔隙，同时铁白云石交代白云岩岩屑现象普遍；③颗粒周缘自形晶体生长式（图 4.40）。通常认为，长石、碳酸盐岩岩屑和暗色不稳定矿物的埋藏溶解、蒙脱石的伊利石化及相邻泥页岩的成岩压实流体是碳酸盐胶结物沉淀的物质来源。鄂尔多斯盆地延长组长 7 段砂岩中发育源于海相沉积的碳酸盐岩岩屑，同时长石的溶蚀与蒙脱石的伊利石化耦合成岩作用普遍而强烈，因此碳酸盐岩岩屑的溶解和蒙脱石的伊利石化是鄂尔多斯盆地延长组长 7 段砂岩中碳酸盐胶结作用发育和形成的机制，镜下特征也揭示了这种形成过程（图 4.40f）。这也与碳酸盐胶结物连生式和自形晶体式充填粒间孔与溶蚀孔的产状一致揭示，延长组长 7 段砂岩中的碳酸盐胶结物主要形成于成岩晚期。

碳酸盐胶结物与储层物性的相关性分析说明（图 4.41），延长组长 7 段砂岩储层的孔隙度与渗透率均与碳酸盐胶结物含量呈负相关，这说明碳酸盐胶结作用对延长组长 7 段砂岩储层的质量起破坏作用。一方面，因为延长组长 7 段砂岩缺乏早期碳酸盐胶结作用，从而缺少被溶蚀和支撑机械压实的碳酸盐胶结物，没有形成次生孔隙以及起保护原生孔隙的作用。另一方面，碳酸盐胶结物对孔隙连生式的充填，使部分孔隙储集性能完全丧失（图 4.40a、b）；而粒间孔、溶蚀孔和颗粒周缘自形生长的碳酸盐晶体在减小了储层孔隙度的同时，也降低了其渗透性。

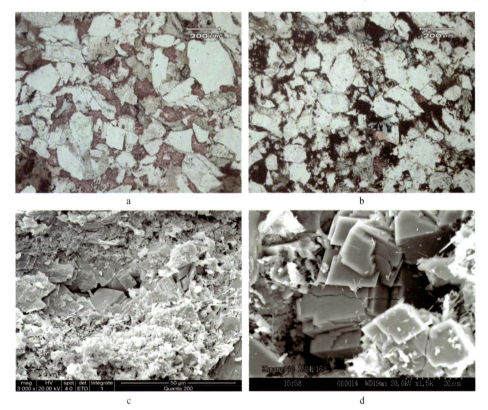

图 4.40 鄂尔多斯盆地延长组长 7 段砂岩储层中碳酸盐胶结物胶结方式及产状特征

a. 铁方解石连生式充填粒间孔，胡 211 井，长 7_2，2317.46m；b. 颗粒周缘自形晶体碳酸盐，西 260 井，长 7_2，2103.87m；c. 颗粒周缘生长的自形晶体碳酸盐；d. 自形晶体碳酸盐与丝状伊利石充填于粒间孔；e. 粒间孔中生长的碳酸盐自形晶体，城 96 井，长 7_2，2026.85m；f. 长石溶蚀孔生长的碳酸盐自形晶体，庄 40 井，长 7_1，1824.16m

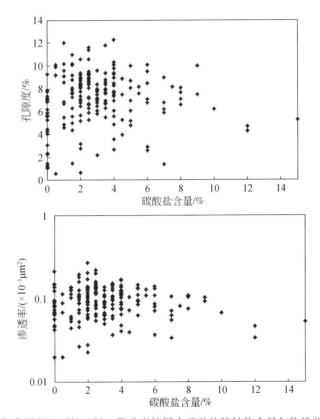

图 4.41 鄂尔多斯盆地延长组长 7 段砂岩储层中碳酸盐胶结物含量与物性相关性散点图

3. 硅质胶结作用

鄂尔多斯盆地延长组长 7 段砂岩中的硅质胶结物有自生加大和微晶石英两种类型，其中微晶石英或充填于粒间孔、或生长于长石溶蚀孔中。已有研究认为，硅质生物骨骼溶解、火山玻璃蚀变、石英压溶作用、黏土矿物蚀变和硅酸盐类溶解都可作为硅质胶结物的来源（郑俊茂、庞明，1989）。镜下观察表明，微晶石英与伊利石和铁白云石共生产出是鄂尔多斯盆地延长组长 7 段砂岩硅质胶结作用的一种显著特征（图 4.42a、b），同时在长石溶蚀孔中普遍发育微晶石英（图 4.42c），这说明长石溶蚀和蒙脱石向伊利石转化的成岩耦合作用释放的硅是延长组长 7 段砂岩中硅质胶结物的重要来源。Hoffman 计算（霍夫曼、豪尔，1986），423.1g 蒙脱石，可以形成 382.9g 的伊/蒙混层矿物和 40.2g 的 SiO_2。

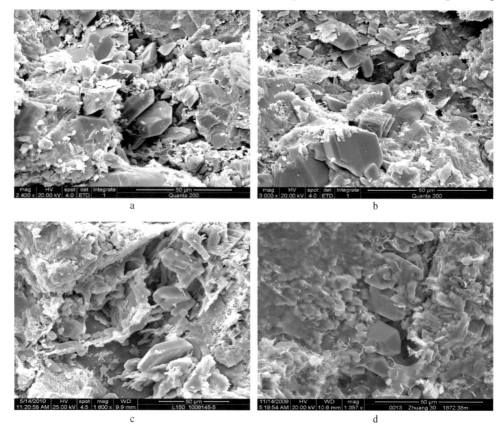

图 4.42　鄂尔多斯盆地延长组长 7 段砂岩储层中硅质胶结物赋存特征

a. 微晶石英、伊利石黏土充填粒间孔，城 96 井，长 7_1，1962.06m；b. 粒间孔中微晶石英、碳酸盐、伊利石充填，城 96 井，长 7_2，2012.76m；c. 溶蚀孔中微晶石英，里 150 井，长 7_2，2110.0m；d. 石英加大状充填喉道，庄 30 井，长 7_2，1872.38m

鄂尔多斯盆地延长组长 7 段砂岩中自生伊利石（包含伊/蒙混层）的相对含量最高达 61%，绝对含量在三角洲沉积砂岩中平均达 3.3%，重力流沉积砂岩平均为 9.31%。可见，鄂尔多斯盆地延长组长 7 段砂岩在黏土矿物转变过程中可形成大量的硅质胶结物。目前，延长组长 7 段砂岩在薄片下统计的硅质胶结物，含量仅为 1.0% 左右，这与其具有充足的硅质胶结物质来源和扫描电镜下观察到的微晶石英胶结现象普遍的特征相矛盾。这从另一个角度揭示了鄂尔多斯盆地延长组长 7 段砂岩储层的致密特征，孔隙微小，因而在光学显微镜下，生长在粒间孔中的自生石英无法识别和统计，硅质胶结物的实际含量应大于1.0%。从硅质胶结物的赋存特征分析，鄂尔多斯盆地延长组长7段砂岩中的硅质胶结是破坏性成岩作用，相应硅质胶结物的含量，即是储层孔隙度减小的量，同时石英的次生加大使储层喉道变得更为狭窄（图4.42d）。因此，硅质胶结作用是鄂尔多斯盆地延长组长7段砂岩储层致密化的重要因素之一。

（三）长石颗粒状溶蚀，孔喉系统簇状独立分布、渗透率改善作用小

鄂尔多斯盆地延长组长7段砂岩中的次生孔隙主要为长石溶蚀孔，未观察到岩屑和碳酸盐胶结物溶蚀形成的孔隙。在薄片下统计，鄂尔多斯盆地延长组长7段砂岩中长石溶蚀孔占面孔率的52.1%。采用矿物自动识别与分析系统（QEMSCAN）对延长组长7段砂岩孔隙特征研究发现，剩余粒间孔是其最主要的孔隙类型（图4.43a、b）。岩心分析方法测得延长组长7段砂岩孔隙度为6%～12%，远大于薄片测定的面孔率，薄片下测得面孔率平均为1.88%。朱国华（1982）在研究鄂尔多斯盆地侏罗系延安组高孔渗砂岩储层时，也发现在光学显微镜下，储层中存在很难识别和统计的微孔隙。延长组长7段砂岩较延安组砂岩储层致密1～2个数量级，因此，目前对延长组长7段砂岩储层采用薄片得到的长石溶蚀孔分析数据，结果并不代表其对储集空间的真实贡献。另外，从长石的溶蚀条件

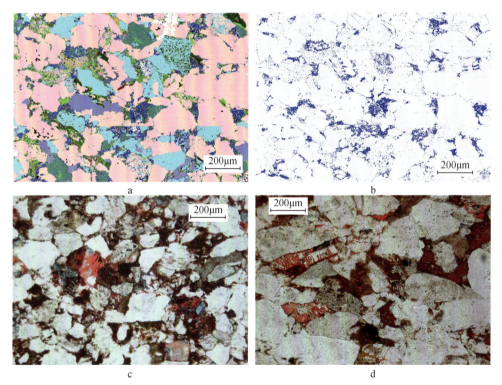

图4.43　鄂尔多斯盆地延长组长7段砂岩储层孔隙组成及长石溶蚀孔分布特征

a. 孔隙与不同类型矿物间关系特征（QEMSCAN），阳测4井，长7₂，2061.47m；b. 孔隙分布特征（QEMSCAN），阳测4井，长7₂，2061.47m；c. 长石颗粒粒内溶蚀，溶蚀孔内充填自生石英（光学显微镜下），里140井，长7₁，2072.47m；d. 长石沿解理不完全溶蚀，溶蚀颗粒间孤立（光学显微镜下），新259井，长7₃，2032.67m

分析，虽然延长组长7段具有有机质脱羧基作用产生的大量酸性水这一有利条件，但是鄂尔多斯盆地延长组长7段大量酸性水形成阶段，长7段砂岩储层经机械压实作用已变得致密，酸性水难以进入砂岩中，因而不具备酸性水与长石充分接触这一更为重要的溶蚀条件。故从形成机理角度分析，鄂尔多斯盆地延长组长7段砂岩中，长石溶蚀作用形成的次生孔隙尚构不成主力储集孔隙类型。同时，长石溶蚀阶段孔喉细微，长石溶蚀产生的Ca^{2+}、Si^{4+}、Al^{3+}等离子难以排出，在砂岩内部沉淀，如与长石溶蚀作用有关的产物，铁白云石、微晶石英、伊利石等胶结物在延长组长7段砂岩中含量较高，并占据了部分孔隙体积，因此，从这一角度剖析，长石溶蚀作用的意义，可能只是体现在孔隙类型的转变，即部分粒间孔转变为长石溶蚀孔，实际的增孔作用有限。另外，CT扫描结合数字岩心技术测试结果表明，鄂尔多斯盆地延长组长7段砂岩储层的孔喉系统为簇状孤立分布特征。这与薄片下观察到的现象一致，鄂尔多斯盆地延长组长7段砂岩中长石的溶蚀为颗粒粒内溶蚀，并且溶蚀的长石颗粒多呈分散、孤立状分布（图4.43c、d）。黄思静等（2004）的研究也发现，次生孔隙的连通性远不如以粒间孔隙为主的原生孔隙。因此从渗透率角度分析，长石溶蚀作用对延长组长7段砂岩储层的渗透性改善作用小。

（四）低成熟油充注，储层进一步致密

薄片下观察，鄂尔多斯盆地延长组长7段砂岩中，充填孔隙的黏土矿物、颗粒间的杂基以及膨胀变形的云母碎屑普遍吸附有机质（图4.44a、b）。在扫描电镜下，发现一些有机质呈固体沥青存在，无固定结构，多呈片状、板状形态，以颗粒包裹和黏土矿物吸附两种形式赋存（图4.44c、d）。分别采用氯仿、盐酸和氢氟酸溶剂对鄂尔多斯盆地延长组长7段含油砂岩处理，获得了不同赋存状态的可溶有机质，对这些可溶有机质的有机地球化学分析结果发现，盐酸和氢氟酸处理的可溶有机质的Ts/Tm主要分布于0.9～1.5、孕甾烷/高孕甾烷主要分布于1.6～2.0、C29−ββ/（ββ+αα）主要分布于0.4～0.5；而氯仿抽提的可溶有机质的Ts/Tm主要分布于2.0～3.0、孕甾烷/高孕甾烷主要分布于2.5～3.0、C29−ββ/（ββ+αα）主要分布于0.5～0.6，这揭示这些可溶有机质的热演化程度不同，其中盐酸和氢氟酸处理得到的颗粒包裹和黏土矿物吸附这两种赋存形式的有机质热演化程度相对较低。对这些固体沥青的反射率（R^o）测试结果表明，R^o主要分布于0.6%～0.9%，这与生烃母质热演化程度相近，说明这些有机质应为早期充注的低成熟油。在荧

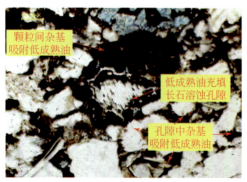

a   b

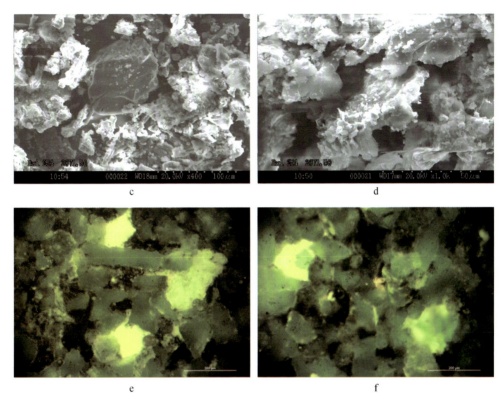

图 4.44　鄂尔多斯盆地延长组长 7 段砂岩中低成熟油产状特征

a. 低成熟油充填溶蚀孔及杂基吸附，庄 233 井，长 7_3，1815.08m；b. 膨胀变形云母吸附低成熟油特征，庄 233 井，长 7_2，1776.28m；c. 固体有机质包裹石英颗粒，白 254 井，长 7_1，2071.5m；d. 片状、板状形态的固体有机质白 254 井，长 7_1，2071.5m；e. 低成熟油呈黑褐色，庄 214 井，长 7_1，1748.09m；f. 低成熟油呈黑褐色，庄 214 井，长 7_1，1748.09m

　　光显微镜下，低成熟油多呈黑色或褐色，且具有一定的数量（图 4.44e、f）。对岩心样品洗油前后的物性测试对比发现，洗油前的样品较洗油后的样品孔隙度低 1.0% ～ 3.0%，而渗透率相差不大，这说明低成熟油充注对鄂尔多斯盆地延长组长 7 段砂岩的储集性能具有影响，是储层致密化的影响因素之一。

第四节　致密油储层裂缝发育特征及裂缝分布预测

　　裂缝可以作为致密油储层重要的储集空间和运移通道，因而成为致密油储层研究的重要方面。生产实践发现，鄂尔多斯盆地延长组长 7 段致密油储层裂缝较为发育，对致密油"甜点"分布及油藏开发具有重要的影响。美国最早建立了致密砂岩油勘探开发的评价标准，并认为构造裂缝的识别、评价与预测不仅对致密油的勘探至关重要，且对致密油的开发也十分重要，因此把致密储层的构造裂缝分布规律、形成机制和预测作为致密油勘探开发的重要评价内容。

一、致密油储层裂缝发育特征

　　裂缝是失去结合力的表面，一般指岩层沿着裂纹、裂隙、节理或任何一种面破裂为碎块的间断，而沿着间断没有平行于间断面的位移（Van Golf-Racht，1982）。按裂缝成因，可以分为构造裂缝和非构造裂缝。构造裂缝是由构造运动、应力作用形成的裂缝，一般成组出现、走向稳定、能指示应力方向，与构造应力场密切相关。发生相对位移的裂缝为断层，而没有发生显著位移的裂缝也称为节理。非构造成因裂缝主要是溶蚀缝、压实缝、风化缝、层间及沉积裂缝。此外，还有人工压裂裂缝，是由水力压裂强制形成的人工裂缝。构造裂缝按力学性质进一步可划分为张性裂缝、张剪性裂缝、剪切裂缝和压剪性裂缝。其中张性裂缝是裂缝两盘间仅存在沿裂缝面法向拉张变形的裂缝；张剪性缝是裂缝两盘沿裂缝面存在法向拉张变形，且沿裂缝面存在切向滑动变形的裂缝；剪切缝是裂缝两盘仅存在沿裂缝面切向滑动变形的裂缝；压剪性缝是裂缝两盘沿裂缝面存在法向压缩变形，且沿裂缝面切向存在滑动变形的裂缝。不同地质时期存在着不同类型的构造运动及不同形式的应力作用，由此生成的构造裂缝形态和走向也各有不同。多期构造裂缝分布在同一个地层，彼此之间相交、切割、改造，形成地下裂缝网络。

　　鄂尔多斯盆地延长组普遍发育构造裂缝（图4.45），裂缝的特征具有一定的相似性。各区块和层系之间又具有一定的差异性，这些差异性受区域应力、储层结构、岩性等方面的影响。

　　鄂尔多斯盆地延长组裂缝具有以下普遍特征：①发育至少两期裂缝，裂缝走向以NW向和NE向为主，分别对应燕山期和喜马拉雅期应力场（张林炎等，2006）；②宏观裂缝以剪裂缝为主，微观裂缝以张裂缝为主；③垂直缝及高角度斜交缝是主要的有效裂缝（周文等，2008）；④鄂尔多斯盆地致密储层天然裂缝发育程度差异较大（杨克文等，2008）。例如，曾联波等（2008）研究表明，鄂尔多斯盆地上三叠统延长组砂岩储层中分布EW向、NW—SE向、SN向和NE—SW向4组裂缝。但就具体区块，主要表现为两组近正交的裂缝分布形式，它们在不同的地区明显不同。

a　　　　　　　　　　　　　　　　　　b

c

d

图4.45 鄂尔多斯盆地东南缘延长组露头裂缝特征

a. 金锁关剖面长9顶部构造裂缝延伸距离长；b. 瑶曲剖面长6构造裂缝成组分布；

c. 三水河剖面长7构造裂缝组系特征；d. 三水河剖面长8构造裂缝剪切平直

（一）构造裂缝的开度和充填性

鄂尔多斯盆地构造裂缝开度较小。根据金锁关、延河等剖面上实测的379个构造裂缝开度数据统计，延长组长7_1—7_2亚段构造裂缝开度在0~0.5mm的最多，占35.3%，开度在0.5~1.0mm范围内的占29.4%，开度在1.0~1.5mm的占14.1%，开度在1.5mm以上的则占20.6%。

根据矿物充填度的差异，构造裂缝一般可分为未充填裂缝、半充填裂缝和充填裂缝三种类型。由未充填至充填，裂缝有效性由好变差。根据107口井长7段构造裂缝统计和97块岩心样品微裂缝统计，盆地长7段岩心裂缝充填的比较少，有效性很高，为油气的初次运移提供了重要保证（图4.46和图4.47）。同时，充填裂缝内的充填矿物多以方解石为主，方解石被溶解后也能够形成有效裂缝，成为储层中油气运移的有效通道。陇东和陕北地区岩心段构造裂缝主要为半充填或充填裂缝，被矿物充填的裂缝主要分布在砂泥岩互层的粉砂岩中，而含油性好的细砂岩裂缝则极少见矿物充填。

a

b

图4.46 鄂尔多斯盆地延长组长7段致密砂岩中半充填及未充填宏观裂缝照片

a. 半充填方解石垂直裂缝，黄47井，长7_2，2505.06~2505.20m；b. 未充填垂直裂缝，

庄78井，长7_1，1940.76~1940.8m

图 4.47　鄂尔多斯盆地延长组长 7 段致密砂岩薄片下微裂缝发育特征

a. 粉砂岩中存在一期张性裂缝，半充填方解石，宁 78 井，长 7_1，1625.65m；

b. 粉砂岩中存在两期张性裂缝，碳质充填，胡 231 井，长 7_2，2354.75m

根据 377 个长 7_1—7_2 亚段裂缝充填程度数据统计，鄂尔多斯盆地延长组长 7_1—7_2 亚段 73.2% 为未充填的构造裂缝，5.8% 的为半充填的构造裂缝，而 21.0% 为充填构造裂缝，整体上长 7_1—7_2 亚段构造裂缝有效性很好。选取长 7_2 亚段充填构造裂缝为研究对象，根据 119 个充填物类型数据统计，鄂尔多斯盆地陇东和陕北地区延长组长 7_2 亚段构造裂缝 97.5% 的充填裂缝为方解石充填，1.7% 的为泥质充填，0.8% 则为碳质充填。

（二）　构造裂缝的倾角和走向

构造裂缝根据倾角可以划分为 4 类：水平缝（0°～15°）、低角度斜交缝（15°～45°）、高角度斜交缝（45°～75°）、垂直缝（75°～90°）。根据观测的 107 口取心井岩心构造裂缝统计，盆地延长组长 7 段构造裂缝以高角度斜交缝和垂直裂缝为主（图 4.48），裂缝倾角大于 70° 的占构造裂缝总数的 90% 以上。由于鄂尔多斯盆地的油气运移以初次运移为主，

图 4.48　鄂尔多斯盆地延长组长 7 段致密砂岩中裂缝充填特征

a. 未充填的垂直剪裂缝，宁 51 井，长 7_2，1494.90～1495.08m；b. 未充填高角度剪裂缝，

庄 78 井，长 7_2，1981.30～1981.45m

烃源岩附近的就近运移非常重要，而这样的高角度斜交缝和垂直缝则为油气的垂直运移提供了有效保证。

根据 379 个长 7_1—7_2 亚段构造裂缝倾角数据统计，鄂尔多斯盆地岩心长 7_1—7_2 亚段构造裂缝倾角主要集中在 75°~90°，约占 86.5%；高角度斜交缝（45°~75°）占 7.7%，低角度斜交缝（15°~45°）占 5.0%，而水平缝（0°~15°）仅占 0.8%。整体上鄂尔多斯盆地长 7_1—7_2 亚段以垂直缝和高角度斜交缝为主。

构造裂缝的走向是验证区域应力场分析正确与否的重要参数。很难根据取心井直接统计井下构造裂缝的分布规律。成像测井是在取心井原位获取的井下数据，因此可以用来统计岩心段构造裂缝的走向。

基于成像测井资料，分别统计陇东地区长 7_1—长 7_2 各段以及陕北地区长 7_1—长 7_2 各段的构造裂缝走向分布。根据 52 口成像测井数据，陇东地区长 7_1 亚段构造裂缝走向以 NWW 向和 NEE 向为主，可见少量 NE 向构造裂缝（图 4.49）；而据 112 口成像测井数据，陇东地区长 7_2 亚段构造裂缝则以 NWW 向和 NEE 向裂缝为主，极少发育其他走向的裂缝（图 4.49）。

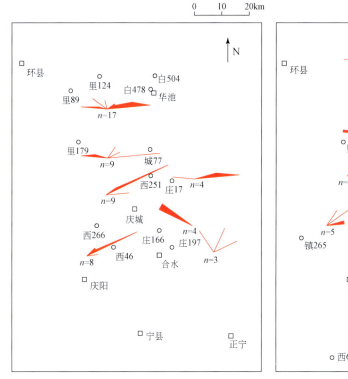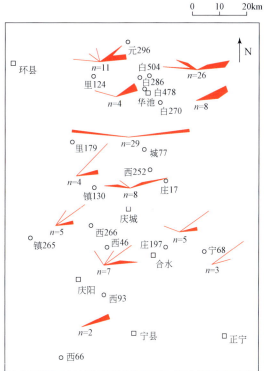

图 4.49　鄂尔多斯盆地陇东地区长 7 段构造裂缝走向玫瑰花图

a. 长 7_1 段构造裂缝走向玫瑰花图；b. 长 7_2 段构造裂缝走向玫瑰花图

据陕北地区 109 口成像测井数据，长 7_1 亚段构造裂缝以 NEE 向和 NE 向为主，并发育少量 NWW 向裂缝（图 4.50）；而据 100 口成像测井数据，长 7_2 亚段构造裂缝以 NEE 向和

NE 向裂缝为主，极少数为 NWW 向裂缝（图 4.50）。

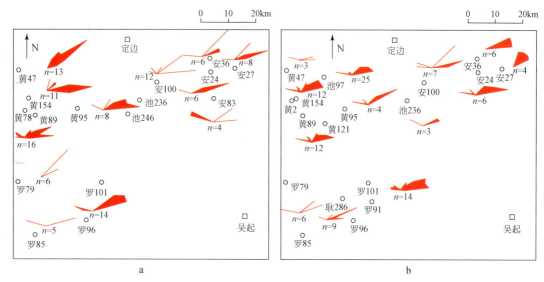

图 4.50　鄂尔多斯盆地陕北地区长 7 段构造裂缝走向玫瑰花图

a. 长 7_1 段构造裂缝走向玫瑰花图；b. 长 7_2 段构造裂缝走向玫瑰花图

陇东地区和陕北地区的岩心段构造裂缝的走向都以 NEE 向为主，这与野外构造裂缝走向统计是一致的。除 NEE 向以外，NWW 向和 NE 向裂缝在陇东地区和陕北地区各层段也都较为发育，但陇东地区 NWW 向构造裂缝占主导，而陕北地区 NE 向裂缝占主导。NEE 向裂缝占主导表明鄂尔多斯盆地的裂缝有利于储层中油气沿着 NEE 向运移、而不利于油气沿 NW 向运移。

二、致密油储层裂缝的影响因素

鄂尔多斯盆地湖盆中心区构造变形很弱，地层平缓，岩性变化主要受控于岩相变化，因此裂缝发育的主控因素主要是非构造因素，如层厚和岩性。曾联波等（1999）和王瑞飞等（2008）认为，颗粒细、层厚薄的砂岩储层中裂缝相对更为发育；并且当层厚小于2.5m 时，裂缝间距与层厚呈线性关系，当厚度大于 2.5m 时，裂缝间距稳定在一个常数。袁海科等（2009）研究结果显示，与层厚相比，岩性对裂缝发育的影响相对较小。南珺祥等（2007）从微裂缝着手，研究认为碎屑岩粒度越粗，微裂缝密度越大。从层厚和岩性的综合角度定量分析鄂尔多斯盆地裂缝发育规律非常必要（牛小兵等，2014）。

（一）层厚对裂缝发育程度的影响

在研究地层厚度与构造裂缝密度关系时，需要排除其余因素（如岩性等）对层厚的影响，因此需要分不同的岩性对层厚和裂缝密度进行统计。鄂尔多斯盆地延长组地层主要为一套灰绿色、灰色中厚层细砂岩，粉砂岩和深灰色、灰黑色泥页岩的旋回性沉积，岩性较统一。在鄂尔多斯盆地选取了 3 个剖面（延河剖面、铜川-金锁关剖面和汭河剖面）共 21

条测线，实地一共测量了 184 个测量面，每个测量面内都统计测量了构造裂缝的长度和测量面积，并根据公式计算每个测量面的裂缝面密度，单位为 m^{-1}。根据岩性将裂缝面密度进行分类统计，分别统计鄂尔多斯盆地页岩、粉砂岩、细砂岩和中砂岩中每个测量面的裂缝面密度和层厚。根据鄂尔多斯盆地的具体情形，将层厚分为薄层（0～25cm）、中层（25～50cm）、厚层（50～100cm）和块状层（>100cm），其中页岩缺乏块状层面密度数据。根据野外资料和不同岩性中裂缝面密度–层厚之间关系的直方图可知，在各种碎屑岩中，每一种碎屑岩中普遍存在"层厚越大，构造裂缝面密度越小"的总趋势；不同层厚地层内，构造裂缝面密度都有：薄层裂缝密度>中层裂缝密度>厚层裂缝密度>块状层裂缝密度的变化规律（除了页岩缺失块状层面密度数据外）。为了进一步定量研究裂缝密度和层厚之间的关系，需要对裂缝密度–层厚进行坐标投图。在选择数据点时，一方面要选择尽可能多的数据；另一方面也要排除岩性等其他因素对结果的干扰。因此，选择岩性接近的粉砂岩和细砂岩进行数据统计：在剔除奇异点后，薄层面密度数据共 46 个，最大值为 10.6m^{-1}，最小值为 1.1m^{-1}，平均值为 4.1m^{-1}；中层面密度数据共 64 个，最大值为 8.3m^{-1}，最小值为 1.1m^{-1}，平均值为 2.8m^{-1}；厚层面密度数据共 31 个，最大值为 5.3m^{-1}，最小值为 0.6m^{-1}，平均值为 2.1m^{-1}；块状层面密度数据共 13 个，最大值为 2.6m^{-1}，最小值为 0.6m^{-1}，平均值为 1.3m^{-1}。并且裂缝面密度与层厚有负幂指数关系，裂缝面密度与层厚间具有层厚越大，构造裂缝面密度越小的总趋势（图 4.51）。

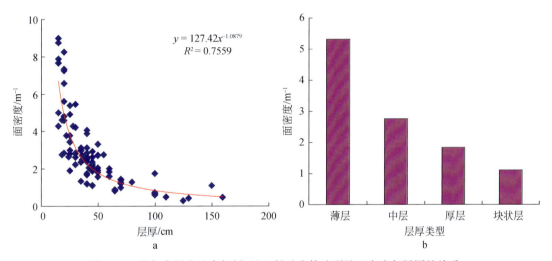

图 4.51　鄂尔多斯盆地南部剖面细–粉砂岩构造裂缝面密度与层厚的关系

a. 裂缝面密度–层厚数据投点图；b. 裂缝面密度平均值–层厚直方图

裂缝线密度与层厚呈反比例关系，这与野外实测的结果基本一致。而二者之所以会存在差异，则可能与面密度的测量精度比线密度更高有关。

（二）岩性对裂缝发育程度的影响

鄂尔多斯盆地南部广泛发育页岩–中砂岩等不同岩性的碎屑岩。为了研究碎屑岩粒级与裂缝密度之间的关系，需要首先排除层厚等其他因素对裂缝发育的影响。根据野外资料不同岩性中裂缝面密度的统计分析：对相同厚度的碎屑岩岩层，随着碎屑岩粒级变粗，裂缝面密度具有逐渐降低的总趋势；即在相同厚度的前提下，碎屑岩粒级越细，构造裂缝越发育（鞠伟等，2014）。

为了进一步定量分析裂缝面密度与粒径之间的关系，在野外采集119块岩石样品进行岩石薄片鉴定，鉴定结果表明：鄂尔多斯盆地南部碎屑岩主要以岩屑砂岩和长石−岩屑泥页岩、砂岩为主，岩石成分差异不大，变质程度低。另外，由于岩石颗粒的平均粒径是划分岩性的重要标准，因此还分别统计了各样品中的平均粒径；粒径分布在0.01~0.46mm范围内，即岩性主要为泥页岩、粉砂岩、细砂岩和中砂岩。

将裂缝面密度−粒径投点在同一坐标系上，得出中薄层中，裂缝面密度和粒径之间满足负幂指数拟合关系（图4.52a）；而厚−块状层中，面密度与粒径之间也满足负幂指数拟合关系（图4.52b）。在层厚比较接近的前提下，裂缝密度与粒径之间满足幂指数关系，但是相关系数较小，说明与层厚相比，颗粒粒径对裂缝发育的影响相对较弱。

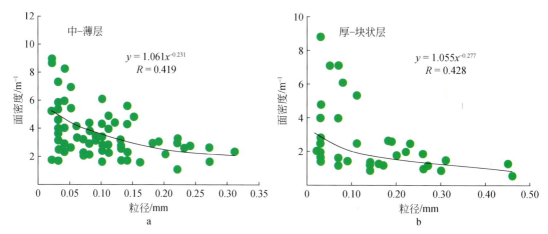

图4.52　鄂尔多斯盆地南部不同层厚中构造裂缝面密度与粒径的关系

a. 中−薄层裂缝面密度−粒径投点图；b. 厚−块状层裂缝面密度−粒径投点图

根据统计，层厚和岩性对裂缝发育的影响程度不同，因此有必要将层厚和粒径这两个因素合并进行多元分析。在多元统计中，p值和相关系数r是描述线性拟合关系的重要参数。p值是指某种极端结果出现的概率；假定拟合系数满足正态分布，则p值可以表示为

$$p = 2\left[1 - \phi\left(\frac{|\beta|}{\sigma_\beta}\right)\right]$$

式中，$\phi(x)$代表正态分布的概率；β为对应的线性拟合系数；σ_β为β对应的标准差估计值。p值越小则表明该自变量和因变量之间的线性相关性越显著；通常当p值小于0.05时，我们就可以认为其线性关系是显著的。而相关系数r是用以衡量两个变量间相互依赖和相互影响程度的参数，计算公式为

$$r = \frac{\sum XY - \dfrac{\sum X \sum Y}{N}}{\sqrt{\left(\sum X^2 - \dfrac{(\sum X)^2}{N}\right)\left(\sum Y^2 - \dfrac{(\sum Y)^2}{N}\right)}}$$

根据上文分析，拟合关系式可以表示为

$$D = a \cdot T^b \cdot G^c$$

式中，D 表示裂缝面密度，m^{-1}；T 表示层厚，cm；G 表示岩石粒径，mm；a、b 和 c 都为拟合系数。将裂缝密度对层厚和粒径进行二元统计，拟合结果为

$$D = 20.7179 \times T^{-0.609} \times G^{-0.125}$$

由于将上式两边取对数可以将其转化为线性关系，因此可以计算其相关系数 r 和各拟合系数的 p 值。经过计算，拟合式的相关系数 r 为 0.723；并且各个参数的 p 值均小于 0.05，说明层厚和粒径两个参数都是显著影响裂缝面密度的，二者共同控制了裂缝的发育程度。对比影响裂缝密度 D 值的两个参数层厚 T 和粒径 G 的幂次，T 的幂次明显比 G 的幂次高很多，因此层厚对裂缝发育程度的影响明显高于粒径。另外，经过前面对裂缝密度和层厚、岩石粒径两个参数的相关分析，裂缝面密度与层厚相关系数为-0.702（负号代表负相关关系），而与岩石粒径的相关系数为-0.341，这也反映了裂缝面密度与层厚的相关性比岩石粒径大，即层厚对裂缝发育的影响明显大于粒径，层厚在鄂尔多斯盆地裂缝发育中起主控作用（图 4.53）。

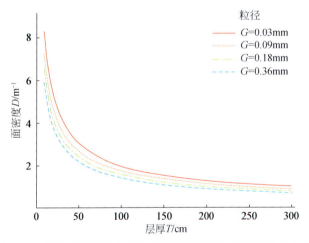

图 4.53　鄂尔多斯盆地南部构造裂缝面密度与层厚的拟合关系

三、致密油储层裂缝分布预测

构造裂缝发育程度是致密储层的非原生储集空间发育程度的重要影响因素之一。致密

储层的裂缝分布预测对于致密储层的勘探开发具有重要意义（尤源等，2017[①]）。致密储层的裂缝分布预测方法很多，包括：地震信息提取方法、成像测井解释方法和应力场方法等。构造裂缝是岩石在应力场作用下超过破裂强度发生破裂的结果，因此，利用应力场计算，结合岩心和成像测井的裂缝统计数据，与应变能和破裂值进行二元拟合，即"二元法"，对鄂尔多斯盆地裂缝分布规律进行定量预测。

（一）构造裂缝预测的"二元法"原理

二元法的二元就是指破裂值和应变能。破裂值代表裂缝发育的可能性，应变能值代表裂缝发育能力的大小。单独使用岩石综合破裂值评价指标 F_y 不能决定岩石破裂之后裂缝的发育程度，同样，只考虑能量值也不能准确的判定裂缝的发育程度。

因此，在进行裂缝分布预测时，就需要综合考虑岩石综合破裂值评价指标 F_y 和岩石应变能值，即所谓的"二元法"（丁中一等，1998）。

利用已知井岩心的有效构造裂缝面密度与对应的破裂值和应变能组成数据对，利用 Matlab 软件进行拟合，建立破裂值、应变能与有效裂缝密度的关系式，得到燕山期和喜马拉雅期裂缝密度等值线图。利用"二元法"，在岩心构造裂缝密度的约束下，预测构造裂缝发育情况，定义裂缝密度 D_f 为

$$D_f = aF_x^2 + bF_y^2 + cF_x + dF_y + e$$

式中，D_f 表示构造裂缝密度；F_x 表示岩石形变能量值；F_y 表示岩石综合破裂值，a、b、c、d、e 为系数。

（二）陇东地区裂缝预测建模

首先根据目的层的顶面等值线与底面等值线，以及砂体的展布情况，确定出目的层的厚度和形状，建立起三维几何模型。

接着确定边界条件（包括目的层的岩石力学参数、边界的约束条件以及边界的施力大小和方向等），将陇东地区镶嵌在鄂尔多斯盆地内，从而避免边界效应的影响，分别计算出陇东地区的燕山期和喜马拉雅期构造应力场和应变场。

然后引入破裂值（如张破裂值为张应力与抗张强度之比）和应变能的概念，得到燕山期和喜马拉雅期破裂值等值线图和应变能等值线图。再利用已知井岩心的有效构造裂缝面密度与对应的破裂值和应变能组成数据对，利用 Matlab 软件进行拟合，建立破裂值、应变能与有效裂缝密度的关联关系式，得到燕山期和喜马拉雅期裂缝密度等值线图。

最后将燕山期和喜马拉雅期构造裂缝密度相加，获得陇东地区计算的裂缝密度分布图，实现对未知区的裂缝密度定量预测。如果相关系数较高，与实测值吻合程度较高，那么说明该模型的条件比较符合实际的情况，预测结果可信度较高。

由于二维模型不能全面考虑砂体分布的影响，也不能施加上覆地层的载荷以及自身的重力载荷，而三维模型可以将上述因素综合考虑，比二维模型结果更为可信。

---

① 尤源，牛小兵，梁晓伟等，2017. 致密砂岩储层宏观构造裂缝特征、控制因素及分布预测——以鄂尔多斯盆地合水–正宁地区上三叠统延长组长 7 段致密砂岩为例. 成都，油气田勘探与开发国际会议，1~11

在砂体分布的基础上，采用三维构造模型进行应力场数值模拟，在岩心构造裂缝密度的约束下，进行构造裂缝分布的预测。

依据鄂尔多斯盆地陇东地区长 7_1 和长 7_2 构造图和砂体分布图建立三维模型，然后将陇东地区镶嵌在鄂尔多斯盆地内部，在鄂尔多斯盆地框架范围内可以减小边界效应造成的影响。

在构建三维模型过程中，将泥岩以泥板的形式插入到地层中，其中陇东地区延长组长 7_1 砂岩与泥岩层数比为 4∶3，长 7_2 砂岩与泥岩层数比为 3∶2（图 4.54）。在上述鄂尔多斯盆地燕山期和喜马拉雅期构造应力场数值模拟的作用力下，以陇东地区三维镶嵌地质模型为基础，进行构造裂缝分布预测，获得三维模型的裂缝密度分布规律图。

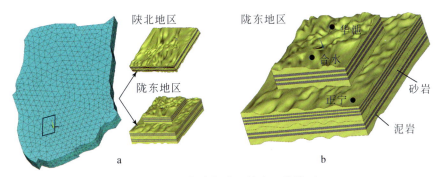

图 4.54　鄂尔多斯盆地镶嵌三维模型

a. 盆地镶嵌三维模型；b. 陇东地区三维构造模型

（三）构造裂缝方位预测

通过合理的构造应力场数值模拟，得到陇东地区燕山期和喜马拉雅期构造裂缝优势方位图。

首先结合野外构造裂缝测量，陇东地区长 7_1—7_2 亚段燕山期构造裂缝优势方位均以 NEE 为主，其次是 NW 向（图 4.55a）。结合野外构造裂缝测量，陇东地区长 7_1—7_2 亚段喜马拉雅期构造裂缝以 NE 向为主，其次是 NWW 向（图 4.55b）。

（四）长 7_1 亚段的裂缝密度预测

利用岩石综合破裂值和能量值与构造裂缝密度进行拟合，得到陇东地区延长组长 7_1 亚段燕山期和喜马拉雅期构造裂缝预测模型分别为

$$D_1 = -2.082F_x^2 + 2.208F_y^2 + 3.510F_x - 4.601F_y + 0.944 \quad (R = 0.745)$$

$$D_2 = -3.917F_x^2 + 2.335F_y^2 + 3.240F_x - 4.271F_y + 1.285 \quad (R = 0.749)$$

式中，D_1 为燕山期构造裂缝密度；D_2 为喜马拉雅期构造裂缝密度；F_x 为应变能；F_y 为岩石综合破裂值；R 为拟合的相关系数。

利用上述构造裂缝预测模型，实现陇东地区延长组长 7_1 亚段燕山期和喜马拉雅期构造裂缝分布预测。对比陇东地区长 7_1 亚段燕山期和喜马拉雅期构造裂缝密度分布，可见喜马拉雅期构造裂缝密度没有燕山期大，表明燕山期构造裂缝更发育。

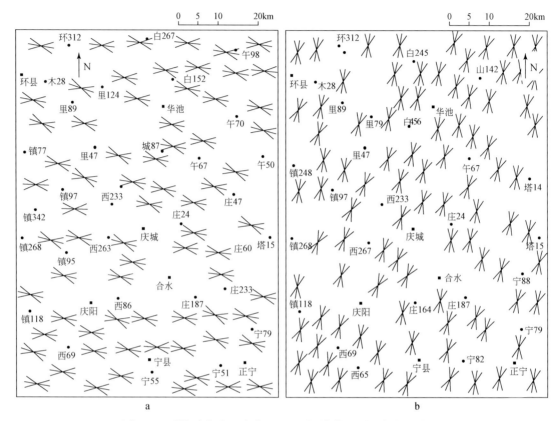

图 4.55　鄂尔多斯盆地陇东地区不同时期构造裂缝优势方位图

a. 长 7_1—7_2 段燕山期构造裂缝优势方位图；b. 长 7_1—7_2 段喜马拉雅期构造裂缝优势方位图

将陇东地区长 7_1 亚段燕山期和喜马拉雅期构造裂缝密度叠合，发现构造裂缝密度在中东部最大，而在的西南部地区较小（图 4.56a）。

通过对比陇东地区长 7_1 亚段构造裂缝预测结果与岩心构造裂缝密度分布，发现二者具有较好的对应关系，陇东地区长 7_1 亚段中东部比西部要发育，尤其是中东部和东南部更为发育。

（五）长 7_2 亚段的裂缝密度预测

利用岩石综合破裂值和能量值与构造裂缝密度进行拟合，得到陇东地区延长组长 7_2 亚段燕山期和喜马拉雅期构造裂缝预测模型分别为

$$D_1 = 5.373F_x^2 - 25.110F_y^2 - 8.109F_x + 52.682F_y - 24.501 \quad (R = 0.613)$$

$$D_2 = -26.426F_x^2 - 28.890F_y^2 + 24.745F_x + 57.062F_y - 33.901 \quad (R = 0.600)$$

式中，D_1 为燕山期构造裂缝密度；D_2 为喜马拉雅期构造裂缝密度；F_x 为应变能；F_y 为岩石综合破裂值；R 为拟合的相关系数。

利用上述构造裂缝预测模型，实现陇东地区延长组长 7_2 亚段燕山期和喜马拉雅期构造裂缝分布预测。对比陇东地区长 7_2 亚段燕山期和喜马拉雅期构造裂缝密度分布，发现喜马

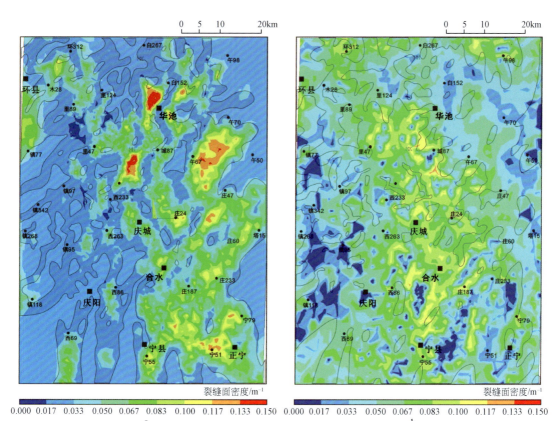

图 4.56　鄂尔多斯盆地陇东地区构造裂缝密度分布图

a. 长 7$_1$ 亚段构造裂缝密度分布图；b. 长 7$_2$ 亚段构造裂缝密度分布图

拉雅期构造裂缝密度没有燕山期大，表明陇东地区燕山期构造裂缝更发育。

　　将陇东地区长 7$_2$ 亚段燕山期和喜马拉雅期构造裂缝密度叠合，发现构造裂缝密度在中部较大，而在西南部地区和东北部地区较小（图 4.56b）。通过对比陇东地区长 7$_2$ 亚段构造裂缝预测结果与岩心构造裂缝密度分布，发现二者具有较好的对应关系，陇东地区长 7$_2$ 亚段中部比西部和东部都要发育，尤其是中南部更为发育。

第五节　致密油储层敏感性与渗流特征

　　鄂尔多斯盆地延长组长 7 段致密油以水平井开发为主，开发的早期采用准自然能量方式，水平井试验区生产动态数据显示，延长组长 7 段致密油存在储层敏感性效应，并对产能具有一定的影响。至于其渗流特征与常规储层则完全不同。因此，明确致密油储层的敏感性与渗流特征对其压裂改造工艺技术改进和开发技术政策的制定具有重要的意义。

一、致密油储层敏感性

(一) 速敏感性

速敏感性是指因流体流动速度变化引起地层微粒运移、堵塞喉道，导致渗透率下降的现象。一般黏土矿物微粒是引起储层速敏的最主要的地层微粒，其中晶间结合力弱的高岭石、丝状伊利石、分散的蒙脱石及破碎的绿泥石均可引起速敏。鄂尔多斯盆地延长组长 7 段致密砂岩储层中伊利石含量高，以丝状形态产出为主。据此判断，鄂尔多斯盆地延长组长 7 段致密砂岩储层应该存在速敏伤害。但是延长组长 7 段致密油储层孔喉细微，渗透率极低，在试验过程中，流量在 0.10mL/min 时，压力梯度已大于 3MPa/cm，故在实验室条件下评价，鄂尔多斯盆地延长组长 7 段致密砂岩储层速敏感性弱或无。

(二) 水敏感性

水敏感性是指注入水进入储层后引起黏土膨胀、分散和运移，使得渗流通道发生变化，导致储层岩石渗透率发生变化的现象。鄂尔多斯盆地延长组长 7 段致密油在水平井开发过程中，其中，体积压裂阶段注入地层的液体达 $1 \times 10^4 m^3$ 以上，但返排出的液体仅为注入液体的 20%；开发后期吞吐方式产油阶段，单井在地层中注入水量达 $2 \times 10^3 m^3$ 以上，可见致密油体积压裂加入的液量和吞吐注水措施相当于常规储层的注水开发方式。鄂尔多斯盆地延长组长 7 段致密油储层的水敏感性试验结果表明，储层以弱水敏感性为主（表 4.11）。因此，鄂尔多斯盆地延长组长 7 段在体积压裂和吞吐采油过程中的注入水对储层的损害较小。

表 4.11　鄂尔多斯盆地延长组长 7 段致密油储层水敏感性试验评价表

样品号	深度/m	孔隙度/%	空气渗透率/$(\times 10^{-3} \mu m^2)$	地层水渗透率/$(\times 10^{-3} \mu m^2)$	无离子水渗透率/$(\times 10^{-3} \mu m^2)$	水敏指数	水敏程度
城 96-1	2002.57	7.6	0.1080	0.0001	0.0001	3.12	无
合测 2	1750.28	12.3	0.1950	0.0259	0.0268	3.47	无
安 228-37	2266.70	10.1	0.2180	0.0056	0.0057	1.78	无
合测 2	1763.09	8.4	0.1170	0.0021	0.0018	13.00	弱
西 233	1973.79	13.4	0.2650	0.0320	0.0240	24.80	弱
城 96	2020.98	7.3	0.1200	0.0002	0.0002	19.98	弱
西 213	2085.00	8.6	0.1200	0.0055	0.0043	21.80	弱
城 96	2010.04	6.7	0.0660	0	0	23.99	弱
庄 134	1913.36	9.2	0.1300	0.0143	0.0107	25.20	弱
城 96	2078.80	8.8	0.0640	0	0	27.01	弱
安 224	2340.37	12.0	0.2910	0.0079	0.0044	44.30	中等偏弱
城 96	2013.88	9.2	0.1200	0.0006	0.0003	35.29	中等偏弱
胡 210	2208.40	9.7	0.2080	0.0038	0.0018	54.40	中等偏强

（三）盐度敏感性

盐度敏感性是指一定矿化度的水注入储层后引起黏土膨胀或分散、运移，使得储层岩石渗透率发生变化的现象。鄂尔多斯盆地延长组长 7 段致密油储层的盐敏感性试验结果表明，储层盐敏感性达中等程度（表 4.12）。因此，鄂尔多斯盆地延长组长 7 段致密油在水平井开发过程中，在体积压裂和吞吐开发阶段，注入地层的液体需与地层配伍，盐度不宜高，并考虑到地层中伊利石等黏土矿物含量较高，液体中需加入一定量的优质黏土稳定剂。

表 4.12　鄂尔多斯盆地延长组长 7 段致密油储层盐敏感性试验评价表

样品号	深度/m	孔隙度/%	空气渗透率/($\times 10^{-3}\mu m^2$)	地层水渗透率/($\times 10^{-3}\mu m^2$)	地层水矿化度/(mg/L)	地层水稀释25%渗透率/($\times 10^{-3}\mu m^2$)	地层水稀释50%渗透率/($\times 10^{-3}\mu m^2$)	临界盐度/(mg/L)	盐敏程度
合测 2	1750.28	12.3	0.195	0.0259	50	0.0286	0.0298	0	无
合测 2	1763.09	8.4	0.117	0.0021	50	0.0013	0.0020	0	无
安 228-37	2266.70	10.1	0.218	0.0056	100	0.0063	0.0065	2	弱
安 224-41	2340.37	12	0.291	0.0079	100	0.0049	0.0051	50	中等
胡 210	2208.40	9.7	0.208	0.0038	50	0.0027	0.0028	50	中等
西 213	2085.00	9.3	0.123	0.0080	58800	0.0062	0.0063	43178	中等
西 233	1973.79	13.6	0.257	0.0378	58800	0.0329	0.0336	11760	中等

（四）酸敏感性

酸敏感性是指酸液进入储层后与储层的酸敏矿物及储层孔隙流体发生反应，产生沉淀或释放出微粒，使储层渗透率发生变化的现象。酸溶性物质是酸处理增产增注的物质基础，同时也是储层产生酸敏感性的内在因素。绿泥石是最为常见的酸敏感性矿物。黏土矿物 X 射线衍射和薄片分析表明，鄂尔多斯盆地延长组长 7 段致密油储层中含有一定量的自生绿泥石，且受沉积作用控制，在平面上分布不均。酸敏感性试验结果也表明，鄂尔多斯盆地延长组长 7 段致密油储层不同样品的酸敏感性程度不同，改善—无—弱—中等均有（表 4.13）。因此，为了避免储层造成酸敏伤害，需在精细评价储层的基础上，添加酸液改善储层。

表 4.13　鄂尔多斯盆地延长组长 7 段致密油储层酸敏感性试验评价表

样品号	深度/m	孔隙度/%	空气渗透率/($\times 10^{-3}\mu m^2$)	地层水渗透率/($\times 10^{-3}\mu m^2$)	实验用酸名称	酸浓度/%	试验用量/PV*	酸后地层水渗透率/($\times 10^{-3}\mu m^2$)	酸敏指数	酸敏程度
合测 2	1750.28	12.5	0.223	0.0393	HCl	15	0.99	0.0413	−0.05	改善
合测 2	1763.09	7.1	0.081	0.000347	HCl	15	1	0.00589	−15.97	改善

续表

样品号	深度/m	孔隙度/%	空气渗透率/(×10⁻³μm²)	地层水渗透率/(×10⁻³μm²)	实验用酸名称	酸浓度/%	试验用量/PV*	酸后地层水渗透率/(×10⁻³μm²)	酸敏指数	酸敏程度
庄134	1913.36	9.3	0.130	0.0126	土酸	15	0.47	0.031	-14.60	无
城96	2021.10	7.0	0.119	0.0014	HCl	15	0.6	0.0008	3.66	无
安228-37	2266.70	10.4	0.262	0.0065	HCl	15	0.97	0.0065	0	无
西233	1973.79	13.3	0.263	0.037	HCl	15	0.58	0.031	0.15	弱
胡210	2208.4	9.2	0.142	0.00286	HCl	15	1.1	0.00247	0.14	弱
城96	2078.93	9.1	0.093	0.0001	HCl	15	0.6	0.0008	37.40	中等偏弱
西213	2085.00	9.7	0.183	0.0162	土酸	15	1	0.0144	11.10	中等偏弱
安224-41	2340.37	12.4	0.39	0.0089	HCl	15	0.99	0.0043	52.20	中等偏强
城96	2002.79	8.7	0.117	0.0008	HCl	15	0.6	0.0008	53.66	中等偏强
城96	2013.88	9.0	0.115	0.0004	HCl	15	0.6	0.0008	51.47	中等偏强
城96	2014.12	8.3	1.682	0.0032	HCl	15	0.6	0.0008	62.07	中等偏强

* PV 表示注入体积占地下总孔隙体积的倍数。

（五）碱敏感性

碱敏感性是指碱液进入储层后与储层中的矿物反应使其分散、脱落或生成新的沉淀或胶结物质，堵塞孔隙喉道，造成储层渗透率变化的现象。鄂尔多斯盆地延长组长7段致密油储层中的碱敏感性矿物含量较低，因此碱敏感性程度弱（表4.14）。

表4.14　鄂尔多斯盆地延长组长7段致密油储层碱敏感性试验评价表

样品号	深度/m	孔隙度/%	空气渗透率/(×10⁻³μm²)	不同pH下水渗透率/(×10⁻³μm²)					碱敏程度
				7.0	8.5	10.0	11.5	13.0	
城96	2002.79	9.0	0.115	0.00126	0.00130	0.00137	0.00134	0.00091	弱
城96	2007.77	9.1	0.126	0.00041	0.00037	0.00036	0.00036	0.00035	弱
城96	2010.30	7.2	0.069	0.00014	0.00013	0.00012	0.00011	0.00010	弱
城96	2021.10	5.8	0.119	0.00009	0.00010	0.00010	0.00008	0.00008	弱
城96	2078.93	9.4	0.090	0.00028	0.00020	0.00008	0.00004	0.00003	弱
城96	2014.12	9.9	0.128	0.00116	0.00114	0.00109	0.00103	0.00078	中等偏弱

（六）应力敏感性

理论研究和生产实践均表明，储层的应力敏感性对致密油的产能影响较大。为此对鄂尔多斯盆地延长组长7段致密砂岩，选取了不同类型储层的岩心样品，开展了应力敏感性测试，部分样品进行了铸体薄片、恒压和恒速压汞、场发射扫描电镜、微米 CT 成像等配套测试，分析了长 7 段致密油储层的应力敏感性特征，并探讨其控制因素。

延长组长 7 段致密油层埋深一般在 1700 ~ 2300m，地层压力主要分布于 10.34 ~ 19.53MPa，其中，长 7 段致密油储层平均埋深为 2000m，地层压力平均值为 15.27MPa。已有研究成果表明，考虑初始有效应力下的岩石的应力敏感性实验，更符合实际地层情况下的渗透率变化和生产实际特征（杨满平、李允，2004；兰林等，2005）。以延长组长 7 段致密油储层的平均埋深和平均地层压力计算，其储层的初始有效应力达 32.16MPa，另外，根据油气田在地层压力衰减 50% 仍可进行生产的实际情况计算，长 7 段致密油储层的有效应力上限至少为 39.80MPa。可见，行业标准 SY/T5358—2010 中净应力值最大为 20MPa 的设置不满足长 7 段致密油储层的实际情况。因此按照长 7 段致密油储层的实际特征，本次应力敏感实验设定 3.5MPa、5MPa、10MPa、20MPa、30MPa、40MPa 等 6 个净应力测试点。应力敏感实验分析设备采用 CMS-400 型高压孔渗分析仪器。

实验结果表明，当净应力由 3.5MPa 升至 40MPa 时，测试样品的孔隙度和渗透率均呈减小趋势（图 4.57），相比较，孔隙度的变化幅度较小（孔隙度损失率平均值为 30.53%），渗透率的变化幅度大（渗透率损失率平均值达 81.05%），表明长 7 段致密油储层敏感性主要表现为渗透率的应力敏感性。兰林等（2005）应用不同初始条件下的渗透率损害率和应力敏感性系数两种方法，对低渗透与致密砂岩储层的敏感性进行了对比研究，评价结果表明应力敏感性系数能客观地反映储层的应力敏感性强弱，可作为不同类型储层的应力敏感评价指标。因此，采用应力敏感性系数法评价长 7 段致密油储层的应力敏感性特征，得到延长组长 7 段致密油储层样品的应力敏感性系数（表 4.15）。根据应力敏感性评价标准（兰林等，2005），所分析的延长组长 7 段致密油样品应力敏感性属弱到中等强度，其中，中等强度可细分为中等偏弱和中等偏强两种类型。敏感性系数与孔隙度和渗透率关系散点图表明，延长组长 7 段致密油储层的应力敏感性随孔隙度和渗透率的减小呈增强的趋势。且当孔隙度小于 8%、渗透率小于 $0.08 \times 10^{-3} \mu m^2$ 时，应力敏感性偏强；反之，则应力敏感性偏弱。

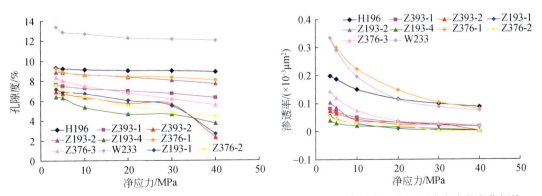

图 4.57　鄂尔多斯盆地延长组长 7 段致密油储层孔隙度（左）、渗透率（右）随净应力的变化规律

表 4.15　鄂尔多斯盆地延长组长 7 段致密油储层样品应力敏感性分析结果

样品号	3.5MPa 净应力下		40MPa 净应力下		应力敏感性系数	评价结果
	孔隙度/%	渗透率/($\times 10^{-3}\mu m^2$)	孔隙度/%	渗透率/($\times 10^{-3}\mu m^2$)		
胡 196	9.34	0.20	8.92	0.089	0.22	弱
庄 193	8.78	0.09	5.93	0.028	0.31	中等偏弱
镇 376	9.27	0.34	8.07	0.081	0.35	
午 233	13.43	0.34	12.05	0.076	0.37	
镇 393	7.70	0.08	6.31	0.019	0.37	
庄 193	8.90	0.11	7.73	0.022	0.38	
镇 376	8.39	0.15	5.61	0.022	0.44	
庄 193	6.42	0.04	3.77	0.005	0.47	
庄 193	7.21	0.06	2.7	0.004	0.55	中等偏强
镇 393	6.92	0.08	2.36	0.004	0.59	
镇 376	7.62	0.06	4.45	0.002	0.63	

　　岩石组分、填隙物组合和储层微观孔隙结构与储层应力敏感性耦合关系的研究说明，延长组长 7 段致密油砂岩储层因碎屑组分及其含量、填隙物类型及其含量、岩石颗粒粒径和粒级分布、孔隙结构差异导致应力敏感性存在不同，而这种差异的本质受控于长 7 段储集砂体的沉积成因类型和物源体系。其中，北东物源体系控制的砂岩主要为三角洲水下分流河道成因类型，其长石碎屑组分含量高、填隙物组合为绿泥石、高岭石和硅质胶结物为主、粒间孔和溶蚀孔发育、喉道半径大、孔喉半径比值小，因而储层的应力敏感性总体表现为弱-中等偏弱；西南物缘体系控制的砂岩分为砂质碎屑流和浊积岩两种重力流成因类型，总体以长石含量低、填隙物以水云母杂基为主、岩屑中发育沉积岩屑为特征，但砂质碎屑流与浊流沉积在砂岩的分选、砂岩粒径、水云母和塑性组分的含量等方面具有较大的不同，相比较，砂质碎屑流沉积砂岩的分选好、粒径粗、水云母和塑性组分的含量低，因此，砂质碎屑流沉积砂岩储层的应力敏感性表现为中等偏弱为主，而浊流沉积砂岩应力敏感性总体表现为中等偏强。另外，研究发现延长组长 7 段致密砂岩储层存在以孔隙度 8%、渗透率 $0.08 \times 10^{-3}\mu m^2$ 为界限的应力敏感性强弱变化规律。因此，在开发过程中需针对不同物源体系、不同成因类型、不同物性的砂岩储层制定不同的开发技术政策，降低应力敏感性对产能的影响程度。

二、致密油储层润湿性

　　鄂尔多斯盆地延长组长 7 段致密油藏低压（压力系数 0.7 ~ 0.9）的特征决定了开发方式不同于北美地区的高压致密油藏。延长组长 7 段致密油水平井开发方式对比试验表明，延长组长 7 段致密油前期采用准自然能量，后期能量不足时采用注水吞吐的开发模式是一种较为有效的开发方式（李忠兴等，2015）。注水吞吐试验与矿场实践表明，储层亲水性越强，越有利于注水吞吐采油（黄大志、向丹，2004；王贺强等，2004）。延长组长

7 段致密砂岩储层润湿性表现为中性–弱亲水（表 4.16），油层有利于注入水与基质孔隙中的油气产生置换，从而被置换至复杂裂缝网络系统的油气被采出。安 83 井区 2 口水平井衰竭式开发方式与注水吞吐模式对比发现，在同一时间周期内，注水吞吐模式单井日产油明显提高，阶段采出程度提高了 0.17%。

表 4.16　鄂尔多斯盆地延长组长 7 段储层润湿性实验数据表

试验区块	层位	岩样直径 /mm	渗透率 /($\times 10^{-3} \mu m^2$)	孔隙度 /%	无因次 吸油/%	无因次 吸水/%	润湿性 评定
西 233 井区	长 7_2	2.49	0.06	10.13	1.37	1.37	中性
庄 183 井区	长 7_1	2.47	0.07	9.52	1.14	1.55	中性-偏亲水
安 83 井区	长 7_2	2.50	0.15	11.30	0.44	0.87	中性-偏亲水

三、致密油储层渗流特征

致密油储层中微孔、纳米孔发育，不仅导致油气赋存和聚集规律与常规低渗透储层不同，而且影响了流体在其中的分布和运移特征。

（一）致密油储层相渗特征

统计了鄂尔多斯盆地延长组长 7 段致密油储层油水相对渗透率主要参数和相渗曲线特征（表 4.17 和图 4.58）。

表 4.17　鄂尔多斯盆地延长组长 7 段油水相对渗透率综合参数表

样品号	深度/m	空气渗透率 /($\times 10^{-3} \mu m^2$)	孔隙度 /%	束缚水时		交点处		残余油时	
				含水饱和度/%	油有效渗透率 /($\times 10^{-3} \mu m^2$)	含水饱和度/%	油水相对渗透率 /($\times 10^{-3} \mu m^2$)	含水饱和度/%	水相对渗透率 /($\times 10^{-3} \mu m^2$)
阳测 4 井	2061.64	0.246	11.4	28.31	0.0031	60.22	0.078	63.79	0.2334
正 85 井	1053.87	0.028	9.2	30.45	0.0001	59.71	0.051	61.23	0.0860
西 62 井	1798.20	0.216	10.8	33.54	0.0004	62.20	0.055	64.16	0.1821
宁 44 井	1515.50	0.164	9.0	34.69	0.0001	58.75	0.090	63.27	0.2282
宁 33 井	1666.76	0.080	9.2	32.10	0.0001	61.18	0.060	63.63	0.1024
里 47 井	1895.86	0.498	13.7	32.33	0.0223	46.36	0.171	60.34	0.5235
胡 232 井	2144.60	0.192	9.8	35.62	0.0116	53.54	0.101	63.23	0.2724

实验结果表明，延长组长 7 段储层的束缚水饱和度主要分布于 28%~36%，两相共渗区间较窄，主要在 27%~36%，最高水相相对渗透率较小，一般小于 0.3。等渗点位置含水饱和度普遍大于 50%，说明岩心亲水。曲线形态说明，油相相对渗透率下降较快，而水相相对渗透率增加缓慢且低。

分析认为，鄂尔多斯盆地延长组长 7 段致密砂岩储层因岩石亲水性，且喉道细小、孔喉比大，因此，水吸附在孔隙介质的表面，油赋存在孔隙中间，当进行水驱时，水沿着孔

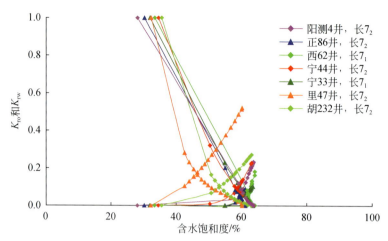

图 4.58　鄂尔多斯盆地延长组长 7 段致密油储层相渗曲线特征

隙壁面上的水膜流动，随着含水饱和度的增加，水膜逐渐增厚，致使油流逐渐被卡断，大量的油被水封闭，油相慢慢由连续相变为非连续相，分散在喉道处，并且产生较强的贾敏效应，最后致使油相渗透率急剧下降，而水相渗透率增加缓慢。这说明流体的两相渗流能力与储层的孔隙结构有密切的联系，孔隙结构好，孔喉比小，渗流能力强，反之，渗流能力差。

（二）水驱油特征

鄂尔多斯盆地延长组长 7 段致密油储层的水驱油实验表明，注水初期含水及水驱油效率上升较快，无水驱油效率达 31.05%，但是当注入倍数大于 0.5PV（驱替孔隙倍数）以后，随着注入倍数的增加，驱油效率增加缓慢。含水 98% 时，水驱油效率 44.1%，注入倍数达 1.29PV（表 4.18、图 4.59）。

表 4.18　鄂尔多斯盆地延长组长 7 段致密砂岩水驱油数据表

样品号	井深	气测渗透率 /($\times 10^{-3} \mu m^2$)	孔隙度 /%	见水前平均采油速度	无水驱油效率 /%	含水 95% 时		含水 98% 时		最终期	
						含水 95% 时驱油效率/%	含水 95% 时注入倍数/PV	含水 98% 时驱油效率/%	含水 98% 时注入倍数/PV	最终驱油效率/%	最终注入倍数/PV
阳测 4 井	2061.64	0.246	11.4	0.0051	43.03	48.67	0.58	49.25	0.74	49.49	5.97
正 85 井	1053.87	0.028	9.2	0.0005	35.41	43.55	0.38	43.92	0.51	44.26	5.81
西 62 井	1798.20	0.216	10.8	0.0005	42.53	44.52	0.40	44.87	0.47	46.07	5.83
宁 44 井	1515.50	0.164	9.0	0.0003	24.00	42.44	0.80	43.76	2.05	43.76	6.09
宁 33 井	1666.76	0.080	9.2	0.0005	33.53	45.42	0.39	45.80	0.49	46.43	6.39
里 47 井	1895.86	0.498	13.7	0.0212	15.28	33.22	1.30	39.71	2.76	41.40	6.71
胡 232 井	2144.60	0.192	9.8	0.0119	23.55	35.31	0.84	40.96	1.99	42.89	6.48

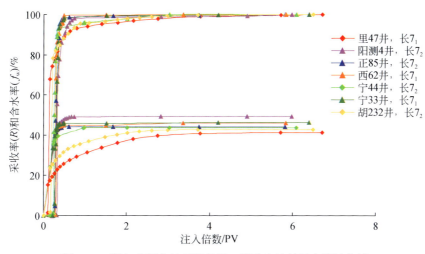

图 4.59　鄂尔多斯盆地延长组长 7 段致密油储层水驱油曲线

对于鄂尔多斯盆地延长组长 7 段致密油储层，由于其喉道细小、孔喉比大，油相的连续性差，贾敏效应显著，油相在喉道处容易出现卡断现象，故增大压力可以克服较大喉道处的贾敏效应，使较大喉道前的油滴移动，在较大喉道处水的连续性变好，渗流阻力减小。

第六节　致密油储层综合评价

储层评价是致密油地质评价的重要组成部分，并且评价结果是致密油"甜点"优选的重要依据。鄂尔多斯盆地延长组长 7 段致密油储层质量与其宏观和微观特征紧密相关。基于对致密油储层沉积、岩石学、微观孔隙特征的研究，结合目前鄂尔多斯盆地致密油的勘探开发情况，优选出了鄂尔多斯盆地延长组长 7 段致密油的评价参数，建立了多因素综合分类评价标准。

一、致密油储层评价参数

（一）定性评价参数

1. 沉积微相

鄂尔多斯盆地延长组长 7 段致密油储层发育曲流河三角洲水下分流河道、河口砂坝、远砂坝，辫状河三角洲水下分流河道、席状砂和重力流砂质碎屑流沉积、浊流沉积、滑塌沉积等多种沉积微相类型储集体。不同沉积微相由于水动力条件的差异，储集砂体在规模、沉积构造、岩石学特征等方面存在较大的差异。其中，滑塌沉积在盆地不发育；远砂坝和席状砂虽然分布较广，但厚度较薄，且岩性多为粉砂–泥质粉砂岩；河口砂坝岩性以细砂岩为主，分选较好，但受河流改造，分布范围局限。相比，水下分流河道沉积、砂质

性。并且可动流体饱和度与储层喉道半径、渗透率的相关性较好，可分级。因此，可动流体饱和度是致密油储层评价的一项关键参数。

4. 裂缝密度

裂缝不仅对致密油成藏具有重要的意义，而且是致密油水平井体积压裂和开发技术政策制定中必须考虑的地质参数，但裂缝发育规律和预测一直是裂缝研究的难点。采用"二元法"对鄂尔多斯盆地延长组长7段致密油储层裂缝发育特征开展了研究，实现了裂缝定量预测。延长组长7段裂缝密度平面分布图表明，平面上裂缝密度差异性明显，可分级表征和评价储层。

5. 脆性指数

储层的脆性是影响致密油水平井体积压裂改造效果的重要的地质参数之一，是致密油水平井选区和地质甜点优选优先考虑的地质参数。长庆油田采用相控脆性指数和岩石力学指数地球物理预测方法，实现了脆性指数平面展布预测，可用于定量评价。

二、储层评价标准及储层分类

基于对鄂尔多斯盆地延长组长7段致密油储层特征、致密化机理及主要影响因素进行深入研究的前提下，结合致密油的试油、试采和水平井试验区开发动态资料，对作为致密油储层分类评价原则中的沉积特征、成岩作用特征、物性特征、孔隙类型、孔隙结构、裂缝密度和脆性指数中的各种定性定量参数，界定了分级界限，建立了适合鄂尔多斯盆地致密油储层的多因素分类评价标准（Q/SY CQ 3534—2015），将延长组长7段致密油储层分为三大类（表4.19）。

（一）Ⅰ类储层

该类储层沉积类型为水下分流河道和砂质碎屑流沉积类型，砂体结构为叠置厚层型，砂体厚度大于15m、横向展布稳定，沉积物粒度以细砂为主，塑性组分和黏土矿物杂基含量相对较低，压实与胶结作用相对较弱，溶蚀作用普遍，原生孔隙和溶蚀次生孔隙较发育；储层物性好，孔隙度>10%、渗透率>$0.12×10^{-3}\mu m^2$，储层孔隙尺度大，孔隙组合类型为中孔-大孔，储层孔喉半径大，可动流体饱和度>50%，储层裂缝密度>$0.1m^{-1}$，脆性指数60~80。致密油水平井开发效果好，一般高产，且稳产时间长。

（二）Ⅱ类储层

该类储层砂体厚度分布于10~15m、横向展布较稳定，储层孔隙孔径较大，孔隙组合类型为小孔-中孔，储层孔喉半径分布于100~200nm，可动流体饱和度分布在30%~50%，储层裂缝密度分布于0.1~$0.05m^{-1}$，脆性指数50~60。再根据沉积类型、砂体结构和储层物性差异细分为两个亚类，其中Ⅱ₁类沉积类型为水下分流河道和砂质碎屑流沉积类型，砂体结构类型为厚层等厚型，孔隙度分布于8%~10%，渗透率分布于$0.08×10^{-3}$~$0.12×10^{-3}\mu m^2$；Ⅱ₂类沉积类型以砂质碎屑流沉积类型为主，砂体结构类型为向上变薄型和薄厚互层型，孔隙度分布于 7%～9%，渗透率分布于 $0.05\times10^{-3}\sim0.09\times10^{-3}\,\mu m^2$。致密油水平井开发效果好，一般为中高产，但产量递减率高。

（三）Ⅲ类储层

该类储层砂体结构为薄层等厚型和薄厚互层型，砂体厚度 4～10m，横向展布不稳定，沉积物粒度以粉砂为主，塑性组分和黏土矿物杂基含量相对较高，压实与胶结作用相对较强，溶蚀作用不发育，原生孔隙保存差、溶蚀次生孔隙不发育；储层物性差，孔隙度分布于 5%～8%、渗透率分布于 $0.02\times10^{-3}\sim0.07\times10^{-3}\,\mu m^2$，储层孔隙孔径小，孔隙组合类型为纳米孔-微孔，储层孔喉半径小，可动流体饱和度为 25%～40%，储层裂缝密度为 $0.05\sim0.1\,m^{-1}$，脆性指数为 40～50。该类储层目前未开发。

通过综合评价，鄂尔多斯盆地延长组长 7 段中Ⅰ和Ⅱ₁类有利储层面积达 $6000km^2$。

表 4.19　鄂尔多斯盆地延长组长 7 段致密油储层分类评价标准

分类参数		储层分类			
		Ⅰ	Ⅱ₁	Ⅱ₂	Ⅲ
沉积特征	沉积类型	水下分流河道，砂质碎屑流	水下分流河道，砂质碎屑流	砂质碎屑流+浊积岩	砂质碎屑流，水下分流河道，浊积岩
	砂体结构	叠置厚层型	厚层等厚型	向上变薄型、薄厚互层型	薄层等厚型，薄厚互层型
	砂体厚度/m	>15	10～15	10～15	4～10
	成岩相	绿泥石膜残余粒间孔相，绿泥石膜残余粒间孔+长石溶蚀相	伊利石胶结长石溶蚀相	伊利石胶结长石溶蚀相	伊利石胶结微孔相，碳酸盐胶结微孔相
物性特征	ϕ/%	>10	8～10	7～9	5～8
	$K/(\times10^{-3}\mu m^2)$	>0.12	0.08～0.12	0.05～0.09	0.02～0.07
孔隙类型	面孔率/%	>2.0	0.5～2.0	0.5～2.0	<0.5
	平均孔径/μm	>10	2～10	2～10	<2
	孔隙组合类型	中孔-大孔	小孔-中孔	小孔-中孔	纳米孔-微孔
孔隙结构	平均孔喉半径/nm	>200	100～200	100～200	45～100
	中值半径/nm	>150	60～150	60～150	45～100
	可动流体饱和度/%	>50	30～50	30～50	25～40
裂缝密度/m⁻¹		>0.1	0.05～0.10	0.05～0.10	<0.05
脆性指数		60～80	50～60	50～60	40～50
储层评价		好	较好	一般	差

参 考 文 献

邓英尔, 刘慈群, 刘树根 . 2002. 水平井开发渗透率各向异性双重介质油藏两相渗流 . 断块油气田, 9 (5): 37~39

丁中一, 钱祥麟, 霍红等 . 1998. 构造裂缝定量预测的一种新方法—二元法 . 石油与天然气地质, 19 (3): 11~17

方少仙, 侯云浩 . 2006. 石油天然气储层地质学 . 北京: 石油工业出版社

冯胜斌, 牛小兵, 刘飞等 . 2013. 鄂尔多斯盆地长 7 致密油储层储集空间特征及其意义 . 中南大学学报, 44 (11): 4574~4580

付金华, 柳广弟, 杨伟伟等 . 2013. 鄂尔多斯盆地陇东地区延长组低渗透油藏成藏期次研究 . 地学前缘, 20 (2): 125~131

付金华, 罗安湘, 张妮妮等 . 2014. 鄂尔多斯盆地长 7 油层组有效储层物性下限的确定 . 中国石油勘探, 19 (6): 82~87

付金华, 喻建, 徐黎明等 . 2015. 鄂尔多斯盆地致密油勘探开发新进展及规模富集可开发主控因素 . 中国石油勘探, 20 (5): 9~19

付金华, 邓秀芹, 王琪等 . 2017. 鄂尔多斯盆地三叠系长 8 储集层致密与成藏耦合关系 . 石油勘探与开发, 44 (1): 48~57

高博 . 2015. 压实过程中砂岩韧性岩屑的变形特征及其对孔隙影响的实验研究 . 吉林大学硕士论文

高健, 岳雷, 段有智等 . 2003. 影响水平井产能的主要因素 . 国外油田工程, 19 (6): 16~17

何自新, 贺静 . 2004. 鄂尔多斯盆地中生界储层图册 . 北京: 石油工业出版社

侯贵廷 . 1994. 裂缝的分形分析方法 . 应用基础与工程科学学报, 2 (4): 299~305

侯贵廷, 潘文庆 . 2013. 裂缝地质建模及力学机制 . 北京: 科学出版社, 201~203

黄大志, 向丹 . 2004. 注水吞吐采油机理研究 . 油气地质与采收率, 11 (5): 39~43

黄思静, 斜连文, 张萌等 . 2004. 中国三叠系陆相砂岩中自生绿泥石的形成机制及其与储层孔隙保存的关系 . 成都理工大学学报 (自然科学版), 31 (3): 273~281

黄思静, 黄可可, 冯文立等 . 2009. 成岩过程中长石、高岭石、伊利石之间的物质交换与次生孔隙的形成: 来自鄂尔多斯盆地上古生界和川西凹陷三叠系须家河组的研究 . 地球化学, 38 (5): 498~506

霍夫曼, J 豪尔 . 1986. 碎屑岩的成岩作用 . 西北大学地质系编译 . 西安: 西北大学出版社, 52~77

贾承造, 邹才能, 李建忠等 . 2012. 中国致密油评价标准、主要类型、基本特征及资源前景 . 石油学报, 33 (3): 343~350

鞠伟, 侯贵廷, 冯胜斌等 . 2014. 鄂尔多斯盆地庆城—合水地区延长组长 6_3 储层构造裂缝定量预测 . 地学前缘, 21 (6): 310~320

兰林, 康毅力, 陈一健等 . 2005. 储层应力敏感性评价实验方法与评价指标探讨 . 钻井液与完井液, 22 (3): 1~4

李传亮 . 2008. 地面渗透率与地下渗透率的关系 . 新疆石油地质, 29 (5): 665~667

李道品 . 2003. 低渗透油田高效开发决策论 . 北京: 石油工业出版社

李金宜, 陈丹磐, 朱文森等 . 2016. 海上疏松砂岩油藏相对渗透率曲线影响因素实验分析 . 石油地质与工程, 30 (5): 78~80

李卫成, 张艳梅, 王芳等 . 2012. 应用恒速压汞技术研究致密油储层微观孔喉特征——以鄂尔多斯盆地上三叠统延长组为例 . 岩性油气藏, 24 (6): 60~65

李宪文, 张矿生, 樊凤玲等 . 2013. 鄂尔多斯盆地低压致密油层体积压裂探索研究 . 石油天然气学报, 35 (3): 142~146

李忠兴，屈雪峰，刘万涛等．2015．鄂尔多斯盆地长 7 段致密油合理开发方式探讨．石油勘探与开发，42（2）：217～221

柳益群，李文厚．1996．陕甘宁盆地上三叠统含油长石砂岩的成岩特点及孔隙演化．沉积学报，14（3）：87～96

孟万斌，吕正祥，冯明石等．2011．致密砂岩自生伊利石的成因及其对相对优质储层发育的影响．石油学报，32（5）：783～790

南珺祥，王素荣，姚卫华等．2007．鄂尔多斯盆地陇东地区延长组长 6～8 特低渗透储层微裂缝研究．岩性油气藏，19（4）：40～44

牛小兵，冯胜斌，刘飞等．2013．低渗透致密砂岩储层石油微观赋存状态与油源关系．石油与天然气地质，34（3）：288～293

牛小兵，候贵廷，张居增等．2014．鄂尔多斯盆地长 6-长 7 段致密砂岩岩心裂缝评价标准及应用．大地构造与成矿学，38（3）：571～579

牛小兵，冯胜斌，尤源等．2016．鄂尔多斯盆地致密油地质研究与试验攻关实践及体会．石油科技论坛，4：38～46

裘亦楠，薛叔浩．1997．油气储层评价技术．北京：石油工业出版社

寿建峰，张惠良，斯春松等．2005．砂岩动力成岩作用．北京：石油工业出版社

谭先锋，冉先，罗龙等．2016．滨浅湖环境中"砂—泥"沉积记录及成岩作用系统——以济阳坳陷古近系孔店组为例．地球科学进展，30（6）：616～633

王芳，冯胜斌，何涛等．2012．鄂尔多斯盆地西南部延长组长 7 致密砂岩伊利石成因初探，西安石油大学学报（自然科学版），27（4）：19～22

王贺强，陈智宇，张丽辉等．2004．亲水砂岩油藏注水吞吐开发模式探讨．石油勘探与开发，31（5）：86～88

王瑞飞，陈明强，孙卫．2008．特低渗透砂岩储层微裂缝特征及微裂缝参数的定量研究——以鄂尔多斯盆地沿 25 区块、庄 40 区块为例．矿物学报，28（2）：215～220

王行信，周书欣．1992．泥岩成岩作用对砂岩储层胶结作用的影响．石油学报，13（4）：20～30

魏漪，冉启全，童敏等．2014．致密油储层压裂水平井产能预测与敏感性因素分析．水动力学研究与进展，29（6）：691～699

徐景达．1991．关于水平井的产能计算——论乔西公式的应用．石油钻采工艺，6：68～74

杨华，牛小兵，徐黎明等．2016．鄂尔多斯盆地三叠系长 7 段页岩油勘探潜力．石油勘探与开发，43（4）：511～520

杨克文，史成恩，万晓龙．2008．鄂尔多斯盆地长 8、长 6 天然裂缝差异性研究及其对开发的影响．西安石油大学学报（自然科学版），23（6）：37～41

杨满平，李允．2004．考虑储层初始有效应力的岩石应力敏感性分析．天然气地球科学，15（6）：601～609

杨胜来，魏俊之．2004．油层物理学．北京：石油工业出版社

尤源，牛小兵，辛红刚等．2014a．国外致密油储层微观孔隙结构研究及其对鄂尔多斯盆地的启示．石油科技论坛，1：11～18

尤源，牛小兵，冯胜斌等．2014b．鄂尔多斯盆地延长组长 7 致密油储层微观孔隙特征研究．中国石油大学学报，38（6）：18～23

尤源，刘建平，冯胜斌等．2015．块状致密砂岩的非均质性及对致密油勘探开发的启示．大庆石油地质与开发，34（4）：168～174

尤源，牛小兵，李廷艳等．2016．CT 技术在致密砂岩微观孔隙结构研究中的应用——以鄂尔多斯盆地延长组长 7 段为例．新疆石油地质，37（2）：227～230

于兴河，李顺利，杨志浩．2015．致密砂岩气储层的沉积——成岩成因机理探讨与热点问题．岩性油气藏，27（1）：1～13

袁海科，郝世彦，张文忠．2009．延长油田志丹西区延长组天然裂缝发育规律研究．西安石油大学学报（自然科学版），24（5）：46～49

曾联波，郑聪斌．1999．陕甘宁盆地延长统区域裂缝的形成及其油气地质意义．中国区域地质，18（4）：391～395

曾联波，高春宇，漆家福等．2008．鄂尔多斯盆地陇东地区特低渗透砂岩储层裂缝分布规律及其渗流作用．中国科学（D辑：地球科学），38（增刊Ⅰ）：41～47

张林炎，范昆，刘进东等．2006．鄂尔多斯盆地镇原—泾川地区三叠系延长组构造裂缝分布定量预测．地质力学学报，12（4）：476～484

张哨楠．2008．致密天然气砂岩储层成因和讨论．石油与天然气地质，29（1）：1～18

张永旺，曾溅辉，张善文等．2009．长石溶解模拟实验研究综述．地质科技情报，28（1）：31～37

赵姗姗，张哨楠，万友利．2015．塔中顺托果勒低隆区柯坪塔格组长石溶蚀及对储层的影响．石油实验地质，37（3）：293～299

赵政章，杜金虎．2012．致密油气．北京：石油工业出版社

郑俊茂，庞明．1989．碎屑储集岩的成岩作用研究．北京：中国地质大学出版社

钟大康．2017．致密油储层微观特征及其形成机理——以鄂尔多斯盆地长6—长7段为例．石油与天然气地质，38（1）：49～61

周文，林家善，张银德．2008．镇泾地区曙光油田延长组构造裂缝分布评价．石油天然气学报（江汉石油学院学报），30（5）：1～4

朱国华．1982．成岩作用与砂层（岩）孔隙的演化．石油与天然气地质，3（3）：195～202

朱国华．1988．黏土矿物对陕甘宁盆地中生界砂岩储层性质的影响及其意义．石油勘探与开发，4：21～29

邹才能，陶士振，侯连华等．2013．非常规油气地质．北京：地质出版社

邹才能，陶士振，白斌等．2015．论非常规油气与常规油气的区别和联系．中国石油勘探，20（1）：1～15

Beard D C，Weyl P K．1973．Influence of texture on porosity and permeability of unconsolidated sand. AAPG Bulletin，57（2）：349～369

Ehrenberg S N．1993．Preservation of anomalously high porosity in deeply buried sandstones by g rain-coating chlorite：Examples from the Norwegian Continental Shelf. AAPG Bulletin，77：1260～1286

Hou Guiting，Kusky T M，Wang C C．2010a．Mechanics of the giant radiating Mackenzie dyke swarm：A paleostress field modeling. Journal of Geophysical Research，115：2402

Hou Guiting，Wang Y X，Hari K．2010b．The Late Triassic and Late Jurassic stress fields and tectonic transmission of the North China craton. Journal of Geodynamics，50：318～324

Hou Guiting．2012．Mechanism for three types of mafic dyke swarms. Geoscience Frontiers，3：217～223

Lander R H，Bonnell L M．2010．A model for fibrous illite nucleation and growth in sandstones. AAPG Bu lletin，94（8）：1161～1187

Leder F et al．1987．石英次生加大导致砂岩孔隙度减少．四川石油普查，23（3）：0～99

Loucks R G，Reed R M，Ruppel S C et al．2009．Morphology，genesis，and distribution of nanometer-scale pores in siliceous mudstones of the Mississippian Barnett Shale. Journal of Sedimentary Research，79：848～861

Nelson P H．2009．Pore-throatsizes in sandstones，tight sandstones and shales. AAPG Bulletin，93（8）：329～340

Pittman E D，Lumsden D N．1968．Relationship between chlorite coatings on quartz grains and porosity，SpiroSand，Oklahoma. Journal of Sedimentary Petrology，38：668～670

Soeder D J，Randolph P L．1987．Porosity，permeability and pore structure of the tight Mesaverde Sandstone，

Piceance basin，Colorado. SPE 13134：129～136

Storvoll V，Bjorlykkea K，Karlsen D *et al.* 2002. Porosity preservation in reservoir sandstones due to grain-coating illite：A study of the J urassic Garn Formation from the Kris tin an d Lavrans fields，off-shore Mid-Norway. Marine and Petroleum Geology，19（6）：767～781

Van Golf-Racht T D. 1982. Fundamentals of Fractured Reservoir Engineering. Amsterdam：Elsevier Scientific Publishing Company，1～710

第五章 致密油烃源岩地球化学特征

烃源岩为油气成藏提供了重要的物质基础，特别是良好的烃源岩条件为致密油成藏的关键因素之一。随着油气成藏理论的发展，越来越多的学者认识到富有机质烃源岩对油气富集成藏产生重要影响。如北海油田的主力烃源岩上侏罗统 Kimridge 页岩（Stein et al., 1986；Hunt, 1990），品质优良，在单位地质时间内生成的烃类多，易形成强的超压体系而形成大油田。鄂尔多斯盆地中生界晚三叠世湖盆全盛期沉积了一套富含有机质、岩性为黑色页岩与暗色泥岩的优质烃源岩，其有机质丰度、生排烃能力及规模明显优于其他岩性和层段的生烃岩，为盆地中生界含油气系统的主力油源岩（杨华、张文正，2005；张文正等，2006a）。

第一节 烃源岩地球化学特征及成因机理

在晚三叠世长 7 早期，强烈的构造活动使得湖盆快速扩张，形成了大范围的深水沉积，大面积发育一套富有机质优质烃源岩（杨华、张文正，2005）。综合岩性、岩石组分、有机质丰度和元素地球化学等特征（张文正等，2008）将长 7 优质烃源岩划分为黑色页岩和暗色泥岩两大类（张文正等，2015）。

一、有机地球化学特征

（一）有机质丰度

有机质丰度是指烃源岩中有机质的富集程度，为油气形成的基本物质基础（侯读杰、冯子辉，2011）。表征有机质丰度的参数通常有残余有机碳含量（TOC）、沥青"A"含量和热解生烃潜量等。

盆地长 7 段黑色页岩样品的有机质丰度为"高–极高"。残余有机碳含量主要分布于 6% ~ 14%，最高可达 30% ~ 40%（图 5.1）。残留可溶有机质含量即沥青"A"大都分布于 0.6% ~ 1.2%，最高可达 2% 以上（图 5.2）。热解生烃潜量（$S_1 + S_2$）主要为 30 ~ 50mg/g，最高可达 150mg/g 以上（图 5.3）。由此可见，长 7 段黑色页岩为有机质十分富集的优质烃源岩，在陆相盆地中极为罕见。与高的有机碳含量相比较，其沥青"A"和生烃潜量明显偏低，这可能与黑色页岩发生了强烈的排烃作用有关。

长 7 段暗色泥岩残余有机碳含量主要分布于 2% ~ 6%（图 5.4），比黑色页岩有机质丰度低，但与中国其他陆相盆地相比较，长 7 段暗色泥岩仍属于较好的烃源岩，如松辽盆地下白垩统青山口组烃源岩 TOC 大都在 2% 左右，最高可达 3% ~ 4%（王丽静，2014）。残留沥青"A"含量大都为 0.2% ~ 0.8%（图 5.5），平均含量在 0.6% 左右。热解生烃潜量主要分布于 4 ~ 20mg/g（图 5.6），平均生烃潜量约 11mg/g。

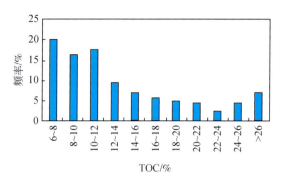

图 5.1　鄂尔多斯盆地长 7 段黑色页岩 TOC 频率分布图

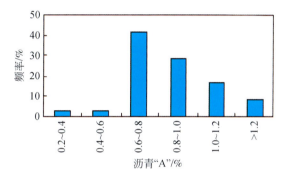

图 5.2　鄂尔多斯盆地长 7 段黑色页岩沥青"A"频率分布图

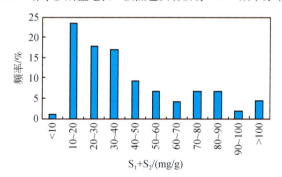

图 5.3　鄂尔多斯盆地长 7 段黑色页岩生烃潜量频率分布图

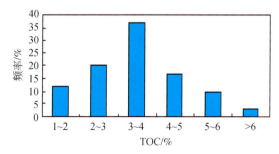

图 5.4　鄂尔多斯盆地长 7 段暗色泥岩 TOC 频率分布图

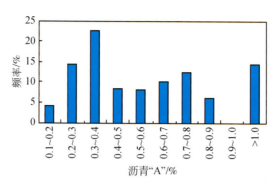

图 5.5　鄂尔多斯盆地长 7 段暗色泥岩沥青 "A" 频率分布图

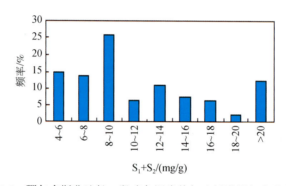

图 5.6　鄂尔多斯盆地长 7 段暗色泥岩热解生烃潜量频率分布图

（二）有机质性质

有机质性质或类型是评价烃源岩的重要参数之一，可将固定有机质和可溶有机质相结合对烃源岩的有机质类型进行评价（侯读杰、冯子辉，2011），评价方法分别有：干酪根显微组分、碳同位素、热解–色谱–质谱（Py-GC-MS）分析与族组成、饱和烃色谱、生物标志化合物等多种方法。

1. 岩石热解色谱参数

鄂尔多斯盆地长 7 段黑色页岩具有高生烃潜量、较高氢指数（I_H 为 200 ~ 400mg/g）和低氧指数（I_O 小于 5mg/g）的特征，母质类型以I型为主（图 5.7）。暗色泥岩与黑色页岩特征基本相似，氢指数较高（I_H 为 200 ~ 400mg/g）而氧指数偏低（I_O 大都小于 20 mg/g），有机质类型以I型为主，部分为II型（图 5.8）。

2. 干酪根性质

（1）有机显微组成。

干酪根显微组分中，镜质组、惰质组和壳质组均源于高等植物的有机质，其中镜质组和惰质组为III型有机质，壳质组为 II 型有机质，而低等生物来源的藻类体和无定形物质为 I 型有机质（程克明等，1995）。

鄂尔多斯盆地长 7 段黑色页岩与暗色泥岩的干酪根均以无定形类脂体为主（图 5.9，

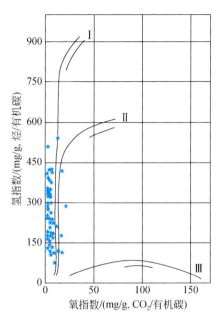

图 5.7　鄂尔多斯盆地长 7 段黑色页岩热解色谱 I_H–I_O 交汇图

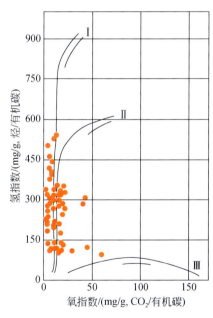

图 5.8　鄂尔多斯盆地长 7 段暗色泥岩热解色谱 I_H–I_O 交汇图

图 5.10），组分单一，生物类型均以湖生低等生物——藻类为主（张文正，2011；Zhang et al.，2016）。在透射光下呈棕褐色、淡黄色，紫外光和蓝光激发下呈亮黄色、棕褐色荧光。黑色页岩的干酪根内，细条状发亮黄色荧光的类脂体更为富集，并可见清晰分散状和条带状黄铁矿。

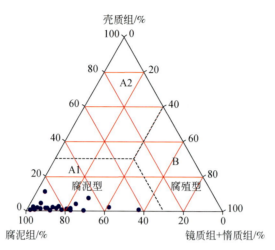

图 5.9　鄂尔多斯盆地长 7 段黑色页岩干酪根显微组成三角图

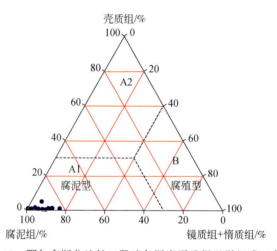

图 5.10　鄂尔多斯盆地长 7 段暗色泥岩干酪根显微组成三角图

（2）干酪根的热解–色谱–质谱（Py-GC-MS）分析。

自 20 世纪 70 年代末，Py-GC-MS 联用技术逐渐成为研究干酪根分子结构的常用手段（Larter et al.，1979；傅家谟、秦匡宗，1995）。盆地长 7 段烃源岩的干酪根主要由丰富的长链烷烃与长链烯烃组成，其他化合物，如苯系物含量较低（图 5.11、图 5.12）。结合干酪根显微组分镜下特征，长 7 段烃源岩干酪根的母体主要为藻质素。类异戊二烯烃化合物含量较低，指示有机质经历了较高的成熟作用（Larter et al.，1979）。并且谱图中未发现形成于盐度较高、水体较浅、强还原环境的芳基类异戊二烯化合物（图 5.11、图 5.12），说明有机质形成于水体较深的淡水湖相沉积环境。

（3）稳定碳同位素特征。

影响有机质碳同位素组成的主要因素是有机质来源，$\delta^{13}C$ 值的差异可有效反映烃源岩

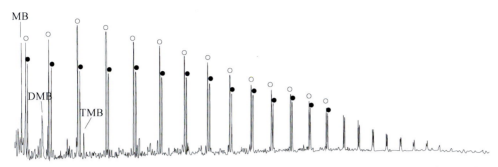

图 5.11　鄂尔多斯盆地里 57 井长 7 段黑色页岩（2333.53m）干酪根热解产物总离子流图
MB：甲苯；DMB：二甲苯；TMB：三甲苯；○：正构-1-烯；●：正构烷烃

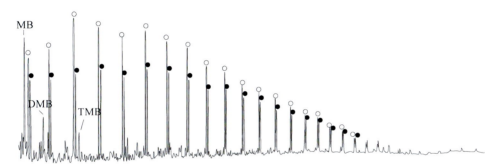

图 5.12　鄂尔多斯盆地环 65 井长 7 段暗色泥岩（2253.3m）干酪根热解产物总离子流图
MB：甲苯；DMB：二甲苯；TMB：三甲苯；○：正构-1-烯；●：正构烷烃

有机质类型的差别（侯读杰、冯子辉，2011）。盆地长 7 段黑色页岩、暗色泥岩干酪根均具有富稳定同位素 ^{12}C 特征，干酪根的 $\delta^{13}C$ 值十分接近，主要分布在 $-30‰ \sim -28.5‰$（图5.13）。与中国东部地区下第三系半咸水-咸水沉积的生油岩相比，长 7 段烃源岩的 $\delta^{13}C$ 值明显偏负，如东营凹陷沙四段烃源岩干酪根的总体碳同位素峰值在 $-28‰ \sim -27‰$（张林晔、张春荣，1999），反映出它们在发育环境和生物种类等方面存在较大的差异。因而，长 7 段烃源岩的干酪根以湖生低等水生生物为主，其沉积水体含盐度较低。

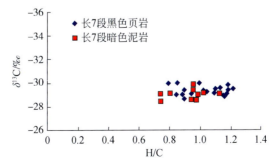

图 5.13　鄂尔多斯盆地长 7 段烃源岩干酪根碳同位素组成与 H/C 原子比的关系

3. 可溶有机质性质

（1）沥青"A"族组成特征。

鄂尔多斯盆地长 7 段黑色页岩沥青"A"族组成中烃类（饱和烃+芳烃）含量在 45%～60%之间，饱和烃/芳烃（饱/芳）值较低，分布于 0.86～3.00，并且，饱/芳值随着 TOC 的增大而降低（图 5.14）。长 7 段黑色页岩相对较低的烃类组分含量和饱/芳值所反映的可溶有机质性质与干酪根类型（腐泥型为主）之间存在明显矛盾，产生这一矛盾的原因是黑色页岩的高排烃效率。长 7 段暗色泥岩沥青"A"族组成中烃类（饱和烃+芳烃）含量较高，大都在 50%～90%，绝大部分样品的饱/芳值大于 2（图 5.15）。

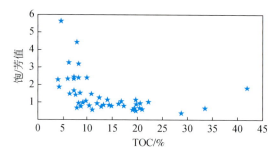

图 5.14　鄂尔多斯盆地长 7 段黑色页岩 TOC-饱/芳比值交汇图

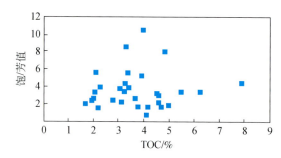

图 5.15　鄂尔多斯盆地长 7 段暗色泥岩 TOC-饱/芳比值交汇图

（2）饱和烃色谱特征。

鄂尔多斯盆地长 7 段黑色页岩、暗色泥岩的饱和烃色谱图均呈单峰形，碳数范围在 C_{13}～C_{35}，主峰碳为 nC_{16}～nC_{19}，高碳数（>C_{30}）正构烷烃的相对含量较低（图 5.16，图 5.17）；呈奇偶均势（OEP 值 0.95～1.21），低–较低的 Pr/Ph 值（0.56～1.17），较低的 Pr/nC_{17} 和 Ph/nC_{18} 值（分别为 0.11～0.33 和 0.16～0.34）。指示长 7 黑色页岩、暗色泥岩的水体环境偏氧化，有机生物来源以低等水生生物为主，并且已达到生油高峰的成熟演化阶段。

（3）甾萜类生物标志物分布特征。

生物标志物都是不同或相同沉积环境中母质的产物，有些生物标志物的分布具有普遍性，有些则仅是某一特定沉积环境或某一时代沉积中所特有，或者不同生物标志物的相对含量在沉积物中具有差异（Peters and Moldowan，1993）。因此，生物标志物有时也被认为

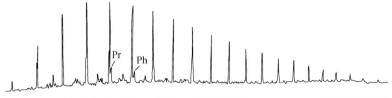

图 5.16　鄂尔多斯盆地城 91 井长 7 段黑色页岩（2059.6m）饱和烃色谱图

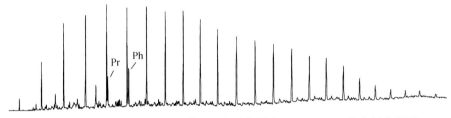

图 5.17　鄂尔多斯盆地环 65 井长 7 段暗色泥岩（2250.5m）饱和烃色谱图

是分子化石。通过生物标志物分子组成的研究可以获得有机质的来源、沉积环境、母质性质等方面的重要信息。

鄂尔多斯盆地长 7 段黑色页岩饱和烃馏分中的生物标志化合物特征相似，母源基本一致。萜烷类化合物中三环萜烷含量相对较低，五环萜烷含量较高（图 5.18）；三萜类以 αβ 藿烷系列为优势成分，且 C_{30} 藿烷占绝对优势，莫烷系列丰度明显较低，新藿烷和重排藿烷均不发育；Ts 的相对强度高于 Tm；伽马蜡烷含量很低，反映其形成于盐度较低的沉积环境；C_{31} 藿烷 22S/（22S+22R）值比较接近，主要分布范围介于 0.44～0.57，表明盆地长 7 黑色页岩异构化程度基本一致，均达到或接近热平衡终点值。黑色页岩的甾烷类化合物以规则甾烷为主，重排甾烷含量相对较低（图 5.19）；规则甾烷中，C_{29} 甾烷的相对强度普遍较高，C_{28} 甾烷的相对含量略低，C_{27} 甾烷含量较低；甾烷异构化程度较为一致，大部分样品的 $C_{29}ααα$ 甾烷 20S/（20S+20R）异构化参数已达到或接近其平衡终点值（0.52～0.55），C_{29} 甾烷 αββ/（αββ+ααα）异构化参数为 0.67～0.71，反映黑色页岩经历了较高的成熟作用。

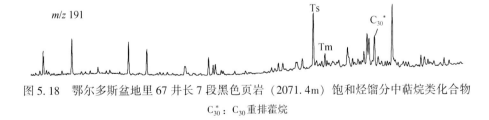

图 5.18　鄂尔多斯盆地里 67 井长 7 段黑色页岩（2071.4m）饱和烃馏分中萜烷类化合物

C_{30}^*：C_{30} 重排藿烷

鄂尔多斯盆地长 7 段暗色泥岩的萜烷特征分布各异，大致有四种情况（图 5.20）：①正 8 井暗色泥岩样品以 αβ 藿烷系列为优势成分，且 C_{30} 藿烷占绝对优势，莫烷系列丰度明显较低，新藿烷和重排藿烷相对含量很低；②环 65 井样品中 C_{30} 重排藿烷（C_{30}^*）较 C_{30} 藿烷的相对含量略为偏高，C_{29} 藿烷相对含量较低，呈现重排藿烷占优势的特点；③环 63 井泥岩

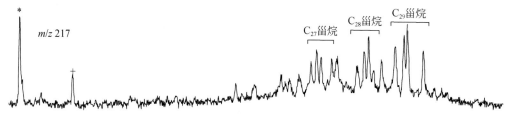

图 5.19 鄂尔多斯盆地里 67 井长 7 段黑色页岩（2071.4m）饱和烃馏分中甾烷类化合物

*：孕甾烷；+：升孕甾烷

样品的三萜烷相对含量较其他井偏低，但以 C_{30}^{*} 一枝独秀，较其他化合物表现出很强的优势；④里 57 井暗色泥岩的 C_{30}^{*} 相对含量亦较高，且 T_s 相对含量也较高。总体而言，暗色泥岩与黑色页岩萜烷化合物的最大差别在于 C_{30}^{*} 的相对含量较高，显示其形成于浅湖-半深湖相的亚氧化环境（Zhang et al., 2009；Yang et al., 2016）。暗色泥岩的甾烷特征与黑色页岩一致（图 5.21），反映其母源基本相似且成熟度差别不大。

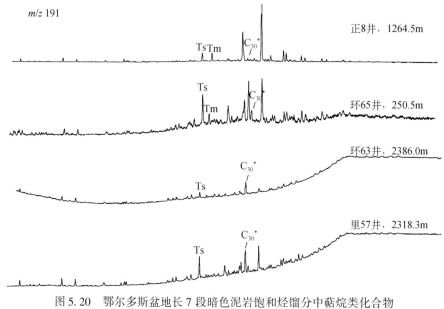

图 5.20 鄂尔多斯盆地长 7 段暗色泥岩饱和烃馏分中萜烷类化合物

C_{30}^{*}：C_{30} 重排藿烷

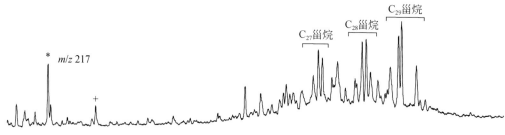

图 5.21 鄂尔多斯盆地里 57 井长 7 段暗色泥岩（2318.3m）饱和烃馏分中甾烷类化合物

*：孕甾烷；+：升孕甾烷

（三）有机质成熟度

有机质成熟度是评价烃源岩的另一个重要参数，最为常见的指标为镜质组反射率（程克明等，1995）。鄂尔多斯盆地长 7 段烃源岩发育区的绝大部分地区均已达到了成熟–高成熟早期，R^o 分布于 0.9% ~ 1.2%，处于生油高峰的成熟阶段（图 5.22）。此外，饱和烃各组分呈奇偶均势（OEP 值为 0.95 ~ 1.21），甾烷异构化指数 $C_{29}\alpha\alpha\alpha$ 甾烷 20S/（20S+20R）平均为 0.50，C_{29} 甾烷 $\alpha\beta\beta$/（$\alpha\beta\beta+\alpha\alpha\alpha$）平均为 0.42，$C_{31}$ 藿烷 22S/（22S+22R）主要分布于 0.44 ~ 0.57，均达到或接近其热平衡终点值，同样反映了长 7 段优质烃源岩经历了较高的成熟作用。

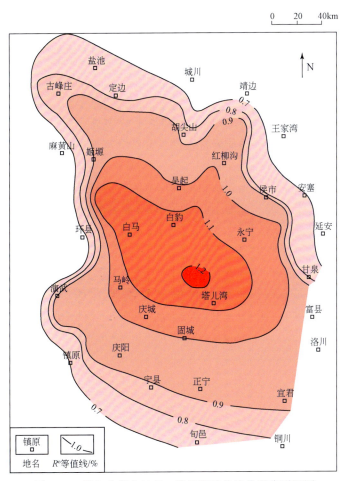

图 5.22　鄂尔多斯盆地长 7 段烃源岩热演化程度平面图

二、成因机理

影响有机质富集的因素很多，如有机质的原始产率、水体和沉积物中的氧气含量（富氧或缺氧)、水循环作用和沉积速率等(Harris，2005；Katz，2005；Tyson，2005)。有机质的高生产力和沉积物表层或底层水的缺氧环境是优质烃源岩形成的重要条件。高生产力下所提供的丰富原始有机质是沉积物中有机质得以富集的前提条件。同时，高生产力形成的有机质堆积，可引起强烈的细菌降解等生化作用，这些作用的耗氧性可促进底层水或表层沉积物的缺氧环境的形成。因此，高生产力是有机质富集的先决条件，缺氧环境是有机质保存和富集的促进因素。另外，沉积速率也会影响有机质的富集程度，湖泛期的湖盆中心欠补偿沉积相带–深湖相带更有利于有机质的富集。

(一) 高生产力

晚三叠世的区域构造活动造成了长 7 早期的大规模湖泛。长 7 期也是晚三叠世湖盆演化过程中的最大湖泛期，湖盆的快速扩张形成了大范围的半深湖–深湖相沉积环境(杨华、张文正，2005)。湖盆水域的扩张和水体的变深为浮游藻类、底栖藻类和水生动物的大量繁殖提供了重要的基础条件。

1. 高生产力特征

鄂尔多斯盆地长 7 段黑色页岩高生产力特征十分明显。有机岩石学特征(张文正，2008)显示黑色页岩的纹层状有机质异常发育，并常见富含有机质的磷酸盐结核，表明了烃源岩沉积时的高初级生产力特征。同时，长 7 段黑色页岩中 P_2O_5、Fe、V、Cu、Mo 等生物营养元素明显富集，指示了长 7 期湖盆沉积水体的富营养特征。与北美页岩的平均常量元素含量(NASC)相比较，P_2O_5 和 Fe 元素明显富集，P_2O_5 含量分布于 0.09% ~ 6.24%，平均为 0.54%(NASC 为 0.13%；Gromet et al.，1984)；Fe 元素含量为 2.08% ~ 12.08%，平均为 6.57%(NASC 为 3.95%；Gromet et al.，1984)。与页岩的平均微量元素含量相比较(Turekian and Wedepohl，1961；Ketris and Yudovich，2009)，V、Cu、Mo 等元素明显富集(图 5.23)：V 元素含量分布范围为 67.60 ~ 475.70μg/g，平均为 230.76μg/g；Cu 元素含量为 150.00 ~ 300.00μg/g，平均为 212.64μg/g；Mo 元素含量分布于 2.04 ~ 196.00μg/g，平均为 67.78μg/g。

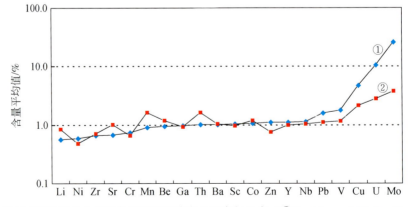

图 5.23　鄂尔多斯盆地长 7 段黑色页岩的平均微量元素与地壳(①Turekian and Wedepohl，1961)和全球黑色页岩(②Ketris and Yudovich，2009)的平均微量元素含量对比图

　　此外，湖盆沉积水体的富营养特征是引起高生产力的重要控制因素。盆地长 7 段烃源岩的有机质丰度（TOC）与 P_2O_5、Fe、Mo、V、Cu、Mn 等营养元素存在着良好的正相关关系（图 5.24、图 5.25），反映出水体中丰富的营养物质是引起生物勃发和有机质高生产力的关键因素。暗色泥岩与黑色页岩相比较而言，P_2O_5、Fe、Mo、V、Cu、Mn 等营养元素含量较低，有机质丰度也较低。

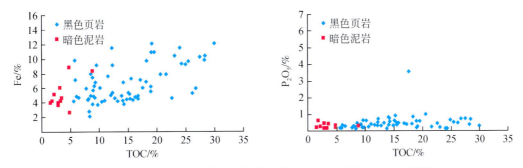

图 5.24　鄂尔多斯盆地长 7 段烃源岩的 Fe、P_2O_5 含量与 TOC 关系图

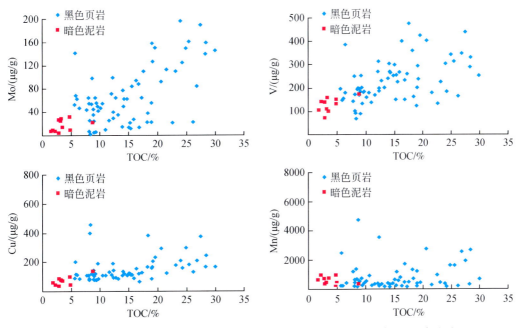

图 5.25　鄂尔多斯盆地长 7 段烃源岩的 Mo、V、Cu、Mn 含量与 TOC 关系图

2. 火山活动对有机质富集的影响

　　鄂尔多斯盆地长 7 湖泛与优质烃源岩发育期，盆地内存在地震活动（张文正等，2006b）。地震是区域构造活动的响应、可能反映了基底断裂活动的发生，并伴随着湖底热水活动，盆地周边（可能主要在南部的秦岭地区）存在频繁的火山喷发活动（张文正等，2009）。这些地质活动很可能是引起长 7 期湖盆富营养特征的重要因素。

　　鄂尔多斯盆地长 7 段优质烃源岩层中薄层状、纹层状凝灰岩十分发育，且分布范围与烃源岩发育范围一致（张文正等，2009）。这种共生关系充分反映了同期火山喷发活动的

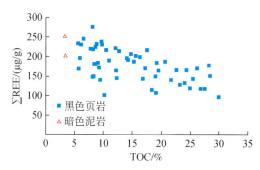

图 5.27　鄂尔多斯盆地长 7 段烃源岩的 S、V/（V+Ni）、U/Th 与 TOC 关系图

第二节　优质烃源岩的强排烃特征与意义

　　鄂尔多斯盆地长 7 段优质烃源岩，尤其是黑色页岩的有机质丰度高、类型好、热演化达到生油高峰期，因而累计产油率高，生烃能力强，但孔隙度低（1%左右）（张文正等，2006a），使得烃源岩的排烃作用较强，对致密油的成藏起到了关键性作用。

一、强排烃的地球化学效应

（一）异常低的残留沥青"A"转化率

　　烃源岩强烈的排烃作用会使得岩石内滞留烃的数量大幅降低，呈现为异常低的残留沥青"A"转化率的特征。长 7 段优质烃源岩样品的有机质类型相近、成熟度也差别不大，其累计液态烃转化率基本相近，且累计产油率较高（张文正等，2006a）。不过，随着 TOC 的增高、残留沥青"A"转化率不断降低（图 5.28），尤其是 TOC 大于 10% 的样品的残留沥青"A"转化率较低，主要分布于 4%～10%，大致与成熟阶段偏腐殖型生烃岩相近，而显著低于 TOC 为 2%～6% 的样品。高有机质丰度的优质烃源岩异常低的残留沥青"A"转化率是强排烃的表征。

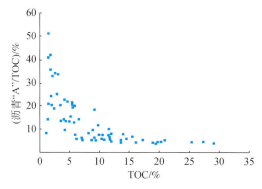

图 5.28　鄂尔多斯盆地长 7 段烃源岩残留沥青"A"转化率随 TOC 变化关系图

（二）极性组分含量高

强排烃作用使得初次运移过程的地质色层效应显现，即极性组分富集，残留烃性质差。对同一口井不同有机质丰度的页岩样品数据分析，随着有机碳含量的升高，岩石中沥青质的含量越高，说明生排烃作用越强的烃源岩，地质色层效应越明显，残留烃中的沥青质含量越高，而饱和烃和芳烃含量越低（图5.29）。有机质丰度越高的岩石，发生的排烃作用越强，残留烃中极性组分的含量越高，而饱和烃、芳烃组分含量越低，与聚集原油的族组成差异越明显，因而黑色页岩残留烃组分与原油族组成差异明显，而暗色泥岩的残留烃组分与原油接近（图5.30）。

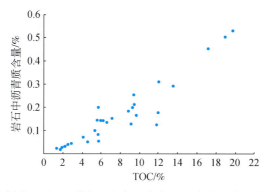

图5.29 鄂尔多斯盆地罗254井长7段烃源岩的TOC与岩石中沥青质含量的关系图

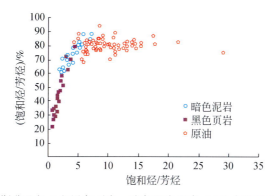

图5.30 鄂尔多斯盆地长7段黑色页岩、暗色泥岩沥青"A"与原油族组分参数的比较

（三）残留沥青"A"中正构烷烃单体碳同位素组成变重

烃源岩的强排烃作用，引起成熟演化和排烃过程的同位素分馏效应聚集。黑色页岩、暗色泥岩的有机母质类型基本一致，热演化程度相当，因而两者的碳同位素特征差别不大。不过由于黑色页岩发生了较强的排烃作用使得残留正构烷烃的稳定碳同位素组成要比暗色泥岩重一些（图5.31）。另外，同一口井烃源岩与原油碳同位素对比发现，源岩残留烃的单体烃碳同位素组成要比原油重一些（图5.32），也是强排烃作用的结果，使得源岩

与原油的同位素差异较大，在油源对比时要重视。

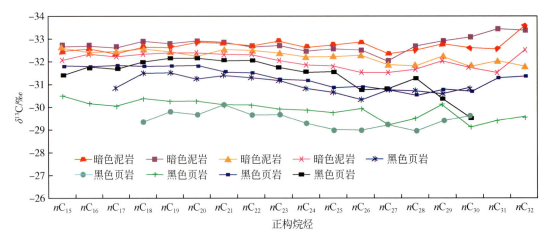

图 5.31　鄂尔多斯盆地长 7 段黑色页岩与暗色泥岩残留正构烷烃单体稳定碳同位素组成

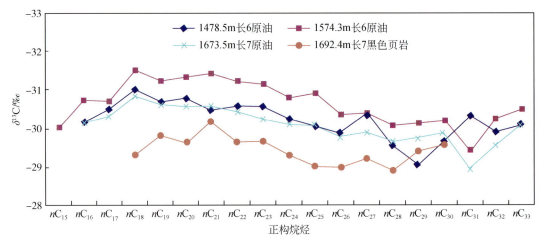

图 5.32　鄂尔多斯盆地宁 36 井油-源岩的正构烷烃单体稳定碳同位素对比

二、强排烃特征及意义

（一）排烃效率高

排烃效率是指从烃源岩排出的烃量占累积生烃量的比例（陈中红、查明，2005）。高-很高的排烃效率是湖相优质烃源岩强排烃的主要特征之一。虽然影响烃源岩排烃效率的地质因素较多，如烃源岩的厚度、生烃强度、岩石物理特征、岩石矿物组成等，但是，当烃源岩的生烃能力足够强大时，其他因素的影响就会相对弱化。盆地长 7 段黑色页岩生烃能力强而残留孔隙空间小，因而，当其进入生烃高峰阶段时，会排出大量烃类，呈现出高效排烃的特征，排烃效率可达80%以上（图5.33）。黑色页岩的排烃效率明显较高，暗色泥岩属于中等排烃程度。

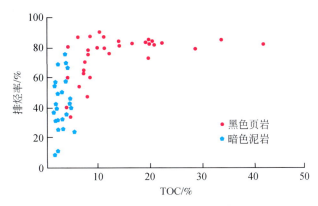

图 5.33　鄂尔多斯盆地长 7 段烃源岩排烃率与 TOC 关系图

（二）排出高势能与富烃的流体

排出高势能与富烃的流体是湖相富有机质烃源岩强排烃的另一显著特征。

由于鄂尔多斯盆地长 7 段优质烃源岩的生烃强度大，其累积生烃量远大于残留烃量，这说明大量的烃类已经被排出。同时当生烃量达到一定数量后，可产生显著的增压作用。这种作用不仅能够促进大量烃类排出，而且排出的烃类具有很高的势能。在烃源岩排出的高势能流体注入砂岩储层的瞬间，当致密砂岩的导流速度小于排烃流体注入速度时，压力梯度就会在致密砂岩中形成，从而促进致密储层中石油的二次运移。"生烃增压→排出高能流体→二次运移"过程的反复进行，使得致密储层石油大规模成藏聚集。由此可见，长 7 段优质烃源岩既是主力烃源岩，又是致密储层石油运聚的关键动力源。其次，高驱动压力不仅促进二次运移的持续进行，而且有助于储层含油饱和度的提高和石油富集。因此，长 7 段优质烃源岩排出的高能流体有利于致密储层中的石油富集。

长 7 段优质烃源岩的单层厚度不大，层理缝发育，具有富纹层有机质、富莓状黄铁矿、富薄层和纹层凝灰质、低黏土矿物的岩石组构特征，加之高的生烃强度，使得长 7 段优质烃源岩在生油高峰阶段能够提供大量的富烃流体，形成连续油相运移，从而极大地促进致密储层石油富集。

（三）对致密油成藏的意义

致密油储层细孔微喉的孔隙结构特征使得其成藏机理与常规储层显著不同。流体性质（富烃、贫烃）、数量和充注压力等因素直接影响致密储层的油气富集程度（含油饱和度），也就是说，致密油的富集不仅需要足够数量的含烃流体，而且还需要富烃的优质成藏流体，以及足够高的排驱压力（克服高的毛细管阻力）。长 7 段优质烃源岩尤其是黑色页岩，不仅为致密油成藏提供了大量优质油源，而且为致密油成藏提供了较强的动力来源。因此，长 7 段优质烃源岩的大面积和大规模发育是形成鄂尔多斯盆地中生界致密油富集的关键因素。

第三节　优质烃源岩的展布特征

由于鄂尔多斯盆地长 7 段黑色页岩、暗色泥岩在有机地球化学、元素地球化学、岩石组构等特征方面差异明显，测井响应也有所不同。要全面了解盆地烃源岩的空间展布与发育规模仅仅依靠有限的烃源岩有机地球化学测试资料是远远不够的，必须依靠大量的测井或地球物理资料才能实现。建立主要烃源层的测井有机相标志，对长 7 段优质烃源岩进行分类识别，是认识烃源岩的空间展布与发育规模的关键。

一、优质烃源岩的分类识别

（一）测井有机相特征

自然伽马值（GR）是反映岩石性质的基本参数，与岩石中的 K_2O、U、Th 等放射性元素的含量存在着密切的关系（朱光有等，2003）。但长 7 段烃源岩测井伽马值与 U 元素的丰度呈明显正相关关系（图 5.34），与 Th、K_2O 元素丰度之间呈负相关或不相关（图 5.35、图 5.36）。长 7 段烃源层伽马值的显著正异常是 U 正异常的直接响应。放射性测井的自然伽马值不仅反映了烃源岩的 U 正异常特征，而且还反映了烃源岩高有机质丰度的特征（图 5.37）。因此，自然伽马值是烃源岩分类识别的重要的测井有机相参数。

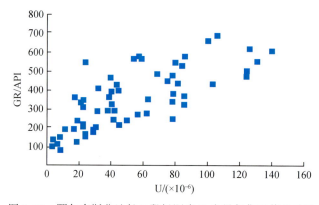

图 5.34　鄂尔多斯盆地长 7 段烃源岩 U 含量与伽马值的关系

有机质丰度与岩石密度之间存在负相关性。虽然富有机质页岩的黄铁矿含量高，但是其低密度的特征仍十分明显（图 5.38），因此，岩石密度测井参数也是烃源岩分类识别的重要测井有机相参数。此外，电阻率、声波时差、电位等可以作为烃源岩分类识别的辅助测井有机相参数。

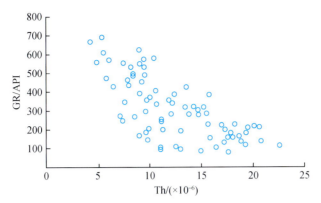

图 5.35   鄂尔多斯盆地长 7 段烃源岩 Th 含量与伽马值的关系

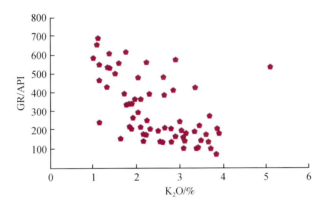

图 5.36   鄂尔多斯盆地长 7 段烃源岩 K_2O 含量与伽马值的关系

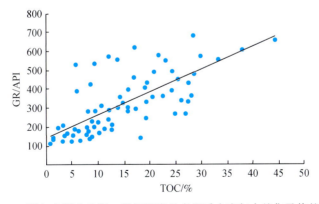

图 5.37   鄂尔多斯盆地长 7 段烃源岩的有机质丰度与自然伽马值的关系

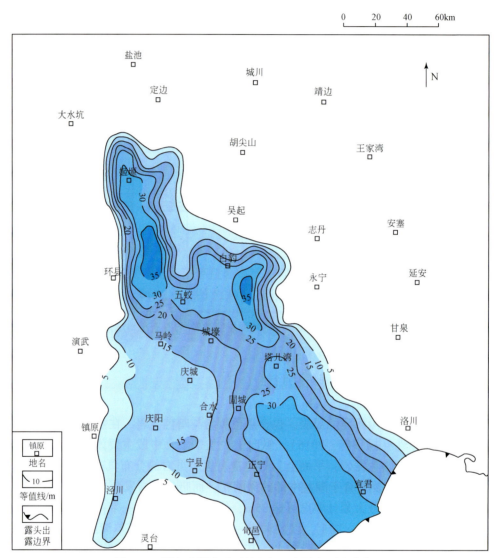

图 5.41 鄂尔多斯盆地延长组长 7 段黑色页岩分布图

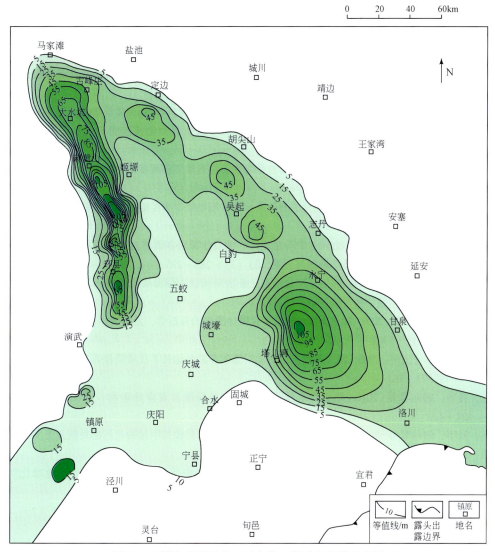

图 5.42 鄂尔多斯盆地延长组长 7 段暗色泥岩分布图

参 考 文 献

陈践发, 孙省利, 刘文汇等. 2004. 塔里木盆地下寒武统底部富有机质层段地球化学特征及成因探讨. 中国科学（D 辑）, 34（增刊 I）: 107 ~ 113

陈树旺, 张立东, 郭胜哲等. 2002. 四合屯及其周边地区义县组火山活动对生物灾难事件的影响. 地学前缘, 9（3）: 9 ~ 13

陈中红, 查明. 2005. 烃源岩排烃作用研究现状及展望. 地球科学进展, 20（4）: 459 ~ 466

程克明, 王铁冠, 钟宁宁等. 1995. 烃源岩地球化学. 北京: 科学出版社

傅家谟, 秦匡宗. 1995. 干酪根地球化学. 广州: 广东科技出版社

侯读杰, 冯子辉. 2011. 油气地球化学. 北京: 石油工业出版社

第六章　致密油成藏特征与富集规律

致密油成藏特征及富集规律的研究不仅仅建立在烃源岩定量评价、储层精细表征和运移动力等成藏要素认识之上，更为重要的是对各要素之间的配置及耦合关系的综合分析。本章重点从致密油特征、致密油成藏期次、充注动力、成藏机理和成藏控制因素以及成藏模式等方面详细阐述鄂尔多斯盆地致密油成藏特征和富集规律。

第一节　致密油特征

鄂尔多斯盆地延长组长7致密油为连续性油藏。原油以游离油、物理吸附油和化学吸附油的状态赋存于储集空间中。致密油主要发育多生厚层夹储型、底生多层串联型和底生夹层自储型三种成藏组合。

一、致密油油藏类型

鄂尔多斯盆地长7段发育三角洲相和半深湖-深湖相沉积，三角洲前缘水下分支河道砂体和深湖重力流砂体为致密油的主要储集体，大面积相互叠覆且横向连通的河道砂体和重力流砂体构成大范围的储集体展布（付金华等，2015a），紧邻主力生油层长7_3底部和长7_2顶部富有机质页岩，有利的源储组合形成了长7_1段和长7_2段的油层大面积展布，分布范围广。

姬塬和陇东两大致密油含油富集区，油层厚度大，分布较为稳定。其中，姬塬地区的新安边亿吨级致密油田主要含油层位为长7_2段，油藏受岩性和储层物性控制，致密砂岩厚度大，分布范围广且比较稳定，纵向油层叠置厚度大（图6.1），油层厚度主要分布在5~15m，横向油层连续性好，无边底水。

陇东地区长7致密油呈连续性聚焦（图6.2），烃源岩空间展布范围控制和影响致密油空间分布，重力流砂体为主要储集体，裂缝是油气运移的主要通道。油藏类型主要为砂岩的侧向尖灭与岩性致密遮挡两类。砂岩的侧向尖灭油藏，储集层砂体沿上倾方向尖灭与围岩形成圈闭，烃类流体运移、充注、聚集其中而形成油藏，砂岩的侧向尖灭油藏中砂体与上倾方向的湖湾泥岩、分流间洼地等形成良好的配置关系，构成了较好的上倾遮挡；岩性致密遮挡油藏圈闭的局部遮挡盖层是由于成岩作用所造成的致密砂岩，而非泥质岩类，其特点是油气主要在局部孔渗性较好的部位富集，缺乏侧向运移，物性较差的砂岩形成侧向封堵。整个长7叠置油层厚度达30~50m，横向油层连续性好，无边底水。

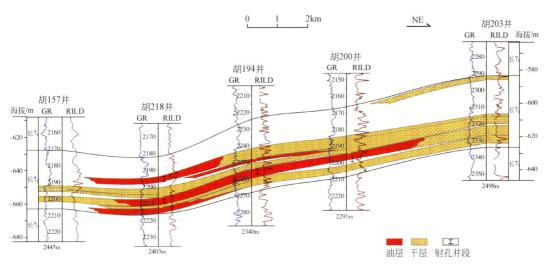

图 6.1　新安边油田元 180 井—元 255 井延长组长 7_2 油藏剖面图

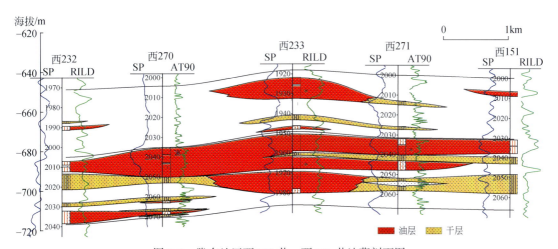

图 6.2　陇东地区西 232 井—西 151 井油藏剖面图

二、致密油的微观赋存特征

鄂尔多斯盆地长 7 段地面原油密度一般为 $0.83 \sim 0.85 \mathrm{g/cm^3}$，平均为 $0.84 \mathrm{g/cm^3}$，地面原油黏度 $1 \sim 55 \mathrm{mPa \cdot s}$，平均为 $6.38 \mathrm{mPa \cdot s}$，凝固点为 $19.5 \, ℃$，初馏点为 $75.5 \, ℃$，地层原油黏度平均为 $1.16 \mathrm{mPa \cdot s}$（表 6.1）。

表 6.1　鄂尔多斯盆地长 7 致密油地面原油性质表

区块	层 位	密度 /(g/cm³)	黏度（50℃） /(mPa·s)	凝固点/℃	初馏点/%	地层原油黏度 /(mPa·s)
陇东	长 7	0.838	6.12	16	76	1.27
姬塬	长 7	0.839	6.64	23	75	1.04

鄂尔多斯盆地致密油还具有溶解气油比高的特点，是流体流动性好的主要因素。通过对陇东地区西 233 致密油示范区的气油比统计，北区的阳测 5 井溶解气油比高达 122.64m³/t，南区的西平 233－56 井和西平 233－58 井溶解气油比分别为 95.26m³/t 和 96.58m³/t（表 6.2），气油比高是该区致密油产量高的一个重要因素。

表 6.2　鄂尔多斯盆地西 233 井区原油高压物性参数对比表

区块	井号	原始地层压力/MPa	饱和压力/MPa	溶解气油比/（m³/t）	原油压缩系数/（×10⁻³）
北区	阳测 5	16.50	9.56	122.64	1.58
南区	西平 233－56	18.62	10.79	95.26	1.33
	西平 233－58	14.84	10.94	96.58	1.40

与国内外其他致密油田相比，鄂尔多斯盆地致密油原油性质总体呈现出低密度、低黏度、低凝固点、低含硫、气油比高和可流动性强的特点。

油气藏的形成是一个从生油岩成烃、运移及聚集成藏的动态过程，这些不同的烃类以包裹体形式赋存于碎屑颗粒（如石英、长石等）次生加大缝，或以束缚态黏附于颗粒表面，存在于碳酸盐胶结物及其次生孔隙，也可存在于后期被孤立的封闭型孔隙中，同时也大量的存在于连通的孔隙中（王琪、史基安，2005）。致密油藏储层多孔介质中的赋存状态可分为 2 类：一类为束缚流体状态，另一类为自由流体状态。束缚流体存在于极微小的孔隙和较大孔隙的壁面附近，因毛管力束缚而难以流动，而在较大孔隙中间赋存的流体受岩石骨架的作用力相对较小，在外加驱动力作用下流动性较好，称为自由流体或可动流体。把赋存于较大孔隙中间，在较低压力驱动下可以自由流动的油称之为游离油；赋存于微小孔隙和较大孔隙壁面附近中，因毛管力和黏滞力等束缚而不能正常流动的油称之为吸附油，吸附油进一步分为物理吸附油与化学吸附油，物理吸附油需要较高压力与较长时间驱动，化学吸附油在现场无法开采。最小流动孔喉半径是游离油和吸附油划分的界限，渗流通道大于最小流动孔喉半径时驱替出来的称为游离油，小于最小流动孔喉半径时驱替出来的称为吸附油。

（一）致密油流体赋存状态

长 7 致密油原油以游离油、物理吸附油与化学吸附油的状态赋存，以连片状、薄膜状及断续状的形式分布于储集空间中。游离油主要以连片状赋存于连通的粒间孔及大溶蚀孔中，物理吸附油以断续状赋存于细小孔隙，化学吸附油以薄膜状赋存在矿物颗粒表面。

针对不同赋存状态的烃类，利用分步破碎抽提法进行分离，将岩心柱先在常温（20℃）低压（小于界限压力）条件下，用驱替剂（二氯甲烷+甲醇）进行驱替收集，将这部分原油称为游离油；然后将驱替完游离油的岩心柱在地层温度（70℃）高压（大于界限压力）条件下，用驱替剂（二氯甲烷+甲醇）进行驱替，将这部分原油称为物理吸附油；最后将驱替完游离油与物理吸附油的岩心柱低温破碎至单矿物颗粒后，用驱替剂（二氯甲烷+甲醇）进行抽提，将这部分油称为化学吸附油。

索氏抽提法和温压流体共控法两种实验方法结合使用，界定游离油、物理吸附油、化学吸附油比例。界限压力是界定游离油和物理吸附油的关键；粒径大小是界定物理吸附油和化学吸附油的关键。在温压共同控制驱油实验过程中，为保证该种实验方法中驱替的游离油与物理吸附油含量数据的可靠，同时选取平行样品，低温破碎至 5～15mm 粒径抽提，将这种低温破碎法抽提的原油厘定为游离油和部分物理吸附油，含量比温压共控驱油实验中驱替的游离油含量高，是游离油含量的极限最大值。游离油主要以连片状赋存于连通的粒间孔及大溶蚀孔中，物理吸附油以断续状赋存于细小孔隙；化学吸附油以薄膜状赋存在矿物颗粒表面（图6.3）。

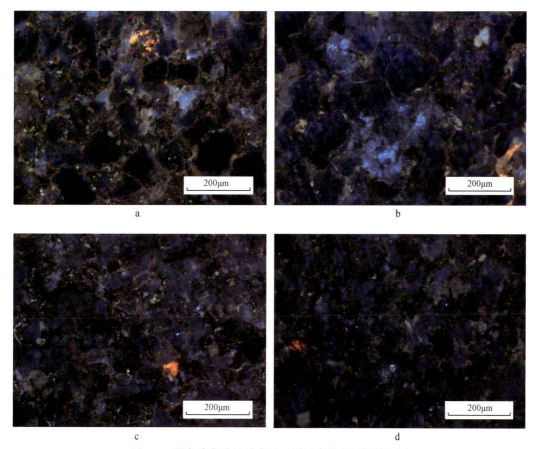

图 6.3　鄂尔多斯盆地致密油不同赋存状态烃类特征图

a. 木 108-29-2，长 7 段，2268.34～2268.66m，游离油连续分布于粒间孔（×100 荧光）；b. 木 78-33-3，长 7 段，2308.33～2308.68m，游离油连续分布于粒间孔（×100 荧光）；c. 徐 19-24-2，长 7 段，1875.42～1875.60m，粒间孔少，物理吸附油断续分布于小孔中（×100 荧光）；d. 徐 19-24-3，长 7 段，1877.28-1877.53m，粒间孔少，物理吸附油断续分布于小孔中（×100 荧光）

（二）不同温压及流体条件游离油与吸附油比例定量表征

在利用温压流体共控法驱替游离油的实验分析不同赋存状态原油含量及比例中，为避免相对高温（地层原始温度，采用70℃）条件下部分物理吸附油的解吸，实验条件为常温（20℃），压力小于对应样品界限压力条件，待游离油驱替完成后，为了使物理吸附油充分的解吸附，实验条件调整为相对高温（地层原始温度，采用70℃），压力大于界限压力条件。对完成游离油及物理吸附油驱替的样品进行化学吸附油抽提时，为避免岩样在单矿物颗粒条件下轻质组分的损失，所以采用实验条件为常温（20℃）常压抽提，在这三类原油驱替过程中，根据各类原油的特点，采用不同的温度与压力进行驱替。实验流体分为两种进行实验，水与实验试剂二氯甲烷+甲醇（93∶7），利用水驱分别完成三组实验，但效果都不佳，无法将储层中原油进行有效驱替，因此调整实验方案，利用实验试剂二氯甲烷+甲醇（93∶7）。

结合温压流体共控驱油法与岩心破碎分步抽提法，厘定原始岩心未饱和油状态下（含油饱和度26.1%），游离油比例为57.4%，物理吸附油比例为38.3%，化学吸附油为4.3%。镇北与姬塬地区不同赋存状态原油比例相近，合水地区游离油比例较高，物理吸附油比例较低（图6.4、图6.5）；镇北地区游离油为56.1%，物理吸附油为38.8%，化学吸附油为5.1%；合水地区游离油为63.3%，物理吸附油为34.2%，化学吸附油为2.4%；姬塬地区游离油为56.4%，物理吸附油为39.6%，化学吸附油为4.1%。岩心饱和油状态下（含油饱和度70%），游离油比例为82.4%，物理吸附油比例为15.4%，化学吸附油为2.2%。

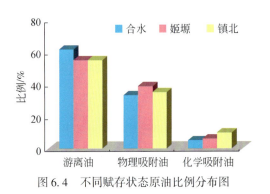 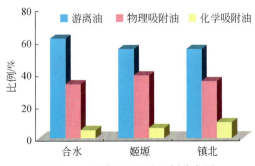

图6.4　不同赋存状态原油比例分布图　　图6.5　不同地区原油比例分布图

上述分析得知，游离油含量与岩心现有含油饱和度成正相关关系，而岩心现有含油饱和度除了与岩心原始含油饱和度相关外，还受到取心过程中因压力释放而产生的原油散失的影响，原油散失程度及比例往往与岩心孔喉结构密切相关。孔喉连通性好，渗透率高的岩心散失速率快，比例较高；孔喉连通性差，渗透率低的岩心散失的岩心散失速率慢，比例低。因此在对比不同地区不同孔喉结构的致密油储层不同赋存状态原油比例过程中，应将原油散失量进行校正，在相同原始含油饱和度条件下对比孔喉结构对不同赋存状态原油比例的控制才有意义。经过含油饱和度校正，发现游离油比例和渗透率及平均孔喉半径呈正相关，相同含油饱和度条件下，渗透率越高，平均孔喉半径越大，游离油比例越高；渗透率越低，平均孔喉半径越小，物理吸附油与化学吸附油比例越高。综合致密油孔渗分析、孔喉结构分析、不同赋存状态原油比例分析，以原始分析数据为基础，计算绘制了鄂尔多斯盆地长 7 致密油不同赋存状态原油比例图版，在图版中（图 6.6），游离油的比例受原始含油饱和度及渗透率影响，在低含油饱和度下，相对高渗透率储层与低渗透率储层之间的游离油比例差异大，高渗透率储层中的游离油比例远远大于低渗透率储层，随着含油饱和度的增高，相对高渗透率储层与低渗透率储层之间的游离油比例差异变小。在图版的计算编制中，打破了岩心现有含油饱和度对认识的误导，将岩心含油饱和度还原到地下原始状态，最大可能接近地下实际状况。

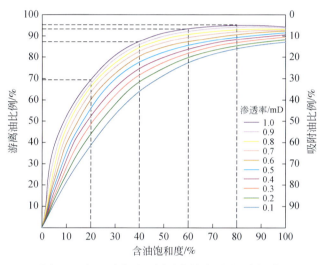

图 6.6　长 7 致密油不同赋存状态原油比例图版

三、致密油成藏组合

　　湖盆演化决定了沉积相序及储层组合特征，鄂尔多斯盆地长 7 主要发育三角洲前缘及重力流沉积砂体，在湖盆中部形成了厚层叠置的砂体。随着湖盆周期性的振荡运动，湖平面产生周期性湖进、湖退，沉积发育了多套砂岩–泥岩互层的有利储盖组合。根据烃源岩与致密储层的配置关系，长 7 致密油储集层主要发育多生厚层夹储型、底生多层串联型和底生夹层自储型 3 种组合类型（图 6.7）。

　　多生厚层夹储型储层组合类型主要发育在长 7 油层组中上部，以多期叠加的重力流沉积为主，泥质含量较少，砂体完整，厚度大，平面上复合连片，规模大，砂岩含油性好。针对厚层块状致密油层，采用大液量、大排量、小砂比，泵入滑溜水和表面活性胍胶压裂液混合水进行压裂，产生网状裂缝，大幅度地扩大泄油体积，试油产量较高，平均单井试油产量一般达 20t/d 以上。底生多层串联型储层组合类型，砂体厚度相对较薄，一般为 5 ~ 10m，隔夹层较多，多套砂岩与泥岩间互叠合分布，储层非均质性较强，对多套油层采用分段压裂的方式进行集中改造，单井平均试油产量主要分布在 10 ~ 20t/d。底生夹层自储型成藏组合类型，砂岩厚度一般分布在 2 ~ 5m，多套薄层砂岩、粉砂质泥岩、泥质粉砂

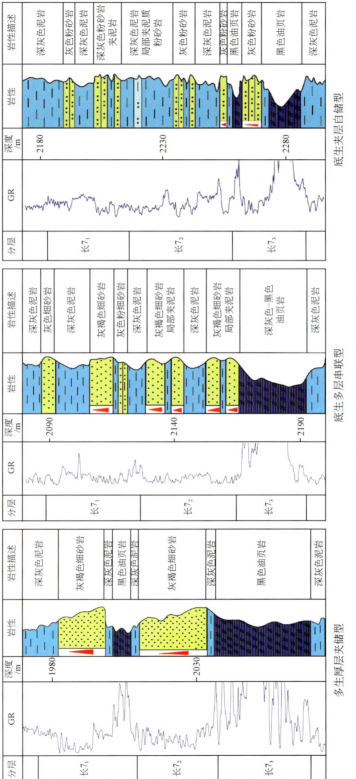

图6.7 鄂尔多斯盆地致密油成藏组合类型图

岩及暗色泥岩叠合发育，主要以泥质沉积为主，油层厚度薄且多套互层，改造难度较大，油层难以充分改造动用，试油产量较低，单井平均试油产量一般低于 10t/d。这三种储层组合类型中，以多生厚层夹储型和底生多层串联型为最有利的组合类型，其中多生厚层夹储型是最好的类型，是致密油勘探的目标和甜点。

　　鄂尔多斯盆地致密油具有两个关键地质特征：一是源储共生，大面积带状含油储集体连续分布，无明显圈闭与油水界限；二是非浮力聚集，油气持续充注，不受水动力效应的明显影响，无统一油水界面与压力系统。鄂尔多斯盆地致密油具有烃源岩厚度大、分布范围广的特点，与之互层共生的碎屑岩较为发育，具备致密油形成的有利地质条件，具有较好的发展潜力。

第二节　致密油聚集过程研究

　　基于延长组致密油基本成藏条件，应用实验测试、物理模拟、数值模拟等方法手段，开展致密油运聚动力、充注临界喉道尺寸、成藏动态过程和聚集机理等方面研究。

一、致密油成藏期次

　　成藏期次是指油气运聚成藏的时期及次数。根据储层的成岩矿物及流体包裹体研究成藏期次，即通过测试流体包裹体的均一温度和烃组分，获得储层包裹体形成时的温度、压力和烃组分等数据，结合地温史和埋藏史，可较准确地计算油气在储集层中运聚、成藏的时期。

（一）流体包裹体岩相学特征

　　鄂尔多斯盆地致密油重点参数井——城 96 井，其长 7 段不同深度段的 70 块储层样品岩性以细砂岩和含泥细砂岩为主。选取石英颗粒成岩期微裂隙和长石颗粒内的次生流体包裹体进行测温研究。流体包裹体类型、特征观察采用 ZEISS 双通道荧光-透射光显微镜，均一温度测定采用 Linkam THMS 600G 型冷热台。

　　流体包裹体镜下观察分析，首先借助荧光照射确定烃类包裹体荧光特征及其产状关系，然后借助透射光描述盐水包裹体产状特征及其与烃类包裹体的伴生关系。镜下观察得到包裹体类型分为以下两类：盐水溶液包裹体和烃类包裹体。

　　盐水包裹体：盐水包裹体是长 7 段储层中普遍发育的一类包裹体，其主要产出于石英微裂隙以及长石颗粒中，少量产出于石英次生加大边、方解石胶结物中。这类包裹体大小不一，主要分布在 $2 \sim 8\mu m$；气液比为 $5\% \sim 15\%$。其形态多样，主要以圆形、椭圆形、长条形和不规则形状居多，多成群成带分布，也有呈孤立状分布的包裹体，透射光下显示无色或淡褐色。根据流体包裹体相态具体可细分为纯盐水包裹体、气液两相盐水包裹体以及含少量的 CO_2 包裹体。

　　纯盐水包裹体在偏光显微镜下为无色透明状或呈淡褐色（图 6.8a、b），荧光显微镜下不发荧光，一般小于 3μm，多呈负晶形，轮廓比较清晰，以圆形和椭圆形居多，在镜下很容易辨认，多产出在石英溶蚀缝和长石颗粒中，呈集群分布。长 7 储层中普遍发育气液两相盐水包裹体，多与烃类包裹体和纯盐水包裹体共生，其形态多以椭圆形和长条形居多（图 6.8c、d），也常见不规则状包裹体，大小一般小于 5μm，气液比多介于 2% ~ 8%，气泡边部为黑紫色，中心为无色或浅灰色，气泡周围盐水包裹体为无色，同时还存在很多气液比大于 30% 的或者纯气态的包裹体，这种包裹体在偏光镜下多呈褐色或黑紫色，中心薄边缘厚（图 6.8e、f），当然也存在气液比大但气态烃包裹体为无色透明的情况（图 6.8g）。观察中还发现常常沿着石英溶蚀缝的某个方向包裹体逐渐变小而气液比逐渐增大的现象，可能代表着不是均匀捕获的特征（图 6.8h）。

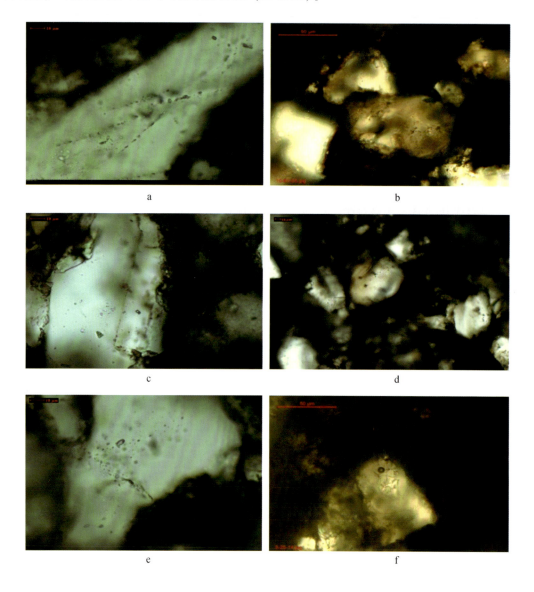

a

b

c

d

e

f

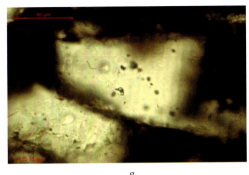

g

h

图 6.8 城 96 井延长组长 7 段储层盐水溶液包裹体组合特征

a. 长 7_2，2008.53m，石英微裂缝气液两相包裹体、盐水包裹体；b. 长 7_3，2074.70m，长石颗粒中盐水包裹体；c. 长 7_1，1958.34m，石英微裂缝中捕获的纯液相、气液两相包裹体；d. 长 7_1，1968.34，长石颗粒中捕获的气液包裹体；e. 长 7_1，1968.34，石英微裂缝中呈串珠状的纯气相、气液两相包裹体；f. 长 7_1，1974.15m，沿切穿石英颗粒的微裂隙分布的纯气相、气液两相包裹体；g. 长 7_2，2022.54m，沿切穿石英颗粒的微裂隙分布的气液两相包裹体；h. 长 7_3，2082.49m，穿石英颗粒微裂缝中的纯气相及盐水包裹体

烃类包裹体：长 7 段储层中也普遍发育烃类包裹体，主要分布在石英微裂缝中，少量分布在石英加大边和钠长石中，在钠长石中的包裹体主要是分布在长 7_2 亚段和长 7_3 亚段中，在长 7_2 亚段分布中相对广泛。偏光显微镜和荧光激发下主要见两类烃类包裹体，即含气态烃包裹体和纯液态烃包裹体。含气态烃包裹体主要产出在石英微裂隙内，是长 7 段储层中普遍发育的一种重要类型，形态多样，以长条形和椭圆形为最多，大小介于 3 ～ 15μm，气液比多小于 20%。含气态烃包裹体主要有两种：一种单偏光下液态烃为透明无色（图 6.9a、c），UV 激发荧光下液态烃发蓝白色和蓝绿色，而气态烃不发荧光（图 6.9b、d）；另一种单偏光下为淡黄色、棕黄色，UV 激发荧光下为蓝绿色，分布在长石及石英宿主矿物中（图 6.9e、f）。

纯液态烃包裹体发育不是很多，主要分布在石英微裂缝中，单个包裹体一般较小，大小介于 3 ～ 8μm。单偏光下纯液态烃以棕黑色为主（图 6.9g），荧光下以黄绿色为主（图 6.9h）。

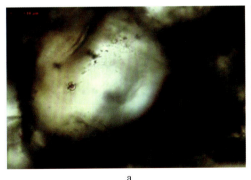

a

b

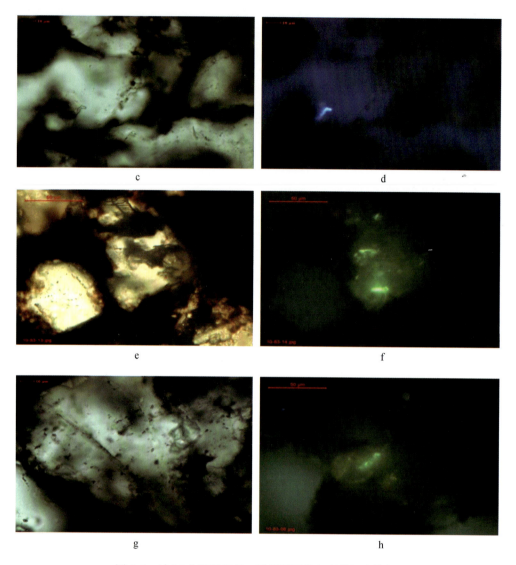

图 6.9　城 96 井延长组长 7 段储层烃类包裹体组合特征

a，b. 长 7_1，1968.14m，石英裂缝中含气液烃包裹体（轻质油），透射光下液态烃呈透明无色，气态烃呈黑色，荧光下液态烃呈蓝绿色，气态烃不发荧光；c，d. 长 7_1，1976.85m，石英裂缝中含气液烃包裹体（轻质油），透射光下液态烃呈透明无色，气态烃呈黑色，荧光下液态烃呈蓝白色，气态烃不发荧光；e，f. 长 7_3，2074.70m，长石颗粒中溶蚀成因、成群分布、单偏光下呈淡黄色，荧光下呈蓝绿色；g. 长 7_2，2008.53m，石英微裂缝和石英颗粒表明呈深棕色纯液态烃包裹体；h. 长 7_3，2074.70m，长石颗粒荧光下纯液态烃包裹体呈黄绿色

　　长 7 段储层石油包裹体在荧光激发下主要表现为两种颜色，蓝绿色和蓝白色，以发蓝白色荧光为主。发蓝白色荧光的石油包裹体在偏光显微镜下主要以透明无色为主；发蓝绿色荧光的石油包裹体在偏光显微镜下可呈淡黄色、黄绿色和透明无色 3 中颜色，以黄绿色为最多。结合长 7 原油物理性质，认为长 7 段原油总体代表了轻质原油的性质，由于原油在生成的过程中成熟度是逐步增高的，发现的两种荧光颜色代表了不同成熟度的原油充注

被捕获的结果，这与包裹体均一温度测试结果也是一一对应的。

（二）流体包裹体均一温度与冰点温度特征

不同均一温度统计结果显示，与烃类包裹体伴生的石英微裂缝内的盐水包裹体均一温度介于 $100 \sim 130℃$，盐水包裹体均一温度整体连续，均显示宽峰形态；均一温度均值为 $112.7℃$ 而中值为 $114.5℃$；而长石颗粒中与烃类包裹体伴生的盐水包裹体的均一温度在 $70 \sim 90℃$，均一温度均值为 $87.7℃$ 而中值为 $85.5℃$。冰点温度主体介于 $-10 \sim -0.2℃$，均一温度介于 $90 \sim 125℃$ 的包裹体其冰点温度差异较大（图 6.10）。

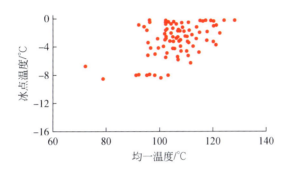

图 6.10　陇东地区长 7 段储层均一温度与冰点温度关系图

根据流体包裹体的赋存产状、流体包裹体组合（FIA）特征、均一温度和冰点温度，将不同产状内流体包裹体组合可分为Ⅰ和Ⅱ两大类，并对其特征进行对比（图 6.11）。

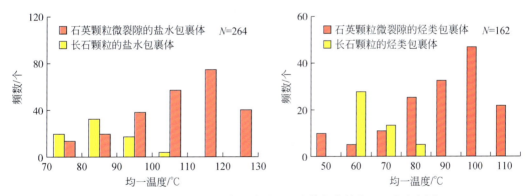

图 6.11　陇东地区长 7 段主要含油层段流体包裹体均一温度直方图

包裹体组合Ⅰ：产出于长石颗粒内，产出层位主要是长 7_2 亚段和长 7_3 亚段，以长 7_2 亚段相对较多。盐水+烃类包裹体，烃类包裹体气液比多小于 20%，含气态烃包裹体丰度约 $5\% \sim 25\%$，烃类包裹体的均一温度主要是在 $50 \sim 70℃$；伴生盐水包裹体均一温度主体介于 $70 \sim 90℃$，均值为 $87.7℃$，中值为 $85.5℃$。

包裹体组合Ⅱ：产出于石英微裂隙内，在长 7 段的不同深度内均有分布，盐水+烃类包裹体组合，烃类包裹体的均一温度主要是在 $80 \sim 110℃$；伴生盐水包裹体均一温度主体介于 100~130℃，均值为 112.7℃，中值为 114.5℃，烃类包裹体均一温度要比盐水包裹体对应的均一温度低。

长 7 储层烃类包裹体丰度高且气液比较大，表明储层中包裹体的形成与石油充注关系密切，与烃类包裹体伴生的盐水包裹体的均一温度反映油气充注成藏信息。70~90℃、100~130℃ 两个峰是连续分布，为石油主充注期，代表两个幕次充注，为一个漫长且连续成藏的过程（李荣西等，2006）。

（三）致密油成藏时间

不同成岩矿物世代内流体包裹体组合（FIA）特征存在较大差异，反映这些烃类包裹体被捕获同时储层内烃类物质的充注富集的程度。流体包裹体均一温度不能一概作为确定包裹体及成藏期次的依据，因此要在详细观察不同类型包裹体岩石学特征的基础上，以成岩矿物世代内流体包裹体组合（FIA）及其伴生盐水包裹体均一温度等参数来综合判定划分油气成藏期次（赵靖舟、戴金星，2002；欧光习等，2006；孙玉梅，2006；陶士振，2006）。在综合判定划分的基础上，根据包裹体均一温度，结合盆地古地温史、推算的包裹体捕获形成深度和埋藏史，恢复单井的古地温演化曲线，可大致推算油气充注的地质年代，近似代表油气充注成藏的时间（肖贤明等，2002；刘建章等，2005）。

成藏期是指油气运聚成藏的一个时间段，一个油气藏往往由多次充注而形成（李明诚，2002；李明诚等，2005）。对于烃源岩附近和被烃源岩包裹的透镜体油气藏，其油气成藏期与充注期基本上是一致的；对于长距离运移后聚集的油气藏，其成藏期和充注期有可能部分重叠，也可能根本不重叠。宿主矿物中捕获的烃类包裹体可作为储层中油气充注运移的证据，主要反映储层内油气充注状态及充注期次。而这些充注进入储层的油气是否能够成藏，必须依据其他地质条件进行综合分析和解释，才能得出有关油气成藏期次方面较为客观的结论。通过流体包裹体对鄂尔多斯盆地中生界延长组原油成藏期次开展的研究较多，由于判定划分原则不同，导致分期次数及时限存在差异，对于鄂尔多斯盆地中生界延长组长 7 段原油充注期次目前主要有两种认识：时保宏等（2012）认为长 7 段储层主要有二期包裹体，第一期（120~140℃）代表热异常事件，与成藏无关；第二期（90~110℃）代表油气主成藏期，结合埋藏–热演化史曲线其对应的成藏时间为早白垩世晚期。王芳等（2012）测得的包裹体均一温度有连续的两个峰，第一个峰对应温度为 70~80℃，第二个峰对应温度为 90~130℃。

确定流体包裹体均一温度对应的地质年代，首先需要确定流体包裹体被捕获时的地层埋藏深度，然后在恢复埋藏史的基础上建立与成藏年代间的关系。计算埋深公式为

$$H = (T_c - T_o)/G \tag{6.1}$$

式中，T_c 为包裹体均一温度，℃；T_o 为平均地表温度，取值为 20℃；G 为古地温梯度，℃/100m；H 为油气成藏时的埋藏深度，m。

鄂尔多斯盆地在三叠纪的古地温梯度为 2.2~2.4℃/100m，在晚侏罗世到早白垩世之间的古地温梯度为 3.3~4.5℃/100m，平均约为 4.0℃/100m（任战利等，2007；郭彦如等，2012）。

　　主要依据不同类型烃类包裹体产状、丰度、气液比大小、地球化学组分和与烃类包裹体伴生的盐水包裹体均一温度等参数对比分析，结合盆地热演化史和埋藏史恢复数据。

　　包裹体组合Ⅰ：产出于长石颗粒内，盐水+烃类包裹体，同期捕获盐水包裹体均一温度介于70~90℃，冰点温度多介于−7~−2℃。推测充注时间为162~130Ma，即中侏罗世—早白垩世。该时期烃源岩已进入成熟阶段且生排烃强度逐渐增大，早期生成的原油开始运移富集；储层内运移富集的原油饱和度相对较低，因而包裹体内捕获的烃类整体较少。

　　包裹体组合Ⅱ：产出于石英微裂隙内，盐水+烃类包裹体组合，烃类包裹体的均一温度主要是在80~110℃；伴生盐水包裹体均一温度主体介于100~130℃，推测充注时间为123~100Ma，即早白垩世晚期。该时期烃源岩达到地质历史时期的最高排油高峰，储层内运移富集的原油饱和度相对较高，因而包裹体内捕获的烃类整体较多；该时期为中生界原油的主充注期（图6.12、表6.3）。

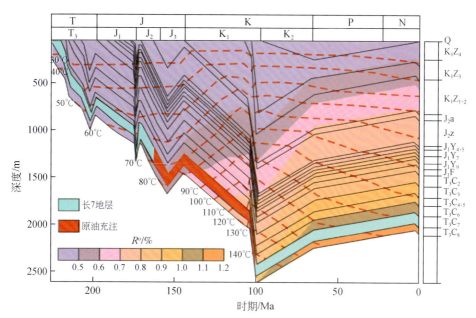

图6.12　陇东地区长7段原油充注期次推算图（城96井）

表6.3　不同包裹体组合特征及其反映地质事件对比表

包裹体分类	包裹体岩相学特征	温度范围	推算时间	反映地质事件
包裹体组合Ⅰ	产出于长石颗粒内，烃类包裹体气液比高，含气态烃包裹体丰度高	70~90℃	162~130Ma	成藏充注期、开始充注
包裹体组合Ⅱ	产出于石英微裂隙内，烃类包裹体气液比多大于20%	100~130℃	123~100Ma	成藏充注期、主充注期

二、致密油充注动力

（一）浮力非致密油有效运聚动力

浮力是传统储层中驱使石油发生二次运移的有效动力（李明诚，2004；席胜利等，2004；席胜利、刘新社，2005）。但在以微米级孔占储集空间主体的致密储层中，由于孔喉尺寸过小，孔喉产生的毛管阻力非常巨大，单凭浮力无法克服这一阻力使石油在储集空间中运移。

基于鄂尔多斯盆地延长组致密砂岩厚度、原油和地层水的相关参数，对延长组致密砂岩所能提供的浮力理论极大值进行了估算。取单层厚度最大值为 25m，并假设 25m 厚致密砂岩全段充满石油，地层水密度为 1100kg/m³，原油地层密度为 730kg/m³，重力加速度 g 取值 9.8m/s²，代入浮力计算公式（式 6.2）求取中浮力理论极大值。

$$P_{浮} = \Delta\rho gh \tag{6.2}$$

得出延长组致密砂岩储层所能提供的浮力理论极大值为 0.09065MPa。若将这一浮力作为致密油的运聚动力，则根据毛管力公式（式 6.3）可计算出所能突破的最小孔喉半径。

$$P_o = \frac{2\sigma\cos\theta}{R_c} \tag{6.3}$$

式中，P_c 为毛管压力，MPa；σ 为石油运聚时期的油水界面张力，取值 0.367 N/m；θ 为石油运聚初始阶段储集层尚亲水，故取值为 0；R_c 为喉道半径，m。

将 0.09065MPa 代入上式，地层条件下浮力突破孔喉半径的下限区间为 1.0~3.0μm。即单凭浮力作用，延长组致密砂岩完全含油的情况下，石油也仅能在孔喉半径在 1.0μm 以上的储集空间中运移。压汞实验结果表明，延长组致密砂岩储层中孔喉半径大于 1.0μm 的孔喉仅占总孔隙体积的一小部分（不到 10%），如图 6.13。因此，认为单凭浮力致密油无法在致密储层中发生运移。

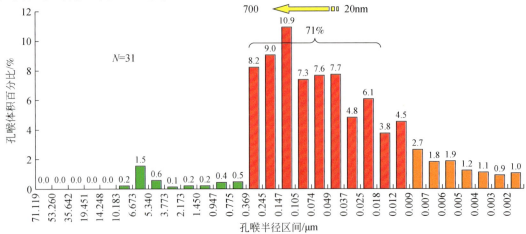

图 6.13　陇东地区长 7 段含油致密砂岩储集空间分布

（二）生烃导致的异常高压为致密油提供有效运聚动力

1. 生烃增压能够产生异常高压

鄂尔多斯盆地长 7 段发育优质烃源岩，其生烃产生的异常高压为致密油提供有效运聚动力，中生界油藏的主要成藏期为晚侏罗世—早白垩世，地层在早白垩世达到最大埋深，此时期地层压力一般为 33.9 ~ 36.5MPa。采取室内生烃物理模拟实验方法，更准确地计算长 7 段生烃增压动力。

（1）生烃物理模拟实验样品与实验条件。

生烃物理模拟实验样品，长 7 段灰黑色泥岩，有机碳含量为 2.6%，镜质组反射率为 0.7%，S_1（游离烃含量）为 1.6mg/g，S_2（热解烃含量）为 9.4mg/g，氢指数为 366mg/g。采用中国石油勘探开发研究院石油地质实验研究中心的直压式生排烃热模拟系统进行生烃模拟。实验模拟地质条件：鄂尔多斯盆地延长组烃源岩在晚侏罗世至早白垩世进入成熟阶段，古埋深为 3000 ~ 4000m，古地层温度为 75 ~ 115℃。本实验样品埋深为 3500 m，古地层温度为 104℃。实验样品准备：将烃源岩样品粉碎为粒径 0.28mm 和 0.18mm 两种规格的粉末，其中实验用样的 50% 为粒径 0.28mm 的粉末，铺在高压釜底部，防止粉末过细堵塞釜体下部导流孔，另外 50% 的粒径 0.18mm 的粉末铺于釜体上部，待粉末充分压实后，封闭反应釜。之后，向反应釜内缓慢注水 2h，暂停 1h，释放被水驱替出来的空气。反复该操作数次，直至不再有气体排出。

（2）生烃模拟实验过程。

在正式开始生烃模拟之前，进行实验条件初始化，先将反应釜内温度升至 104℃，同时使釜内压力保持在 0.5MPa。生烃模拟过程共分 5 个阶段（见图 6.14），第 I 阶段，随着温度升高，液态水向水蒸气转变，釜内压力急剧升高，考虑到烃源岩在温度低于 320℃时（R^o 值为 0.55% ~ 1.30%）以产油为主，产气量相对较少，当温度升至 350℃左右时，烃源岩进入高演化阶段，液态烃大量裂解成气态烃，釜内压力已达到额定压力（35MPa），此时开启釜体下部连接的不锈钢管中部的阀门，使多余流体通过不锈钢管流入本来闭合的活塞下部腔室。经过 4 h 的实验，将反应釜内压力稳定在 35MPa，温度升至 388℃（对应镜质组反射率为 1.0% ~ 1.1%）。第 II 阶段，维持反应温度 388℃、压力 35MPa 约 46 h。第 III 阶段，通过约 5h 的降温降压，缓慢降低釜内温度至初始值 104℃，生烃过程的模拟结束。第 IV 阶段，将釜内温度保持 104℃恒温约 11h 直至压力恒定。第 V 阶段，回注反应流体，待釜体内温度与实验初始条件一致，且压力不再变化后，将活塞内反应过程中排出的液体回注到反应釜中，同时读出压力的变化值，实验结束。

（3）生烃模拟实验结果与分析。

实验结果表明，在热模拟阶段结束，温度降至初始值 104℃后，反应釜内残留压力为 3.3 MPa，相比初始压力 0.5MPa 升高了 2.8MPa。回注阶段，反应釜内的压力回升，最大时达到 38.5MPa，相比初始压力，升高了 38.0MPa（图 6.14）。对照实际地质情况，在活塞回注反应排出液之前，反应釜内的压力（2.8MPa）即烃源岩排烃后剩余的异常高压；回注后达到的最大值（38.0MPa）即生烃增压的瞬间最大值。为了计算不同异常高压条件下，烃类可以突破的孔喉半径下限，将这两个压力值代入毛细管力公式：

$$p_c = \frac{2\sigma\cos\theta}{r} \tag{6.4}$$

取石油运聚时期的油水界面张力为 0.367N/m，且石油运聚初始阶段储集层具有完全亲水性，故 θ 取值为 0°，则可得到在地质条件下，2.8MPa 异常高压可突破的孔喉半径为 262 nm；38MPa 异常高压可突破的孔喉半径为 19nm。前人研究普遍认为鄂尔多斯盆地长 7 段的过剩压力主要分布在 8~16MPa，表明在主成藏时期，长 7 段优质烃源岩生烃产生的异常高压可以驱替烃类进入致密储集层，并在有利圈闭聚集成藏。

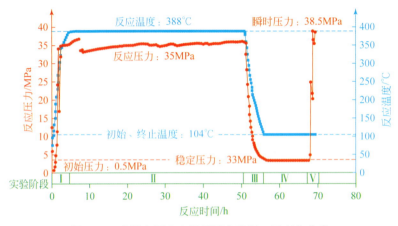

图 6.14　有限空间内生烃模拟实验温、压变化曲线

2. 真实岩心充注实验进一步揭示了生烃增压可以实现石油有效聚集

生烃物理模拟实验研究表明，生烃增压产生的压力值远大于浮力所能提供的动力。但对于鄂尔多斯延长组致密储层，烃源岩生烃增压提供的动力能否克服运移阻力，推动石油向微（纳）米级基质储集空间充注，仍未得到充分证实。在生烃模拟实验基础上，开展了致密储层运移阻力的实验。该实验的思路是，在模拟地层环境的实验条件下，从非常小的充注动力开始，以非常小的压力增幅逐步加大充注动力，直到石油注入致密储层。这一临界最小突破压力，就是致密储层的运移阻力。

（1）物理模拟实验样品及实验条件。

真实岩心充注实验样品为致密细砂岩，孔隙度为 4.3%，渗透率小于 $0.1\times10^{-3}\,\mu m^2$，长度为 2.8cm。实验设备的核心部件为可同时加载围压和轴压的岩心夹持器。另一个关键部件为电阻值传感器，使其整套设备所能达到的效果优于一般驱替实验。原因在于，通过驱替过程中对岩心柱体电阻值变化的监测，实现了对油驱水全过程的定量监测。实验选择埋深为 3000m，压力系数 1.2，油黏度为 1.5~3.5mPa·s，水为 NaCl 溶液，矿化度为 15×10^4 ppm[①]。

（2）真实岩心充注实验过程。

在实验之前，进行洗油、洗盐、端面碾磨、烘干、称重等样品制备。测量干样尺寸、

---

① 1ppm = 1×10^{-6}。

干样的空气渗透率、孔隙度；配制矿化度为 15×10^4 ppm 的等效 NaCl 溶液；测量溶液的温度、密度、电阻率；对样品抽真空、加压饱和，称取饱和样重量，确定样品是否完全饱和。将饱和好的岩样放入夹持器，同时加 5MPa 轴压和围压；打开平流泵，用饱和液驱替样品安装过程中的气体，同时测量水相渗透率。随后停泵。测量相同轴压和围压条件下的样品纵波和横波速度，计算泊松比和地层侧向压力（即实验中的轴压）。保持围压不变，调整轴压到指定值，用平流泵以 0.2MPa 为增量缓慢增加流压，观察样品两端电阻的变化和计量管中液位的变化。如果电阻和液位都有增加，说明油已经注入样品，记录这时的流压，此时进出段的压力差即为最小突破压力，也即运移阻力；如果只有液位增加，电阻没有变化，说明油未注入样品，只是岩样形变所致。等电阻增加后，才表明油已注入，记录这时的流压，减去流出段压力即为最小充注压力（运移阻力）。

（3）真实岩心充注实验结果与分析。

真实岩心充注累计实验时间为 190h，分别经历了水驱水阶段、压力平衡后停泵换油、油驱水突破前寻找运移阻力与突破后油驱水 4 个阶段。水驱水阶段：向饱含水样品一端再注水，以排出气体，并建立孔隙流体压力。注水过程中，持续监测岩心柱塞电阻值变化，注入端压力变化，以及流出端压力变化。从图 6.15 可看出，实验初始的 60 个小时，注入端压力从 0 开始，呈阶梯状递增，但流出端压力始终为 0，电阻值变化也不大，说明注入水尚未到达流出端。实验进行到第 70h 后，流出端压力开始急剧上升，表明注入压力到达流出端。停泵换油：水驱水阶段结束后，将泵停止，撤去注入端压力。将泵内的水替为实验用油。寻找油驱水运移阻力阶段：换油后，在注入端重新加压。实验进行到第 143h，压力增加至 10.65MPa 时，电阻值明显上升。该点即为油开始进入岩心柱塞的时刻，因为油的进入，增大了岩心柱塞的电阻值。此样品的运移阻力为 10.65MPa，一旦运移动力大于该值，油就能注入储层，并发生运移。突破后油驱水阶段：油驱水突破后，注入端压力上升至 11MPa 的最大值后维持了约 11h，这段时间也是电阻值升高最快的阶段，即油在饱含水的岩心中充注速度最快。之后，注入端压力开始分两步递减，先用 10 小时降至 10MPa，再用 19 小时降至 3.6MPa，实验结束。该阶段流出端压力始终为 0（图 6.15），说明油未运移至流出端。

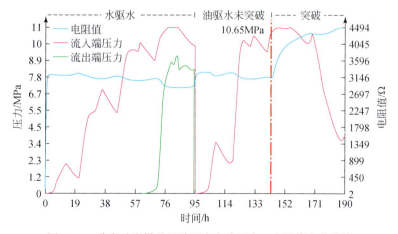

图 6.15　致密砂岩样品运移阻力实验压力、电阻值变化曲线

在注入端压力下降过程中，电阻值仍在缓慢上升。甚至，当注入端压力降至比运移阻力 10.65MPa 还小时，电阻值依然没有停止不变，而是继续上升，直到注入端压力为 3.6MPa 左右时，电阻值才趋于平缓。从受力角度分析，当注入端充注动力小于运移阻力时，石油已无法注入样品，电阻值也应停止上升，维持在注入端压力降至 10.65MPa 时的读值。即使考虑压力迟滞效应，亦不可能在压力降至 10MPa 以下的近 20h 中，电阻值继续上升。这种反常现象只能解释为：对于鄂尔多斯盆地延长组致密储层，石油在向其充注的初始阶段，可能存在一个"突破阻力"；一旦运聚动力超过这一阻力，石油进入储层后，维持其在微观储集空间内继续运移所需克服的阻力就大大降低，远小于"突破阻力"，暂且称之为"持续阻力"。从实验结果来看，该致密砂岩样品的"突破阻力"要高于"持续阻力"约 6~7MPa。

运聚阻力实验表明，石油向渗透率只有 $0.064 \times 10^{-3} \mu m^2$ 的致密砂岩充注的初始阶段，需克服的"突破阻力"为 10.65MPa，运移过程中需要克服的"持续阻力"约为 3.6MPa；$0.014 \times 10^{-3} \mu m^2$ 的储层"突破阻力"约为 15.8MPa，"持续阻力"约为 9MPa。浮力计算结果表明，鄂尔多斯盆地延长组连续油柱所能产生的浮力最大值仅为 0.09065 MPa，远小于需要克服的各种运移阻力。另一方面，有限空间内生烃模拟实验中得到的 2.8~38MPa 的异常高压则充分说明，烃源岩生烃增压才是有效的致密油充注动力，不但可以克服运移过程中的"持续阻力"，也能克服数值更大的"突破阻力"。

三、致密油成藏机理

铸体薄片观察和成岩序列分析表明，鄂尔多斯盆地长 7 段储集层经历了早成岩 A、早成岩 B 和中成岩 A 阶段演化，基于等大球体颗粒原始孔隙度计算公式，对长 7 段砂岩进行了原始孔隙度计算，得到储集层沉积时的孔隙度为 36.8%，经过三叠纪末早成岩 A 段的压实、侏罗纪早期早成岩 B 段胶结/溶蚀和白垩纪早期的晚成岩 A 段晚期地层抬升降温过程含铁碳酸盐胶结后，达到了油层的最终物性，长 7 段油层平均孔隙度为 8.54%，平均渗透率为 $0.12 \times 10^{-3} \mu m^2$。这表明储集层致密时间与延长组主成藏期处于同期，属于边致密边成藏。

为了再现致密油运移、聚集过程，利用低渗透油气田勘探开发国家工程实验室设备，选取具有代表性的庄 211 井长 7 段岩样进行实验（样品规格：2.50cm×5.75cm），储集层渗透率为 $0.17 \times 10^{-3} \mu m^2$，实验前先将岩心饱和水，按照分段恒压 (0.5~12.0MPa)、石油反复驱替充注、持续进行孔隙排水、使含油饱和度逐渐升高的思路，进行石油驱替成藏模拟实验，整个实验过程分快速成藏和持续充注富集两个阶段。

实验结果表明：在岩心出口端见油之前，注入的原油基本替换岩心中的地层水时，代表致密油的成藏阶段。当采用 0.5MPa 驱替压力时，烃类开始快速充注，经过 280h，岩心含油饱和度达 50%，再经过 348h，含油饱和度基本没有升高；通过提高驱替压力、持续充注、反复驱替，岩心中又有一部分水被驱出（可能为岩心出口端尚未波及的孔隙水和孔隙角隅的残余水）时，代表致密油的富集阶段，当驱替压力由 1.0MPa 增加至 12.0MPa 时，充注时长为 772 h，含油饱和度由 50% 逐渐提高到 65% 以上（见图 6.16）。

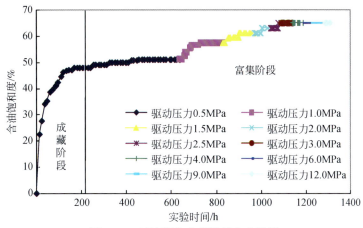

图 6.16　石油驱替成藏模拟实验结果

　　因此，长 7 段致密油储集层在源储间存在压力差时，致密油就能通过有效输导体系运移充注到致密储集层中，并在持续的动力作用下发生连续式石油充注，最终含油饱和度可达 65.1% ~80.9%，形成圈闭边界不明显、大面积展布的致密油。

第三节　致密油成藏主控因素与成藏模式

一、致密油成藏主控因素

（一）广覆式分布的优质烃源岩为致密油连续性聚集提供了丰富物质基础

　　烃源岩条件是致密油成藏和富集的关键要素之一，它是致密油的物质基础，既决定了致密油的富集程度，也影响了致密油的成藏动力（杨华等，2013，2016，2017）。

　　鄂尔多斯盆地优质烃源岩为长 7 黑色页岩，据 58 块页岩有机地球化学分析显示，有机质丰度高（TOC>2% 为主）、热解生烃潜量 $S_1+S_2>6mg/g$、氯仿沥青 "A" 含量超过 0.10%、总烃含量>500ppm 为主。泥页岩有机质丰度高，70% 以上属于优质烃源岩。有机岩石学分析，显微组成以无定型的腐泥组和壳质组为主，属于 I—II_1 型干酪根。R^o 处于 0.5 ~ 1.3%、热解 T_{max} 分布在 435 ~455℃，表明烃源岩属生油窗范围，处于成熟–高成熟阶段。

　　优质烃源岩具有高阻、高伽马、高声波时差、低电位的测井响应特征，为鄂尔多斯盆地中生界油藏的主力烃源岩（杨华等，2013）。长 7 烃源岩主要发育在深湖–半深湖相，均呈 NW–SE 向以姬塬—马岭—正宁为中心带展布，暗色泥岩、黑色页岩厚度大于 5m 的范围有 $5×10^4km^2$（图 6.17），黑色页岩平均厚度 16m，最厚可达 60m，暗色泥岩平均厚度 17m，最厚可达 124m（杨华等，2016）。通过生烃热模拟实验表明，鄂尔多斯盆地长 7 优质烃源岩生烃能力强，生烃强度一般为 $400×10^4$ ~$600×10^4t/km^2$，平均为 $495×10^4t/km^2$，并具有较高的排烃效率，可达 70% ~80%。黑色页岩平均生烃强度为 $235.4×10^4t/km^2$，生烃量为 $1012.2×10^8t$；暗色泥岩平均生烃强度为 $34.8×10^4t/km^2$，生烃量为 $216.4×10^8t$，共

计为 1228.6×10^8 t（图 6.18）。

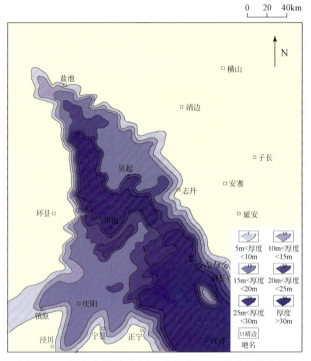

图 6.17　鄂尔多斯盆地长 7 段黑色页岩厚度等值线图

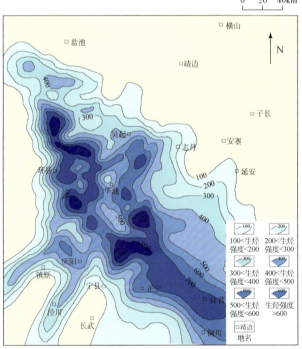

图 6.18　鄂尔多斯盆地长 7 段生烃强度等值线图

（二）三角洲-重力流砂体是石油聚集的主要场所

鄂尔多斯盆地长 7 沉积期湖盆水体迅速加深，湖面不断增大，半深湖-深湖相广泛分布，湖盆形成了由西南和东北两大物源体系控制的不同沉积砂体。西南沉积体系受来自 NE-SW 向的沉积物质供给，经湖盆较陡坡折带的控制，在鄂尔多斯盆地陇东的"环县—庆城—合水—正宁"一带沉积了平行于湖盆轴线的滑塌岩、浊积岩、砂质碎屑流等多种成因的重力流储集体。东北沉积体系受来自 SW-NE 向的沉积物质供给，经湖盆多级缓坡坡折带的控制，在盆地北东的"定边—安边—周家湾—安塞"地区连续沉积了多支条带状的三角洲前缘水下分流河道和河口坝砂体。在盆地中心的"华池—吴起"地区受重力流和牵引流双重作用明显，两种类型的沉积砂体交互叠置。三角洲-重力流形成的砂体构成了盆地致密储层的沉积主体（杨华等，2017），分布面积达 $2.5 \times 10^4 \sim 3 \times 10^4 km^2$。

目前长 7 已发现含油有利区主要位于陇东地区的深湖-半深湖相砂质碎屑流相带和姬塬新安边的近半深湖三角洲前缘相带。受不同沉积环境影响，不同沉积微相砂岩储集性能之间存在明显的差异。此外，同一微相带不同区域水介质能力、携带碎屑颗粒大小以及结构的差异使其储集性能也不尽相同。长 7_2 油层段出油井点一部分位于环县—华池—庆阳—合水一带的深湖区砂质碎屑流带内（图 6.19），一部分位于定边新安边的三角洲前缘相带内；长 7_1 油层段的出油井最多，分布范围广，主要位于红井子—姬塬—耿湾—华池—庆城—合水—正宁一带的深湖区砂质碎屑流带内（图 6.20），陕北地区的学庄—五谷城—薛岔—顺宁一带三角洲前缘相带。

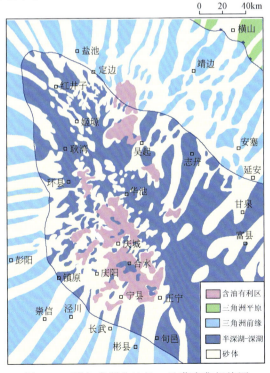

图 6.19 鄂尔多斯盆地长 7_2 油藏富集规律图

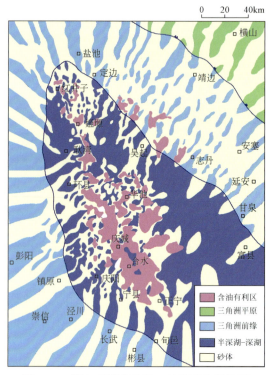

图 6.20　鄂尔多斯盆地长 7_1 油藏富集规律图

　　鄂尔多斯盆地长 7 段构造平缓且物性较差，构造和岩性对油气聚集的控制作用不明显（杨华等，2017）。油藏类型为源储共生的连续型油气聚集，主要是经一次运移或近源短距离二次运移，在盆地中心大面积非常规储层中准连续或连续分布的油气聚集。只要是紧邻烃源岩的砂体中都赋存致密油气，各地区因砂体结构和储层非均质性的差异含油饱和度不同。长 7 湖盆中部发育大面积砂质碎屑流砂体和三角洲前缘水下分流河道砂体，与下伏烃源岩紧密接触，形成最为有利的致密油富集区（杨华等，2017）。

（三）裂缝发育是油藏高产的重要因素

　　通过大量岩心、荧光薄片、铸体薄片观察分析，发现鄂尔多斯盆地长 7 段存在裂缝、微裂隙和粒内缝等，这些裂缝以高角度为主，可作为源岩排烃通道和储层运移通道，特别是对于致密储层而言，裂缝的存在可明显改善油气垂向运移特征。致密砂岩天然裂缝较发育（每 10 米发育天然裂缝约 2~3 条）；水平两向应力差相对较小（一般为 4~7MPa），有利于压裂形成复杂裂缝。

　　泥页岩中的裂缝，烃源岩成熟后生成的石油首先吸附的有机质的表面，而后进入烃源岩内的纳米级孔隙中。前述表明，石油在烃源岩内部运移受到强大的吸附阻力和毛细管阻力，生烃增压产生的异常高压不足以克服阻力，随着生烃作用的持续进行，当烃源岩内部累积的超压达到烃源岩破裂压力时，产生水平及垂直方向的微裂缝，流体可通过这些裂缝运移至烃源岩外。因此，烃源岩储层运移的主要通道为微裂缝。

　　在对城 96 井岩心精细描述过程中也发现大量的顺层面分布的层理缝，也见到垂直层面分布的高角度裂缝，缝面不平整，反映可能为生烃增压形成（图6.21）。在系统观察城96井19个泥岩薄片时，均发现了不同规模、不同产状的微裂缝（图6.22），这些裂缝大多沿层面分布，主要有层理缝、构造缝和成岩缝，部分裂缝被胶结物充填，大多为开启状态。

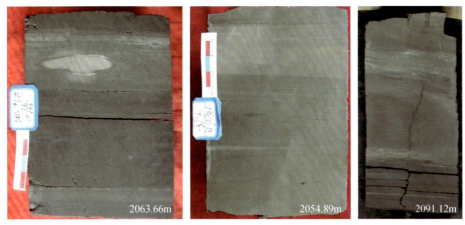

图6.21　城96井长7₃亚段泥页岩顺层面分布的宏观裂缝

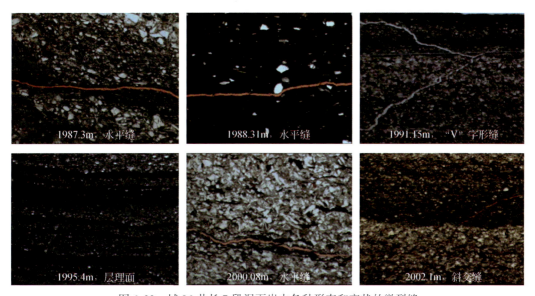

图6.22　城96井长7段泥页岩中各种形态和产状的微裂缝

对12个激光共聚焦泥岩薄片观察发现，裂缝系统非常发育，大多以顺层面分布为主，少部分垂直裂缝或斜裂缝沟通了水平裂缝，形成纵横向连通的裂缝网络，裂缝处显示深黄色荧光，基质部分未见荧光或显示不强，说明这些裂缝带是石油初次运移的主要通道（图6.23）。

城96井岩心精细观察发现，致密砂岩整体均匀含油，含油级别多为油斑和油浸级，局部夹致密带，说明连通性和均质性好的砂体是石油运移的重要通道。同时，岩心观察发

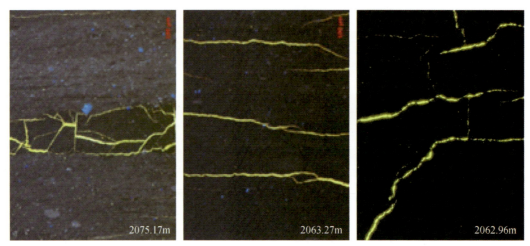

图 6.23　城 96 井长 7 段泥页岩裂缝带荧光特征

现长 7 段致密砂岩中宏观裂缝非常发育，规模大小不一，近垂直分布，缝面光滑平整，主要以剪切裂缝为主，裂缝带处没有明显的含油变好特征，这些裂缝可能为早白垩纪末期—古近纪形成，同时也发育近垂直的拉张缝和顺层面分布裂缝，部分薄层垂直裂缝始于砂岩而止于泥岩（图 6.24）。

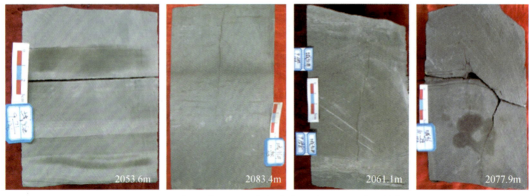

图 6.24　城 96 井长 7 段致密砂岩垂直及水平裂缝分布

　　显微镜下铸体薄片的大量观察并没有发现明显的微裂缝，城 96 井岩心工业 CT 反映的孔隙分布均匀，具有较好的连通性，激光共聚焦反映砂岩也主要以发育连通的孔喉为主，也未发现明显的裂缝分布（图 6.25）。

　　综合分析认为，长 7 段致密砂岩中石油二次运移的主要通道为均质性好的砂岩中普遍发育的连通孔隙，微裂缝也起到重要的作用，它可以沟通孔隙、增强石油运移的效率，有利于试油压裂工艺改造。高角度宏观裂缝主要形成与成藏期之后，对石油运移基本不起作用。

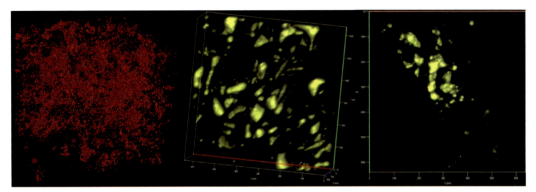

图 6.25　城 96 井长 7 段致密砂岩垂直及水平裂缝分布

（四）"七性特征"控制了致密甜点区的分布

"七性特征"主要指储层的岩性、物性、含油性、电性、源岩性质、地应力各向异性和脆性七个特性。长 7 段岩性偏细，平均粒径约为 0.1～0.2mm，岩性包括细砂岩、含泥细砂岩、泥质细砂岩、粉砂质细砂岩和含粉砂细砂岩，以含泥细砂岩、含粉砂含泥细砂岩居多。岩石类型主要为岩屑长石砂岩与长石岩屑砂岩，城 96 井长 7 段砂岩全岩 X 衍射分析结果表明（图 6.26），长 7_1 亚段和长 7_2 亚段砂岩石英含量范围为 41.41%～68.28%；长石含量范围为 10.44%～40.75%，其中斜长石含量为 6.42%～23.83%，钾长石含量为 2.2%～19.75%，斜长石含量高于钾长石含量；碳酸盐含量范围为 3.78%～21.95%，黏土矿物含量范围为 6.6%～19.09%，石英含量最高，其次是长石。各种矿物含量相对稳定，纵向上变化不大。长 7 段的石英、长石、方解石等脆性组分所占比重较高，达到了 67%～81%，即脆性指数较高，这意味着该类砂岩的储层适合后期的压裂改造。

受沉积旋回、砂岩粒度，填隙物含量和成岩作用影响，致密油储层孔隙以黏土矿物晶间孔与长石溶蚀孔、粒间残余孔等微（纳）米级孔隙为主，喉道细小，孔喉结构复杂，储集体物性差，平均孔隙度为 8.18%，渗透率普遍小于 $0.2×10^{-3}\mu m^2$。储层均质性较好的块状厚层砂岩储层物性相对较好，以城 96 井的长 7 各亚段的分布柱状图可以看出，长 7_2 亚段内占总样品数量 25%～75% 的储层对应孔隙度值，分布较为集中（图 6.27），孔隙类型包括粒间孔、粒间溶孔、长石溶孔、岩屑溶孔、铸模孔等孔隙类型，且面孔率相近，面孔率高，而长 7_1 亚段和长 7_3 亚段则相差较大，以长石溶孔为主，面孔率低。渗透率箱状图同样具有上述特征，长 7_2 亚段与其他两个亚段相比，渗透率值也较为集中（图 6.28），长 7_2 物性好于其他两个亚段。

综上所述，长 7 段致密砂岩的孔隙半径基本在 20μm 以下，2μm 以上的孔隙占总孔隙的 95% 以上，2μm～5μm 的孔隙占总孔隙的 50% 以上，广泛发育微（纳）米级孔喉系统，三维视域下，孔隙多成孤立状分布，孔隙连通性差，随着孔隙个数增多，孔径变大，孔隙连通性逐渐变好，面孔率也逐渐增大，说明大孔隙对总孔隙的贡献大。根据对致密油储层纳米级孔喉分布统计，延长组致密油储层中值孔喉直径介于 20～300nm，主要分布于 50～

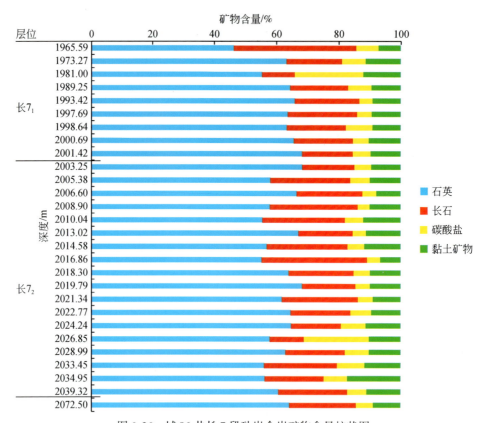

图6.26　城96井长7段砂岩全岩矿物含量柱状图

200nm，最大孔喉直径介于 $300 \sim 2000$nm，主要分布于 $500 \sim 1000$nm，据环境扫描电镜分析技术分析，渗透率在 $0.1 \times 10^{-3} \sim 0.2 \times 10^{-3} \ \mu m^2$ 储集层中直径小于1000nm的孔喉中观察到石油的赋存，证实了微（纳）米级孔喉在非常规储集层油气聚集中所起的重要作用，相对较大的孔喉为石油运移和聚集提供了有利空间，在近烃源岩情况下，该类型储集层含油饱和度高，可流动性好。

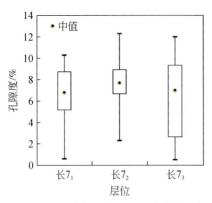

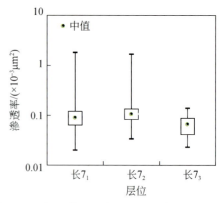

图6.27　城96井长7各亚段孔隙分布箱状图　　图6.28　城96井长7各亚段渗透率分布箱状图

致密油储层特征分析表明，长 7 段致密油储集层非均质性较强，同一沉积旋回内，由于物性差异，含油性好的砂岩与含油性较差的砂岩互层分布，块状砂岩物性较好含油性较好，物性较差的储集层含油性较差或者不含油（图 6.29）。致密油储层可动流体饱和度与渗透率相关性较好，渗透率大的储层可动流体饱和度高。结合恒速压汞的孔喉分析，可动流体饱和度与喉道半径相关性很强，喉道大小控制了储层中的可动流体，致密油储层可动流体主要分布于 $0.10 \sim 0.50\mu m$ 喉道控制的储集空间（占 31.25%）。通过储层 "七性" 量化统计对比（图 6.30），城 96 井长 7_2 亚段中上部块状砂质碎屑流厚砂层为一类储层，长 7_2 亚段下部和长 7_3 亚段浊流砂层为二类储层，长 7_1 亚段粉砂岩和泥质粉砂岩储层为三类储层。

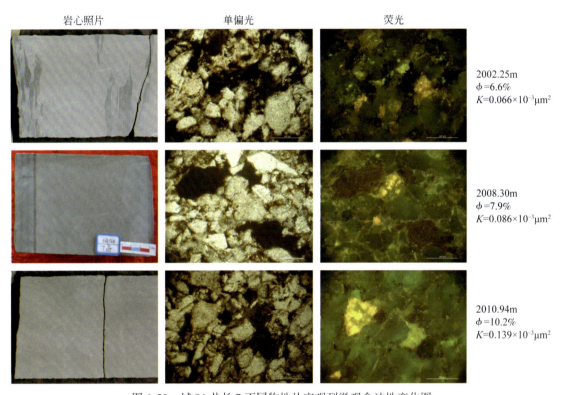

图 6.29　城 96 井长 7 不同物性从宏观到微观含油性变化图

二、成藏模式

鄂尔多斯盆地发育优质烃源岩（杨华等，2016），长 7_3 中下部泥页岩是最重要的一套源岩，TOC 值较高，厚度一般为 $10 \sim 20m$，其次是位于长 7_2 顶部一套较薄层泥页岩，TOC 值也较高，厚度一般为 $3 \sim 5m$。这两套源岩与 3 种储层组合类型形成源储接触或源储互层型叠置关系，其中西南物源沉积岩由重力流沉积形成的厚层储集体与湖盆的厚层优质烃源岩直接接触（杨华等，2017），为原地近源运聚成藏，具有边致密边成藏的特征，厚层底生型，即长 7_3 中下部厚层泥页岩生烃向上部致密储层充注聚集，是最重要的源储配置类

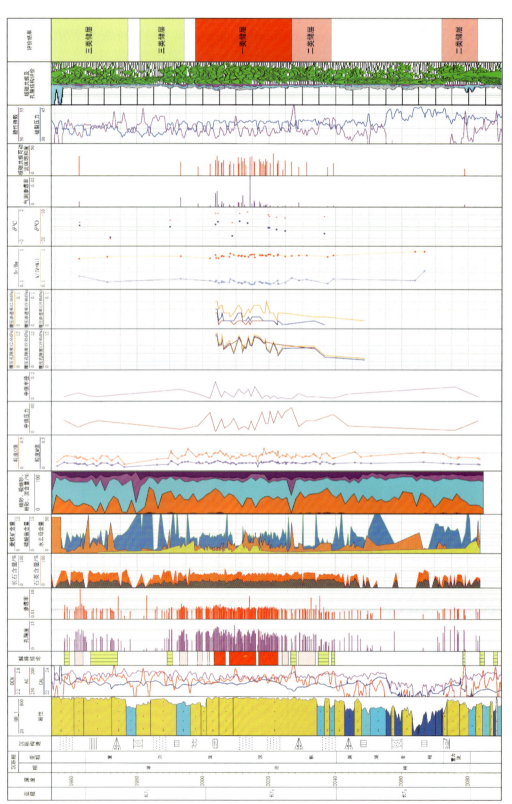

图6.30 城96井长7储层综合评价图

型。东北物源由三角洲前缘水下分流河道沉积的储集体与长7$_3$中下部泥页岩或长7$_2$顶部泥页岩互层分布，烃类需经历短距离运移向夹持致密储层充注聚集，属边致密边成藏过程。

鄂尔多斯盆地长7段致密油源储共生或直接接触，烃类在生烃增压的动力下，不受水动力效应的影响，就近持续充注，形成了无明显圈闭和油水界面的大面积广泛分布的致密油。根据成藏模拟实验结果，致密油的形成与烃源岩的分布、持续充注动力的大小、有效储集体的分布关系紧密，致密油储集体广泛发育微（纳）米级孔喉系统，而且原油分子可以在纳米级孔喉中发生运移，是大面积连续型油气聚集的根本特征，决定了油气呈连续型分布，具有"异常高压持续充注、裂缝砂体疏导、近源运移聚集"的成藏模式（图6.31）。

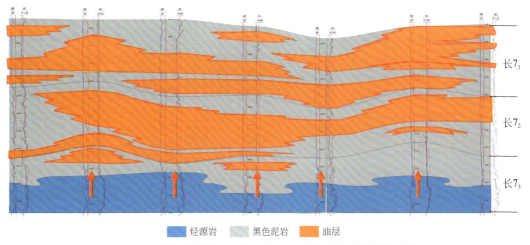

图6.31 鄂尔多斯盆地延长组长7连续性致密油成藏模式图

大量烃类在生烃增压的驱动下，源源不断地沿裂缝和叠置砂体运移，在微（纳）米级孔隙中聚集成藏，形成连续型分布的大规模致密油藏。

目前鄂尔多斯盆地致密油共发现10余个规模含油富集区，含油面积约2500km^2，主要分布在陇东地区的重力流砂体和姬塬地区的三角洲前缘沉积砂体中。新安边含油砂带提交探明地质储量超1×10^{8}t。

参 考 文 献

白斌，朱如凯，吴松涛等.2013.利用多尺度CT成像表征致密砂岩微观孔喉结构.石油勘探与开发，40（3）：329~333

崔景伟，朱如凯，李士祥等.2016.致密砂岩油可动量及其主控因素—以鄂尔多斯盆地三叠系延长组长7为例.石油实验地质，38（4）：536~542

邓秀芹，付金华，姚泾利等.2011.鄂尔多斯盆地中及上三叠统延长组沉积相与油气勘探的突破.古地理学报，13（4）：443~455

邓秀芹，刘新社，李士祥.2009.鄂尔多斯盆地三叠系延长组超低渗透储层致密史与油藏成藏史.石油与天然气地质，30（2）：156~161

付金华，罗安湘，喻建等.2004.西峰油田成藏地质特征及勘探方向.石油学报，25（2）：25~29

付金华，李士祥，刘显阳等．2013a．鄂尔多斯盆地姬源大油田多层系复合成藏机理及勘探意义．中国石油勘探，18（5）

付金华，柳广弟，杨伟伟等．2013b．鄂尔多斯盆地陇东地区延长组低渗透油藏成藏期次研究．地学前缘，20（2）：125～131

付金华，罗安湘，张妮妮等．2014．鄂尔多斯盆地长7油层组有效储层物性下限的确定．中国石油勘探，19（6）：82～88

付金华，罗顺社，牛小兵等．2015a．鄂尔多斯盆地陇东地区长7段沟道型重力流沉积特征研究．矿物岩石地球化学通报，34（1）：29～37

付金华，喻建，徐黎明等．2015b．鄂尔多斯盆地致密油勘探开发新进展及规模富集可开发主控因素．中国石油勘探，20（5）：9～19

付金华，邓秀芹，王琪等．2017a．鄂尔多斯盆地三叠系长8储集层致密与成藏耦合关系．石油勘探与开发，44（1）：48～57

付金华，段明辰，段毅等．2017b．华庆地区长8原油含氮化合物及运移研究．中国矿业大学学报，46（17）：838～858

郭彦如，刘俊榜，杨华等．2012．鄂尔多斯盆地延长组低渗透致密岩性油藏成藏机理．石油勘探与开发，39（4）：417～425

李明诚．2002．对油气运聚研究中一些概念的再思考．石油勘探与开发，29（2）：13～16

李明诚．2004．石油与天然气运移（第三版）．北京：石油工业出版社

李明诚，单秀琴，马成华等．2005．油气成藏期探讨．新疆石油地质，26（5）：587～592

李荣西，席胜利，邱领军．2006．用储层油气包裹体岩相学确定油气成藏期次—以鄂尔多斯盆地陇东油田为例．石油与天然气地质，27（2）：194～199

李士祥，施泽进，刘显阳等．2013．鄂尔多斯盆地中生界异常低压成因定量分析．石油勘探与开发，40（5）：528～533

刘建章，陈红汉，李剑等．2005．运用流体包裹体确定鄂尔多斯盆地上古生界油气成藏期次和时期．地质科技情报，24（4）：60～67

刘显阳，施泽进，李士祥等．2016．鄂尔多斯盆地延长组异常低压与成藏关系．成都理工大学学报（自然科学版），43（5）：601～608

刘小琦，邓宏文，李青斌等．2007．鄂尔多斯盆地延长组剩余压力分布及油气运聚条件．新疆石油地质，28（2）：143～145

欧光习，李林强，孙玉梅等．2006．沉积盆地流体包裹体研究的理论与实践．矿物岩石地球化学通报，25（1）：1～11

任战利，张盛，高胜利等．2007．鄂尔多斯盆地构造热演化史及其成藏成矿意义．中国科学（D辑：地球科学），（37）：23～32

时保宏，张艳，张雷等．2012．鄂尔多斯盆地延长组长7致密储层流体包裹体特征与成藏期次．石油实验地质，34（6）：599～604

孙玉梅．2006．对石油包裹体研究和应用的几点认识．矿物岩石地球化学通报，25（1）：29～33

陶士振．2006．自生矿物序次是确定包裹体期次的根本依据．石油勘探与开发，33（2）：154～161

王芳，冯胜斌，何涛等．2012．鄂尔多斯盆地西南部延长组长7致密砂岩伊利石成因初探．西安石油大学学报（自然科学版），27（4）：19～26

王琪，史基安．2005．油藏储层内有机-无机相互作用信息提取与烃源岩精细对比技术研究进展．天然气地球科学，16（5）：564～570

席胜利，刘新社，王涛．2004．鄂尔多斯盆地中生界石油运移特征分析．石油实验地质，26（3）：

229～235

席胜利, 刘新社 . 2005. 鄂尔多斯盆地中生界石油二次运移通道研究 . 西北大学学报（自然科学版），35（5）：628～632

肖贤明, 刘祖发, 刘德汉等 . 2002. 应用储层流体包裹体信息研究天然气气藏的成藏时间 . 科学通报，47（2）：956～960

杨华, 李士祥, 刘显阳 . 2013. 鄂尔多斯盆地致密油、页岩油特征及资源潜力 . 石油学报，34（1）：1～11

杨华, 牛小兵, 徐黎明等 . 2016. 鄂尔多斯盆地三叠系长 7 段页岩油勘探潜力 . 石油勘探与开发，43（4）：511～520

杨华, 梁晓伟, 牛小兵等 . 2017. 陆相致密油形成地质条件及富集主控因素——以鄂尔多斯盆地三叠系延长组长 7 段为例 . 石油勘探与开发，44（1）：12～19

姚宜同, 李士祥, 赵彦德等 . 2015. 鄂尔多斯盆地新安边地区长 7 致密油特征及控制因素 . 沉积学报，33（3）：625～632

张文正, 杨华, 李剑锋等 . 2006. 论鄂尔多斯盆地长 7 段优质油源岩在低渗透油气成藏富集中的主导作用—强生排烃特征及机理分析 . 石油勘探与开发，33（3）：289～293

张忠义, 陈世加, 杨华等 . 2016. 鄂尔多斯盆地三叠系长 7 段致密油成藏机理 . 石油勘探与开发，43（4）：590～599

张忠义, 陈世加, 姚泾利等 . 2016. 鄂尔多斯盆地长 7 段致密储层微观特征研究 . 西南石油大学学报（自然科学版），38（6）：70～80

赵靖舟, 戴金星 . 2002. 库车前陆逆冲带天然气成藏期与成藏史 . 石油学报，23（2）：6～12

邹才能, 杨智, 陶士振等 . 2012a. 纳米油气与源储共生型油气聚集 . 石油勘探与开发，39（1）：13～26

邹才能, 杨智, 张国生等 . 2014. 常规-非常规油气"有序聚集"理论认识及实践意义 . 石油勘探与开发，44（1）：14～27

邹才能, 朱如凯, 吴松涛等 . 2012b. 常规与非常规油气聚集类型、特征、机理及展望：以中国致密油和致密气为例 . 石油学报，33（2）：173～187

Christopher R C, Jensen J L, Pedersen P K *et al*. 2012. Innovative methods for flow- unit and pore- structure analyses in a tight silt- stone and shale gas reservoir. American Association of Petroleum Geologists，96（2）：355～374

第七章　致密油地震勘探技术

致密油地震勘探除了对储层厚度、含油性等进行评价，还需对烃源岩品质、裂缝展布、储层脆性指数、地应力各向异性、异常压力等进行预测。因此对地震技术的要求也更高。鄂尔多斯盆地致密油主要分布在盆地中部及南部的黄土塬区。黄土塬经长期的剥蚀、切割形成复杂多变的沟、塬、梁、峁、坡地形。由于黄土对地震波的强吸收衰减及复杂地表使得原始地震资料的分辨率和信噪比较低，室内处理静校正、去噪难度大，且受烃源岩强反射影响，致密储层地震响应弱、含油致密储层与围岩波阻抗差异小，常规地震反演等技术较难识别。受制于地表条件等因素，黄土塬区地震勘探以二维地震为主。经过多年的攻关，形成了黄土塬直测线及非纵地震勘探技术。特别是非纵地震勘探技术，提高了原始单炮地震资料品质。非纵地震主要是通过增加激发点线与接收点线的距离，避开了沿黄土层底界产生的强次生干扰，提高了原始单炮的信噪比；室内采用针对性的处理技术，地震资料品质进一步得到提高，可满足致密储层地震预测需求。针对鄂尔多斯盆地致密油的特点，开展了模型正演、属性交会、岩石物理及实验室测试分析等基础研究工作。在此基础上，对致密储厚度、含油性、脆性指数、烃源岩品质评价及裂缝展布地震预测方法进行了积极探索，并形成了一些成熟的技术，在实际生产中取得较好应用效果。

第一节　致密油储层地震预测技术

鄂尔多斯盆地致密油储层虽然整体厚度较大，但纵横向变化快，且致密砂体紧邻长7烃源岩，在地震剖面上没有独立的反射同向轴，地震反射信息被淹没在长7烃源岩强反射背景中，振幅属性对致密砂体厚度不敏感；长7_1受局部烃源岩强反射影响，与地震属性关系复杂。针对这些难点，根据实际生产需求，形成了相应的技术，实现了致密储层地震预测，取得较好效果。

一、岩石物理分析

地震勘探的基础是不同地层间存在波阻抗差（纵波阻抗及横波阻抗差），当地震波传到存在阻抗差的界面时，一部分会被反射回来，并带回包含地层深度、岩性及流体性质的相关信息。因此，分析目的层不同岩性的岩石物理参数特征，特别是与纵横波速度及密度相关的岩石物理参数是优选储层预测方法的基础。

从鄂尔多斯盆地长7段多井纵波阻抗（纵波速度×密度）与横波阻抗交汇图（图7.1）可以看出，鄂尔多斯盆地长7段的致密砂岩的纵波阻抗为10000～15200g·cm^{-3}·m·s^{-1}，围岩纵波阻抗为7800～11500g·cm^{-3}·m·s^{-1}，致密砂岩的纵波阻抗总体上高于围岩，虽有部分重叠，但85%左右的致密砂岩与围岩纵波阻抗差异明显；致密砂岩的横波阻抗为5700～

$8000\mathrm{g\cdot cm^{-3}\cdot m\cdot s^{-1}}$，围岩横波阻抗为 $4200\sim6400\mathrm{g\cdot cm^{-3}\cdot m\cdot s^{-1}}$，致密砂岩的横波阻抗总体上高于围岩，虽有部分重叠，但90%左右的致密砂岩与围岩横波阻抗差异明显。因此，可以选择振幅类属性及波阻抗反演等方法进行预测。

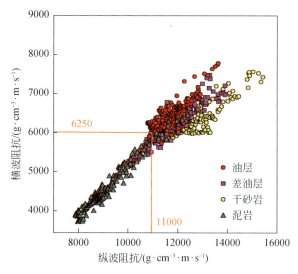

图7.1　鄂尔多斯盆地长7段纵波阻抗与横波阻抗交会图

　　岩石物理分析反映了不同地质体之间的地球物理参数的差异，但受地震资料品质及分辨率的影响，有些参数不能准确求取，例如长 7_2 致密储层与围岩纵横波阻抗差异明显，但受长7底部烃源岩影响，其反射信息淹没在强反射背景中，振幅属性及纵横波阻抗反演并不能反映储层厚度。因此，利用实际地震资料，通过砂体厚度与井旁地震属性交会分析，可进一步明确地震预测方法。利用35口井致密储层厚度与均方根振幅属性及频率属性进行交会分析可知（图7.2），对于长 7_2 致密砂体，8m以上致密储层地震频率属性预测符合

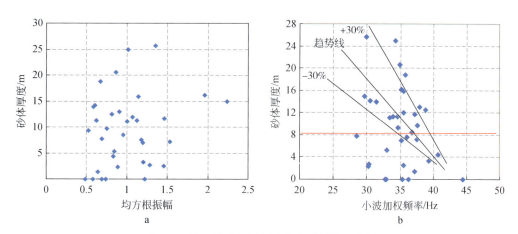

图7.2　长 7_2 致密储层厚度与地震属性交会图

a. 长 7_2 致密储层厚度与均方根属性交会图；b. 长 7_2 致密储层厚度与小波加权频率交会图

率达78.9%，而受烃源岩强反射影响，致密砂体厚度与均方根振幅类属性没有明显对应关系。因此，对于长7$_2$致密储层只能选择频率类属性进行预测。

依据岩石物理分析结果及实际地震资料情况，优选了地震波形分类、地震相分析及波阻抗反演等方法对长7$_1$致密储层厚度进行预测；采用频谱分析的方法对长7$_2$致密储层厚度进行预测。

二、地震波形分类及地震相分析

地震波形分类是地震属性分析的一种方法，通常的层段属性只表示了地震信号的某几个物理参数，如振幅、相位、频率等。但它们不能够单独描述地震信号的异常，而地震信号的任何物理参数的变化都能引起地震道形状的变化。所以，研究和分析地震资料中代表各种属性总体特征的地震波形，具有良好的效果。由地震波形成的机理可知，地震波的波形，即相位的个数、相位间的宽窄（时差）、外形形状、振幅强弱、频率高低以及干扰等是地层埋深、产状、沉积环境、岩性、厚度、物性及含流体性等的综合表征。地震波形的指向性分为两类，一类是以外形为主（兼顾振幅、频率），它主要是对不同沉积环境的表征，另一类是以振幅强弱为主（兼顾频率），它可以定性地反映出岩性厚度的变化规律。因此，通过地震波形分析可以定性的进行砂体厚度预测。

在局部地区，长7$_1$发育烃源岩，地震反射波形与常规情况差异较大。因此，长7$_1$波形分类分为两种情况，一种是烃源岩不发育，波形分为三类，Ⅰ类：中–强振幅反射，相位较宽，地震波形稳定，同相轴连续，这类波形代表的砂体厚度一般大于15m；Ⅱ类：为中–弱振幅反射，同相轴较连续，这类波形代表的砂体厚度一般在10～15m；Ⅲ类：为弱–空白反射，同相轴连续性差，这类波形代表的砂体厚度一般在小于10m（图7.3）。另一种是烃源岩发育，波形分为两类，Ⅰ类：中–强振幅反射，相位较窄，地震波形稳定，同相轴连续，这类波形代表的砂体厚度一般10～15m；Ⅱ类：强振幅反射，同相轴较连续，这类波形代表的砂体厚度一般小于10m（图7.4）；

地震相一词来源于沉积相，是指由地震剖面所展现的所有反射参数（物理参数，几何参数，定量参数）的总和。它是地下地质体的一个综合反映，可以理解为"沉积相在地震信息表现的总和"。通常情况下，不同的沉积相对应于不同的地震相。因此，利用地震相可以进行沉积相研究和储层预测。地震相分析是20世纪70年代末发展起来的一种利用地震资料进行地质解释的方法。随着地震勘探技术的飞速发展，油气勘探要求的提高，研究方法也在不断更新。发展至今，已从传统"相面法"的人工肉眼定性描述，发展到借助地震数据处理和计算机技术，获得各种地震相参数的半定量–定量地震相分析。利用地震相分析技术，可以刻画长7主砂带的展布，厚层块状储层分布区。利用该方法对H116188N测线的长7$_1$段地震相进行分析（图7.5），红色代表砂厚大于10m，砂体为厚层块状结构，绿色代表砂厚小于10m，砂体为薄互层结构，地震相分析结果与阻抗反演一致，在平面上较好地反映了主砂带的展布特征。

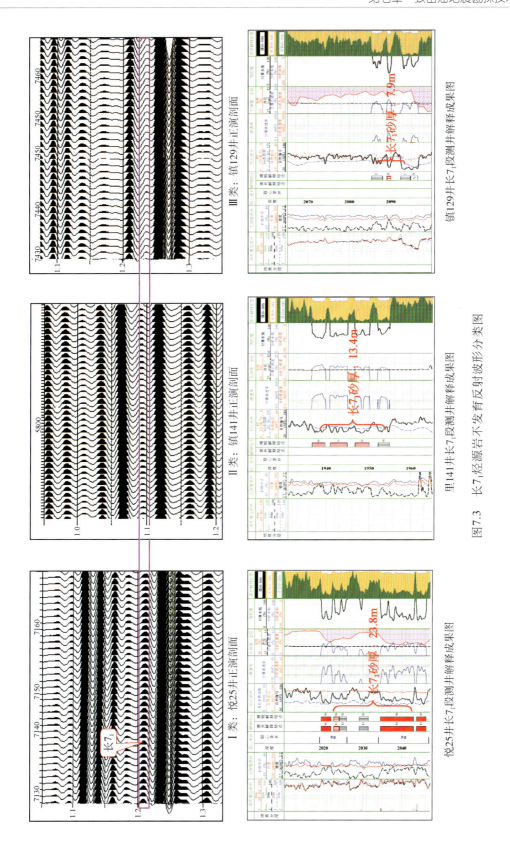

Ⅲ类：镇129井正演剖面

镇129井长7₁段测井解释成果图

Ⅱ类：镇141井正演剖面

里141井长7₁段测井解释成果图

Ⅰ类：悦25井正演剖面

悦25井长7₁段测井解释成果图

图7.3　长7₁烃源岩不发育首反射波形分类图

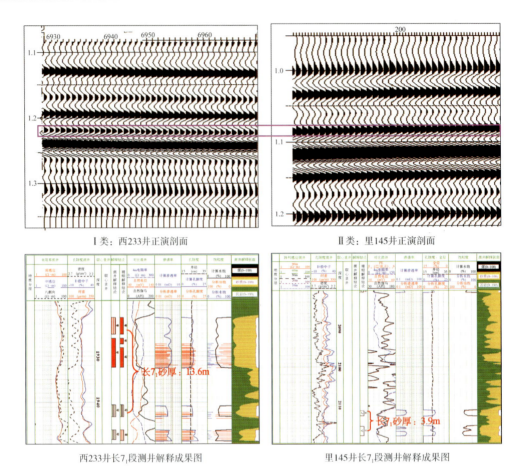

Ⅰ类：西233井正演剖面　　　　　　　　　　　Ⅱ类：里145井正演剖面

西233井长7₁段测井解释成果图　　　　　　　　　里145井长7₁段测井解释成果图

图7.4　长7₁烃源岩发育反射波形分类图

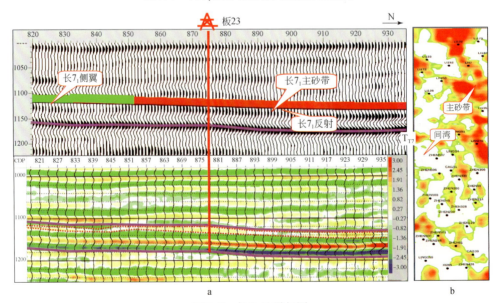

a

b

图7.5　长7₁地震相图

a. H116188N测线地震相分析及波阻抗反演剖面；b. 马岭地区长7₁地震相图

三、致密储层厚度及结构预测

时频分析技术是一种基于频谱分析的高分辨率地震成像技术。该方法可以揭示地层的纵向变化规律、沉积相带的空间演变模式，能进行储集层厚度展布的描绘与分析、单砂体级别薄互层的检测。根据长 7 段地层沉积特点，采用 S 变换谱分解及时频分析技术对该区长 7 致密储层进行研究。S 变换是以 Morlet 小波为基本小波的连续小波变换思想的延伸。在 S 变换中，基本小波是由简谐波与 Gaussian 函数的乘积构成的，基本小波中的简谐波在时间域仅作伸缩变换，而 Gaussian 函数则进行伸缩和平移。这一点与连续小波变换是不同的。在连续小波变换中，简谐波与 Gaussian 函数进行同样的伸缩和平移。与连续小波变换、短时 Fourier 变换等时间–频率域分析方法相比，S 变换有其独特的优点，如信号的 S 变换的分辨率与频率（即尺度）有关，与此同时，信号的 S 变换结果与其 Fourier 谱保持直接的联系，基本小波不必满足容许性条件等。因此，S 变换谱分解及时频分析可以较好地反映该区长 7 段致密储层的发育特征。通过正演分析表明，长 7_2 致密砂体不发育时，则发育多套泥质粉砂岩。由于致密的泥质粉砂岩与泥岩波阻抗差较大，会形成多个地震反射界面，虽然在常规地震剖面上较难识别，但频率域上表现明显。

利用实际钻井资料建立地质模型进行地震正演，进而分析不同砂体厚度目的层段的频率响应特征。通过对胡 200 井、胡 273 井、安 166 井的正演及时频分析剖面分析（图 7.6），总结不同厚度及结构的砂体频率特征，胡 200 井长 7_2 砂厚为 21.7m，为厚层块状储层，对应频率响应范围在 25~40Hz，以低频为主；胡 273 井长 7_2 砂厚为 12.4m，为多隔层块状叠置型储层，对应频率响应在 30~45Hz；安 166 井为薄层储层，对应频率响应范围为 35~55Hz，以高频为主。

通过地震正演及井震对比分析，建立了致密储层厚度及结构特征与地震频谱的三种对应关系（表 7.1）。即如果时频分析长 7_2 段 25~40Hz 响应明显，且为强波谷反射，砂体厚度一般大于 15m，为厚层块状；若长 7_2 段致密砂体为多隔层块状，则 30~45Hz 响应明显，且为中波谷反射，砂体厚度一般小于 15m；若长 7_2 致密砂体不发育，则 35~55Hz 响应明显，砂体厚度一般小于 10m。并依此对致密储层厚度进行预测取得较好应用效果。利用该项技术对胡 360 井长 7_2 段砂体厚度进行预测（图 7.7），长 7_2 段以低频为主，且 30Hz 单频剖面长 7_2 响应明显，钻前地震预测长 7_2 砂体厚度为 18m，实钻长 7_2 砂厚 20.7m，试油获 21t/d，地震预测与实钻吻合较好。

采用频率属性分析技术，成功地对强反射背景下的致密储层厚度进行预测，并定性地区分厚层块状、块状+薄互层和薄层砂体，在井位部署中取得较好应用效果，为优质储层预测提供了依据。

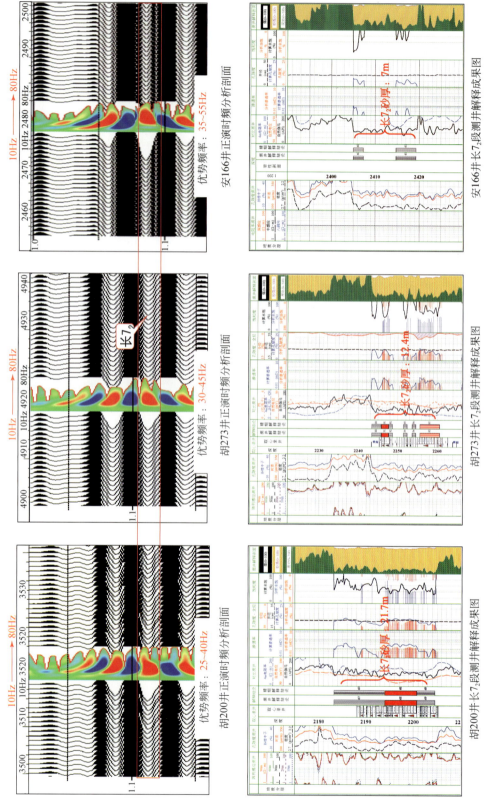

安166井正演时频分析剖面

优势频率：35~55Hz

安166井长7₂段测井解释成果图

胡273井正演时频分析剖面

优势频率：30~45Hz

胡273井长7₂段测井解释成果图

胡200井正演时频分析剖面

优势频率：25~40Hz

胡200井长7₂段测井解释成果图

图7.6　鄂尔多斯盆地长7₂段地质模型及其正演地震剖面

表 7.1 不同致密储层厚度与频率对应关系表

序号	致密储层厚度及结构	地震频谱响应特征
1	厚度大于 15m，为厚层块状	目的层段频谱 25 ~ 40Hz 响应明显
2	厚度 10 ~ 15m，为多隔层块状	目的层段频谱 30 ~ 45Hz 响应明显
3	厚度小于 10m，多为薄互层	目的层段频谱 35 ~ 55Hz 响应明显

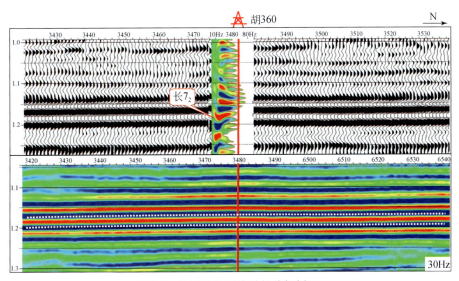

图 7.7 H106210 测线时频分析剖面

第二节 致密油储层含油性地震预测技术

油气检测的核心是采用地震信息分解原理从原始地震信息中筛选与含油气性相关的参数来预测储层含油气性。针对致密储层特征，在岩石物理分析的基础上，优选了叠前弹性反演及叠前高亮体技术对致密储层含油性进行预测。

一、叠前弹性反演

叠前弹性反演技术是以 AVO 理论为基础，利用纵波或转换波的叠前地震资料，按不同偏移距（入射角）地震资料进行反演获得弹性波阻抗，纵横波阻抗，密度，泊松比等多种与岩性及含流体性有关的参数，可以降低叠后地震预测的多解性。

叠前反演的第一步是优选储层敏感弹性参数。岩石基本的弹性参数主要包括岩石的纵横波速度 V_P、V_S，拉梅系数 λ、剪切模量 μ、体积压缩模量 K、杨氏模量 E 及泊松比 σ 等，这些参数都是用来描述岩石在受到外力场作用后发生形变的物理量。其中 λ 是岩石不可压缩性的函数，提供有关流体的信息；E 是岩石受外力作用阻力的度量；μ 反映岩石抵抗剪切形变的能力，提供有关岩石骨架的信息；σ 表示物体横向应变与纵向应变的比例系数，是岩石的固有属性，又称横向变形系数，主要指示流体的变化。这些弹性参数在不同程度上能够反映储层的岩性、物性和含流体性质。因此，依据实际的纵横波测井资料，通过计算不同岩性、物性的岩石弹性参数，寻找适合目标层段储层岩性、物性识别的敏感岩石弹性参数或弹性参数组合。依据前面的岩石物理分析，鄂尔多斯盆地长 7 段致密砂岩含油敏感弹性参数为泊松比。因此，通过叠前反演泊松比对长 7 致密砂体的含油性进行预测。

其反演过程主要是利用三组不同偏移距地震数据、AVO 子波、井的 AVO 弹性阻抗数据，在井数据及地质模式约束下进行地震叠前反演，得到纵波阻抗、横波阻抗、纵横波速度比及密度等数据体（图 7.8）。在此基础上，根据纵横波速度、密度与岩石弹性参数之间的理论关系得到泊松比等多种弹性参数数据体。

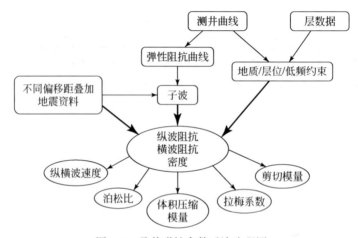

图 7.8　叠前弹性参数反演流程图

利用叠前弹性反演技术，对涧 110 井的长 7 段含油性进行预测（图 7.9），在叠前弹性反演剖面上，长 7_2 目的层横波阻抗为高异常，说明长 7_2 致密储层发育，同时在泊松比反演剖面上表现为低异常，说明含油性较好，地震预测该井长 7_2 段致密储层厚为 20m，含油性好，实钻致密储层厚度为 17.3m，试油获 20.26t/d 工业油流。

二、叠前高亮体

高亮体属性是近年针对含油气储层研发的一种地震预测方法。通过滤掉目标层段区域背景能量属性，突出储层含油后引起的能量变化。该方法本是一种叠后含油性检测技术。由于含油致密储层在叠前资料中响应明显，将该项技术创新推广到叠前，通过叠前不同偏移距的高亮体属性对比进行致密储层含油性空间变化的预测。

利用叠前高亮体技术对胡 137 井、元 150 井及胡 241 井长 7 段进行含油性预测（图 7.10），胡 137 井长 7_2 段近道及远道高亮体剖面均无异常，说明长 7_2 含油性差，而元 150 井及胡 241 井长 7_2 段近道高亮体异常明显，而远道无异常，说明含油性好，实钻胡 137 井钻遇差油层 2.8m，而元 150 井与胡 241 井试油分别获得 7.65t/d 和 5.36t/d 工业油流。

利用高品质的叠前地震资料，采用叠前弹性反演及叠前高亮体技术，对致密储层含油性进行预测，进一步优选有利目标区。

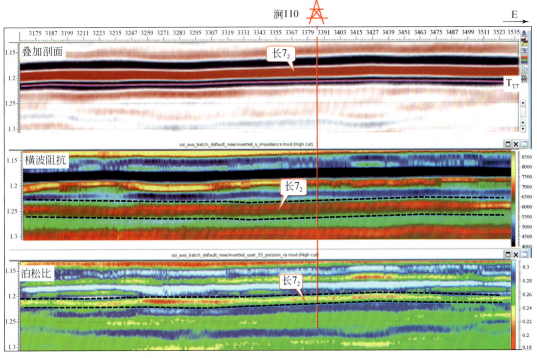

图 7.9　H105811 测线叠前弹性反演剖面

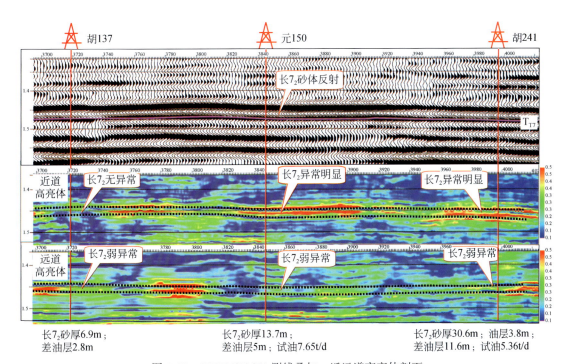

图 7.10　H09FZ6126Z1 测线叠加、近远道高亮体剖面

第三节　储层脆性指数地震评价方法

岩石的脆性是岩石的一种力学特征，随着致密油气藏勘探开发的兴起，对岩石脆性的研究逐渐被重视。致密储层本身具有低孔、低渗的特征，大多需经过大规模压裂改造才能获得商业产量。研究发现，致密储层的脆性能够显著影响井壁的稳定性，是评价储层力学特性的关键指标，同时还对压裂的效果影响显著，储层的脆性大，易于改造，压裂过程中则容易生裂缝网络，达到提高单井产量的目的。因此储层脆性成为水平井选区及甜点区优选的一个关键参数。为了评价其大小，引入了脆性指数的概念。脆性指数是指当应力由某一初始弹性态加载到峰值强度后，将发生突变而迅速跌落至残余强度面上，岩石应力跌落的这一特征被称为应力脆性跌落系数或脆性指数（图7.11）。

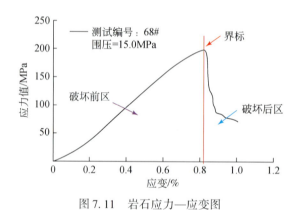

图 7.11　岩石应力—应变图

一、变权系数岩石力学脆性指数预测

目前应用较广的脆性指数计算方法有两种，一种是归一化杨氏模量和泊松比的计算方法，另一种为岩石矿物学方法。

岩石的脆性可以由杨氏模量和泊松比描述，杨氏模量与泊松比的大小反映了地层在一定受力条件下弹性变形的难易程度，杨氏模量越大，地层越硬，刚度越大，地层就不容易变形，泊松比小；反之，杨氏模量越小，地层越软，刚度越小，地层就容易变形，泊松比大。实验室测试数据交会分析（图7.12）显示，脆性指数与杨氏模量成正比，与泊松比成反比，较好地印证了上述特征。因此，可利用归一化的杨氏模量及泊松比可以对岩石的脆性进行评价，公式如下：

$$\text{BI} = \frac{\Delta E + \Delta \sigma}{2} \tag{7.1}$$

脆性指数计算的另一种方法是利用脆性矿物占总矿物成分的比重来表征脆性指数的大小，对于陆相砂泥岩地层，该公式如下：

$$\text{BI} = \frac{V_{石英}}{V_{石英} + V_{碳酸盐岩矿物} + V_{黏土}} \tag{7.2}$$

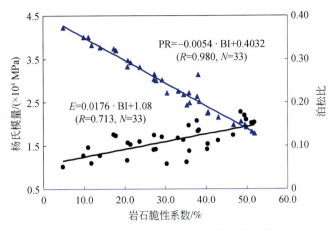

图 7.12　杨氏模量和泊松比与脆性指数的关系

对于碳酸盐岩地层，脆性指数公式为

$$BI = \frac{V_{石英} + V_{碳酸盐岩矿物}}{V_{石英} + V_{碳酸盐岩矿物} + V_{黏土}}$$　　　　　(7.3)

上述两种方法都有缺陷，杨氏模量及泊松比归一化方法中，杨氏模量和泊松比的最大值、最小值需要通过大量实验选取，操作过程复杂，没有考虑不同地区对应参数差异较大，在某一工区选取的参数无法用于其他工区。岩石矿物法只能用于单井计算，不能平面成图。因此，通过研究将两种方法相结合，得到了适合鄂尔多斯盆地的储层脆性指数计算公式。

根据前述分析，将脆性指数计算公式进行了改进，加入了两个系数 a，b。不同地区的脆性指数公式的系数 a、b 是不同的，应该从岩石矿物分析和测井数据拟合获得（图7.13）。公式改写如下：

$$BI = a \cdot \Delta E + b \cdot \Delta \sigma$$　　　　　(7.4)

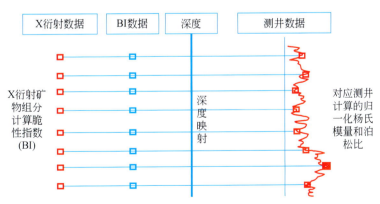

图 7.13　脆性指数公式系数拟合流程图

通过拟合，确定该地区的脆性指数计算公式中的系数 a 为 0.39，b 为 0.61，通过不同系数脆性指数计算结果与脆性矿物法计算的结果进行拟合（图7.14）可知，变系数计算的脆性指数与矿物组分法拟合较好。通过井实测的矿物成分与测井数据回归，得到脆性指数。利用上述公式，计算过元 151 井及元 255 井的脆性指数计算剖面（图 7.15），其中元 255 井长 7_2 段为低泊松比，高杨氏模量，高脆性指数，长 7_2 段试油为 6.38t/d，元 151 井长 7_2 段为高泊松比，中杨氏模量，低脆性指数，长 7_2 段试油为 1.2t/d。

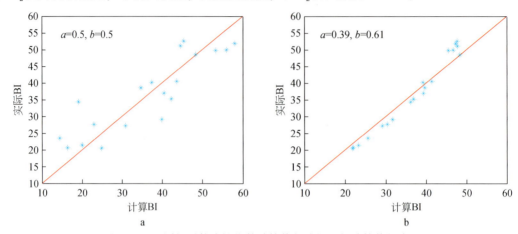

图 7.14　不同权系数脆性指数计算值与脆性矿物计算值拟合图

a. 权系数相等；b. 变权系数

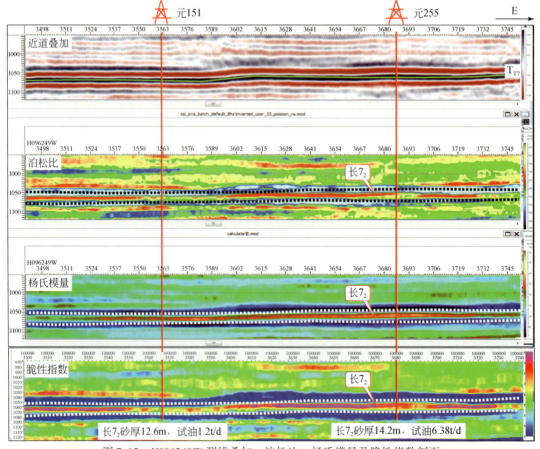

图 7.15　H096249W 测线叠加、泊松比、杨氏模量及脆性指数剖面

二、相控脆性指数预测

脆性指数计算需要用到纵横波阻抗，一些地区砂泥岩的纵横波阻抗区分不是很明显，因此，一部分泥岩也有可能是高脆性指数。为了更加准确评价致密储层的脆性，引入了相控的概念，既先区分出砂泥岩相，再在砂岩相中计算脆性指数。

选择典型井，用测井数据建立测井岩相。根据自然伽马、自然电位、孔隙度和含水饱和度曲线确定岩相类型，同时要参考岩心数据确定岩相的胶结程度。综合相关测井曲线信息，先在井上解释出几类岩相，定义为不同类别。如某井长 7 段解释的黄色为砂岩储层，定义为砂岩相；黑色为泥岩、油页岩和煤层等统一归为非砂岩相（图 7.16）。

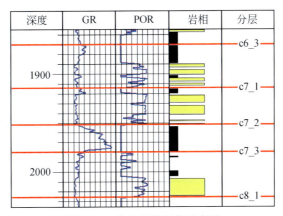

图 7.16　井上岩相划分示意图

在相控过程中，相的识别技术非常关键，如果一个岩相的划分方案在地震弹性参数上无法识别，就达不到相控的目的。岩相是岩性和物性的综合体，一般情况下某一弹性参数同时受着岩性、物性两个因素共同影响而难以区分各自贡献，单一参数识别岩相体能力有限。为此，引入了坐标旋转的方法，可将两个参数线性组合形成一个新参数，通过寻找合适的旋转角度，使生成的新参数对岩相有最大的区分能力。

通过陕北某井区 5 口井长 7 段纵横波阻抗交会可知（图 7.17），不同岩性之间的纵横波阻抗有部分重合。但如在两者之间画一条斜线，那致密砂岩与非致密砂岩就区分的很好。因此，在原 XY 坐标的基础上，从新画一个 $X'Y'$ 坐标，旋转后得到新的交会图（图 7.18），在新的交会图中，X' 轴为新生产的弹性阻抗体组合，Y' 轴为纵波阻抗，从图中可以看出，弹性阻抗体组合可以较好的区分致密储层与非致密储层。因此，利用坐标旋转后得到的新的弹性阻抗体组合参数，可以进行岩相划分，在此基础上进行致密储层脆性预测，可以较好的识别高脆性致密储层（图 7.19）。

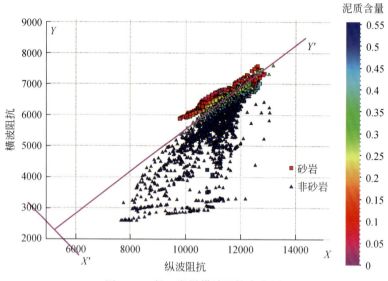

图 7.17　长 7 段纵横波阻抗交会图

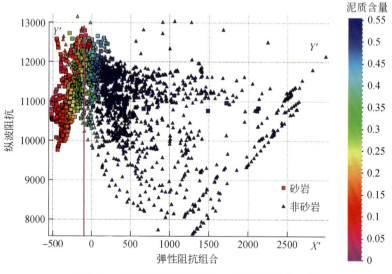

图 7.18　长 7 段弹性阻抗组合与纵波阻抗交会图

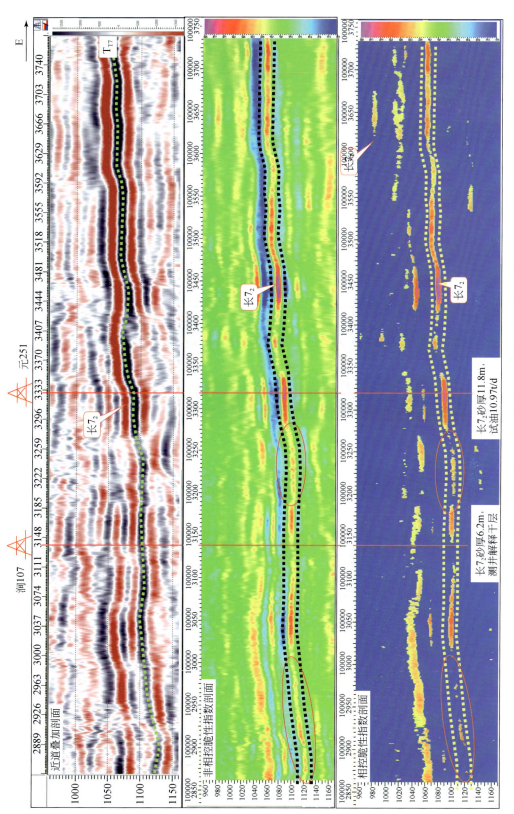

图7.19　H096249W测线叠加、非相控及相控脆性指数计算剖面

利用上述方法，对致密储层脆性指数进行平面展布预测，优选高脆储层，为工程施工提供参考。

参 考 文 献

王大兴，张杰，高利东.2012.非纵地震勘探技术及其在鄂尔多斯盆地的应用.石油地球物理勘探，物探技术研讨会专刊：133~136

王大兴，张杰，赵德勇.2015.一种改进的致密油储层地震预测方法研究与应用.石油地球物理勘探，物探技术研讨会专刊：759~762

张杰，张振红，辛红刚等.2012a.地震相分析技术在马岭油田储层预测中的应用.天然气地球科学，23（3）：590~595

张杰，张振红，辛红刚等.2012b.地震相分析技术在马岭油田储层预测中的应用.天然气地球科学，23（3）：590~595

张杰，赵德勇，赵玉华.2013.陇东地区致密油储层预测技术应用研究.石油地球物理勘探，物探技术研讨会专刊：599~599

张杰，赵玉华，黄黎刚等.2017.致密油甜点地震预测技术及其在鄂尔多斯盆地的应用.石油地球物理勘探，物探技术研讨会专刊：661~664

第八章　致密油水平井钻完井技术

国外致密油开发普遍采用"水平井大井丛+多段体积压裂、工厂化作业"（郭晓霞，2014），取得了良好的开发效果。鄂尔多斯盆地致密油区地表以黄土塬地貌为主，山大沟深、地形复杂。为满足水平井井网部署及大规模体积压裂需求，有效减少土地使用面积，保护生态环境，重点开展了水平井井身结构优化、井身剖面设计、防塌钻井液及固井工艺等关键技术攻关，掌握了致密油水平井钻完井技术。

第一节　水平井快速钻井技术

钻井提速是一个永恒主题。钻头选型是提速的核心，不同井段需要解决不同的问题，根据定向井 PDC 钻头的设计理论和钻遇的地层特性，设计并优选了适合定向造斜段和水平段钻进的 PDC 钻头。

一、钻头优化设计

（一）地层岩石可钻性

岩石可钻性为优化钻头选型提供科学依据（孙宁等，2013），采用三轴岩石力学参数试验仪模拟岩心在埋藏深度下的有效应力状态，测定岩石力学参数，通过岩石可钻性室内测定，延长组地层岩石可钻性级值大部分在 5.5 左右，属中硬地层（表 8.1）。

表 8.1　鄂尔多斯盆地中生界地层岩石可钻性测定结果

序号	地层	岩石可钻性级值
1	安定组	4.65
2	直罗组	4.89
3	延安组	5.23
4	富县组	4.68
5	延长组	5.52

（二）斜井段、水平段 PDC 钻头优化

根据水平井轨迹控制要求，以及多硬夹层的特点，PDC 钻头采用等磨损原则和等切削原则相结合的方法进行优化设计，在基本轮廓理论曲线方程拟合的基础上，结合钻头设计经验和使用钻头类比，研制了结构为浅内锥、短外锥、抛物线形钻头肩部外形的导向耐磨 PDC 钻头，为丛式水平井组提速起到了关键作用。

1. 斜井段 PDC 钻头优选

目前，现场滑动定向一般选择三牙轮钻头或聚晶人造金刚石复合片（PDC）钻头。PDC 钻头具有切削刃数量多、刃口锋利、能以极低的钻压切入岩石，在钻进中形成不规则的梳齿，有利于破碎硬地层的特点。且 PDC 钻头的切削刃耐高温，能在软、中硬、硬或具有一定研磨性的地层中有效钻井。同时，PDC 钻头的切削刃具还有自锐等功能，与牙轮钻头相比对地层的适应性更强。该钻头具有寿命长、进尺多、平均机械钻速高等特点。还具有适应较大钻压，造斜率高，不易憋泵等优点。

在确定钻头结构的前提下，试验了多种相近结构的钻头，确定在上部小井斜段 PDC 钻头优选六刀翼、双排齿、19mm 复合片的钻头，钻速快，进尺高，目前已规模应用，效果较好。平均单只钻头进尺从 367m 提高到 488m；机械钻速从 3.78 m/h 提高到 9.87m/h。

2. 水平段钻头选型

水平段主要解决钻头的稳斜稳方位难题和钻头的磨损问题。针对牙轮钻头薄弱环节，通过个性化设计，在 5 个方面做了改进：①六刀翼结构，主切削齿直径为 16mm，辅助切削齿直径为 13mm；②采用抗回旋设计和力平衡布齿，保证钻头工作平稳和工具面的稳定；③采用较浅内锥和较短的外锥剖面结构，增强钻头的侧向切削能力及使用寿命；④强化保径设计，加长保径段长，间布倒划眼齿，保证钻头满足水平段钻进的工况要求；⑤形成适合油田水平段钻井的 PDC 钻头，平均单只钻头进尺从 240m 提高到 366m，平均机械钻速从 6.79m/h 提高到 12.23m/h。

二、防塌钻井液技术

水平井钻完井主要面临长裸眼井段泥页岩井壁失稳难题。相比常规水平井，泥页岩井壁失稳的风险大，长水平段润滑减阻及防漏堵漏要求更高。

（一）坍塌机理

1. 阳离子交换容量分析

阳离子交换容量是指 pH 为 7 的条件下所吸附的钾离子、钠离子、钙离子、镁离子等阳离子总量，值愈大表示其带负电量愈大，其水化、膨胀和分散能力愈强；反之，其水化、膨胀和分散能力愈差。测定结果发现（表 8.2），阳离子交换容量均较高，平均 22 mmol/100g。

表 8.2　阳离子交换容量测试结果

岩样质量/g	C_{NaOH}/（mol/L）	V_{NaOH}/mL	CEC/（mmol/100g）
1.11	0.05	4.68	22.07

2. 页岩稳定指数

页岩稳定指数（SSI）表示地层在钻井液等液体作用下，其强度、膨胀和分散侵蚀三个方面综合作用对井眼稳定性的影响。在数值上页岩稳定指数等于岩样进行热滚处理前后针入度的差值。页岩稳定指数（SSI）（表 8.3）平均值为 42.55，偏低，岩石稳定性较差；浸泡前针入度都很小，只有 0.3mm 左右，而浸泡后的针入度值都很大，平均值为 20.01，表明岩样在水化后强度大幅降低；从膨胀高度来看，D 值都在 4.0mm 以上，岩样有一定的水化膨胀作用。

表 8.3　岩石稳定指数（SSI）测试结果

序号	针入度平均值		高度平均值		D/mm	SSI
	H_i/mm	H_f/mm	d_1/mm	d_2/mm		
1	0.33	20.22	22.47	27.01	4.54	42.05
2	0.35	19.63	22.06	26.09	4.03	45.32

通过致密储层泥质粉砂岩的组构分析和理化性能分析，黏土矿物含量较高，最高为 14.5%，伊/蒙间层和伊利石所占比例较大，占比分别为 48.44% 和 25.1%，岩样的回收率高，均大于 90%，属于弱水化分散地层，阳离子交换容量中等偏高，在钻井过程中需要防止由于钻井液长时间浸泡造成泥岩强度下降而可能引起井塌。阳离子交换容量为 4.48 ~ 14.78 mmol/100g，属于较高；页岩稳定指数为 38 ~ 50，属于中等，页岩稳定程度中等；黏土膨胀率为 5% ~ 19%，属于中等偏低；页岩回收率为 88% ~ 92%，属于中等偏高，即水化分散中等偏弱。

通过上述研究分析，致密储层黏土含量相对较高。黏土组成主要以伊利石和绿泥石为主，其次是伊/蒙间层，钻井过程中可能会引起水化膨胀。存在微、大裂缝，钻井液沿裂缝进入地层内部，泥页岩中黏土矿物在表面水化力、渗透水化力和毛细管力作用下，黏土发生水化、膨胀引起地层孔隙压力、膨胀压力升高，从而造成坍塌压力增大，这是造成泥岩垮塌的重要原因（徐同台，1997）。

（二）强抑制低摩阻复合盐钻井液体系

在分析了地层坍塌原因的基础上，开展了流型调节剂、提黏剂、聚磺处理剂、润滑剂等处理剂筛选，通过大量的配伍试验形成强抑制低摩阻复合盐钻井液体系（表 8.4）。

表 8.4　钻井液配方

处理剂名称	处理剂代号	加量/%
烧碱	NaOH	0.1 ~ 0.3
磺化沥青	G309-JLS	1.0 ~ 2.0
封堵剂	G314-FDJ	1.0 ~ 2.0
加重剂	$CaCO_3$	根据需要
聚阴离子纤维素 LV	PAC-LV	0.3 ~ 1.0
酸溶降滤失剂	ASR-1	1.0 ~ 1.5
聚阴离子纤维素 HV	PAC-HV	0.3 ~ 0.5

处理剂名称	处理剂代号	加量/%
聚丙烯酸钾	KPAM	0.3 ~ 0.5
润滑剂	G303 – WYR	1.0 ~ 3.0
无机盐	KCl	3.0 ~ 5.0
胺基聚合物	G319	1.0 ~ 1.5

1. 抑制性评价

通过泥岩膨胀率试验（表8.5），测定钻井液体系滤液的一次回收率、二次回收率分别为93.72%、88.16%，抑制性很强。

表8.5 钻井液抑制性能表

密度/(g/cm³)	pH	AV/(mPa·s)	PV/(mPa·s)	YP/Pa	YP/PV	一次回收率/%	二次回收率/%
1.05	8	31.5	22	19	0.86	93.72	88.16

2. 润滑性能评价

在基本配方中加入润滑剂，改变润滑剂的加量，防塌钻井液润滑系数降低率明显（表8.6）。

表8.6 防塌钻井液润滑性能表

密度/(g/cm³)	AV/(mPa·s)	PV/(mPa·s)	YP/Pa	润滑系数	润滑系数降低率/%
1.20	40	24	14	14.80	66.05%

3. 滤失性能评价

对常温和120℃条件下钻井液的流变性和滤失性进行室内评价（表8.7）。该钻井液具有良好的流变性、滤失性，高温120℃老化后流变性和滤失性变化不大，失水控制在15mL/30min以内，泥饼光滑有韧性，可以满足钻井要求。

表8.7 钻井液失水试验

试验配方	密度/(g/cm³)	失水/mL	HTHP/(100℃/mL)	pH	PV/(mPa·s)	YP/Pa
5% WJ–1+0.5% YJ–A+1% PAC–L+0.3% G310 – DQT+3% G309 – JLS+1% G301 –SJS	1.06	5.6	18	11	39	13.5
120℃，16h热滚后	1.05	4.2	19	11	26	11.5

4. 加重评价

由实验可以看出（表8.8），对钻井液体系进行加重后，性能变化不大，摩擦系数增加值不大，性能基本稳定。

表 8.8　防塌钻井液加重性能表

密度 /(g/cm³)	中压失水 /mL	泥饼/mm	AV /(mPa·s)	PV /(mPa·s)	YP/Pa	一次回收 率/%	一次回收 率/%	摩擦系数
1.20	5	0.5	40	24	14	97.74	79.82	0.0524
1.30	4.2	0.5	48	29	19	97.88	90.98	0.0524

5. 防塌技术要点

（1）钻井液密度控制：根据钻开储层段井控及钻井液防塌的要求，水平段钻井液密度必须保持在 1.25g/cm³ 以上，一方面防止油气侵，减少井控风险；另一方面通过力学平衡稳定地层应力，防止地层应力变化引起的井壁失稳。

（2）提高抑制性和封堵性：新型胺基聚合物，配合适当的氯化钾，可以显著提高钻井液的抑制性，通过加入高效封堵剂，有效封堵泥页岩微裂缝，降低坍塌压力，达到稳定水平段大段泥岩的目的。

（3）钻井液流变性控制：根据地层岩性，调整钻井液流变性能，在含泥岩段保持较好的流变性能，动塑比保持 0.3 以上，提高钻井液携砂能力，净化井眼，降低摩阻。保持钻井液的剪切稀释性能，减少钻具内所消耗的泵压，增加钻头水马力。

（4）润滑性措施：加入润滑剂，降低长水平段扭矩摩阻。

（5）钻井液滤失性控制：API 失水控制在 5mL 以下，减少滤液和固相侵入地层，能防止地层水化膨胀和分散，降低井壁渗透压力，保持井壁稳定性，降低储层的伤害。

6. 现场应用

该体系具有强抑制、低滤失、低黏度及润滑性好等特性，解决了储层井壁坍塌及地层造浆等问题，在水平井推广应用 200 口井以上，平均缩短钻井周期 4~6 天，现场应用保障了 3500m 裸眼井段水平井的井壁稳定。

第二节　丛式三维水平井钻井技术

在鄂尔多斯盆地黄土塬地貌条件下，为满足井网、压裂改造及地面条件要求，井眼轨迹从二维转变为三维，沿着主应力方向产生较大偏移距。针对三维水平井存在摩阻扭矩大、套管下入难、轨迹控制困难等问题，进行了剖面设计方法、井身结构选择、钻具组合分析等方面的攻关研究，形成了一套适合长庆油田三维水平井的剖面设计方法及轨迹控制技术。

一、三维水平井概述

三维水平井是指井口不在水平段方位线上的水平井（唐雪平、苏义脑，2003）。丛式三维水平井指一个平台上不少于 1 口水平井。在水平投影图中，井口不在靶点设计方位线上，井口到靶点设计方位线的距离称作偏移距，如图 8.1 所示：

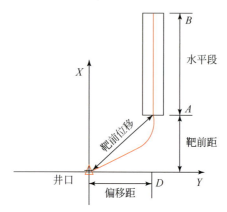

图 8.1　三维水平井平面示意图

如图 8.2 所示，在水平投影图中，靶点 A 与靶点 B 与井口坐标不共线，OD 就是其偏移距。OA 是水平段的靶前位移（或称作视靶前位移），AD 是实际有效靶前位移，ϕ 是水平井的设计方位角，ϕ_A、ϕ_B 分别是靶点 A、靶点 B 的闭合方位，ϕ_D 为先期定向方位角。

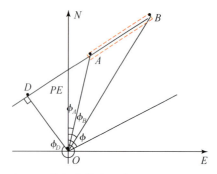

图 8.2　带靶前位移的水平井概念描述图

二、井身结构优化设计

井身结构设计是否合理，直接关系到钻井施工的经济性和油气层保护的可靠性（高德利，2003）。合理的井身结构既要考虑保证优质、快速、安全钻井，又要满足钻井和采油工艺的要求，并要兼顾经济性。结合鄂尔多斯盆地地层压力剖面（图 8.3）显示结果可以看出，在井身结构设计时考虑地质复杂必封点，上部存在洛河、直罗等复杂层段，易漏失坍塌。鄂尔多斯盆地直井钻井过程中采用"表套+油套"的二开井身结构，能够满足安全钻井的需要。而在水平井井身结构设计上，因为钻井过程中位于大斜度井段的洛河地层容易漏失，直罗组及储层段易坍塌，同时水平段长度普遍在 1500m 以上，为确保长水平段顺利完钻，技术套管下入入窗点，封固斜井段的不稳定地层，然后再水平段钻进，采用"表套+技术套管+油层套管"的三开井身结构技术方案满足致密油水平井安全快速钻井。

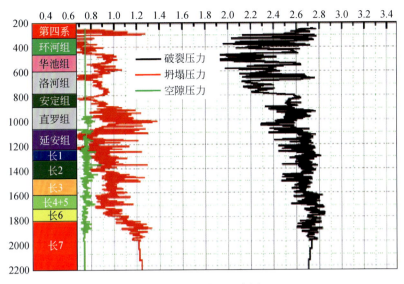

图 8.3　地层三压力图

（一）水平井钻井难点

为提高油藏动用程度，前期探索开展了长水平段致密油丛式水平井钻完井试验，采用 Φ444.5mm 钻头（Φ339.7mm 套管）+Φ311.2mm 钻头（Φ244.5mm 套管）+Φ215.9mm 钻头（Φ139.7mm 套管）的井身结构（图 8.4）。但是，该井身结构在试验中遇到以下技术难题：

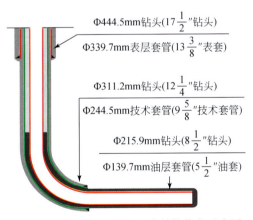

图 8.4　三维三开水平井井身结构优化示意图

（1）Φ311.2mm 井眼斜井段造斜率低，导致滑动井段长，降低了施工速度，施工效率低；在直罗组连续滑动时易发生泥岩垮塌。

（2）洛河组地层渗漏严重，当钻至延长组泥岩钻遇率高，起钻存在遇阻现象，钻头泥包现象严重。钻井周期延长、井壁浸泡时间长，井壁稳定性变差。

（3）消除偏移距后使井眼轨迹更加复杂，后期水平段钻进中钻具摩阻、转盘扭矩均变大，增大了施工风险。

（二）井身结构优化设计

鄂尔多斯盆地致密油水平井井身结构优化经历了两个阶段。

第一阶段：

三维水平井存在 300m 偏移距，钻井摩阻扭矩大，311.2mm 大钻头在三维井段扭方位、增井斜效果较差，轨迹控制难度大；平均机械钻速低、钻井周期长。为此，开展了下技术套管至斜井段的三开井身结构试验，即技术套管封固漏失层洛河组和坍塌层直罗组（图 8.4）。

通过对比试验，技术套管缩短至斜井段，未出现钻柱屈服，可确保安全钻井、二开直井段、扭方位井段、增斜段平均机械钻速提高两倍，钻井周期缩短一半以上（表 8.9）。通过现场试验，井身结构可优化为 Φ444.5mm 钻头（Φ339.7mm 套管）+Φ311.2m 钻头（Φ244.5m 套管）+Φ215.9mm 钻头（Φ139.7mm 套管）如图 8.4 所示，大幅度提高了钻井速度。

表 8.9 钻井速度对比

	参数指标	二开直井段	二开斜井段	二开扭方位井段	二开增斜井段
调整前	进尺/m	549	560	531	439
	周期/d	1.54	4.63	13.5	8.75
	机械钻速/（m/h）	23.16	7.82	3.91	4.27
调整后	进尺/m	48	868	393	753
	周期/d	0.083	2.79	3	2.46
	机械钻速/（m/h）	24	15.89	10.07	12.76

第二阶段：

技术套管下入斜井段，仍面临着三开井身结构，成本高，为进一步降低成本，需将井身结构简化。因此，需要解决洛河层漏失、直罗组坍塌以及长水平段安全钻井的问题。

结合前期实钻经验，洛河组漏失当量密度为 $1.26g/cm^3$，通过加入高黏弹性堵漏剂进行防漏，提高漏失当量密度至 $1.35g/cm^3$ 以上，满足了后期安全钻井要求，为井身结构简化创造了条件。

针对直罗组、大斜度井段及储层泥质含量高易坍塌的难题，采用复合盐防塌体系，可有效防止泥岩坍塌，提高井壁稳定性。因此，1500m 水平段可以采用二开井身结构安全钻井，即 Φ311.2mm 钻头（Φ244.5mm 套管）+Φ215.9m 钻头（Φ139.7m 套管），如图 8.5 所示。

鄂尔多斯盆地致密油水平井均采用二开井身结构，与三开井身结构钻井周期 52 天相比，二开井身结构钻井周期仅为 25 天，钻井周期缩短 50% 以上，提高机械钻速、缩短钻井周期、节约钻井成本，目前已规模应用。

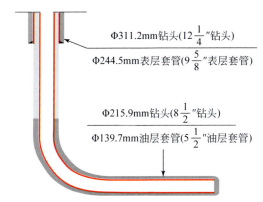

图 8.5　三维二开水平井井身结构优化示意图（技术套管下入斜井段）

（三）井身剖面优化

选择合理的井身轨迹是三维水平井顺利施工的关键因素之一，尽量降低井眼轨迹曲率、最短钻井进尺、最小的摩阻扭矩，有利于三维轨迹控制，降低钻井风险，降低钻完井成本（张绍槐，2003）。

1. 设计方法

常规二维水平井剖面设计只增井斜，方位不变，设计方法成熟、应用广泛，而三维水平井剖面设计要增斜、扭方位，剖面设计应充分考虑储层垂深、靶前距、水平段长度等因素，还必须综合考虑偏移距、偏移角度、剖面类型和造斜率等因素。基于空间圆弧设计模型（唐雪萍、苏义脑，2003），采用三维轨迹节点参数计算与实钻造斜参数相结合的方法，分段设计、综合分析，形成了三维水平井井身剖面设计的基本思路与原则：

（1）基于当前螺杆钻具的造斜能力，选择（6°~10°）/30m 的螺杆钻具，有利于现场实施及后期推广应用。

（2）井眼长度尽量短，有利于钻井及套管下入的降摩减阻，以满足套管下入、压裂、采油等作业要求。

（3）结合地层井斜、方位的自然漂移规律，分段优选增斜井段、稳斜井段及扭方位井段长度，充分利用地层自然增斜规律特点，提高三维井段的实钻轨迹控制能力。

对比分析了三种类型的剖面设计方法（图 8.6、表 8.10），优选出三段制剖面设计。

（1）一段制剖面设计：从 a1 造斜点采用增斜同时扭方位的方式，消除偏移距、扭正方位，一段制走完三维井段进入水平段。该剖面优点为造斜点低、井眼进尺短，有利于降低钻井成本。缺点为造斜率高，钻井过程中摩阻扭矩大，螺杆钻具无法满足要求。

（2）两段制剖面设计：从 a2 造斜点采用先增斜，再扭方位的方式，先消除部分偏移距，再扭正方位进入水平段。该剖面造斜点高、造斜率低、设计轨迹平滑摩阻小，但进尺比一段制剖面长 30% 以上，增加钻井成本，不利于轨迹控制。

（3）三段制剖面设计：从 a3 造斜点采用先增斜消除部分偏移距，再稳斜修正地层对轨迹的影响误差，同时调整好井斜为下一步的扭方位入窗做好准备，再扭方位进入水平

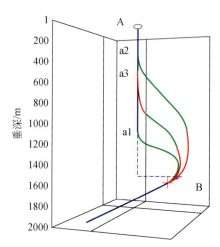

图 8.6　三维水平井剖面设计方法对比图

段。该剖面适应性强，有利于现场实钻的轨迹控制。

表 8.10　三维水平井剖面设计方法对比

剖面类型	特点	造斜率/(°/30m)	三维井段长度/m	钻井摩阻/t	优点	缺点
一段制	增斜—扭方位	6～13	570	45	造斜点低，井眼长度短	造斜率高，摩阻扭矩大
两段制	增斜—扭方位	2～5	832	29	摩阻扭矩小	井段长，不利于实钻轨迹控制
三段制	增斜—稳斜—扭方位	3～8	653	31	设计适应性强，实钻轨迹可控性好	摩阻扭矩适中

2. 井身剖面设计

1）偏移距优选

在水平段 1500m、靶前距 500m 条件下，各种不同偏移距的摩阻数据见表 8.11。摩阻随着偏移距的增加而增加，当偏移距小于 400m 时，摩阻较小且变化很小，当偏移距大于 400m 时，摩阻急剧增加，因此，一般控制在 400m 以内。

表 8.11　不同偏移距与摩阻、扭矩关系

偏移距/m	50	100	150	200	250	300	350	400	450	500
摩阻/t	24.4	26.2	26.2	26.4	26.9	27	27.5	28	28.8	30.2
旋转扭矩/(kN·m)	31.6	31.69	31.64	32.43	32.99	33.41	33.52	33.65	35.9	37.5

2）靶前距优选

从表8.12中可知，随着靶前距的增加摩阻先减小后增加，靶前距较小，狗腿度较大，摩阻也较大；前距较大，井深增加较多，摩阻大幅增加。靶前距小于500m，摩阻和扭矩随着靶前距的增加而减小，靶前距大于500m，摩阻和扭矩随着靶前距的增加而增加，1500m长水平段靶前距选择400~500m为最优。

表8.12　不同靶前距与摩阻、扭矩关系

靶前距/m	300	400	450	500	550	600	700
摩阻/t	39.38	38.21	36.29	35.6	36.36	36.8	37.59
旋转扭矩/（kN·m）	29.54	27.36	27.23	27	28.26	28.28	28.8

通过三维水平井井身轨迹设计方法以及设计关键参数优选，结合现场实践，形成了"直井段—增斜段—稳斜段—扭方位段—稳斜段—增斜段—水平段"的七段制三维井身轨迹设计（表8.13、表8.14）及井身轨迹关键设计参数。

表8.13　三维水平井井身剖设计参数

序号	设计项目	设计参数
1	靶前距/m	400~500
2	偏移距/m	≤350
3	偏移角度/（°）	75~80

表8.14　靶前距400m井身剖面

测深/m	井斜/（°）	方位/（°）	垂深/m	北坐标/m	东坐标/m	视平移/m	狗腿度/（°/30m）	段长/m	描述
0.00	0.00	0.00	0.00	0.00	0.00	0.00	0.00	0.00	
500.00	0.00	89.84	500.00	0.00	0.00	0.00	0.00	500.00	一开直井段
736.21	23.62	89.84	729.58	0.13	48.01	34.04	3.00	236.21	增斜走偏移
1353.45	23.62	89.84	1295.10	0.82	295.33	209.41	0.00	617.24	稳斜走偏移
1860.67	25.00	0.00	1771.21	111.51	400.00	361.69	2.00	507.22	扭方位段
2221.79	90.00	0.00	1955.00	400.00	400.00	565.69	5.40	361.11	靶点A
3221.79	90.00	0.00	1955.00	1400.00	400.00	1272.79	0.00	1000.00	靶点B

三、井眼轨迹控制技术

水平井钻进摩阻大，轨迹控制难度大，精心设计不同井段钻具组合才能满足快速钻井的需要，保证水平井的实施效果。

（一）斜井段钻具组合

1. 轨迹控制原则

针对储层不确定问题，在现场实钻中总结了"模拟实钻、精确监控、稳斜探顶、复合入窗"的轨迹控制原则。即通过软件模拟计算轨迹，实时监测井斜方位，做到稳斜探油层顶部，复合钻进入窗。

2. 井眼曲率控制

依据钻具在不同井斜区间的增斜率（式8.1），预测待钻井眼增斜率（式8.2）（孙宁等，2013），确保中靶，并将待钻井眼曲率控制在PDC复合钻进造斜能力范围，提高复合钻进的比例。

核算工具造斜率：
$$K = \sqrt{\Delta a^2 + \Delta\phi^2 \sin^2\left(\frac{\alpha_1 + \alpha_2}{2}\right)} \qquad (8.1)$$

预测待钻井眼的增斜率：
$$K_m = \frac{5730\ (\sin\alpha_m - \sin\alpha)}{H_m - H} \qquad (8.2)$$

斜井段不但要增井斜同时还要扭方位，因此，在钻具组合设计时，应注重造斜能力的提高，以便缩短滑动进尺、降低钻井摩阻扭矩，提高斜井段实钻轨迹控制能力。根据斜井段双扶正器造斜率计算结果（表8.15），采用Φ215.9mm牙轮+Φ172mm螺杆（1.25°）+4A11×410接头+Φ165mm无磁钻铤+4A11×410sub+127mm加重钻杆（6根）+Φ127mm钻杆（36根）+127mm加重钻杆（32根）+Φ127mm钻杆。该钻具组合为双扶强增斜钻具组合，1.25°单弯螺杆配合2m短钻铤及球型扶正器，提高了增斜效果，有利于降低实钻的摩阻扭矩。

表8.15　斜井段双扶钻具组合造斜率理论计算数据

螺杆钻具/(°/30m)	距扶正器	7m	9m	11m	13m
单弯双扶	1.0	复合：1.0 滑动：4.0	复合：0.7 滑动：4.7	复合：0.5 滑动：5.5	复合：0.30 滑动：5.9
	1.25	复合：0.83 滑动：4.5	复合：0.5 滑动：5.0	复合：0.3 滑动：5.8	复合：0.15 滑动：6.3
	1.5	复合：0.5 滑动：5.4	复合：0.35 滑动：6.2	复合：0.20 滑动：7.3	复合：0.10 滑动：7.8

3. 井眼轨迹控制

（1）走偏移井段轨迹控制。

第1段将井斜控制在20°以内，消除大部分偏移距。以270°方位，采用小钻压滑动钻进、将井斜由0增斜至15°后采用复合钻进，降低滑动井段，实现快速钻进，同时消除2/3偏移距；

第 2 段稳斜扭方位，采用小钻压，高转速复合，再采用滑动扭方位，工具面控制在 90°～120°，摆正至设计方位要求，同时消除剩余的偏移距，在小井斜条件下扭方位可有效降低反扭矩、减小滑动井段提高扭方位效率（王勇茗等，2015）；

扭方位井段轨迹控制以控制井眼全角变化率为重点，采用导向钻具组合、稳斜或微降斜方法进行。施工中采用滑动钻进与复合钻进交替进行，以保障井眼轨迹的平滑。

（2）入窗进靶轨迹控制。

采用高钻压，低转速复合微增钻进，滑动钻进工具面控制在 0～15°，根据地质设计要求，采用先稳斜、后增斜的轨迹制入窗方法，灵活调整入窗轨迹，根据水平段储层走向选择入窗方式，油层下倾，控制井眼轨迹在 A 点前 40～50m，以井斜 82°～84°上靶区入窗；油层上倾，在 A 点前 20～30m，以井斜 85°～86°上靶区入窗。一方面为小幅度调整入窗垂深创造条件，另一方面尽量复合钻进入窗进靶，减少滑动钻进提高效率。采取微增斜或稳斜进行施工，方位与靶体方位相差±65°～80°（图 8.7）。

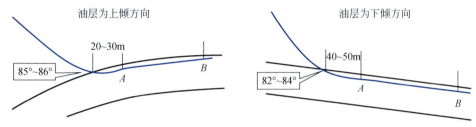

图 8.7 油层上倾、下倾方向水平段入窗示意图

以安平 X 井为例，该井定向后直接进行大范围扭方位及增斜（表 8.16），井斜从 10.72°增至 39.99°，方位从 115.3°增至 353.0°，全角变化率达到 7.17°/30m。满足了三维井段既增井斜又要扭方位的轨迹控制要求。

表 8.16 安平 X 井斜井段实钻轨迹数据

测深/m	井斜/(°)	方位/(°)	垂深/m	位移/m	狗腿度/(°/30m)	视平移/m
434.72	10.72	115.3	433.67	13.24	1.28	6.15
463.64	11.95	115.0	462.02	18.63	1.28	6.71
492.26	9.40	118.1	490.15	23.75	2.74	7.11
521.01	10.11	120.9	518.48	28.46	0.89	7.21
550.01	10.90	119.5	546.99	33.61	0.86	7.26
578.98	11.56	119.5	575.41	39.16	0.68	7.37
607.64	10.37	123.2	603.55	44.51	1.45	7.32
636.38	11.56	123.8	631.76	49.87	1.25	7.06
665.02	9.62	133.6	659.91	54.94	2.77	6.37
693.79	10.11	122.3	688.26	59.71	2.08	5.76
722.38	11.38	122.3	716.35	65.00	1.33	5.61
1969.90	24.30	351.6	1943.32	223.28	6.11	26.86
1979.40	26.50	350.2	1951.93	221.08	7.17	30.00
1989.10	27.91	348.8	1960.52	218.68	4.82	33.31

续表

测深/m	井斜/(°)	方位/(°)	垂深/m	位移/m	狗腿度/(°/30m)	视平移/m
2027.40	32.52	351.6	1993.73	209.06	5.87	47.7
2037.00	34.58	353.0	2001.72	206.86	6.88	51.86
2046.70	35.95	353.0	2009.63	204.72	4.24	56.28
2056.30	37.97	353.0	2017.33	202.64	6.29	60.87
2066.00	39.99	353.0	2024.86	200.62	6.26	65.68

（二）水平段稳斜控制

水平段的轨迹控制的原则是通用的"钻具稳平、上下调整、多开转盘、注意短起、动态监控、留有余地、少扭方位"。提高水平段施工效率的核心是钻具稳平优化和上下调整的时机选择。

通过理论研究，单扶钻具组合增斜率最高，双扶钻具组合侧向力约为0，增斜率、增方位率最小。水平段钻进钻具结构为单弯双稳导向钻具组合，主要通过调整上稳定器位置、螺杆结构参数优化，提高稳斜能力。

致密油储层相对较薄，为确保后期改造效果设计要求水平段井斜控制在89°~90°、且水平段井眼轨迹应控制在储层中上部，针对水平段易形成岩屑床，导致加压困难、轨迹控制难度大等问题，结合实钻资料分析确定水平段钻具组合：Φ152.4PDC+7LZ127×1.25（自带扶正器148）+Φ148STAB（球形）+MWDSUB+Φ120NMDC1根+Φ101.6HWDP×15根+Φ101.6DP（根据水平段确定根数）+Φ101.6HWDP×35根+Φ101.6DP（图8.8）。以安平X井为例，水平段井斜控制在89°~90°，方位稳定，轨迹光滑，满足水平井轨迹控制要求（表8.17，表8.18）。

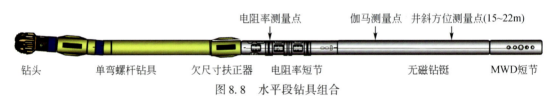

电阻率测量点　　　伽马测量点　井斜方位测量点(15~22m)

钻头　　　单弯螺杆钻具　　　欠尺寸扶正器　电阻率短节　　　无磁钻铤　　　MWD短节

图8.8　水平段钻具组合

表8.17　水平段双扶钻具组合造斜率理论计算数据

钻具（°/30m） 扶正器间距	7m	8m	9m	10m
单弯双扶 1.0	复合：1.0 滑动：4.0	复合：0.85 滑动：4.3	复合：0.7 滑动：4.7	复合：0.5 滑动：5.1
单弯双扶 1.25	复合：0.83 滑动：4.5	复合：0.69 滑动：4.8	复合：0.6 滑动：5.0	复合：0.45 滑动：5.5
单弯双扶 1.5	复合：0.5 滑动：5.4	复合：0.4 滑动：5.5	复合：0.35 滑动：6.0	复合：0.3 滑动：6.5

表8.18　安平 X 井水平段实钻数据表

测深/m	井斜/(°)	方位/(°)	垂深/m	南北位移/m	东西位移/m	增斜率/(°/30m)
2729.36	89.80	349.9	2171.85	572.17	59.24	0.12
2739.01	89.83	349.9	2171.89	581.58	57.10	0.09
2748.66	89.90	349.9	2171.91	590.99	54.95	0.22
2758.31	89.88	349.9	2171.93	600.4	52.81	-0.06
2767.95	89.91	349.2	2171.94	609.79	50.61	0.09
2777.45	90.00	348.6	2171.95	619.01	48.34	0.28
2787.14	90.10	348.2	2171.94	628.4	45.94	0.31
2796.76	90.20	348.2	2171.92	637.71	43.52	0.31
2806.19	90.27	349.2	2171.88	646.86	41.23	0.22
2815.67	90.13	349.1	2171.85	656.07	39.00	-0.44

第三节　水平井固井技术

与常规油气资源开采相比，致密油通常需要采用长水平段水平井的分段压裂才有产能。以上工艺对环空水泥石提出了特殊的要求，主要表现在以下几个方面：①分段压裂对水泥石力学性能要求高，水泥石必须具备良好的韧性和弹性；②水平段套管居中度要求较高，防止出现非均匀水泥环，导致薄边水泥环在压裂过程中密封失效；③保证良好的套管居中度，以提高顶替效率，防止窜槽，保证环空水泥石良好的机械密封性（刘崇建等，2001）。

一、长水平段套管下入与居中技术

（一）水平井固井套管下入

长水平段水平井的突出特点是水平位移大、井斜角大，导致套管下入摩阻大。采用常规套管下入技术，长水平段由于下部摩阻较大、上部下压易导致套管扣胀扣、产生屈曲变形、损毁。鄂尔多斯盆地致密油层垂深浅、水平井位移大，通过软件模拟仅靠套管自重力不能顺利入井（图8.9），采用漂浮下套管技术才能确保其下到预定深度。漂浮下套管技术是在套管柱下部封闭一段空气或低密度的钻井液，以减轻整个管柱在钻井液中的质量，从而达到减小摩阻、将套管顺利下入的目的。漂浮下套管即将漂浮接箍连接在套管柱上，在套管内构成临时屏障，漂浮接箍与止塞箍之间的套管柱内充满空气，而漂浮接箍以上的套管柱内充满钻井液。这样就增加了漂浮接箍以下部分套管柱的浮力，实现下部套管串在下套管过程中处于漂浮状态，减少了管柱对井壁的正压力，从而减小摩阻，降低了下套管时的阻力；并且由于漂浮接箍以上部分的套管柱内充满了钻井液，从而增加了把套管柱推入井眼内的压力，实现套管顺利下入。

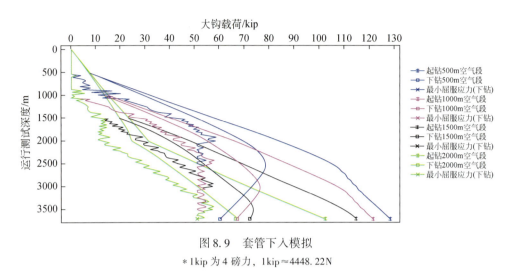

图 8.9　套管下入模拟

* 1kip 为 4 磅力，1kip≈4448.22N

套管漂浮长度的确定是漂浮下套管技术的关键，套管漂浮长度主要以井眼轨迹数据（测量井深、井斜角和方位角）、套管参数、钻井液体系和性能等资料为依据，通过计算机软件进行模拟计算来确定，结合水平井下套管、固井经验，当套管下放载荷大于静载荷 30% 时，套管可顺利下入。在漂浮下套管现场作业中，需根据井眼轨迹、钻具组合、大钩实际载荷、钻井液性能等参数推算出实际摩擦因数，来确定漂浮工具的放入位置。一般将漂浮工具安放于下入套管长度为水平段长度的 70%～100% 区间。

（二）套管居中技术

长水平段水平井套管下入阻力大，为满足套管居中，提高顶替效率，在斜井或水平井中，弹性扶正器已无法支撑沉重的套管，因此，根据实践经验，优选树脂刚性螺旋扶正器、树脂刚性滚轮螺旋扶正器。一是当井壁不规则时，下套管过程中，产生横向扭矩分力，使扶正器转动减轻下套管的阻力；二是在管外环空中，当水泥浆穿过螺旋片时产生旋流，改善环空流场，提高水泥浆顶替效率，对提高固井质量十分有利。

树脂刚性滚珠螺旋扶正器微形变、恢复性能好，本体在外力作用下形变量达到 2.5% 左右，去除外力后可以回复到原始状态，在遇阻、缩径、狗腿大等复杂井段，有利于套管下入。扶正力 ≥26kN，扶正力强，使套管居中度高，能有效降低水泥浆流动阻力，提高固井质量。

套管居中度是影响顶替效率的最关键因素，在相同注替条件下，套管居中度越高，顶替效率越高。根据行业经验，套管居中度必须不小于 67%。根据地层特性、井眼质量、井眼轨迹及井下情况，通过固井软件优化计算，扶正器加放位置如下：

（1）水平段第一根套管加放刚性螺旋滚轮扶正器，井斜 80° 处～井底，1 只刚性滚轮扶正器/2 根套管；

（2）井斜 30°～80° 处，1 只扶正器/1 根套管，刚性螺旋滚轮扶正器、双弓弹性扶正器交叉安放；

（3）造斜点～井斜30°处，1只双弓弹性扶正器/2根套管；

（4）井口～造斜点，1只双弓弹性扶正器/3根套管；

（5）井口最上套管加刚性扶正器1只。

二、水泥浆体系

普通水泥石多孔、脆性大，大型体积压裂易致水泥石破裂。致密油固井后水泥石需承受分段压裂交变应力变化，为了提高水泥环抗冲击能力，确保水泥环的层间封隔能力，研制出了韧性水泥体系，对其力学性能进行了评价，水泥石具有较高强度、较低的弹性模量，综合性能良好。

（一）韧性水泥浆体系

通过在水泥中加入纤维、胶乳等对水泥石进行韧性改造（李军，2005），优选出的韧性材料是一种白色、惰性颗粒状材料，自身具有较强的亲水性、分散性和较高的弹性，镶嵌在水泥石内部，当水泥石受冲击力作用时，力会传递到填充其间的颗粒，发生弹性变形，吸收部分能量，从而提高水泥石的韧性。另一方面，加入胶乳粉分散在其中形成乳浊液，随着水化进行，水泥颗粒间的水逐渐被消耗，聚合物颗粒相互聚集，迅速增加水泥浆的稠度，从而缩短稠化过渡时间，提高水泥浆体系的防窜能力（高云文等，2014）。通过室内试验，确定韧性水泥浆配方为G级水泥+4%弹性材料+2%胶乳+5%微硅+0.8%分散剂+2.5%降失水剂+47%水（表8.19）。该韧性水泥浆在40～80℃范围内，流变性能良好，失水量低，稠化时间可调性好，过渡时间短，满足现场施工要求。

表8.19 韧性水泥浆体系综合性能

性能指标	试验条件	性能数据	
		领浆	尾浆
密度/（g/cm³）	室温	1.65	1.83
流动度/cm	室温	22.0	21.5
API失水量/mL	85℃	28	28.0
初始稠度/Bc	85℃，35MPa	15.0	17
稠化时间/min	85℃，35MPa	286	192
流变	85℃	$n=0.67$，$K=1.51\text{Pa·sn}$	$n=0.54$，$K=2.82\text{Pa·sn}$
游离液/%	85℃	0.0	0.0
沉降稳定性/（g/cm³）	85℃	0.05	0.03
抗压强度/MPa，24h/48h	85℃，0.1MPa	13.62/18.08	23.48/23.62
弹性模量/GPa	85℃，20MPa	5.0	5.1
泊松比	85℃，20MPa	0.17	0.19

注：n为流型指数；k为稠度系数。

(二) 水泥浆性能评价

1. 韧性水泥浆体系力学特征评价

对比不同温度条件下水泥石的力学特性 (表 8.20)，相同条件下，韧性水泥石比普通水泥石具有相对较低的弹性模量和较高的泊松比；随着围压增大，水泥石的抗压强度逐渐增大，实现了"高强度低弹性模量"的力学特性，达到了改善水泥石力学性能的目标。

表 8.20　水泥石性能实验

	抗压强度/MPa	抗拉强度/MPa	弹性模量/GPa	泊松比
普通水泥石	30.2	2.4	12	0.24
韧性水泥石	28.3	2.8	7.2	0.17

2. 水泥石抗折强度、胶结强度和渗透率评价

材料工程中，将抗压强度和抗折强度的比值称作脆度系数，可在一定程度上反映材料的脆性，脆度系数越低表明材料脆性越弱。对比纯 G 级油井水泥和韧性水泥浆在 85℃ 条件下养护后的力学性能 (表 8.21)，加入增韧材料，水泥石的脆度系数降低，柔韧性增强，说明增韧材料对水泥石的脆性有显著改善作用。

表 8.21　水泥浆体系力学性能指标对比 （1.88g/cm^3）

	48h 抗压强度/MPa	48h 抗折强度/MPa	48h 脆度系数	24h 胶结强度/MPa	7d 膨胀率/%	7d 气体渗透率/（×10^{-3} μm^2）
G 级水泥	47.4	7.2	6.58	2.56	−0.018	0.0810
韧性水泥	26.7	6.50	4.10	2.83	0.029	0.0096

3. 水泥石膨胀率测定

将水泥石 85℃/48h 养护 (表 8.22)，水泥石的膨胀率为 0.15%，可有效降低水侵。

表 8.22　柔性水泥石膨胀率

养护条件	试块编号	膨胀率/%	平均膨胀率/%
85℃，48h	1	0.15	
85℃，48h	2	0.17	0.15
85℃，48h	3	0.13	

4. 形变能力评价

通过对弹韧性水泥石进行交变应力循环加载实验，对比水泥石变形能力，得出以下结论：

(1) 塑性形变能力：韧性水泥石强于原浆水泥石 (图 8.10)；

(2) 轴向应变：韧性水泥石超过原浆水泥石 50% (图 8.11)；

（3）循环加载过程：相同载荷下，韧性水泥石较原浆水泥石变形能力弹性区间明显增加（图8.12）。

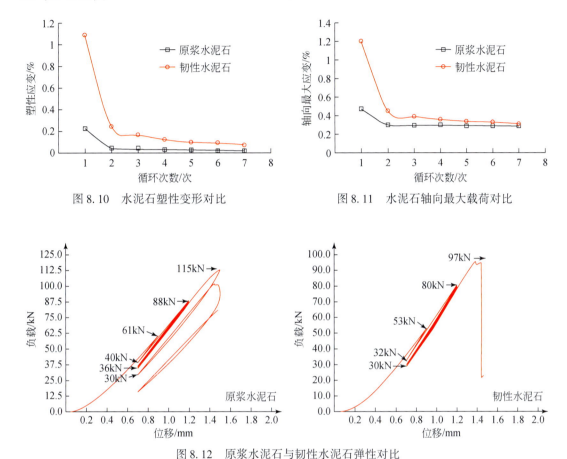

图8.10　水泥石塑性变形对比　　　　　图8.11　水泥石轴向最大载荷对比

图8.12　原浆水泥石与韧性水泥石弹性对比

（三）固井技术措施

（1）环河组、洛河–宜君组易漏层位，在顶替到位后当量密度为1.36g/cm³。为防止固井漏失，需要在易漏层位进行随钻堵漏，提高地层承压能力。

（2）采用套管漂浮技术，控制下套管速率，套管匀速下入，减少激动压力。下完套管后，小排量顶通（0.6~0.8m³/min），逐渐加大排量（2.0~2.1m³/min），充分洗井2循环周以上，排尽井筒内气体，确保井底无沉砂，才可进行固井作业。

（3）使用软件计算扶正器安放位置、数量及种类，确保套管居中度达到67%以上。并根据最终现场实际情况，合理加放扶正器。

（4）根据现场井壁稳定情况调整钻井液性能，尽可能使固井前钻井液漏斗黏度小于50s。增加冲洗隔离液用量，提高冲洗效率，提高面胶结质量。优化施工参数，做好污染实验，确保固井施工安全。

（5）水平段采取韧性水泥浆体系。低失水、零析水，增加水泥石韧性，提高水泥环长期密封性，满足后期压裂的要求。

通过水泥浆体系优选、固井配套工具等技术攻关，形成的弹韧性水泥浆体系及配套固井技术，提高了固井质量，解决了鄂尔多斯盆地致密油水平井对固井质量要求高的难题，并进行了现场试验。致密油层长水平段水平井固井质量合格率为 92.5%，第一、二胶结面优良率均提高 20% 以上，固井质量明显提高，为后期的体积压裂改造作业的顺利开展提供了良好的井筒条件。

参 考 文 献

白家社，苏义脑. 1991. 定向钻井过程中的三维井身随钻修正设计与计算. 石油钻采工艺，13（6）：1～4

高德利. 2003. 油气钻井技术展望. 石油大学学报，27（1）：29～32

高云文等. 2014. 合平 4 致密油水平井韧性水泥浆固井技术. 钻井液与完井液. 31（4）：61～63

顾金辉，郝铁军. 1991. PDC 钻头的钻井参数选择，钻井工艺，03. 45～47

郭晓霞，杨金华，钟新荣等. 2014. 北美致密油钻井技术现状及对我国的启示. 石油钻采工艺，36（4）：1～5

李军，陈勉，张辉等. 2005. 水泥环弹性模量对套管外挤载荷的影响分析. 石油大学学报（自然科学版），29（6）：41～44

李士斌，艾池，宁海川等. 1999. PDC 钻头德优选方法大庆石油学院学报，23（3）86～88

刘崇建等. 2001. 油气井注水泥理论与应用. 北京：石油工业出版社

彭烨，侯庆勇，李白勇等. 2004. PDC 钻头的"低转速-高钻压"钻井参数模式及应用，钻采工艺，02；18～20

孙宁，秦文贵等. 2013. 钻井手册. 北京：石油工业出版社

唐雪平，苏义脑. 2003. 三维井眼轨迹设计模型及其精确解. 石油学报，24（4）：90～93

王德新，于润桥. 1997. 套管柱在水平井弯曲段的可下入性. 石油钻探技术，25（1）：12～13

王勇茗，余世福等. 2015. 长庆致密油三维水平井钻井技术研究与应用. 西南石油大学学报. 37（6）：79～84

徐同台. 1997. 井壁稳定技术研究现状及发展方向. 钻井液与完井液，14（4）：36～43

许春田，刘建全，汤燕丹等. 2013. 裂缝发育硬脆性泥岩井壁失稳机理及其解决措施. 钻井液与完井液，30（3）：13～16

张绍槐. 2003. 现代导向钻井技术的新进展及发展方向. 石油学报，24（3）：82～89

第九章　致密油"三品质"测井定量评价技术

致密油地质特征与开发方式的特殊性，使得致密油测井评价面临着以下三个方面的挑战：①解决地质认识问题，即及时发现致密油气，解决有无储量的问题；②寻找甜点分布，即定量评价规模致密油气分布和富集情况，解决能否产出工业油气和如何选择富集区域问题；③为钻完井和工程改造提供技术支持，即从有利层段优选、井眼轨迹设计、改造层段选取、压裂方案设计等方面开展研究，解决如何产出工业油气的问题。

针对上述三大挑战，致密油测井评价应着眼于三个方面的核心问题（即"三品质"评价）来进行技术攻关。一是储层品质评价，强化分析储层品质和相对优质致密油层展布规律；二是烃源岩品质评价，突出研究总有机碳含量计算方法、烃源岩品质描述参数以及烃源岩品质的纵横向展布规律；三是工程力学品质评价，重点确定地应力方位及其各向异性评价、优选出有利体积压裂层段。

第一节　致密油评价参数体系

根据盆地致密油地质与工程应用需求，在常规储层"四性"评价基础上，重构了致密油"三品质"测井评价参数体系，共包含烃源岩品质、储层品质及工程力学品质评价在内的 12 项参数（图 9.1）。

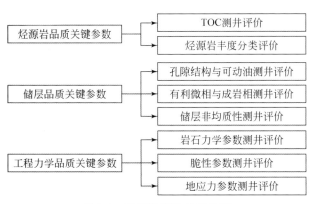

图 9.1　致密油评价参数体系

常规"四性"（岩性、物性、电性、含油性）关系评价成果图，主要有泥质、孔隙度、渗透率、饱和度等参数的计算。致密油储层岩性、孔隙结构复杂，测井性噪比低，评价难度大，因此仅通过"常规四性"关系评价无法满足地质和工程评价需要。通过近几年的技术攻关，在岩石物理实验和测井新技术采集试验基础上，创新开展了致密油"三品质"测井综合评价。在储层品质评价方面，主要基于核磁测井开展了孔隙结构评价，基于元素俘获+电成像测井开展了精细岩相和岩石组分评价；在烃源岩品质评价方面，基于岩性扫描+能谱测井开展了有机碳含量计算；在工程力学品质方面，基于阵列声波扫描测井，开展了岩石力学评价（包括杨氏模量，泊松比，最小、最大水平主应力，岩石脆性）。图9.2是城96测井综合解释成果图，完全按照致密油"三品质"体系进行测井综合评价，满足了地质工程评价需求。

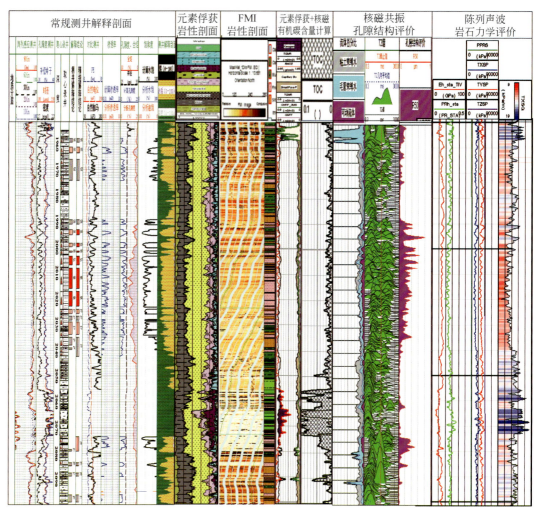

图 9.2　城 96 井长 7 "三品质" 测井评价综合图

致密油"三品质"评价参数体系比传统的测井"四性"关系评价体系内涵更加丰富，不仅满足了储层精细评价的要求，并且通过源储配置关系研究，优选甜点区，满足地质综合研究的需要；同时还可以为水平井钻井和大型体积压裂改造等工程需求提供技术支持。因此"三品质"是致密油测井评价的核心内容，所建立的参数评价体系能够很好地满足盆地致密油勘探开发需求。

第二节　烃源岩品质测井评价

　　盆地延长组长 7 段沉积期为最大湖泛期，湖盆强烈拗陷，湖水分布范围广，沉积了一套富有机质的优质烃源岩，厚 20~60m。烃源岩有机质类型好，以低等水生生物为主，富含 Fe、S、P 等生命元素，TOC 值平均为 13.75%，以 Ⅰ、Ⅱ₁ 型干酪根为主，烃源岩条件优越，是致密油成藏的重要资源基础（杨华等，2013）。

　　致密油是源储共生，未经长距离运移形成的油藏，烃源岩品质测井评价是致密油评价不可或缺的关键因素之一。以往烃源岩评价往往都是通过对钻井取心样品的实验分析获得，但是受钻井取心的限制，单口探井往往很难获得连续的烃源岩地化参数。因此利用测井资料连续丰富的特点，开展烃源岩品质的测井评价意义重大。通过识别优质烃源岩，并研究其源储配置关系，为最终寻找致密油藏甜点分布区奠定良好的基础。

一、烃源岩测井响应特征

　　鄂尔多斯盆地中生界延长组长 7 段岩性主要为页岩、泥岩、粉砂质泥岩、泥质粉砂岩及粉细砂岩，且多数呈互层状。由于烃源岩中有机质具有密度低和吸附性强等特征，因此在许多测井曲线上具有异常反映。在正常情况下，有机质含量越高的岩层在测井曲线上的异常越大，烃源岩发育段测井曲线的响应特征主要有：

　　（1）自然伽马曲线。在该曲线上表现为高异常，这是因为富含有机质的油页岩往往吸附有较多的放射性元素 U。

　　（2）密度和声波时差曲线。富含有机质的页岩，其密度低于其他岩层，在密度曲线上表现为低异常，在声波时差曲线上表现为高时差异常。

　　（3）电阻率曲线。成熟的岩层由于含有不易导电的液态烃类，因而在该曲线上表现为高异常。利用这一响应可识别烃源岩成熟与否。

　　鄂尔多斯盆地长 7 段典型烃源岩测井响应特征为：自然伽马值分布范围为 90~544API，平均值为 256API；补偿密度值分布范围为 2.2~2.58g/cm³，平均值为 2.45g/cm³；声波时差值分布范围为 185~345μs/m，平均值为 268μs/m，电阻率普遍在 30~300Ω·m，最高可达 2000Ω·m。该段整体测井响应特征表现为"三高一低"，即高自然伽马、高电阻率、高声波时差、低补偿密度（图 9.3）。

二、烃源岩分类标准建立

　　根据岩性特征、有机地球化学指标并结合测井参数特征，将盆地长 7 段烃源岩划分为黑色页岩（优质烃源岩）、暗色泥岩和一般泥岩三种类型，其中一般泥岩为非烃源岩。盆地烃源岩残余有机碳含量与源岩的自然伽马、密度、U 含量之间的相关性较好（图 9.4）。通过岩性与 TOC 含量将烃源岩划分为三类，并与测井参数相结合，最终确定了烃源岩测井分类标准（表 9.1）。

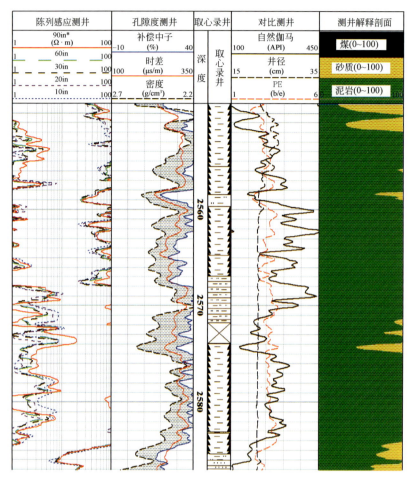

图 9.3　鄂尔多斯盆地长 7 典型烃源岩测井响应特征

注：＊1in＝2.54cm

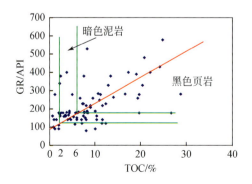

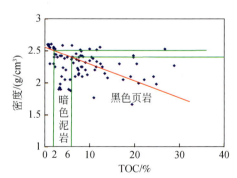

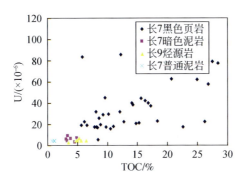

图 9.4　长 7 烃源岩 TOC 含量与伽马、密度、U 交会图

表 9.1　长 7 段烃源岩测井分类标准

长 7 烃源岩类型	自然伽马/API	密度/(g/cm³)	TOC/%	划分类型
黑色页岩	>180	<2.3	>10	Ⅰ
		2.4 ~ 2.3	6 ~ 10	Ⅱ
暗色泥岩	120 ~ 180	2.3 ~ 2.5	2 ~ 6	Ⅲ
普通泥岩	<120	>2.5	<2	

三、烃源岩品质定量评价

　　总有机碳含量是烃源岩评价的一个很重要的参数，它反映了烃源岩有机质含量的多少和生烃潜力大小。虽然实验室测得的有机碳含量或测井计算总有机碳含量不等同于原始烃源岩总有机碳含量，但却反映了烃源岩生烃潜力，对于致密油烃源岩特性的评价具有重大的意义。

　　目前对于总有机碳含量的评价，通常采用有机地球化学方法，即利用钻井取心、井壁取心、大量的岩屑在实验室进行分析化验得到结果，但由于取心费用昂贵并且不可能对每口井都做大量分析化验，故地球化学方法对有机碳评价存在一定的局限性。测井资料具有在纵向连续性好、分辨率高的特征，故可以利用测井资料评价致密砂岩中烃源岩的总有机碳含量，从而弥补地球化学方法的不足，为有机质含量评价提供更加合理、准确的结果。

　　目前测井计算 TOC 方法主要有三种。第一种是埃克森美孚石油公司的孔隙度–电阻率曲线叠加（$\Delta \lg R$）法（Passey，1990）。该方法是利用重叠法，把刻度合适的孔隙度曲线（声波时差或密度曲线）叠加在电阻率曲线上，在贫有机质层段，这两条曲线相互重合或平行；富含有机质层段中两条曲线分离，主要是由于低密度干酪根在声波时差曲线的反应和地层流体在电阻率曲线的反应。但是这种方法对测井曲线的质量要求较高，也受限于一定的计算公式及模型，故计算的精确度及适用性有限。第二种方法是自然伽马能谱 U 曲线拟合法，通过线性拟合得到总有机碳含量与 U 之间的关系式。最后一种方法是多元回归分析法，通过分析盆地长 7 段大量的总有机碳含量岩心实验数据与测井响应特征的关系，优选声波时差、密度、自然伽马多元回归建立了不同区块的 TOC 计算模型。

（一）孔隙度-电阻率曲线叠加（$\Delta\lg R$）法

利用 $\Delta\lg R$ 方法进行 TOC 评价的基本原理是：利用自然伽马测井或者自然电位曲线识别并剔除油层、蒸发岩、火成岩、低孔层段、欠压实的沉积物和井壁垮塌严重层段等，然后将刻度合适的孔隙度曲线（声波测井、补偿中子、密度）叠合在电阻率曲线上，在非烃源岩层段，电阻率与孔隙度曲线彼此平行并重合在一起；而在储集层或富含有机质的烃源岩层段，两条曲线之间存在幅度差异（张志伟等，2000）。

在富含有机质的泥岩或页岩层段，电阻率和孔隙度曲线的分离主要由两种因素造成：一是孔隙度曲线产生的差异是低密度和低速度（高声波时差）的干酪根的响应造成的，在未成熟的富含有机质的岩石中还没有油生成，观察到的电阻率与孔隙度曲线之间的差异仅仅是由孔隙度曲线响应造成的；二是在成熟的烃源岩中，除了孔隙度曲线响应之外，因为有烃类的存在，地层电阻率的增加，使得两曲线产生更大的差异。

孔隙度曲线（声波时差、补偿中子、密度）主要与固体有机质的数量有关，在未成熟的烃源岩中，电阻率与孔隙度曲线之间的间距（$\Delta\lg R$）主要是由孔隙度曲线增大造成的，它反映有机质的丰度；而电阻率的增大或减小主要与生成的烃类物质有关。利用各种类型孔隙度曲线与电阻率曲线的间距（$\Delta\lg R$）可以识别富含有机质岩石（图9.5）。在交会图上声波时差向左偏移（即声波时差值大），电阻率也向左偏移（即电阻率值小），主要与固体有机质有关，反映了有机质丰度高，残留有机质较多，电阻率偏小，反映生烃较少，是未成熟的烃源岩。当声波时差向左偏移（即声波时差值偏大），而电阻率向右偏移（即电阻率值偏大），反映残留固体有机质多，生烃较多，是好的成熟烃源岩。当声波时差向

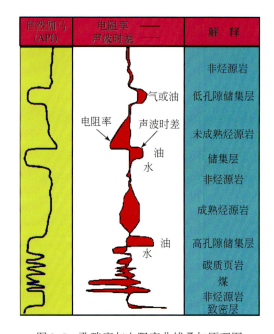

图9.5 孔隙度与电阻率曲线叠加原理图

右偏移，而电阻率向左偏移，声波时差值偏小时，反映固体有机质较少，生烃较少，是差的烃源岩或非烃源岩。

采用电阻率与孔隙度曲线重叠法来定量评价烃源岩的总有机碳含量 TOC，可分别采用电阻率–密度叠合法和电阻率–声波叠合法来计算 TOC，具体计算方法如下：

电阻率–密度叠合法：

$$\Delta \lg R = \lg \frac{R}{R_{基线}} + K \cdot (\rho - \rho_{基线})$$

$$TOC = (\Delta \lg R) \cdot 10^{2.297 - 0.1688 \cdot LOM} \tag{9.1}$$

电阻率–声波叠合法

$$\Delta \lg R = \lg \frac{R}{R_{基线}} + K \cdot (\Delta t - \Delta t_{基线})$$

$$TOC = (\Delta \lg R) \cdot 10^{2.297 - 0.1688 \cdot LOM} \tag{9.2}$$

式中，系数 K 为互溶刻度的比例系数；LOM 为反映有机质成熟度的指数，LOM = 7（经地化分析数据标定）。

对于陇东地区的高成熟度烃源岩来说，由于排烃作用，实验室测得的总有机碳含量不准确，从而导致该图版确定 LOM 不准确，从成熟度指数确定交会图可以看出，交会图中点非常分散，不能准确得到成熟度指数 LOM 的大小，导致用该方法计算总有机碳含量不准确（图9.6）。

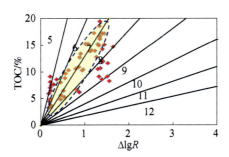

图9.6　成熟度指数确定交会图

从烃源岩评价实例可以看出（图9.7），用 $\Delta \lg R$ 法计算的 TOC 和岩心分析 TOC 相关性不是很好，在上部由于 TOC 分析值远小于计算值，该段可能是由于排烃作用，实验室测得的总有机碳含量不准确导致，而下部分实验室测得的值大于计算得到的值，电阻率出现骤降的现象，该部分可能有黄铁矿影响，从而导致总有机碳含量评价结果不准，故在有机碳成熟度较高或者含黄铁矿层段需选择其他方法进行计算。

（二）自然伽马能谱铀曲线拟合法

有机质中 U 的富集沉淀机理是一个非常复杂的物理、化学过程，U 在有机质中沉淀、富集的主要因素有以下几种：吸附作用、还原作用、离子交换作用，以及形成有机化合物的化学反应。由于有机质可以吸附 U、与 U 产生配位作用而产生含 U 的有机化合物或者还原含 U 氧化物，因此 U 对有机质含量具有非常好的指示作用，可以用 U 曲线来计算有机

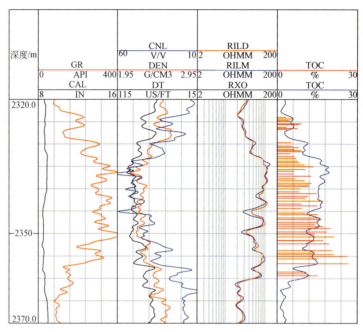

图 9.7　里 57 井长 7 段烃源岩测井图

注：最后一道蓝色曲线为用 ΔlgR 法计算的 TOC，红色数据点为岩心分析总有机碳含量

碳的含量。

　　基于岩心刻度测井，建立总有机碳含量与相应深度的 U 数值的交会图，利用 20 块岩心分析总有机碳数据建立了总有机碳含量与 U 交会图（图 9.8），总有机碳含量与测井 U 含量呈线性关系，相关系数为 0.85，并通过线性拟合得到总有机碳含量与 U 之间的关系式：

$$\text{TOC} = 0.59 \cdot U + 0.38 \tag{9.3}$$

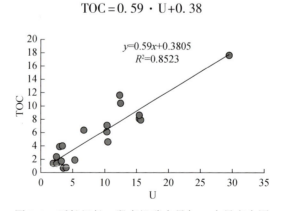

图 9.8　延长组长 7 段有机碳含量与 U 含量交会图

　　采用 U 曲线与总有机碳含量之间建立的关系来评价总有机碳含量效果较好（图 9.9）。

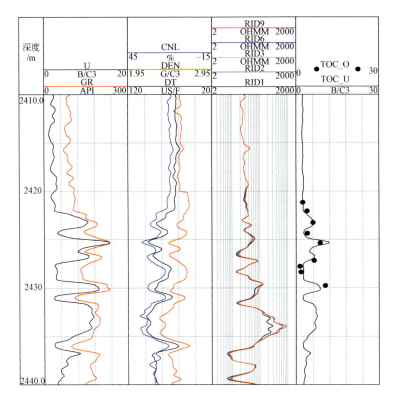

图 9.9　庄 58 延长组 TOC 测井计算成果图

注：最后一道黑色曲线为用 U 曲线计算的 TOC，红色数据点为岩心分析总有机碳含量

（三）多元拟合法

由于电阻率–孔隙度曲线叠加法不适用于目标区内的高成熟度烃源岩以及含黄铁矿的层段，因此进行总有机碳含量评价时采用 U 曲线结合 $\Delta\lg R$ 拟合法，利用多元线性方程拟合得出了拟合公式，其相关性达到了 0.88，公式如下：

$$\mathrm{TOC}=0.48 \cdot U+1.78 \cdot \lg R+0.184 \tag{9.4}$$

从三种方法计算结果与岩心分析结果的相关性分析（图 9.10）可看出，运用 U 曲线联合 $\Delta\lg R$ 法得到的结果与岩心分析结果吻合最好，从这三种方法对比来看，U 曲线联合 $\Delta\lg R$ 法是鄂尔多斯盆地总有机碳含量定量计算的最佳方法。

由于本区自然伽马能谱测井采集较少，因此，难以普遍应用 U 曲线联合 $\Delta\lg R$ 法计算该区的 TOC 含量。根据鄂尔多斯盆地的测井资料采集实际情况，应用取心资料标定，分别建立了 $\Delta\lg R$ 结合常规测井的 TOC 计算模型和基于常规测井的 TOC 计算模型（图 9.11、图 9.12），用于实际资料处理。根据建立的 TOC 测井计算方法对该区进行处理，将前述分类标准应用于实际资料处理中，可进行单井纵向剖面上的烃源岩类型划分（图 9.13），并统计每类烃源岩的累计厚度，为分析全区烃源岩分布提供基础。

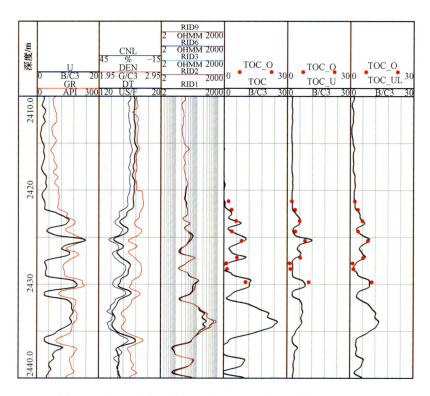

图 9.10　庄 58 井长 7 段烃源岩 TOC 不同方法计算结果对比图

第一道为深度道；第二道为 U 和自然伽马曲线；第三道分别为中子、密度、声波曲线；第四道为阵列感应电阻率曲
线；第五道、第六道、第七道红色数据点为岩心分析总有机碳含量的结果，而三条黑色的曲线 TOC、TOC_U、TOC_
UL 分别表示采用电阻率–声波曲线叠加法、U 曲线拟合法以及 U 曲线联合 ΔlgR 法计算的总有机碳含量结果

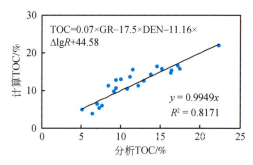

图 9.11　ΔlgR 结合常规测井 TOC 计算模型

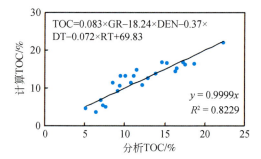

图 9.12　基于常规测井 TOC 计算模型

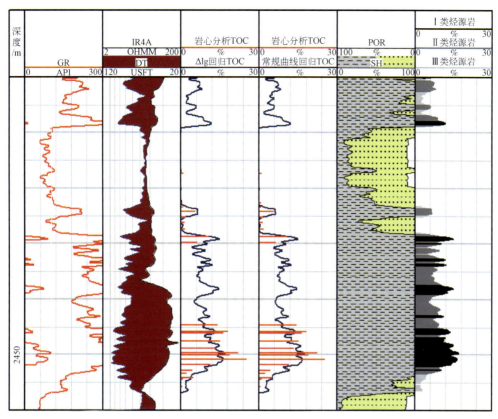

图 9.13　里 147 井长 7 段测井计算烃源岩 TOC 及分类

第三节　储层品质测井评价

在致密油储层品质评价中，测井解释面临的难点主要体现在以下两个方面：①致密油储层地质-岩石物理特征复杂，常规测井系列分辨能力低、信息量不足，需开展测井新技术、新方法试验及系列优选；②致密油测井评价基本沿用了低渗透储层的思路，其适应性明显不足，需提出针对性的测井评价内容、方法与标准。以岩石组分和孔隙结构评价为核心的储层品质评价是致密砂岩储层测井评价的主要任务之一。致密砂岩储层岩石矿物组分复杂，储集空间以次生溶蚀孔隙为主，孔隙类型多样，原始粒间孔基本消失，一般发育天然裂缝和微裂隙。岩石组分、孔隙类型、孔隙大小、裂缝发育情况及匹配关系是致密砂岩储层能否成为有效储层的重要因素。如何在岩石物理研究基础上，明确控制储层有效性的主控因素，应用测井资料评价储层品质是致密砂岩储层测井评价的重要内容。

一、岩石组分测井精细解释方法

盆地致密砂岩储层岩性复杂，主要为长石砂岩、岩屑长石砂岩和长石岩屑砂岩，细砂岩、粉砂岩占绝对优势，且富含有机质，造成了岩石组分定量评价难度大。弄清致密储层的矿物构成，确定储层岩石骨架，不仅可以为孔隙度等储层参数计算提供依据，而且对于致密油的有效开发有着重要的意义，因为致密油的有效开发都需经过大规模的储层改造，储层中脆性矿物成分含量的高低决定了储层改造的效果。

（一）基于全岩分析资料标定 ECS 测井确定岩石组分

ECS 测井是地层元素俘获谱测井的简称，ECS 可测量地层中的 Si、Ca、Fe、S、Ti、Gd 等元素，通过氧闭合可计算砂岩、泥岩、碳酸盐岩、黄铁矿等的矿物含量。根据城 96 井长 7 段致密油层 ECS 评价与 X 衍射全岩分析（XRD）实验结果对比图可以看出，长 7_3 富含黄铁矿和干酪根，ECS 解释结果与岩心 X 衍射全岩分析数据吻合较好（图 9.14）。通过城 96 井的元素俘获谱测井解释结果发现，鄂尔多斯盆地长 7 段高自然伽马地层不一定是泥岩层，而有可能是很好的储层。

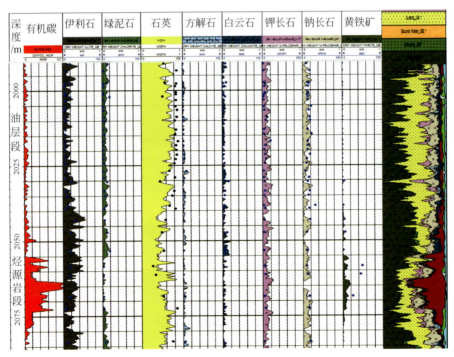

图 9.14　城 96 井长 7 段 ECS 与 XRD 实验结果对比图

（二）基于多矿物模型综合反演确定岩石组分

1. 多矿物模型建立

根据该地区储层岩石物理特征以及 X 衍射分析资料，可以得出其主要的岩石矿物及黏土矿物组分，同时为了更好利用常规测井资料计算矿物成分且便于采用最优化方法计算，需要舍去其中含量相对较少矿物（含量小于 5%），根据第四章第二节岩石组分分析结果，选择含量较高的石英、长石、伊利石以及绿泥石四种矿物成分作为地层的矿物组成。由于长 7 段是鄂尔多斯盆地主力生油层，有机质丰度较高，有机碳含量一般为 6% ~ 14%，最高可达 30% ~ 40%，所以在烃源岩层段除选择上述四种矿物外，还需将干酪根作为一种特殊矿物加入模型。最终建立了鄂尔多斯盆地延长组长 7 段岩石物理体积模型（图 9.15）。

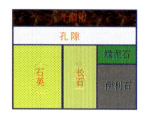

图 9.15　致密油岩石物理体积模型

2. 多矿物模型最优化求解

由于该地区只有少数探井采集了测井新技术资料，大多是常规测井资料，包括：三孔隙度测井曲线、双侧向测井曲线以及伽马、自然电位和井径曲线。这些常规测井数据，对于不同的矿物，其测井响应值，如补偿中子、声波时差、自然伽马、补偿密度、岩性密度有很大的差异，说明测井记录对矿物具有区分作用，在构建模型时应该包括上述测井记录，充分利用已有的测井信息。

根据鄂尔多斯盆地的岩石物理模型，利用常规资料中的声波、中子、密度、伽马等常规测井数据，可以得到其测井响应方程组（9.5）以及目标函数（9.6）。

$$\begin{cases} \rho_{\mathrm{b}} = \rho_1 V_1 + \rho_2 V_2 + \cdots + \rho_i V_i + \cdots \rho_m V_m \\ \Delta t = \Delta t_1 V_1 + \Delta t_2 V_2 + \cdots + \Delta t_i V_i + \cdots + \Delta t_m V_m \\ \Phi_{\mathrm{CNL}} = \Phi_{\mathrm{CNL}_1} V_1 + \Phi_{\mathrm{CNL}_2} V_2 + \cdots + \Phi_{\mathrm{CNL}_i} V_i + \cdots + \Phi_{\mathrm{CNL}_m} V_m \\ \cdots\cdots \\ 1 = V_1 + V_2 + \cdots + V_i + \cdots + V_m \end{cases} \quad (9.5)$$

式中，$i = 1, 2, \cdots, m$ 代表所选择的各种矿物，ρ_i、Δt_i、Φ_{CNL_i} 为各种矿物的密度、声波、中子等测井响应值，V_i 为各种矿物的体积含量。对于方程组（9.5），可以采用最优化的方法来计算各种矿物体积含量，并通过目标函数（9.6）来决定最优化解。

$$\varepsilon^2 = \left(\frac{t_m - t'_m}{U_m} \right)^2 \quad (9.6)$$

式中，t_m 是经过校正的接近实际地层的第 m 种矿物的测井测量值，t'_m 是相对应的通过测井响应方程计算的理论值，U_m 则是第 m 种矿物测井响应方程的误差。

最优化原理计算矿物含量的技术已经相当成熟，利用该方法能简单而快速的计算出各矿物的含量（田云英、夏宏泉，2006）。最优化原理是根据反演理论，利用通过环境校正后能够大概反映地层特征的测井响应值为基础，建立相应的解释模型和测井响应方程，并且选择合理的区域性测井响应参数，反算出一个相应的测井值，并利用这个计算出来的测井值与实际测得的测井值进行比较。为此需要建立一个目标函数，该目标函数的原理是非线性加权最小二乘原理，即通过最优化方法不断调整未知测井响应参数值，使两者充分的逼近。当目标函数达到极小值时，此时的方程的解就是最优解，该解可以充分反映实际储层测井响应值（图9.16）。

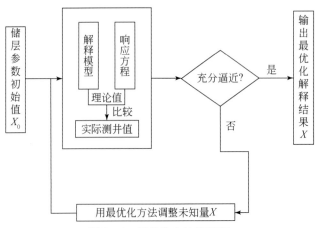

图9.16 最优化方法流程图

关键参数的确定其实就是对最优化测井求解，它是将所有测井信息、测量误差及地质经验综合成一个多维信息复合体，应用最优化数学方法进行多维处理，求出该复合体的最优解。实现最优化测井解释的基础就是通过上面建立的数学模型以及目标函数。通过选定的工区内矿物的种类以及工区内各种矿物的测井响应值（见表9.2），带入建立的模型和非相关函数从而进行计算，矿物中干酪根、长石以及伊利石的伽马值变化较大，其他测井响应参数相对稳定。计算时这些变化较大的参数是调整的重点，其他矿物的测井响应参数只需进行微调即可。每计算一次，将选用的测井响应参数重建测井曲线，并将重建的曲线与原始曲线作对比，如果不能很好地重合，则需要重新计算直到重建的曲线和原始曲线能够很好地重合为止。

表9.2 模型选取矿物测井响应特征值

测井响应	中子/%	密度/(g/cm³)	声波时差/(us/ft*)	PE/(B/E)	自然伽马/API
干酪根	60	1.5	126	0.2	1400
石英	−5	2.65	50.5	1.806	10
正长石	−0.6	2.59	53.5	2.33 ~ 2.82	265
伊利石	25	2.9	85	2.64	220
绿泥石	50	2.6	85	6.79 ~ 11.37	56

* 1ft=0.3048m。

利用多矿物模型对鄂尔多斯盆地庄230井延长组测井曲线进行了处理，并与X衍射结果（质量百分数）进行对比，结果表明二者符合较好。利用所建模型以及参数处理后得到了庄230井长7段多矿物测井解释成果图（图9.17）。由于该井X衍射并没有对黏土的各部分进行细分，只是分析了黏土的总量，故在此标定时将绿泥石和黏土含量加在一道来进行刻度。

根据反演曲线和实测曲线之间的对比关系（图9.18），将预测得到的伽马（第二道）、声波（第三道）、密度（第四道）、中子（第五道）以及U曲线（第六道）与实际的测量

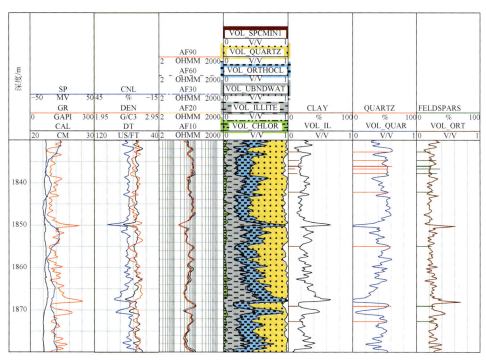

图 9.17　庄 230 井多矿物测井解释成果图

注：第一道为深度道，第二道为伽马、自然电位和井径曲线，第三道为中子、密度和声波曲线，第四道为阵列感应电阻率，第五道为多矿物剖面，第六、七、八道分别为黏土（vol_chlor+vol_il）、石英（vol_quar）以及长石（vol_orth）的计算结果（已换算成质量百分数）和 X 衍射结果对比道

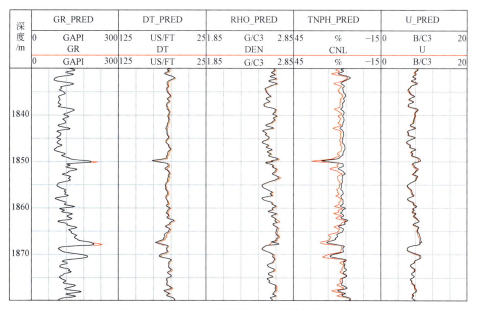

图 9.18　庄 230 井预测曲线与实测曲线对比图

注：道中红色的曲线为实际测得的测井数据，黑色曲线为预测重建的曲线

曲线进行了对比，通过对比，五条重建的曲线与实测的曲线重合良好，从而证明了该模型中各矿物的参数选择是合理的，矿物含量计算结果是可靠的。

二、砂体结构测井表征方法

为深入研究致密砂岩储层中砂体非均质性和砂体结构，经过野外实际地质考察分析发现，长 7 砂体结构和非均质性与测井曲线特征之间有着很好的对应关系，因此可以利用反映岩性和非均质性特征的测井曲线对储层砂体结构进行定性描述和定量评价（李潮流、周灿灿，2008）。

首先对测井曲线的定性特征进行分析，测井曲线的幅度和形态可以反映一些砂体结构特征。测井曲线形态的重要特征之一——幅度大小可以反映出沉积物的粒度、分选及泥质含量等沉积物特征变化。测井曲线的形态可反映沉积环境，包括柱（箱）形、钟形、漏斗形、平直形等，也可以是各种形态的复合型。而各种曲线形状又可分为微齿化、齿化以及光滑。曲线的光滑程度与沉积环境的能量也密切相关，齿化代表间歇性沉积的叠积，如冲积扇和辫状河道沉积，曲线越光滑则代表物源越丰富，水动力越强。应用测井曲线提取能够表征沉积特征的测井参数可以对储层沉积特征和砂体结构进行定量分析（马世忠等，2000）。

曲线光滑程度是次一级的测井曲线形态特征，反映了水动力环境对沉积物改造持续时间的长短。曲线光滑程度可用变差方差根 GS 表示。为求 N_{th} 及 GS，须先构造差分序列 $a_2 - a_1$、$a_3 - a_2$、$\cdots$、$a_n - a_{n-1}$，差分序列个数 L 可以反映锯齿的多少，而方差 S^2 可以反映数据整体波动性的大小，其中：

$$N_{\mathrm{th}} = L/h \tag{9.7}$$

$$S^2 = \frac{1}{N} \sum_{i=1}^{n} (x_i - \bar{x})^2 \tag{9.8}$$

为了用一个参数反映锯齿的大小和多少，引入地质统计学中的变差函数 $\gamma(h)$，变差函数是一种矩估计方法，为区域化变量的增量平方的数学期望。它反映了区域化变量在某个方向上某一距离范围内的变化程度，能够反映区域化变量的随机性和结构性，其计算公式如下：

$$\gamma(h) = \frac{1}{2N(h)} \sum_{i=1}^{N(h)} (a_i - a_{i+h})^2 \tag{9.9}$$

式中，h 为二个样本空间的分隔距离；$N(h)$ 为间隔为 h 的数据对 (a_i, a_{i+h}) 的数目；a_i 和 a_{i+h} 分别为区域变量 a 在空间位置 i 和 $i+h$ 处的实测值 $[i=1, 2, \cdots, N(h)]$。变差函数反映了数据局部波动性的大小。

由于变差函数反映了数据局部波动性的大小，而 S^2 则反映数据整体波动性的大小，故将二者结合构成变差方差根 GS，这样它可以综合反映曲线段整体波动大小和锯齿的多少与大小，从而用该函数来表征曲线数据的光滑程度，计算公式如下：

$$GS = \sqrt{\gamma(1) + \gamma(2) + \cdots + \gamma(h) + S^2} \tag{9.10}$$

那么空间样本分隔距离如何选取，即 h 取多少呢？对于测井曲线来说，由于他们的间隔是相等的,一般情况下每0.125m测一个值,既然要反映局部波动性的大小,那么 h 就越小越好,为了保证精度取 $h=2$。那么上述公式简化为

$$GS = \sqrt{\gamma(1) + \gamma(2) + S^2} \qquad (9.11)$$

其中 GS 越小,则曲线越光滑,曲线波动性就越小,砂体结构为块状;反之 GS 越大,曲线越不光滑,曲线的波动性就越大,砂体结构为砂泥互层。

根据测井曲线的光滑程度,结合储层沉积特征和泥质含量等情况,对长7段储层的砂体结构进行定量评价。通过分析发现,测井曲线的光滑程度能够很好地表征砂体结构,因此,采用曲线的光滑程度可以构造一个表征砂体结构和储层含油非均质性的参数。利用曲线光滑函数 GS 构建了砂体结构的测井表征参数 PSS 以及储层含油非均质性参数 PPA,定义如下:

$$PSS = GS(GR) \cdot V_{sh} \qquad (9.12)$$

$$PPA = \frac{\sum_{i=1}^{n} H_i \cdot \phi_i \cdot S_{oi}}{GS(DEN)} \qquad (9.13)$$

应用上述公式计算庄233井和庄142井的砂体结构和储层含油非均质性参数。其中庄233井中伽马测井曲线为微齿化的中幅箱形,为块状砂体,砂体整体的均质性好,庄142井中自然伽马曲线呈齿化的钟形、指形特征,为砂泥互层,砂体整体均质性差。从计算出的砂体结构参数和含油性参数结果来看,庄233井的光滑程度明显好于庄142井。根据测井参数评价结果,庄233井的储层砂体结构和含油非均质性均优于庄142井(图9.19,图9.20)。

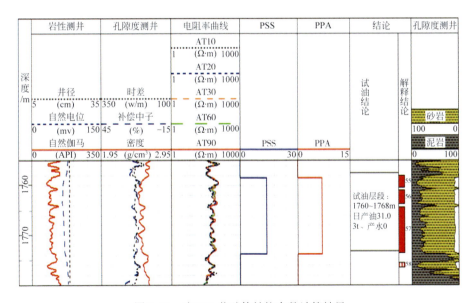

图9.19 庄233井砂体结构参数计算结果

应用该方法对该区块的井进行处理,分别计算了储层砂体机构参数和含油非均质性参数。以砂体结构指示参数做横坐标、含油非均质指示参数做纵坐标建立了致密油分级评价

图版（图9.21）。图版中横坐标从左向右表示砂体从互层状砂体向块状砂体变化，砂体结构逐渐变好；纵坐标由下向上表示储层的含油非均质程度由差到好。图中红色圆点表示产油大于10t/d，绿色三角点表示产油小于10t/d。

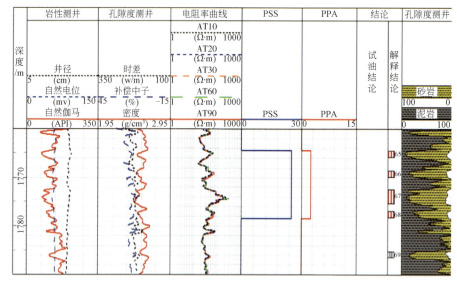

图 9.20　庄 142 井砂体结构参数计算结果

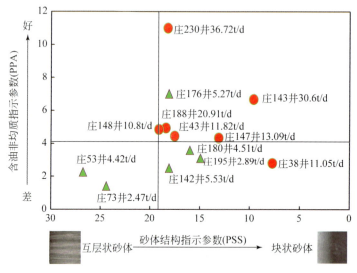

图 9.21　庄 230 井区致密油层分级评价图版

三、孔隙结构测井评价方法

储层孔隙结构特征是指岩石所具有的孔隙和喉道的几何形状、大小、分布及其相互连通关系。对致密储层，其孔隙结构最根本的特点就是孔隙喉道细小，迂曲度复杂，毛管压力高。储集层岩石的孔隙结构特征是影响储层流体（油、气、水）的储集能力和开采油气资源的主要因素。因此，孔隙结构测井评价对于发现有利勘探目标，有效开展储层评价，实现致密储层合理开发具有重大意义（付金华等，2002）。

目前研究储层的孔隙结构多是应用岩心实验室分析，主要包括岩心 CT 扫描、压汞实验和核磁共振实验。但考虑到取心费用贵、实验周期长，利用测井资料分析储层微观孔隙结构是非常有必要的。

利用核磁共振测井来表征孔隙结构，是目前常用的方法，核磁共振 T2 分布可以表示孔径分布（Coates G et al.，2007）。在实验室中，通常采用压汞法来提取孔喉参数，进而来表征孔隙结构，研究表明 T2 分布与压汞得到的孔径分布曲线类似。因此，我们能将 T2 分布曲线转换为压汞曲线，从而来表征孔隙结构。

目前用来转换毛管压力的方法主要有线性转化法、幂函数法、基于 Swanson 参数的转化法（肖亮、张伟，2008）、J 函数和 SDR 结合的转化法、二维等面积法和径向基函数法。对于线性转化法、幂函数法等存在的问题以及在复杂孔隙结构致密砂岩储层中的不适应性，提出基于幂函数的修正公式将核磁共振 T2 谱转化为伪毛管压力曲线，通过毛管压力曲线与核磁共振 T2 谱之间的非线性转换得到计算公式（具体转换关系需要进一步通过大量岩心配套实验深入研究确定），即

$$P_c = \frac{E}{T_2 D} \times \left[1 + \frac{A}{(B \times T_2 + 1)^C} \right] \tag{9.14}$$

式中，P_c 为毛管压力，MPa；T_2 为核磁测井横向弛豫时间，ms；A、B、C、D 是与孔隙结构、储层类型相关的经验系数，可用实验室岩心毛管压力曲线刻度核磁 T2 分布谱分析确定。E 为经验系数，一般默认为 2000。

该方法综合幂函数和可变刻度法的优点，对幂函数转化小孔部分误差较大问题用变刻度系数进行修正。应用该方法对长 7 段岩心样品进行分析和转化，选取样品孔隙度 6.9%、渗透率 0.01 ×10⁻³um²，岩心核磁共振 T2 谱（图 9.22），对应的岩心压汞毛管压力曲线（图 9.23）。

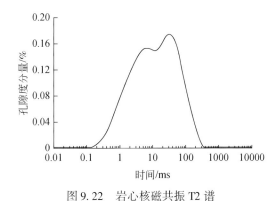

图 9.22　岩心核磁共振 T2 谱

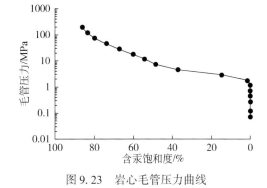

图 9.23　岩心毛管压力曲线

采用不同的核磁共振转换伪毛管压力曲线方法进行转换（图 9.24）。由图可见，线性转化法误差较大；幂函数法大孔部分对应较好，小孔部分误差较大；变刻度法转化效果也不理

想，均与实测压汞毛管压力曲线有较大差异；而本次提出的修正公式转化伪毛管压力曲线能很好地反映岩石的孔隙结构特征，与实验压汞毛管压力曲线吻合效果好。

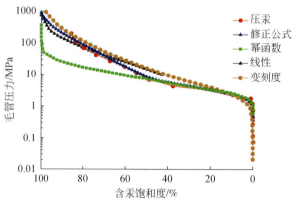

图 9.24　不同方法转换结果对比

　　基于岩石物理实验标定，并对核磁共振测井进行含油影响校正，利用核磁共振测井反演毛管压力曲线，计算的孔隙结构定量评价参数合理可靠。

　　将木 53 井核磁共振测井资料进行含油校正前后 T2 谱对比，以及转换的伪毛管压力曲线与实测毛管压力曲线进行对比。从图 9.25a 可看出含油校正前后 T2 谱有明显差异，反映大孔隙的部分进行含油校正后左移，根据含油校正前后的 T2 谱采用建立的伪毛管压力转换方法，获得伪毛管压力曲线与压汞实验曲线对比结果（图 9.25b），含油校正前转换的伪毛管压力曲线由于受含油影响，排驱压力较低，而经含油校正后的 T2 谱转换的伪毛管压力曲线排驱压力增大，与压汞测量毛管压力曲线获得的排驱压力相近，说明在经含油影响校正后通过岩石物理实验标定建立的新的核磁共振与伪毛管压力转换关系具有较好的应用效果，在此基础上计算的孔隙结构测井定量评价参数合理可靠。

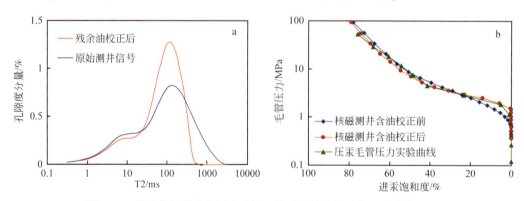

图 9.25　核磁共振测井资料含油校正前后及转换伪毛管压力曲线对比
a. 含油校正前后 T2 谱对比；b. 转换伪毛管压力曲线对比

　　木 53 井 T2 谱含油校正前后计算的孔隙结构参数对比图可以看出，含油校正前后的 T2 谱、转换的伪毛管压力曲线、计算的排驱压力、中值压力、中值半径等参数有明显的差异，校正后的评价结果更加可靠（图 9.26）。如第 53 号层直接应用测量的核磁共振信息反演 T2 谱获得的排驱压力小于 1MPa，根据该区的储层评价标准评价为 Ⅰ 类储层，但该井段岩心分析孔隙度为 9%，渗透率为 $0.17\times10^{-3}\mu m^2$，为 Ⅱ-Ⅲ 类储层，由于核磁共振测井受含油的影响，使得孔隙结构评价过于乐观。通过含油校正后转换的伪毛管压力曲线得到排驱压力为 1.5MPa，评价为 Ⅱ-Ⅲ 类储层，与取心分析结果一致。

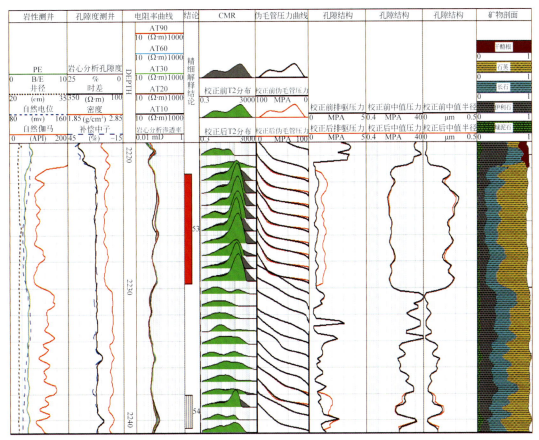

图 9.26　木 53 井 T2 谱含油校正前后计算的孔隙结构参数对比图

第四节　工程力学品质测井评价

"体积压裂"技术是压裂理念的一次革命，同时也对工程力学品质测井评价提出了新的挑战。首先必须研究哪段储层是最有利的"体积压裂"改造井段，其次测井应该为压裂改造提供必要的参数支持，并依据获得的参数对压裂缝高度进行预测，达到优化压裂方案的目的。因此以测井新技术资料为基础，通过综合分析致密油储层工程力学品质参数，可以为致密油优质高效钻完井及压裂增产等提供工程地质依据与技术支持。

一、地应力计算和地应力方向确定

致密油的高效开发必须采用水平井钻井和大型体积压裂，而在水平井井眼轨迹优选和压裂方案设计中，地应力方位、大小及其各向异性是非常重要的一类参数，因此，地应力及其各向异性评价是致密油气评价的重要内容之一。

地应力包括垂直应力、最大水平应力、最小水平应力三种。垂直应力可通过上覆地层的全井眼密度测井值及其对深度的积分并考虑上覆地层的孔隙压力而确定。地应力评价主要是指最大和最小水平应力，其内容包括方位、大小以及各向异性，主要通过电成像测井和阵列声波测井计算得到。

(一) 地应力方向

横波在声学各向异性地层中传播可产生横波分裂现象，即分裂成沿刚性方向传播的快波和沿柔性方向传播的慢波，从阵列声波测井交叉偶极模式下的测量资料通过波场多分量旋转技术可提取快慢波信息（方位、速度和幅度），而快横波的传播方向与最大水平应力的方向一致，从而确定出最大水平应力方向。

电成像测井是分析地应力方位极其重要的资料之一。地层被钻开后，井壁附近的地应力场即被改变，导致井壁几何形态产生变化，如地应力释放后形成的裂缝、井眼崩落以及过高的钻井液压力造成的压裂诱导缝等。根据这些变化所固有的规律性及其在电成像测井图像上的响应特征，可确定出水平地应力的方位。从电成像测井图像上拾取的井壁压裂缝（总是平行于地层最大水平主应力方向）方位指示最大应力方向，由应力释放缝、井眼崩落（发生在最小地应力方向上）的方位可以确定出最小水平应力方向（薛茹斌，2006）。

基于阵列声波与电成像测井，通过井眼崩落、诱导缝及快慢横波判断地应力方位，盆地长 7 段最大主应力方位为 NEE–SWW 向（图 9.27）。

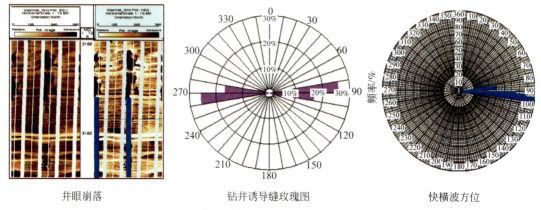

| 井眼崩落 | 钻井诱导缝玫瑰图 | 快横波方位 |

图 9.27 长 7 段最大主应力方位为 NEE–SWW

(二) 地应力大小

地层最小水平主应力 σ_h 可以通过扩展的漏失试验（XLOT）、微压裂等直接测量得到，但获取的数据量有限，深度剖面上分布零散。σ_h 也可以根据测井资料计算得到，并经其中一种直接方法进行刻度（贺顺义等，2008）。

σ_h 的计算方法主要分为各向同性和各向异性两种模型，各向同性模型假设各个方向上岩石弹性参数没有变化，其计算方法很多（如垂向应力考虑了上覆岩石压力及孔隙压力；水平应力考虑了构造残余应力作用的 ADS 方法，有效应力比为常数假设法，双井径曲线和电成像测井组合法，以及基于实验分析资料的经验公式法等）。目前常用的是多孔弹性模型，其各向同性和各向异性的最小水平地应力计算公式分别为

$$\sigma_{h} - \alpha\sigma_{p} = \frac{v}{1-v}(\sigma_{v} - \alpha\sigma_{p}) + \frac{E}{1-v^2}\varepsilon_{h} + \frac{Ev}{1-v^2}\varepsilon_{H} \tag{9.15}$$

$$\sigma_{h} - \alpha\sigma_{p} = \frac{E_{h}}{E_{v}}\frac{v_{v}}{1-v_{h}}(\sigma_{v} - \alpha\sigma_{p}) + \frac{E_{h}}{1-v_{h}^2}\varepsilon_{h} + \frac{E_{h}v_{h}}{1-v_{h}^2}\varepsilon_{H} \tag{9.16}$$

式中，σ_{h} 为水平最小应力，MPa；σ_{p} 为地层孔隙压力，MPa；α 为 Biot 系数，无量纲；v 为各向同性的泊松比，无量纲；E 为各向同性的杨氏模量，GPa；ε_{h} 和 ε_{H} 为构造压力系数；E_{h} 和 E_{v} 分别是各向异性水平和垂直方向上的杨氏模量，GPa；v_{h} 和 v_{v} 分别是各向异性水平和垂直方向上的泊松比，无量纲。

两个公式的差异主要是考虑到了水平和垂直方向上岩石弹性参数间的差异，如果地层各向异性特征不明显，则可简化应用各向同性模型计算。应用各向同性模型计算的岩石力学参数、脆性指数和最大最小水平应力（图 9.28）。

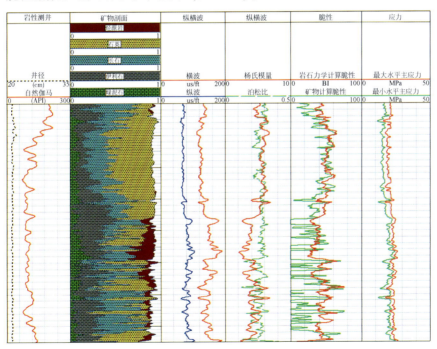

图 9.28　庄 233 井长 7 段测井评价岩石力学、脆性及地应力特征

二、岩石脆性参数定量计算

岩石的脆性是致密油"体积压裂"改造需要考虑的重要岩石力学特征之一。当黏土矿物含量较高时，岩石表现为塑性特征，不利于产生复杂裂缝网络体积。而当储层中石英、

长石、碳酸岩等脆性矿物含量较高时，岩石的脆性特征强，有利于形成裂缝网络体积，适合于"体积压裂"改造。

目前，有两种常用的评价致密油脆性指数的计算方法。一是岩石力学参数法，二是岩石矿物分析法。

（一）岩石力学参数法

根据该区的岩石力学实验结果，杨氏模量和泊松比与岩石脆性指数之间具有较好的相关关系（图7.12），可用杨氏模量和泊松比这两个独立的岩石力学参数来计算岩石脆性系数，公式为

$$\Delta E = \frac{E - 1}{9 - 1} \quad \Delta PR = \frac{0.4 - PR}{0.4 - 0.1}$$

$$BI = \frac{\Delta E + \Delta PR}{2} \times 100 \tag{9.17}$$

式中，E 为实测弹性模量，10000MPa；PR 为实测泊松比，无量纲；ΔE 为归一化后的弹性模量，无量纲；ΔPR 为归一化泊松比，无量纲；BI 为脆性系数，%。

（二）岩石矿物分析法

通过测定岩石矿物含量，根据脆性矿物成分含量高低可大致判断脆性强弱。通常用石英、长石等占总矿物的百分含量来表示其脆性系数（陈吉等，2013）。如延长组地层为砂泥岩剖面，其脆性系数计算公式为

$$BI = \frac{1 - POR - SH}{1 - POR} \times 100 \tag{9.18}$$

为较好地计算岩石脆性，需要在测井采集系列中配备高精度的密度测井和阵列声波测井以获取高精度的杨氏模量和泊松比等岩石弹性参数。同时，刻度时需要注意的是，实验室测量值是静态弹性参数，测井计算值是动态弹性参数，两者之间存在较大的差异，而且这种差异随地层力学性质和实验条件不同而不同，需要通过对数据分析，建立其相关关系，实现动态和静态参数转化。

对于具体某一地区而言，阵列声波测井采集成本高，井数相对较少，难以进行全区的岩石脆性指数评价。岩石组分计算法则可以弥补这一不足，岩石组分计算法的关键在于精细确定储层的矿物组成及其含量。因此当该区块有横波测井资料时，考虑用岩石力学参数法进行计算，如果没有测井新技术资料则考虑用岩石矿物分析法，以庄233井长7段脆性指数计算成果为例（图9.29），处理结果表明，岩石力学法（杨氏模量和泊松比）和岩石矿物法（石英含量）计算的岩石脆性指数具有很好的相关性。

三、压裂缝高度预测技术

"体积压裂"是以设计裂缝网络为目标，通过形成复杂的裂缝网络系统，扩大裂缝网络与油藏的接触体积，从而达到提高单井产量的目的。在致密油的开采过程中，如果压裂缝高度控制不好，打开上下的遮挡层，将会导致压裂失败，无工业油流产出。因此准确预

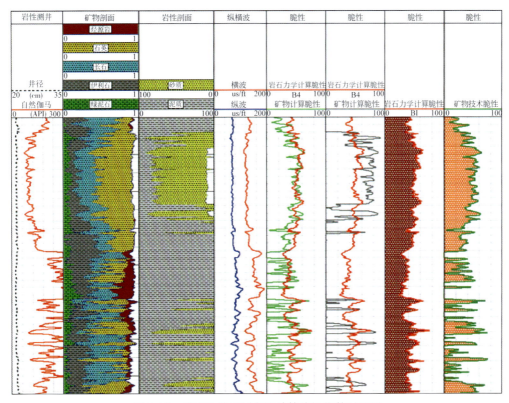

图 9.29　庄 233 井不同方法计算脆性指数对比图

　　测和控制裂缝的几何形态，对提高压裂作业成功率及效果有十分重要的指导意义。

　　利用岩石脆性系数和改进的 Iverson 模型预测压裂缝高度。压裂缝一般产生在最大水平地应力方位，而最小水平地应力则近似等于压裂缝的闭合压力，基于此，可使用破裂点施工压力（最小水平应力 S_h 与增压值 p 之和）与预测点最小水平应力相比较的方法来估算压裂缝高度 H_f。通过理论推导，建立最小水平主应力 S_h 与脆性系数 B 的关系式，利用测井资料计算岩石脆性系数和地应力等参数来定量预测压裂缝高度。

　　目前预测压裂缝高度的模型主要是 Iverson 模型（胡南等，2011）和 Simonson 模型，其中一个关键参数就是最小水平主应力。通过理论推导，建立了最小水平主应力 S_h 与脆性系数 BI 的定量关系式，实现了基于岩石脆性系数的压裂缝高度的定量预测。

　　在压裂过程中，压裂液在地层中产生了张力。在纵向压裂情况下，如果地层的顶部或底部受到的有效应力强度超过了地层岩石的抗张强度，则压裂缝将沿纵向延伸。压裂缝总是产生在最大水平地应力方位上，而与之垂直的最小水平主应力则近似等于压裂缝的闭合压力，基于此，可利用破裂段最小水平应力与增压值之和，与预测点最小水平应力相比较的方法来估算射孔层段地层的压裂缝高度。具体算法如下所述。

　　射孔层段上部压力差 DP_u 为

$$\begin{cases} DP1_u = H_m \times \rho_m \times 0.00980665 \\ DP2_u = \dfrac{S_h - P_{min}}{\pi/2} \times \cos^{-1}（Hrat） \\ DP_u = DP1_u - DP2_u \end{cases} \tag{9.19}$$

式中，$DP1_u$ 为射孔层段上部泥浆柱压力，MPa；$DP2_u$ 为射孔层段上部裂缝变化而发生的压力改变，MPa；S_h 为最小水平主应力，MPa；P_{min} 为射孔段的地层最小闭合压力，MPa；Hrat 为射孔层段厚度和与该层段有关的裂缝高度比值；H_m 为压裂液柱高度，m；ρ_m 为压裂液密度，g/cm³。

用同样方法可以得到射孔层段下部压力差 DP_d，从而得到压差：DP = Min（DP_u，DP_d）。

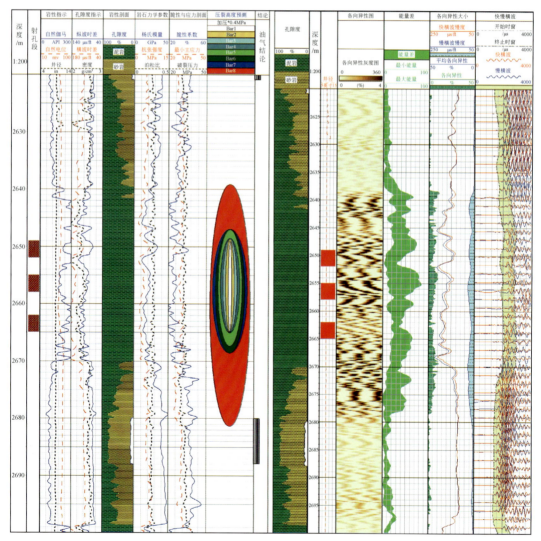

图 9.30　耿 295 井长 7 段压裂缝高度预测及压裂效果检测

如果 DP>$n\times\nabla p$，则 DPS＝0，即不产生纵向延伸裂缝；如果 DP<$n\times\nabla p$，则 DPS＝$n\times$ ∇p，即产生纵向延伸裂缝。其中 DP 为压力差，∇p 为给定的压力增量，n 为给定的步长数，DPS 为压力增量（显示压裂缝高度）。

在压裂高度预测时，首先分析地层的最小水平主应力和地层破裂压力与施工压力的关系，确定合适的注入压力、压力增量及加压次数，就可以预测出压裂缝延伸高度及上行下行方向，及时指导压裂施工。图 9.30 左边是耿 295 井长 7 段压裂缝高度预测成果与压裂效果检测结果对比。该井射孔层段为 2649.0～2652.0m、2655.0～2658.0m、2662.0～2665.0m，加陶粒砂 22.0m³，排量 5.0m³/min，日产油 20.49t。通过计算可知该井射孔段上部脆性系数为 28.0%，下部脆性系数为 37.9%，裂缝向下延伸可能性较大，以 0.4MPa 为加压步长，加压 8 次，裂缝上延至 2639.125m，下延至 2681.375m，预测缝高 42.25m。综合偶极横波成像压裂裂缝检测成果，可知压裂裂缝上延至 2637.0m，下延至 2681.0m，检测缝高为 44.0m，与预测结果基本一致。综合比对结果，可以看出利用上述方法进行压裂缝高度预测是有效可行的，能够为下一步的压裂施工提供技术支持。

参 考 文 献

陈吉，肖贤明 .2013. 南方古生界 3 套富有机质页岩矿物组分与脆性分析 . 煤炭学报，38（05）：822～826

付金华，石玉江 .2002. 利用核磁测井精细评价低渗透砂岩气层 . 天然气工业，22（6）：39～42

贺顺义，师永民，谢楠等 .2008. 根据常规测井资料求取岩石力学参数的方法 . 新疆石油地质，29（5）：662～664

胡南，夏宏泉，杨双定，赵静 .2011. 基于 Iverson 模型的低渗透率油层压裂高度测井预测研究 . 测井技术，35（4）：371～375

李潮流，周灿灿 .2008. 碎屑岩储集层层内非均质性测井定量评价方法 . 石油勘探与开发，35（5）：595～599

马世忠，黄孝特，张太斌 .2000. 定量自动识别测井微相的数学方法 . 石油地球物理勘探，35（5）：582～589，616

田云英，夏宏泉 .2006. 基于多矿物模型分析的最优化测井解释 . 西南石油学院学报，28（4）：8～11

肖亮，张伟 .2008. 利用核磁共振测井资料构造储层毛管压力曲线的新方法及其应用 . 应用地球物理（英文版），5（2）：92～98

薛茹斌 .2006. 用成像测井资料确定鄂尔多斯盆地地应力方向 . 石油管材与仪器，20（3）：52～53

杨华，李士祥，刘显阳等 .2013. 鄂尔多斯盆地致密油、页岩油特征及资源潜力 . 石油学报，34（1）：1～11

张志伟，张龙海 .2000. 测井评价烃源岩的方法及其应用效果 . 石油勘探与开发，27（3）：84～87

Coates G，肖立志，Prammer M. 2007. 核磁共振测井原理与应用 . 北京：石油工业出版社

Passey Q R，Moretti F U，Stroud J D. 1990. A Practical Model for Organic Richness from Porosity and Resistivity Log. AAPG Bulletion，74（12）：1777～1794

第十章 致密油储层体积压裂改造技术

近年来，水平井分段压裂改造技术的突破和大规模应用促进了北美非常规油气的快速开发。美国页岩气、致密油产量实现跨越式增长，改变了全球能源格局，其采用的关键技术就是水平井体积压裂。水平井体积压裂已经成为非常规油气藏实现有效开发的关键技术，正在引领全球油气资源勘探开发的重大变革。与北美非常规油气相比，鄂尔多斯盆地致密油同样具有岩性致密、勘探开发难度大的特点，采用常规技术单井产量低，难以实现经济有效开发。本章主要讨论以"体积压裂"为理念，研究水平井多段压裂主体工艺，自主研发，关键工具、材料达到提高单井产量的目的。

第一节 致密砂岩体积压裂裂缝网络特征

"体积压裂"理念突破了传统的水力压裂增产机理，其裂缝形态不再追求两翼对称的单条高导流长裂缝，而是通过滑溜水大排量压裂开启天然裂缝，使裂缝壁面产生剪切滑移、错断，形成人工裂缝与天然裂缝相互交错并贯穿整个油藏的裂缝网络系统。页岩气通过体积压裂容易形成复杂裂缝网络、大幅提高改造体积，但鄂尔多斯盆地致密砂岩与页岩相比存在很多差异，本节主要对致密砂岩体积压裂裂缝网络复杂程度、影响裂缝网络形成的主控因素以及提高改造体积的压裂设计方法等方面的研究进行了阐述。

一、致密砂岩体积压裂裂缝特征

为了直观地评价长7致密砂岩体积压裂形成复杂裂缝的可能性，并揭示影响裂缝复杂程度的主控因素，采用长7天然露头开展了大型体积压裂物理模拟实验。所用的大型物模实验系统是在美国Terretak公司原有的大型物模实验装置系统基础上开发的，可以进行大岩块的全三维应力加载水力压裂实验，目前该装置也是国内唯一能进行大规模岩样压裂的实验装置。通过室内实验模拟地层条件下的压裂过程，并对裂缝的起裂和延伸的过程进行监测，直接观察形成裂缝的形态，认识诸多因素对多裂缝形成、扩展延伸、压力变化等的影响规律。通过多次重复性对比实验，在岩心试件切割剖面上发现了不同于常规低渗透储层单一水力裂缝特征的复杂裂缝网络结果，这也是国内专门针对致密砂岩首次观察到的复杂裂缝体系（图10.1）。

实验装置主要由应力加载系统、井筒注入系统、声波监测系统三部分组成。主要实验参数如下：

试件尺寸：762mm×762mm×914 mm。

井眼尺寸：Φ25.4mm×533mm（人工井底25mm）。

套管尺寸：Φ19mm×457mm；下深：406mm；裸眼段：10mm。

围　　压：TB（垂向）：25MPa，NS（南北向）：16MPa，EW（东西向）：16MPa。

传 感 器：24个（每个面布4个）。

压 裂 液：0.08%胍胶压裂液6000mL。

排　　量：（30-50-100-150）mL/min。

停泵原则：岩石破裂后，压力曲线平稳，裂缝压穿岩石。

裂缝诊断：声波监测。

图10.1　长7致密砂岩体积压裂试件剖面

除了室内物理模拟实验之外，井下微地震裂缝测试是目前国内外最为有效、应用最为广泛的水力压裂现场裂缝测试技术手段。北美页岩气及致密砂岩油藏通过井下微地震监测到了大规模体积压裂形成的复杂裂缝系统（翁定为等，2011）。该技术通过测量水力压裂特定区域产生的微地震信息来监测水力裂缝。压裂过程中，裂缝波及的地层区域内应力明显增加，压裂液滤失区域的孔隙压力改变也很大，这两个变化都会影响水力裂缝附近弱应力面的稳定性，并且使得它们发生剪切滑动，这种剪切滑动就像地震沿着断层滑动，只是规模能量较常规认识的地震小很多，因而常用"微地震"来描述这种现象（桂志先、朱广生，2015）。水力压裂产生的微地震释放弹性波，其频率大概在声音频率的范围内。采用恰当的接收仪器，这些由微地震产生的声音信号就能够被检测到。将由多支接收仪组成的线性仪器阵列下入邻井，将数据传输到地面，然后将数据进行处理来确定微地震的震源在空间的分布，用震源分布图就可以解释水力压裂的缝高、缝长和方位。鄂尔多斯盆地致密油开展的大量井下微地震裂缝测试分析研究表明，其体积压裂形成的裂缝是以主缝+分支缝为主的条带状裂缝系统，裂缝复杂程度相比国外明显较低（图10.2）。

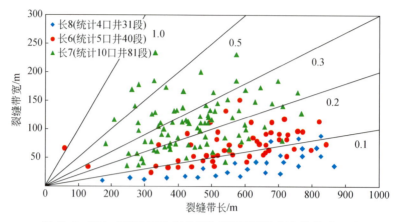

图 10.2　鄂尔多斯盆地致密砂岩体积压裂裂缝复杂指数对比图

二、致密砂岩压裂形成复杂裂缝的关键地质因素

（一）地应力状态对水力压裂裂缝特征的影响

地壳或岩石圈中存在的应力，包括由上覆岩体或岩层重力引起的应力和构造运动引起的应力两部分。在漫长的地质时代变迁过程中，地壳运动呈现高活跃性，岩石多次发生变形，造成地下三向应力是不等的。一般情况下，水力压裂裂缝总是沿着最小主应力的方向扩展，因此，研究三向主应力的分布，对于认识裂缝形态与扩展规律十分重要。

在埋藏深度很浅或在构造应力异常条件下及储层异常高压时，上覆岩石应力可能是最小应力，水力裂缝为水平缝。一般情况下，最小主应力是水平的，水力裂缝是垂直的。裂缝的方位垂直于水平最小主应力方向。水平两向应力差异越大，水力裂缝的方向性越明显；水平两向应力差异越小，水力裂缝的扩展方向趋于复杂化。

鄂尔多斯盆地长 7 致密砂岩埋藏较深，上覆岩石应力大于水平应力，水力裂缝为垂直裂缝，但水平两向应力的情况与盆地超低渗透砂岩不同，两向应力差较小，主要在 3 ~ 5MPa 左右，水力裂缝扩展特征较超低渗透砂岩相对复杂。物理模拟研究表明，鄂尔多斯盆地长 7 致密砂岩两向应力差大于 5MPa 时，水力裂缝主要沿最大主应力方向延伸，而当两向应力差小于 5MPa，裂缝延伸方向趋于偏离最大主应力方向。

（二）天然裂缝产状对水力压裂裂缝特征的影响

在传统的水力压裂理论中，天然裂缝的存在会影响水力压裂的成功。小尺寸的天然裂缝对水力裂缝扩展影响不大，而中等和大型的天然裂缝对水力裂缝扩展影响较大，不利于水力压裂的开展。

但近年来大量的现场试验及研究表明，天然裂缝的存在对水力裂缝扩展的影响并不总是坏事，尤其是对页岩或致密砂岩，这种影响使得裂缝系统更加复杂化，改造体积大幅度增大，对提高单井产量起到了非常积极的作用。北美页岩，充分利用天然裂缝系统，通过体积压裂形成了水力裂缝与天然裂缝相互贯通的裂缝系统，大幅提高了单井产量。若储层只存在一个方向的天然裂缝，即逼近角度一定，人工裂缝沟通天然裂缝，裂缝带宽增大；若存在多个方向天然裂缝，则可能实现较为复杂的裂缝网络系统，页岩储层一般趋于形成该类裂缝系统（雷群等，2009）。

鄂尔多斯盆地长 7 段致密砂岩天然裂缝较发育，本书第四章通过野外剖面露头、岩心描述、成像测井裂缝解释等综合分析研究获取了天然裂缝的具体分布特点及产状特征。盆地长 7 段致密砂岩天然裂缝的方位主要分布在 NE60°~90°，水力裂缝与最大水平主应力的逼近角主要分布在 0°~45°，在一定程度上有利于通过体积压裂形成较宽的裂缝带。

水力裂缝与天然裂缝之间的逼近角度和水平主应力差是影响水力裂缝复杂程度的主要因素。长庆油田通过物模实验研究结果表明，低逼近角和低应力差作用下，水力裂缝沿天然裂缝发生转向延伸。高逼近角和高应力差作用下，水力裂缝直接穿过天然裂缝延伸。高逼近角和低应力差作用下，水力裂缝会发生转向和穿过的混合作用模式（Hossain *et al.*，2002）。

结合鄂尔多斯盆地长 7 致密砂岩天然裂缝产状特征与应力特征，水力裂缝遇到天然裂缝时主要以沟通天然裂缝系统为主。相比超低渗透油层，裂缝网络系统相对复杂，但与页岩复杂的裂缝网络系统相比，裂缝网络复杂程度相对较低，页岩本身天然裂缝系统的复杂性是页岩裂缝网络程度相对较高的主要原因。当然，这种差异形成的原因主要也与两种储层在岩性、成藏、层理特征等方面的差异具有很大的关系。

（三）脆性对水力压裂裂缝特征的影响

岩石的脆性是判断岩石形成网络裂缝难易程度一个非常重要的物理量，同时也是影响水力压裂起裂及延伸的关键因素。岩石的脆性大，压裂过程中岩石在水压力作用下易于破碎，形成复杂裂缝；岩石脆性小，压裂过程中岩石在水力压裂作用下易于发生塑性形变而不易破碎，形成简单裂缝。

脆性没有一个统一的定义，可以结合岩石力学参数对其进行定量判断，也可以结合岩石矿物成分对其进行评价。国内外的压裂工程师们探索了多种方法来评价岩石的脆性，根据不同的岩石特征，应该选择合理的脆性评价方法。目前应用比较广泛的是结合泊松比和弹性模量计算岩石的脆性，以及利用岩石矿物组分求取岩石脆性。为进一步认识脆性对形成裂缝网络的影响，优选长 7 致密砂岩岩样，在实验室开展了全直径岩心无声破碎致裂实验，实验结果显示，岩石破裂形成不规则的 3~5 条裂缝，破碎程度较高，裂缝特征较为复杂，与传统的简单劈裂破裂特征不同。但长 7 致密砂岩岩石破裂并没有形成与页岩相当的复杂裂缝。由于页岩含有沉积层理，并且在地质作用下，这些层理又产生了不规则的断裂，使得层理系统相对复杂，因此页岩即使在脆性表现一般的情况下，依然可以形成复杂裂缝网络（王拓等，2013）。

三、改造体积最大化设计

对于页岩、致密砂岩等非常规储层，其裂缝形态复杂，仅采用单一裂缝半长和导流能力来描述压裂增产效果是不够的，于是引入储层改造体积（stimulated reservoir volume，SRV）概念来描述井的产能。Mayerhofer 等人 2006 年在研究巴尼特页岩的微地震技术与压裂裂缝变化时，第一次用到"改造的油藏体积"这个概念研究了不同 SRV 与累积产量的关系，提出了增加改造体积的技术思路。2008 年 Mayerhofer 等人第一次在论文标题中提出了"什么是油藏改造体积"的问题，并通过对巴尼特页岩气井累积产量的对比分析，进一步验证了改造体积越大，增产效果越好的观点（Mayerhofer *et al.*，2008）。

"体积压裂"这一中文术语是在"改造体积（SRV）"的基础上发展而来，是由吴奇等首次提出。体积改造的定义及作用是通过压裂的方式对储层实施改造，在形成一条或者多条主裂缝的同时，通过分段多簇射孔、高排量、大液量、低黏液体、转向材料及技术的应用，实现对天然裂缝、岩石层理的沟通，以及在主裂缝的侧向强制形成次生裂缝，并在次生裂缝上继续分枝形成二级次生裂缝，依次类推。让主裂缝与多级次生裂缝交织形成裂缝网络系统，将可以进行渗流的有效储集体"打碎"，使裂缝壁面与储层基质的接触面积增大，使得油气从任意方向的基质向裂缝的渗流距离最短，极大地提高储层整体渗透率，实现对储层在长、宽、高三维方向的全面改造（吴奇、胥云，2012）。该技术不仅可以大幅度提高单井产量，还能够降低储层有效动用下限，最大限度提高储层动用率和采收率。

体积改造理念的提出，颠覆了经典压裂理论，是现代压裂理论发展的基础。常规的低渗透油藏水力裂缝形态为两翼对称的单条裂缝，虽然裂缝与储层的接触面积有限，但由于储层渗透性较高，储层向裂缝的供液能力较好，因此能够获得较高的产量。但对于致密油藏，由于岩性致密，渗流能力差，要想获得高产就需要通过长水平段+体积压裂增加裂缝条数、增大裂缝复杂程度、增大裂缝接触面积，实现改造体积最大化，从而达到有效提高单井产量的目的。

（一）增大改造体积的优化设计方法

1. 多簇射孔、大排量压裂提高裂缝复杂程度

采用多簇射孔方式，簇与簇之间裂缝在起裂延伸过程中，由于存在一定程度的应力干扰，会显著增加裂缝的复杂程度。裂缝形态越复杂，裂缝与储层的接触面积就越大，从而有助于增大改造体积。

压裂改造时提高注入排量有助于增加缝内净压力，从而易使天然微裂缝开启。天然裂缝开启程度的增加，又会提高裂缝复杂程度和裂缝带宽。因此，提高排量是增加裂缝复杂程度的有效途径之一。

2. 增加入地液量、增大裂缝改造体积、提高地层压力和稳产效果

致密油体积压裂实践表明，通过增加压裂入地液量能够有效增加裂缝带长，从而增大改造体积，提高单井产量。压裂时大量的液体在短时间内被注入地层，这些液体除了用来造缝以外，还相当于给油藏进行了一次快速注水，试油求产过程中虽然一部分液体被返排出来，但仍有近80%的液体滞留在油藏中，这些液体可在短时间内使缝控区域内的地层压力快速上升并达到原始地层压力的110%~130%。油藏压力的上升对于提高油井的稳产效果、延缓产量递减具有一定的促进作用（赵振峰等，2014）。

3. 多粒径组合支撑剂模式

盆地致密砂岩体积压裂后形成主缝与分支缝相组合的裂缝网络系统。为保证压裂结束裂缝闭合后整个裂缝网络系统仍具有一定的导流能力，需要优选不同粒径支撑剂，对不同开度的裂缝进行有效充填。宽度较窄的分支缝及微裂缝采用 40/70 目的小粒径支撑剂进行充填，而宽度相对较大的主裂缝则采用 20/40 目大粒径支撑剂进行充填。

小粒径支撑剂除了更容易进入到细小的裂缝中支撑微裂缝外，还能起到暂堵转向的作用，使微裂缝转向扩展，并在新的方向开启新的微裂缝，周而复始使得微裂缝不断转向，沟通主裂缝或次生裂缝，形成具有一定支撑的裂缝网络，极大地增加裂缝复杂程度，提高改造措施效果。北美巴肯致密油藏采用 0.150mm 粉砂作为主体支撑剂，促使裂缝转向及微裂缝不断开启，是形成复杂裂缝网络的关键性材料（Cipolla et al.，2008）。

4. 以滑溜水为主的低黏+交联混合压裂液模式

压裂液的黏度对于裂缝网络的形成具有重要影响，裂缝中流体流动的压力梯度方程如下所示：

$$\frac{\mathrm{d}p}{\mathrm{d}x} \propto \frac{\mu}{w^2}\left(\frac{q_i}{wh_f}\right)$$

式中，q_i 为体积注入速率；h_f 为裂缝高度；w 为平均缝宽；μ 为压裂液黏度。

从上式可以看出，压裂液黏度越小，缝内压力变化越小，压力传导越远。低黏度压裂液具有良好的压力传导能力，能更有效地增加裂缝网络的波及面积，并能沟通更多的天然裂缝，且易使微裂缝产生错位和滑移，以增加微裂缝的导流能力。

低黏液体由于摩阻低、导压性能好，压裂过程中有助于裂缝的扩展延伸及天然微裂缝的开启和沟通，对于增加裂缝复杂程度和改造体积具有较好的促进作用，目前国内外非常规油气压裂改造主体均采用滑溜水压裂液体系。

盆地长 7 致密砂岩体积压裂优选低黏滑溜水+交联冻胶复合型液体，并根据液体类型及其作用可分为以下两个阶段：第 1 阶段，滑溜水注入。主要作用是开启并沟通天然裂缝，尽可能地增加裂缝的带宽和带长，同时携带小粒径支撑剂充填微裂缝。第 2 阶段，交联冻胶注入，携带高浓度支撑剂充填主缝，增加近井地带导流能力。低黏滑溜水用量占总入地液量的 70% 以上。

（二）改造体积计算方法

如何增大 SRV 是非常规油气藏研究的重点，同时如何评估 SRV 的大小以及通过 SRV 的计算分析进一步优化此类油气藏的压裂方案成为新的技术热点。目前国内外还主要采用微地震监测解释方法以及三维解析模型 SRV 计算方法。

1. 微地震监测解释方法

在压裂过程中，根据检测到的微地震信息，计算裂缝网络的长度和宽度，根据最浅和最深地震云的差以及储层区域顶部和底部的差计算裂缝的高度，再根据矩形体类比法，通过长×宽×高计算油藏改造体积。

$$SRV = \sum L_{Ri} W_{Ri} H_{Ri}$$

式中，L_{Ri} 为裂缝网络长度，m；W_{Ri} 为裂缝网络宽度，m；L_{Ri} 为裂缝高度，m。

这种方法计算 SRV 的一个重要方面就是需要正确设立观察井或多重观察井，下检波器，以保证观察到整个 SRV。为保证整个 SRV 都能成像，正确的微地震测绘需要考虑最大的观测距离。如果所有事件云都在观测范围内，或者 SRV 实际上比图像大，可以使用微地震的时间幅度与距离的曲线。一个大型的地震云结构必须和实际裂缝网络尺寸接近，因此，可以用微地震测绘数据估算 SRV 体积。

虽然目前通用的 SRV 计算方法正是通过现场微地震监测，但是由于该方法对设备及解释处理要求高，而且必须配套观测井，整体投入大、成本高，因此，该方法只能作为研究、试验等特殊目的时采用，而不能成为现场推广应用的 SRV 计算方法。

2. 三维解析模型 SRV 计算方法

假设地层为均匀介质，通过建立一个三维坐标系，第一条坐标轴方向与最大渗透率平行，第二条轴方向与最小渗透率平行，第三条轴方向是最后渗透率的方向。假设压裂过程中流体流动符合达西定律，三维 SRV 的形成近似描述成线性扩散方程为

$$k_x \frac{\partial^2 p}{\partial x^2} + k_y \frac{\partial^2 p}{\partial y^2} + k_z \frac{\partial^2 p}{\partial z^2} = \phi v C_t \frac{\partial p}{\partial t} \tag{10.1}$$

式中，p 为多孔介质中的压力，MPa；k_x、k_y、k_z 为直线系中的渗透率，mD[①]；ϕ 为有效孔隙度；v 为注入流体的流速，m/s；C_t 为多孔介质综合压缩系数，MPa^{-1}。

对于含裂缝地层的渗透率，采用等效渗透率张量模型，式（10.2）和式（10.3）可实现储层等效渗透率与裂缝基质渗透率之间的换算。利用监测井数据求得流动系数后，可求取地层等效渗透率，并将此等效渗透率用作预测井的参数。

$$Q = Q_f + Q_{mx} = \frac{k_f b_f b D_L h \Delta p}{\mu l} + \frac{k_{mx} b_m h \Delta p}{\mu l} = (k_f b_f b D_L + k_{mx} b_m) \frac{h \Delta p}{\mu l} \tag{10.2}$$

$$k_{xg} = k_{mx} + (k_f - k_{mx}) D_L b_f \tag{10.3}$$

式中，Q 为地层中水平层面流动的总流量，m^3；Q_f 为地层水平井层面流动中裂缝的流量，m^3；Q_{mx} 为地层水平层面流动中基质的流量，m^3；k_f 为裂缝渗透率，mD；K_{mx} 为基质渗透率，mD；b_f 为裂缝总宽度，m；b_m 为基质总宽度，m；b 为含裂缝介质单元宽度，m；D_L 为裂缝线密度，条/m；h 为含裂缝介质单元高度，m；Δp 为单位长度 l 上的压降，MPa；μ 为流体黏度，Pa·s；l 为单位长度，m；k_{xg} 为等效渗透率，mD。

式（1）通过拉普拉斯变换为

$$\frac{\Delta p_{res}}{\Delta p_{inj}} = \frac{p(x, y, z, t) - p_i}{p_{inj} - p_i} = erfc\left(\frac{x}{\sqrt{4\eta_x t}}\right) erfc\left(\frac{y}{\sqrt{4\eta_y t}}\right) erfc\left(\frac{z}{\sqrt{4\eta_z t}}\right) \tag{10.4}$$

式中，p_i 为原始地层压力，MPa；p_{inj} 为井底注入压力，注入时保持不变，MPa；Δp_{res} 为流体注入导致油藏中任一点压力差，MPa；η_x、η_y、η_z 分别为 x、y、z 方向的传导系数，与渗透率方向相同；t 为注入时间，s；$p(x, y, z, t)$ 为某个注入时间 t、某个位置 (x, y, z) 处的压力，MPa。

---

① 1mD ≈ 1×10^{-3} μm^2。

定义 Δp_{trg} 为油藏中任意一点最小触发微地震事件的压力，并且保持不变，则有关系式为

$$\frac{\Delta p_{\mathrm{trg}}}{\Delta p_{\mathrm{inj}}}=\frac{p_{\mathrm{trg}}\ (x,\ y,\ z,\ t)\ -p_{\mathrm{i}}}{p_{\mathrm{inj}}-p_{\mathrm{i}}}=erfc\left(\frac{x}{\sqrt{4\eta_x t}}\right)erfc\left(\frac{y}{\sqrt{4\eta_y t}}\right)erfc\left(\frac{z}{\sqrt{4\eta_z t}}\right) \tag{10.5}$$

基于上述假设和推导，可以实现对 SRV 范围的预测，其中 x 轴方向上为

$$x=erfc^{-1}\left(\frac{\Delta p_{\mathrm{trg}}}{\Delta p_{\mathrm{inj}}}\right)\sqrt{4\eta_x t} \tag{10.6}$$

x 为 SRV 在 x 方向上的长度，同理可计算出 y 和 z。由于假设 Δp_{trg}、Δp_{inj}、η_x 为常数，理论上所有的微地震事件在某一时刻一定距离内呈直线状发生，在 $x-t^{0.5}$ 的关系曲线中，通过直线的斜率求得 η_x。同理可求得 η_y 和 η_z。各向导压系数都确定以后，可在油藏中各个注入压力和注入时机建立三维模型（Yu and Aguilera，2012）。

采用该方法预测 SRV 的具体流程为：首先根据进行过微地震裂缝监测的体积压裂井的基础数据、采用 FracproPT 对施工参数下裂缝几何形态的拟合结果，以及微地震监测得到的裂缝网络的长度、宽度、高度和方位，通过三维解析模型，反演求取监测井形成裂缝网络体积内的地层传导系数、等效渗透率和裂缝线密度等参数；然后对比监测井和设计井的裂缝复杂性，得到设计井的裂缝线密度、地层等效渗透率和传导系数；最后结合设计井的基础数据以及采用 FracproPT 对设计参数下裂缝几何形态的拟合结果，得到设计井在设计参数下压裂的裂缝网络的长度、宽度和高度，即可得到设计参数下的 SRV。三维解析模型 SRV 预测方法能够与同一地区已进行过微地震监测的井的裂缝实测结果及三维压裂软件模拟优化结果相结合，来实现对其他未进行微地震监测的井的 SRV 预测。

第二节　致密油长水平井体积压裂主体工艺

水平井体积压裂是盆地长 7 致密油有效开发的关键技术。在致密油攻关初期，长庆油田虽然已引入国外体积压裂理念，但当时现有的工艺技术水平不能满足体积压裂"多簇射孔、大液量、高排量注入、高施工压力、长作业时间"的技术需求。为了摆脱致密油改造手段缺乏的困境，长庆油田积极开展探索试验，不断加大技术攻关，研发形成适应盆地特点、具有长庆特色的体积压裂主体工艺，自主技术实现体积压裂。

（一）水力喷砂体积压裂技术

水力喷砂体积压裂技术是由长庆油田自主研发形成的一项新型水平井压裂改造技术。该工艺是通过高速射流射开套管和地层，形成一定深度的喷孔，将流体动能转化为压能，在喷孔附近产生水力裂缝，实现射孔压裂联作。压裂施工时采用多个喷射器同时射孔，则可在储层中形成多条裂缝，最终实现全水平井分段多簇体积压裂，最大程度扩大油层改造体积，提高水平井单井产量。

1. 工艺原理及特点

首先通过油管进行水力喷砂射孔，将动能转化为压能，在地层中形成喷孔，当压能达到一定值时，喷孔不断扩大，地层近井地带产生微裂缝，同时通过环空挤压使产生的微裂

缝延伸，实现水力射孔压裂（图10.3）。水力喷射孔内压力和射流增压是影响水力喷射效果的关键因素，也是参数优化能否成功的前提，喷射速度的设计是能否实现分段压裂的核心及关键技术。

该工艺集成了水力喷砂压裂和分段多簇压裂各自的特点，通过多个喷射器实现多簇射孔，并在喷孔数目、直径、簇间距、施工排量等设计方面需考虑多簇压裂的一些技术要求，即要求两条裂缝同时起裂与延伸，压裂时需考虑利用缝间应力干扰，产生复杂裂缝网络。该项工艺具体有以下特点：

（1）水力喷射射孔比常规射孔简单、安全、效果好、射孔直径大且孔眼周围无压实带。

（2）射孔、压裂、隔离一体化作业。

（3）采用油管补液、环空加砂方式，有效提高喷射器寿命，同时流动通道增大，有效降低摩阻，具备大排量施工能力。

（4）能够实现多簇射孔，通过簇间应力干扰形成复杂裂缝。

（5）适应性强，不受储层类型、完井方式及改造方式限制。

（6）可以有效降低施工压力，保证高破裂压力地层能被压开和压裂施工能够顺利完成。

（7）水力喷射压裂工具结构简单，施工程序简单，可通过更换钻具实现"无限级"压裂，一趟钻具一般可完成3段以上压裂施工，大幅缩短了施工周期，降低成本，提高经济效益。

（8）压后井筒完善程度高，全通径，有利于后期生产管理。

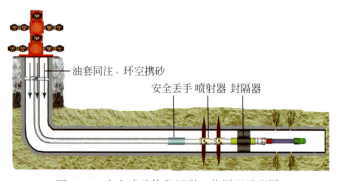

图10.3　水力喷砂体积压裂工艺原理示意图

2. 水力喷砂体积压裂关键工具

水力喷砂体积压裂工艺管柱主要由堵头、眼管、单流阀、封隔器、喷射器、丢失接头等部件组成，其关键部件是喷射器和封隔器。为了提高水力喷砂体积压裂作业能力，研发了新型钢带封隔器、防反溅喷射器等关键工具，耐温、耐压能力提高50%以上，工具寿命延长一倍以上，有效解决了体积压裂大液量、长时间、高压作业条件下的工具需求。

（1）防反溅喷射器。

喷射器是水力喷砂射孔压裂中的核心部件，由喷射器本体和喷嘴组成。其作用包括①产生高速射流，射开套管和地层，压开地层，实现射孔、压裂施工一体化；②根据储层特点，通过调整喷嘴位置、数量、大小可实现不同方位、不同施工排量、压力下的压裂施工。

由于体积压裂作业条件下施工压力高、作业时间长，前期常规的水力喷射器寿命短、易损坏，究其主要原因，一是喷射器本体表面硬度偏低，二是喷嘴环形分布方式下反溅影响较大，有重叠区域，反溅伤害严重。针对损坏原因对喷射器材料和结构进行了优化改进。首先是优选硬度及耐磨性更高的合金作为喷射器主体材料，同时对表面采用氮化处理增加硬度，磷化处理增加抗腐蚀能力。通过材质优化和表面处理，显著提高了喷射器外表面抗反溅能力，使用寿命延长25%。压帽选用以碳化钨为主的硬质合金，对喷嘴附件区域进行覆盖，可以有效降低砂粒反溅对喷射器本体的伤害。针对喷射器喷嘴材质必须具有高硬度、高耐磨性的要求，通过对比美国的ROCTEC500、硬质合金、碳化硅、碳化硼、氧化铝、氮化硅、氧化锆等多种材料后，综合考虑喷嘴的硬度、加工难度、价格等因素，优选了高强度硬质合金喷嘴，耐磨性能提高两倍以上。

喷嘴结构改用了特殊的流道设计，对砂粒具有很强的加速功能，射孔效率大幅提升。另外，优化了喷嘴分布方式及间距，将环形布孔改变为螺旋布孔方式，通过对不同布孔方式下喷嘴出口流速数值模拟及现场对比试验表明，螺旋布孔方式下射孔效果好于环形布孔，而且反溅伤害明显减小，喷射器寿命大幅延长。新型高效的防反溅喷射器表面HRA硬度达到89，可连续喷射15次，承压达到70MPa（图10.4）。

图10.4　防反溅耐磨喷射器

（2）钢带式封隔器。

钢带式长胶筒封隔器的作用是封隔油管和套管之间的环空间隙，其工作原理与常规扩张式封隔器坐封原理相同，当油套压差达到2MPa左右时，封隔器开始启动，内胶筒往外扩张，推动外胶筒同时向外扩张从而使封隔器外胶筒坐封在套管内壁上，达到封隔作用；停泵，油管泄压，封隔器胶筒自动收回。

钢带式长胶筒封隔器在设计方面有两个特点：①密封胶筒硫化时间、压力和温度的进一步优化，与钢带加强作用结合，使得封隔器重复坐封次数、有效密封时间和承压指标大幅提升；②钢带与套管紧密接触实现管柱锚定，解决了因管柱蠕动，造成工具使用寿命短的问题。

室内试验表明，胶筒长度越长，封隔器受力越均匀，胶筒锚定力越高（最高可达8倍），抗蠕动伤害能力越强，寿命越长。综合考虑管柱通过能力及胶筒膨胀率，将封隔器胶筒的长度由常规240mm优化为700mm。胶筒两端由钢丝连接改为钢带连接，胶筒座压在骨架钢带上，解决了胶筒突出易破坏问题，实现胶筒肩端保护。同时，钢带膨胀比增加，密封空间及密封能力增强，回弹性能提高。新型钢带式长胶筒封隔器耐温145℃，室内最高承压达84MPa，管柱锚定力24.5t，重复坐封次数可达30次，确保了水力喷砂体积压裂工艺中长效密封、高效作业（图10.5）。

图 10.5　钢带式长胶筒封隔器

3. 关键参数设计

根据储层特征，围绕改造思路，匹配关键工艺参数。

（1）射孔参数设计。

射孔阶段：喷嘴直径主要是 5.5mm 和 6.3mm 两种，根据射孔增压需求，优化喷嘴组合，同时结合储层物性，形成了三阶梯式水力喷砂射孔工艺，保证射孔充分，降低地层破压（表 10.1）。

表 10.1　水力喷砂环空加砂压裂射孔参数优化表

喷嘴组合	施工排量 / （m³/min）	喷射排量/ （m³/min）		
		阶段 1	阶段 2	阶段 3
6×5.5	3.0~4.0	1.6	2.0	2.2
8×6.3	6	1.6	2.4	2.8
10×5.5	8	1.6	2.8	3.0
10×6.3	10	1.6	3.0	3.2

（2）油管排量的优选。

喷嘴节流产生的附加压差与喷嘴直径和施工的排量有关，因此，通过喷嘴数量与排量匹配关系确定油管排量。

1）喷嘴数量与排量的匹配关系。

依据水力射流理论，射流速度一般为 131~198m/s，图 10.6 列出的是射流速度 198m/s 条件下喷嘴数量与施工排量的关系曲线，若使用直径 5.0~6.3mm 的喷嘴 6~10 只，则其对应的排量不超过 1.4~3.8m³/min。

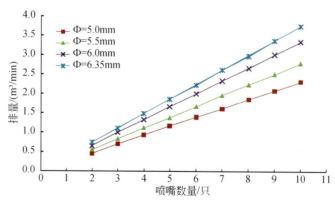

图 10.6　射流速度 198m/s 的条件下喷嘴数量与排量的匹配关系

理论研究认为，水力喷砂压裂节流压力一般控制在 17～35.0MPa，为此，要控制水力喷砂压裂的施工排量。模拟计算的节流压力与施工排量的关系曲线如图 10.7 所示，当喷嘴节流压力在 17.0～35.0MPa 时，单个喷嘴的排量控制在 0.2～0.4m³/min。

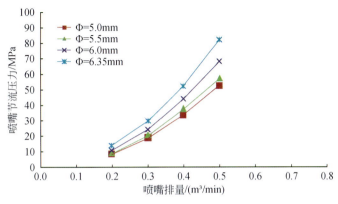

图 10.7　喷嘴节流压力与喷嘴排量的关系曲线

2）油管排量的选择。

在前述基础上，结合管路摩阻与静液柱压力计算油管压力与施工排量的关系，最后依据井口限压与射流速度等关系优选油管排量（图 10.8）。如要控制井口压力在 60MPa，使用 6 只喷嘴，油管施工应控制在 2.2m³/min 以下，使用 8 只喷嘴，则排量为 2.7m³/min。

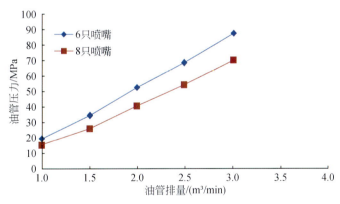

图 10.8　油管压力与施工排量的关系曲线

（3）裂缝延伸压力控制与环空排量的优选。

在压裂后续段时为使已压层段裂缝不再重新开启，必须控制裂缝延伸压力，而裂缝延伸压力需要通过环空排量来控制。环空压力计算公式为

$$环空泵压-环空压耗+静液压力-近井摩阻=裂缝延伸压力$$

采用两种方法进行优化，已知泵压求排量和已知排量求泵压，具体过程：

已知泵压求排量：首先根据地层裂缝延伸压力确定所需要的井底压力，然后初选一个排量计算该排量下环空压力损失，根据所用泵压计算井底压力看是否与需要的井底压力一致，如果不一致改变排量重新计算直到吻合。

已知排量求泵压：根据排量计算环空压耗，然后由环空泵压＝裂缝延伸压力＋环空压耗＋近井摩阻－静液压力计算泵压。

4. 工艺程序

油田水力喷砂分段压裂主要通过水力喷砂拖动管柱分段压裂施工实现。由于拖动管柱施工有"诱喷"作用，因此，现场作业一般配套有相应的井控措施。具体施工工艺如下：

（1）井筒准备：通井、洗井、试压。用活性水将井筒清洗干净，检查套管是否破损。

（2）按压裂试油设计要求下入压裂施工管柱，并进行磁定位校深。

（3）接好地面管线，走泵试压合格后，打开油管和套管闸门。

（4）替井筒：用压裂液基液替满井筒。

（5）射孔：根据试喷情况可现场调整施工排量，排量调整后，开始加入 20～40 目的石英砂，砂液比 6%～8%。射孔结束后，降油管排量至 1.0～1.6m³/min，迅速关闭套管闸门，地层破裂后，环空开始注液，保持环空压力低于裂缝延伸压力。

（6）注入前置液（油管交联冻胶，环空基液）。

（7）注入携砂液（油管交联冻胶，环空基液）。

（8）最后注入顶替液。

（9）停泵，关井放喷。

（10）井口无溢流后，上提管柱到第二个喷射位置，按照设计进行第二段喷射压裂作业。依照（5）～（10）进行后面层段的压裂施工作业。

（二）大通径桥塞体积压裂技术

速钻桥塞分段多簇压裂是国外非常规油气储层水平井改造主体技术。2012 年在西 233 致密油示范区技术攻关过程中，在阳平 6、阳平 9 井引进试验了斯伦贝谢公司的速钻桥塞分段多簇压裂技术。该项技术在现场试验中表现出光套管压裂排量大（10～15m³/min）、带压作业效率高（2～4 段/天）、单段射孔簇数多（4～6 簇/段）的技术优势，具有较好的工艺适用性。为了进一步提高盆地致密油水平井体积压裂工艺水平，同时解决长水平井高效体积压裂技术难题，长庆油田开展了速钻桥塞压裂技术的国产化研究工作。

在学习、消化、吸收国外技术的基础上，结合盆地致密油储层温度压力特点，借鉴国外桥塞结构，设计研发了新型投球式复合桥塞，内通径达到 62mm，经现场试验验证，能够满足长庆致密油水平井体积压裂作业需求，技术指标达到了国际同类技术水平。为了实现多级可控射孔功能，研发了电子选发式多级点火系统，克服了压控式多级点火成功率较低的问题，多簇射孔成功率 100%，最高控制级数可达 32 级，耐温等级 155℃。为了实现压后快速投产，配套研发了快速可溶球，经室内及现场试验评价，承压性能达到 70MPa，在 8～20h 内可实现快速溶解。针对长庆致密储层埋深浅、水垂比大，长水平段井连续油管钻塞困难的难题，以及连续油管钻磨配套设备多，作业成本高、黄土塬地貌下连续油管等大型设备通过难度大的特点，试验形成了常规油管钻塞工艺，通过配套高效钻磨管柱，并优化钻磨关键参数，单只桥塞钻磨时间 0.5～2h，接近连续油管钻磨水平。

1. 工艺原理

水平井套管固井后，采用电缆传输桥塞与射孔联作工艺，实现水平井的下段封隔与上段射孔作业；在桥塞与射孔枪的下入过程主要分为两个阶段，直井段工具串依靠自重下入，在水平段采用泵注方式将带射孔枪的桥塞泵入水平段指定封隔位置；通过分级点火装置，实现桥塞坐封，并上提射孔枪到达上段射孔位置进行多簇射孔作业。在分段压裂过程中通过逐级下入桥塞、射孔，实现水平井分段压裂改造（图10.9）。全井压裂改造完成后用连续油管或者常规油管钻磨桥塞，桥塞由复合式材质构成，易钻性强，同时桥塞顶部与底部的不可旋转特性可实现多个桥塞一次性同时钻磨作业。

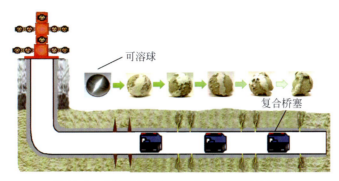

图10.9　大通径桥塞体积压裂技术原理示意图

2. 工艺特点及对完井方式要求

长庆油田自主研发的大通径桥塞体积压裂工艺主要具有以下特点：

（1）封隔可靠性高。通过桥塞实现段间封隔，通过试压可判断出是否存在窜层的可能性。

（2）电磁定位，布缝精准。

（3）施工规模不受限制。采用套管注入，施工排量、加砂量等参数不受限制，排量可达 $8m^3/min$ 以上。

（4）能够进行多簇射孔压裂，单段3~8簇。

（5）压后井筒完善程度高。桥塞由复合材料组成，密度较小，钻磨后的碎屑可随油气流排出井口，为后续作业和生产留下全通径井筒。

（6）作业简单，施工效率高。

（7）分压级数不受限制。

该工艺对完井方式有以下要求：

（1）水力泵入式速钻桥塞分段压裂技术采用套管注入方式压裂，为提高套管承压能力，要求全井段固井，且套管钢级满足地层施工压力。

（2）采用泵注式下入桥塞，要求全井段套管大小一致。

（3）固井质量良好，具有良好的管外封隔条件。

3. 大通径速钻桥塞射孔联作工艺管柱

大通径速钻桥塞射孔联作工艺管柱主要由马笼头、抗震磁定位器、多簇射孔枪、火力坐封工具、适配器和大通径速钻桥塞等组成（图10.10）。

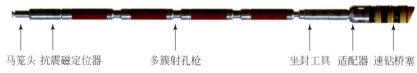

马笼头 抗震磁定位器　　　多簇射孔枪　　　　坐封工具 适配器 速钻桥塞

图10.10　大通径速钻桥塞射孔联作工艺管柱图

该工具可实现多簇火力射孔、火力射孔和桥塞作业联作，通过拖动管柱依次坐封桥塞，封隔套管，逐级射孔，射开套管、水泥环和储层，再进行套管压裂。实现致密油水平井无限级无限簇体积压裂，适用于 $5\frac{1}{2}''$ 套管固井完井方式。

大通径速钻桥塞的作用是封隔套管，其工作原理是通过坐封工具工作使桥塞部件发生位移，首先挤压胶筒，使其密封套管；其后上、下卡瓦以胶筒为中心相对位移，锚定于套管内壁，实现桥塞的封隔、锚定作用；坐封工具与桥塞脱离，完成桥塞坐封（图10.11）。

图10.11　$5\frac{1}{2}''$大通径速钻桥塞

大通径速钻桥塞在设计方面有以下特点：

（1）本体分别采用玻璃布增强酚醛和碳纤维增强环氧，强度高。抗拉强度分别达到200MPa、400MPa以上，抗压强度分别达到300MPa、500MPa以上，温度等级达到150℃以上。

（2）卡瓦采用双卡瓦结构，材料采用球墨铸铁，锚定效果好，HBS硬度达到190以上。

（3）中心杆采用铝合金，抗拉强度达到470MPa以上。

（4）耐高温、易钻磨、易返排。

（5）可溶球在50℃，长庆致密油井液条件下，溶解速度达到1mm/h。

试验表明，大通径速钻桥塞承压等级达到70MPa，温度等级达到120℃，钻除时间小于30min。

4. 关键参数设计

（1）排量选择。

水平井进行分段压裂改造时，以裂缝带宽完全覆盖水平段为目标，结合压裂软件模拟及微地震监测结果进行排量的优选。同时，选择的排量要与所用的套管钢级相匹配，一般需考虑1.2安全系数，预测井口施工压力要低于套管安全限压，满足施工需求。

（2）簇数优化。

利用限流法压裂原理对射孔簇数、孔数进行优化，实现多簇全部起裂。

原理：通过控制孔眼数量，以尽可能大的排量施工，利用孔眼摩阻提高井底压力，迫使压裂液分流，使破裂压力相近的地层依次压开。孔眼摩阻计算公式如下：

$$\Delta P_p = 2.34 \times 10^{-10} \frac{Q^2 \rho}{n^2 D^4 \alpha^2}$$

式中，ΔP_p 为射孔炮眼摩阻，MPa；Q 为施工排量，m^3/min；ρ 为流体密度，kg/m^3；D 为射孔炮眼直径，m；n 为压裂层段内射孔炮眼数；α 为孔眼流量系数。

根据以上计算公式绘出不同排量下射孔孔眼摩阻与有效孔眼数的关系曲线，同一段内各簇之间由于储层非均质性造成的起裂应力差一般不超过 3MPa，据限流压裂法原理，即可得到不同排量下最优射孔孔眼数，结合每簇的射孔数，可计算得到射孔簇数。

5. 钻磨工艺

根据长庆油田储层及地理环境的特殊性，通过对磨鞋、马达等钻磨关键工具进行优选，对钻磨参数进行优化，满足作业需求。

（1）钻磨工具。

1）钻头的优选。

常用磨鞋主要有刮刀钻头、牙轮钻头、尖钻头、平底磨鞋、凹底磨鞋、领眼磨鞋、梨形磨鞋、柱形磨鞋、内铣鞋、裙边铣鞋、套铣鞋等。分析各类钻头使用井况及井下工具特点，可见针对桥塞应选用磨鞋类钻头。

平底磨鞋、凹底磨鞋和领眼磨鞋钻磨井下工具时能够选用较大的钻压，而梨形磨鞋、柱形磨鞋、内铣鞋、裙边铣鞋、套铣鞋由于承压面积较小，不能选用较高的钻压，因此，根据复合桥塞结构特点，考虑钻压、钻速对钻磨时效及井筒循环的需求，优选平底磨鞋。

2）其他工具优选。

根据复合桥塞钻磨需求，优选形成了单流阀+震击器+液压安全丢手+螺杆马达+磨鞋的钻磨工具串结构。

（2）钻磨参数。

1）影响钻磨效率的因素。

影响钻磨工艺的因素主要有环空返速、液体性质两个方面。环空返速的优选主要考虑碎屑颗粒的材质和尺寸。颗粒材质越轻，越容易返排；颗粒越小，越容易返排。钻磨工作液需要有一定的黏性，同时要摩阻小，携带性好。

2）钻磨参数优选。

重点考虑钻压和钻磨排量。钻压的选择需考虑复合桥塞比较坚硬，采用小钻压。钻磨排量应根据桥塞碎屑中铸铁的粒径和在水中的沉降速度，优选的钻磨排量需满足环空返速大于颗粒沉降的速度。

6. 施工工艺程序

（1）桥塞泵送作业步骤。

1）作业前仔细研究井斜方位数据，标出变化较大的地方，仪器串在通过这些地方时张力可能有变化，出现异常情况及时处理。

2）与泵车操作员充分沟通，使对方理解作业过程，确保泵送平稳变化，泵送突变可能会造成电缆拉断或桥塞意外坐封。

3）在井斜30°时开始泵送，在75°时达到最大泵速，将泵速分成6级，记下每级泵速增加仪器到达的深度。

4）在仪器串到达井斜30°时启动泵，预设1/6泵速，保持绞车以正常泵入速度转动。

5）电缆张力开始会随泵速增加而增加，但随重力作用变弱，进入水平段后张力变小；此时观察磁定位（CCL）测井曲线，确保测到期望的磁定位间距；经过90°井斜后张力保持平稳，直至井底。

6）在达到预定深度前，通知泵车操作员将很快停止泵送；到达预定深度时，通知停泵，在通知和等泵停止期间，仪器还要移动3~5m才真正停止；泵停止后1~5s，会观察到张力下降，此时可以停止绞车。

（2）桥塞坐封步骤。

1）实时校深。

2）确认测井系统的警示报警和关机设置正确。

3）缓慢拉动到位，以保持一致张力，防止电缆缠绕。

4）停止任何泵活动。

5）电缆张力误差纠零。

6）点火坐封桥塞，开始记录时间。

7）坐封后释放通常要少于2分钟。

8）释放后可观察到张力下降。

（3）射孔步骤。

1）将射孔枪移动到位，通过磁定位曲线结合套管短节进行校深，然后点火射孔枪进行第1簇射孔。

2）上提电缆拉动射孔枪到下一个预定射孔位置，校深后点火射孔枪进行第2簇射孔。

3）上提过程中，每200m记录一次张力，这将有助于计算不同深度的最大安全张力。

4）重复1）~3）步骤直至完成该段内所有簇射孔。

5）当上提到斜井段附件时，由于摩擦力电缆张力会增加。

6）将仪器串提到防喷管内，关闭其下阀门，拆卸射孔枪，准备下次作业。

（4）压裂施工。

按照压裂设计采用光套管注入方式进行压裂施工。

7. 配套技术

（1）水力泵送技术：首段压裂后形成通道，依靠液体的流动使工具串带着电缆在大斜度段和水平井段向前运行，利用套管接箍进行深度定位。枪重、摩阻系数、泵送液密度、浮力等因素是泵送排量的敏感性参数。

（2）尾追固结砂防砂技术：针对井筒支撑剂回流，压裂最后阶段尾追固化砂，在缝口形成有高导能力的支撑剂屏障，减小桥塞泵送时遇阻。

（3）泵送环：增加泵送时作用在桥塞上的推力，提高液体泵入效率。

（4）扶正滚轮：确保工具串居中，减小泵送时井筒摩阻。

（5）加重杆：由于连续作业，部分井压后井口压力高，工具串无法入井的问题，配套了加重杆，确保了工具串顺利入井。

第三节　低成本体积压裂材料与工厂化作业模式

低成本的压裂材料与工厂化作业模式是致密油体积压裂技术的重要组成部分，同时也是致密油攻关取得成功的重要保证。长庆油田在进行致密油体积压裂攻关过程中，以增产、提效、降本为目标，不断加大关键压裂材料的自主研发力度，并积极探索长庆特色的工厂化作业模式，有力地支撑了致密油的经济有效开发。

一、致密油滑溜水压裂液体系

EM30 滑溜水是结合致密油气储层体积压裂改造技术特点，基于降低施工摩阻、提高作业效率、节约施工成本，研发形成的一项重要压裂材料。该压裂液具有低摩阻、低伤害、低成本、可连续混配、可回收利用的性能特点，在致密油储层改造中得到推广应用。

致密油 EM30 滑溜水压裂液主要由新型减阻剂、高效助排剂和长效防膨剂等关键功能性助剂组成。该压裂液可实现连续混配工艺模式，通过液相快速分散技术，缩短了体系溶胀时间，实现了即供、即配、即注，压裂液返排回收处理工艺流程简单，性能稳定。

EM30 减阻剂是在分析高分子化合物减阻机理的基础上，以具有多支链结构的高分子聚合物分子为本体，通过化学反应接枝耐盐单体和疏水单体，合成的具有梳状分子结构的新型高效减阻剂，接枝的耐盐单体能增强聚合物抗沉淀能力，使高分子聚合物抗盐性能提高，耐矿化度 50000 ~ 100000ppm，侧链上的疏水官能团与高分子主链的亲水基团会产生分子间斥力，从而使高分子主链更易舒展，增强减阻性能，减阻效果较常规体系提高 50%以上，实现高效减阻目标（图 10.12）。

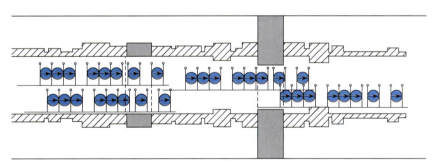

图 10.12　梳状分子结构减阻机理示意图

高效助排剂是利用不同类型表面活性剂之间的协同效应，由多种表面活性剂复配而成的具有较佳界面张力与接触角平衡值的新型助排剂，界面张力 0.26mN/m，与岩心接触角达到 54.8°。该助排剂与致密储层多孔介质岩心表面接触角较高，耐盐性能好，可有效提高压裂液的返排能力，降低压裂液在储层中的残留。

长效防膨剂是一种可与黏土表面多点结合，能够在黏土矿物表层形成正电荷保护膜，减少黏土颗粒的晶层间斥力，有效抑制黏土膨胀和分散运移的含有多阳离子点的低聚阳离子表面活性剂，防膨率达到 83%，同时，该分子结构中含有羟基，吸附在储层表面后，不改变储层表面的润湿性。

基于以上关键助剂，构建了"低黏、低阻、易返排、可回收"特征明显的 EM30 滑溜水压裂液体系，经室内及现场测试，减阻率达到 62%，毛管阻力较常规压裂液体系降低一半以上，岩心伤害率仅为 13%，回收重复利用率达到 85%，该体系综合成本与胍胶压裂液相比大幅降低，单方节约 100 元以上，在长庆油田已累计应用 720 余口井 6400 余层段，总用液量近 $400 \times 10^4 m^3$，成为盆地致密油体积压裂的主体压裂液体系，满足了致密油水平井体积压裂提效降本的技术需求。

二、工厂化作业模式

北美工厂化作业模式有效提高了施工效率，降低了施工成本，实现非常规油气资源的效益开发。长庆油田借鉴北美工厂化理念，结合地形地貌特征，探索出了以大丛式井组为基础，以"水源集中供应及回收处理、高效压裂工艺、集中试油压裂、大型装备配套"为主要内容的工厂化作业模式。其中，主要的提效降本措施是压裂液多井循环利用以及丛式水平井组交替压裂模式。

（一）丛式水平井组布井模式

受长庆油田沟壑纵横、梁峁交错的特有的黄土塬地貌限制，水平井开发由前期的单一的水平井场模式向丛式水平井组模式转变，充分地利用有限的井场空间，减少土建、钻井、试油压裂和投产作业的重复投入，成为长庆油田开展"工厂化"作业的主流布井模式（图 10.13）。

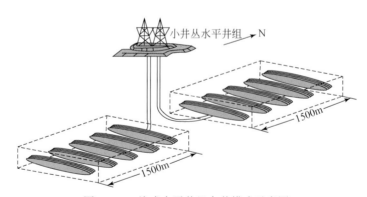

图 10.13　丛式水平井组布井模式示意图

（二）水源井综合利用+水源供应中心

改变水源井为油田开发注水井网单一供水的模式，超前实施水源井，第一阶段为钻井提供用水，第二阶段为压裂提供用水，第三阶段为注水井提供用水，实现了水源井钻、试、注综合利用。

在工厂化示范区利用注水开发所需的供水站为中心，建立集中供水及处理中心，铺设管线覆盖区内 90% 水平井，通过高压泵管线实时供水，缩短备水周期。

（三）优化井场布局，压裂管汇标准化连接与压裂机组一站式布放

"优化井场布置"是"工厂化"压裂改造作业模式的关键核心手段之一。在常规水平井改造模式下，压裂机组在到达施工现场后摆放车辆、连接与拆卸高低压管汇，不仅程序复杂，而且所需人员众多，造成每次单井平均连接与拆卸高低压管汇所需时间达 20h 以上，造成压裂施工准备时间长，有效施工时间短，同时带来白天施工时间有限，夜间施工安全风险高等特点。然而，采用压裂管汇标准化连接与压裂机组一站式布放，即高低压管线一趟连接，高压管汇通过旋塞控制，油套注入系统均采用高性能压裂设备，一次摆放到位。采用该种交替压裂模式施工，一口井压完无需重新拆卸连接管汇，可实现快速施工同井场另一口井，充分利用某一口井压裂完关井放喷时间，达到同一周期内两口井连续施工，在提高人员劳动效率和设备利用效率的同时，从根本上降低了施工安全风险。

（四）丛式水平井组交替压裂模式

为了提高水平井试油压裂作业效率，针对丛式水平井组，通过优化压裂施工组织各环节，一口井压裂的同时，同井场另外一口井放喷、备水备料，交替压裂，循环往复，压裂机组固定每天可以压裂 2 段以上。通过优化压裂施工组织各环节，有效提高设备的使用效率，充分利用施工间隙时间，减少等、停时间，解决段间压裂不连续的问题，整体提高丛式水平井组作业效率，大幅缩短试油压裂周期。

（五）压裂液多井循环利用

水平井体积压裂单段入地液量大，压后放喷出液量平均在入地液量的 50% 左右，使用放喷液不但可以有效缓解备水困难，而且可以解决施工结束后返排液处理及存放压力大的问题。

在应用可回收滑溜水压裂液的基础上，通过采用以"释能缓冲+振动除砂+精细过滤"为核心的返排液不落地处理技术，能够实现体积压裂返排液的回收循环利用。该技术主要由沉降除砂系统、混凝沉淀系统、过滤系统等组成，处理工艺简单、效率高、成本低，可有效节约水资源。

为了进一步提高返排液回收利用率，结合现场实际需求，试验形成了两种返排液回收利用工艺模式。一是根据不同压裂工艺特点，试验形成了两种返排液回收利用模式：①针对水力喷砂体积压裂段间放喷的特点，采用同井段间回收利用的模式，前一段压后返排液经振动除砂、精细过滤后进行重新配制压裂液用于下一段压裂改造；②针对大通径桥塞体积压裂全井压完放喷排液的特点，采用同井场井间回收利用的模式，一口水平井所有层段压裂施工结束后一次性控制放喷，返排液经过简易处理后作为同井场下一口井的配液用水。二是在距离较近且具备运输条件的同区块井间，进行压裂液的回收利用。

利用压裂返排液不落地回收处理技术以及三种回收利用模式，压裂返排液的回收利用率达到 95% 以上。

参 考 文 献

桂志先，朱广生 . 2015. 微震监测研究进展 . 岩性油气藏，27（4）：68~76

林森虎，邹才能，袁选俊等 . 2011. 美国致密油开发现状及启示 . 岩性油气藏，23（4）：25~30

雷群，胥云，蒋廷学等 . 2009. 用于提高低-特低渗透油气藏改造效果的裂缝网络压裂技术 . 石油学报，2（30）：237~241

吴奇，胥云 . 2012. 非常规油气藏体积改造技术 . 石油勘探与开发，3（39）：352~358

翁定为，雷群，胥云等 . 2011. 缝网压裂技术及其现场应用 . 石油学报，32（2）：280~284

王拓，朱如凯，白斌等 . 2013. 非常规油气勘探、评价和开发新方法 . 岩性油气藏，25（6）：35~39

赵振峰，樊凤玲，蒋建方等 . 2014. 致密油藏混合水压裂实例 . 石油钻采工艺，36（6）：74~78

Cipolla C L，Warpinski N R，Mayerhofer M J et al. 2008. The relationship between fracture complexity，reservoir properties，and fracturetreatment design. SPE，SPE115769

Mayerhofer M J，Lolon E，Warpinski N R et al. 2008. What is stimulated reservoir volume（SRV）? SPE，SPE119890

Hossain M M，Rahman M K，Rahman S S. 2002. A shear dilation stimulation model for production enhancement from naturally fractured reservoirs. SPE Journal June：183~195

Yu G，Aguilera R. 2012. 3D Analytical Modeling of Hydraulic Fracturing Stimulated Reservoir Volume. SPE，SPE153486

第十一章　致密油资源评价与勘探成效

鄂尔多斯盆地中生界延长组长7致密油特征及成藏机理的研究取得了重要进展，在总结致密油勘探及研究进展的基础上，系统开展盆地致密油资源评价，探索适合鄂尔多斯盆地致密油的评价方法，建立致密油资源评价体系，评价致密油资源量。分析致密油资源分布范围，优选甜点区，总结致密油勘探成效，明确鄂尔多斯盆地致密油勘探潜力及勘探前景。

第一节　盆地致密油资源评价

随着非常规油气资源开发技术的快速发展，非常规油气资源的评价方法也日益受到重视。基于非常规油气聚集的成藏机制、分布特征以及产能控制因素的多样性，在非常规油气资源评价的过程中既要考虑地质因素的不确定性，同时也要考虑技术、经济上的不确定性。通过系统分析总结致密油分布规律，深化含油面积、储层有效临界厚度、含油饱和度、原油物性、原油体积系数等关键参数研究，运用多种方法，开展致密油资源潜力评价，明确盆地致密油资源潜力和储量规模。

一、致密油资源评价方法优选

目前，国内外非常规油气资源评价方法较多，国内的方法超过10种，其中致密砂岩气评价方法就多达9种（张金川等，2001；郭秋麟等，2009；董大忠等，2009；黄籍中，2009）。在国外，美国地质调查局（USGS）为了便于评价，将油气资源分为常规油气资源和非常规油气资源两大部分，其中非常规油气资源（致密砂岩气、页岩气、煤层气和天然气水合物等）被称为连续型油气资源。国外最常用的方法是类比法、单井储量估算法、体积法、发现过程法和资源空间分布预测法等（Schmoker，2002；Olea et al.，2010；Salazar et al.，2010）。在对比分析鄂尔多斯盆地致密油与国内其他盆地致密油资源富集特点和石油资源各类评价方法的基础上，充分借鉴北美致密油资源评价方法和关键参数，建立了适合鄂尔多斯盆地延长组石油地质特征的致密油资源评价方法体系，优选了关键参数。

（一）国内外致密油资源评价方法

对于不同非常规油气资源的适用方法、关键参数以及参数获取的方式都可能不同，鉴于此，目前国内外形成了多种非常规油气资源评价方法（表11.1）归纳起来主要有成因法、类比法和统计法三大类。

表 11.1　非常规油气资源评价方法

资源类型	评价方法	
	中国	美国（强调可采资源评价）
致密砂岩气	德尔菲法、地质条件类比法、盆地模拟法、"甜点"规模序列模型法、体积法等	USGS 的类比法（FORSPAN）、单井储量估算法、统计法等
页岩气	资源丰度类比法、体积法	资源丰度类比法、体积法、USGS 的类比法、单井储量估算法
煤层气	体积法	体积法、类比法
天然气水合物	体积法	体积法
油页岩	体积法、热解模拟法	体积法、资源空间分布预测法
油砂矿	体积法	体积法
致密油页岩油	盆地模拟法、统计法	统计法（发现过程法、资源空间分布预测法）、类比法

1. 成因法

成因法是根据油气生、排、运、聚、散的原理计算资源量，由于致密油气的生排烃机理到目前为止还没有定论，导致根据不同机理模型计算的资源量存在较大的差别。另外，应用成因法计算的生烃量转化为资源量时，运聚系数和排聚系数的取值也存在较大的不确定性。成因法主要有盆地模拟法、氯仿沥青"A"法、有机碳（生烃率）法、岩石热解法和物质平衡法。

（1）盆地模拟法。

盆地模拟法是油气资源评价方法中成因法的典型代表，主要研究盆地几何学特征、盆地充填序列、盆地演化阶段及各阶段盆地原型、盆地构造变形体系、样式、类型。通过现代计算机技术模拟盆地沉降史、热史、生烃史、排烃史、运聚史，结合盆地岩浆活动及其他区域石油地质条件，分析盆地油气资源潜力及其分布状况。它以一个油气生成、运移聚集单元为对象，首先建立地质模型，然后建立数学模型，通过对含油气盆地"五史"的分析模拟，在时空概念下，由计算机定量地模拟含油气盆地的形成和演化，烃类的生成、运移和聚集。最终来评价含油气盆地资源潜力，得到有利的勘探区带。

在中国石油主要含油气盆地油气资源评价（2001～2003 年）和新一轮全国油气资源评价（2003～2006 年）研究中，中国石油天然气股份有限公司 16 个参评单位均使用了盆地模拟方法。国内另外两大石油公司——中国石油化工集团公司和中国海洋石油总公司，在近年来的油气资源评价中也都不同程度地使用了该方法。长期以来的应用成果表明，盆地模拟技术在油气资源评价中发挥着重要的作用。

该方法适用于中、高勘探程度地区。最突出的优点有两方面：一是有完整的油气成藏理论支持，模拟参数与结果的地质意义明确；二是模拟过程体现油气成藏过程研究中循序渐进和环环相扣的技术特点，容易被人们所接受。缺点是由于盆地模拟法的重要参数都直接与油气成藏过程有关，而人们对该过程的认识又存在着太多的不确定性，必将极大地影响模拟结果的可信度。

各个参数的选取方法如下：

1）地史模型参数：地层名称、地质年代、岩性种类、艾里均衡系数、孔-深关系曲线、井名、位置、海拔、潜水面、地层底深、各地层每种岩性百分含量、古水深等。

2）热史模型参数：现今及古地表年均温度、孔隙流体和岩石骨架热导率、不同岩性的生热率、今热流值、R^o-深度曲线、今地温梯度等。

3）生烃史模型参数：干酪根类型、烃源岩类型、油气转换率、生油率（生气率）与R^o关系曲线、烃源岩密度、残余有机碳恢复系数曲线、干酪根含量、烃源岩厚度、残余有机碳含量等。

4）排烃史模型参数：地层水含盐量、不同烃源岩排油门限饱和度、各烃源岩层已排出、油、气、水的地表密度、PVT函数中溶解气油比与压力关系曲线等。

5）运聚史模型参数：渗透率变化系数、孔隙度与压力函数、地层体积因子与压力关系曲线、黏度与压力关系曲线、油-水系统中毛管压力、相对渗透率曲线、烃源岩层排烃量分配系数等。

（2）氯仿沥青"A"法。

氯仿沥青"A"法是应用生油岩中氯仿沥青"A"的含量计算残留生油量。烃源岩氯仿沥青"A"含量既与有机质丰度有关，又与有机质成熟度有关，是油气评价的重要参数，评价计算模型为

$$Q_A = S \times h \times Q \times M \times A \times K_A \tag{11.1}$$

式中，S为成熟生油岩面积，km^2；h为成熟生油岩平均厚度，m；Q为生烃源岩密度，（$\times 10^8 t/km^3$）；M为泥岩百分比，%；A为残余沥青"A"含量，%；K_A为A恢复系数。

（3）有机碳（生烃率）法。

有机碳法主要是利用岩样中的残余有机碳按成因法计算公式求取。

总有机碳含量（TOC）越大，有机质丰度越大，表示其生油条件越好。其评价计算模型为：

$$Q_C = S \times h \times Q \times M \times C \times K_C \times X \tag{11.2}$$

式中，S为成熟生油岩面积，km^2；h为成熟生油岩平均厚度，m；Q为生烃源岩密度，（$\times 10^8 t/km^3$）；M为泥岩百分比，%；C为残余有机碳，%；K_C为C恢复系数；X为烃产率，kg烃/t有机碳。

（4）岩石热解法。

岩石热解法主要是利用热解地化分析手段，测定油气产层的剩余油饱和度，计算出小层剩余油单位面积储量，得到油层内垂向剩余油分布情况。本法以B. P. 蒂索等人提出的"干酪根热降解成油"学说为理论依据，即认为油气是由分散在生油岩中的生油母质——干酪根，随着上覆沉积物增加，地温逐渐增高而不断生成的。这一油气生成过程，可以利用康南提出的时间-温度互补原则在实验室里模拟而成。采用高于自然界实际的生油温度加热有机质，使数亿年才能完成的油气生成过程在短暂时间内完成。通过热解模拟，建立各地区不同类型的有机质热降解（CP/COT）图版和碳恢复系数（b_i）图版，并且使CP/COT、b_i分别与最高热解峰温（T_{max}）、镜煤反射率（R^o）和埋深建立关系。在计算时，利用图版使各样品恢复到相应的原始产烃状态，最终算出生油潜量。

与氯仿沥青"A"法相比，热解模拟法可以直接算出干酪根的产烃量，且在样品分析时具有简便、迅速等优点，已为更多的石油地质工作者所应用。

在采用热解模拟法计算生油量过程中，重要的前提是有机质类型的可靠性和最高热解峰温的准确性。

（5）物质平衡法。

有机母质转化前的初始重量等于转化后的残余有机母质重量和各种产物重量之和。譬如在气藏体积一定的条件下，气藏内石油、天然气和水的体积变化代数和始终为零，PVT关系始终保持平衡。物质平衡法具有无须知道油气边界和油气藏参数的特点。它所需的数据都是油气藏开发的动态资料，由于它不涉及含油气面积、地层厚度等地质参数，所以能够避免复杂地质参数的影响。物质平衡法可用于计算已投产油气田的地质储量。依据油气藏的驱动机制和饱和程度，油气藏的物质平衡方程式有几十种不同的形式，通用而常见的形式如下：

$$N = \frac{N_p B_o + N_p B_g (R_p - R_{si}) + W_p - W_e}{(B_o - B_{oi}) + (R_{si} - R_s) B_g + m B_{is}\left(\frac{B_g}{B_{gi}} - 1\right)} \quad (11.3)$$

式中，N 为地质储量；N_p 为累积产量；W_p 为产水量；W_e 为水侵量；m 为气顶与油藏的体积比（原始条件下）；B_o、B_{oi} 为当前及原始原油地层体积系数；B_g、B_{gi} 为当前及原始天然气地层体积系数；R_s、R_{si}、R_p 为溶解、原始溶解、生产油气比。

在物质平衡方程式的应用中，要求油气藏具有一定的采出程度和明显的地层压力下降，否则将会影响到计算结果的可靠性。具体要求是，一般要在油气田投产并采出地质储量的10%以后再使用物质平衡法。物质平衡法的最大优点是准确性和可靠性比较好，如果有关流体、岩性、压力和生产数据测算准确的话，误差可以限于10%。其最大缺点是对数据的要求高，在油气勘探阶段不能使用。

2. 类比法

类比法是根据已知区（刻度区）和未知区的地质相似性进行资源量计算的方法，但刻度区选取具有较大的难度。原因在于各盆地地质条件一般都有较大的差异，而这种差异的影响又有着很强的不确定性，因此即使能够建立起刻度区和未知区的定量关系模式，也很难保证定量关系移植的准确性。常用的类比法主要有资源丰度类比法和EUR类比法。

（1）资源丰度类比法。

资源丰度类比法是勘探开发程度较低地区常用的方法，是一种简单快速的评价方法，常用于评价页岩气。以页岩气评价为例，其简要过程如下：

1）确定评价区页岩系统展布面积、有效页岩厚度等关键评价参数。

2）根据评价区页岩吸附气含量、页岩地化特征、储层特征等关键因素，结合页岩沉积、构造演化等地质条件，选出具有相似地质背景的已成功勘探开发的页岩气区，估算评价区资源丰度或单储系数。

3）估算评价区页岩气资源量。

上述评价方法涉及参数10余项，与常规油气资源评价相比，这些参数既有内涵上的较大差异，又存在获取上的较大难度。尤其是一些关键评价参数，如有效页岩面积、有效页岩厚度、有机碳含量、可采系数等。

（2）EUR 类比法。

EUR 类比法的基本原理是根据生产多年开发井的产能递减规律，运用趋势预测方法，评估该井最终可采储量，是一种由已开发井 EUR 推测评价区单井平均 EUR，然后计算评价区致密油资源量的方法。该法适用于中高勘探地区，评价过程简单、快速。需要输入的参数有：刻度井 EUR 值，井控面积和评价区面积和采收率。

EUR 法是国外常采用的一种致密油资源评价方法，该方法中的各参数来自于油井的实际生产数据，评价结果较保守，但更可靠。

EUR 类比法的主要代表方法为 USGS 的 FORSPAN 法和埃克森美孚公司的资源密度网格法。下面以 FORSPAN 法为例介绍。

FORSPAN 法是 USGS（USGS，2003[①]）为连续型油气藏资源评价而提出的一种评价方法。该方法以连续型油气藏的每一个含油气单元为对象进行资源评价，即假设每个单元都有油气生产能力，但各单元间含油气性（包括经济性）可以相差很大，以概率形式对每个单元的资源潜力作出预测。该方法适合于已开发剩余资源潜力预测。已有的钻井资料主要用于储层参数（如厚度、含水饱和度、孔隙度、渗透率）的综合模拟、权重系数的确定、最终储量和采收率的估算。如果缺乏足够的钻井和生产数据，评价也可依赖各参数的类比取值。FORSPAN 法涉及参数众多，基本参数有 4 个方面：①评价目标特征；②评价单元特征；③地质地球化学特征；④勘探开发历史数据等。

在美国地质调查局连续型油气资源评价模型中，根据开采特征将连续型油气评价区划分为诸多评价单元（图 11.1）。评价单元可分为 3 类：已被钻井证实的单元；未被钻井证实的单元；未被钻井证实但有潜在可增储量的单元（图 11.2）。其中，未被钻井证实但具有潜在可增储量的单元是连续型油气藏评价所关注的目标，对下一步井位勘探部署以及生产开发具有重要意义。

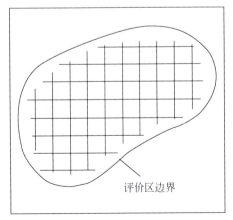

图 11.1　连续型油气藏评价单元示意图
（据 Schmoker，1995）

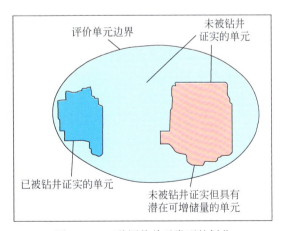

图 11.2　三种评价单元类型的划分
（据 Schmoker，1999）

①　USGS. 2003. Assessment of Undiscovered Oil and Gas Resources of the Bend Arch-Fort Worth Basin Province of North-Central Texas and Southwestern Oklahoma.

3. 统计法

统计法是根据油气田分布的统计规律和勘探规律进行资源预测的方法，该方法既能预测剩余可探明储量，也能预测剩余可采储量。由于统计法主要依据评价区的资料，同时也回避了油气生、排、运、聚、散的过程，因此该方法较好地解决了成因法和类比法中存在的问题。但该方法的不足之处是无法给出待发现资源的空间分布。统计法中较常用的有体积法、FASPUM 法、油气藏（甜点）规模序列法、蒙特卡洛（Monte Carlo）法、发现历程法及随机模拟法等。

（1）体积法。

体积法是石油天然气资源评价常用方法之一，通过对致密砂岩油气储层及其饱含油气范围的界定，可求得饱含致密砂岩油气的致密储层体积，进而求得致密砂岩油气的资源量。它不依赖油气井的生产动态趋势，是勘探开发前期和初期资源量及储量评估的最好方法之一。

体积法对于不同的非常规油气资源，其参数的求取方法各不相同，针对具体资源类型建立相应的参数选取模型。

一般需要的参数有含油（气）面积、有效储层厚度、孔隙度、含油（水）饱和度、生油岩密度、原油体积系数、地面原油比重等，并结合油气藏压力、温度条件下和地面条件下的孔隙流体性质，计算油气地质储量。

（2）FASPUM 法。

FASPUM 法是美国地质调查所 R. A. Erovelli 和 Riehard H. Balay 研制的石油资源快速评价系统。该方法的基础是概率解析法，应用了条件概率理论以及期望值和方差的许多定律，在风险结构分析中考虑了油气资源存在的不确定性及其数值大小。适用于老油区或者勘探程度低的新探区的石油及天然气资源量计算。对地下各勘探层进行勘探并发现油气田（藏）的过程，实际上是从勘探层油气藏母体中进行不放回抽样的过程，这个过程与油气藏大小有关，大油气藏往往比小油气藏先发现。应用油藏工程和概率论原理，研究油气藏（或者甜点）特征参数（勘探层特征、勘探目标特征、储层参数、烃体积参数和附加参数等），并通过一系列统计和处理，得到油气资源量评价预测的概率分布值。这一方法对于常规油气藏和非常规油气藏均可适用，在美国的阿拉斯加以及挪威、马来西亚及我国塔里木盆地北部等地广泛应用，获得显著成效，其中在我国苏北海安南部凹陷的应用效果较好。

评价参数由勘探层特征、勘探目标特征、储层参数、烃体积参数和附加数据等五方面参数组成，这些参数赋值的正确与否，是 FASPUM 评价的关键。

1）勘探层特征：包括烃源岩（S）、时间配置（T）、运移（M）和潜在储集岩相（R）及勘探层边缘概率（MP）五个区域性特征。

2）勘探目标特征：表示对勘探层内勘探目标随机抽样时某特征有利于油气藏形成的概率，包括圈闭机制（TM）、有效孔隙度（P）、烃类聚集（A）和油气藏的条件概率（CP），该特征值的取值范围为 0 ~ 1，其中 0 为该特征一定不存在；1 为该特征一定存在。

3）储层参数：包括储层岩性、油气配合比及采收率等，根据本区储集岩类型、烃源岩类型、热成熟度、测井及录井油气显示、油气藏类型、孔隙结构及驱油方式赋值。

4）烃体积参数：由圈闭面积、储层厚度、有效孔隙度、圈闭充填率、储层埋深、烃饱和度和可供勘探目标等 7 个参数组成。

5）附加数据：FASPUM 还需要原始地层压力、储层温度、气油比、油层体积系数和天然气压缩系数 5 个地质变量。

（3）油气藏（甜点）规模序列法。

油气藏规模序列法是国外油气资源评价最常用的方法，尤其常用于高勘探程度地区。

其前提假设条件是，某一地区内的所有油气田（藏）的规模与其发现概率（或数目）服从一定的数学统计（分布）规律。根据已发现油气田（藏）大小或发现序列来修改、调节油气田（藏）规模分布模型，从而推断出未发现油气田（藏）的大小及数量，最终得到总资源量。常用方法有油气藏规模序列法、发现过程模型法。目前应用较好的是油藏规模序列法，以计算机为手段，通过数值计算和图像显示，研究油气成藏过程从而计算油气资源的评价方法。数值模拟是一种比较精细的非常规油气资源评价方法，依赖于地质模型、数学模型的建立和盆地模拟技术。一般来说，只有当评价区勘探进入中、晚期阶段，才能对油气藏规模序列有一个比较实际的评价，才能保证预测结果的可靠性。

该方法适用于一个完整的、独立的石油体系，而且前提是最大油气藏已发现，评价单元中一定要有已发现油气藏，并且已发现的油气藏的个数在 3 个以上。

该方法的优点是计算过程简单，模型建立后，评价结果不受研究者主观意愿的影响，具有可比性；油气藏规模序列法求得的资源量与现有技术和经济条件对应，预测结果具有时间性，其精度随勘探程度的提高而提高。缺点是预测序列存在不确定性，目前发现的最大油气田（藏）在预测规模序列中的位置对预测总资源量和序列具有重要影响，而确定最大单一油气藏存在困难，同时油气藏的个数也很难确定，这些都对结果产生很大影响。

同样，对保德河盆地的 Min-nelusa 圈闭的资源评价就用的圈闭群油气藏规模序列法。该圈闭群以岩性油气藏为主。

（4）蒙特卡洛（Monte Carlo）法。

蒙特卡罗法亦称作随机抽样技术或统计试验方法，以概率论为理论基础，提供一条储量概率曲线，提供不同可靠程度的储量数字，可按不同需要取值。为求解地质问题，首先根据已有数据建立一个符合地质过程的概率模型，然后通过对模型的抽样试验计算所求参数的统计特征，最后求出具有特定期望值的近似解。

蒙特卡洛法进行储量计算的一般步骤如下：

1）首先建立符合有效厚度、有效孔隙度、原始含油饱和度统计规律的参数模型；这里储量参数累积分布函数一般采用频率统计法、样品等频率法、理论分布法、三角分布法等。

2）然后通过计算机产生的伪随机数进行抽样模拟计算，得出一个计算单元的储量概率分布曲线。

3）最后对多个计算单元的储量进行概率累加，得到油田总的储量概率分布曲线。

其计算公式为

$$E(Q) = E(S \times h \times \text{TOC} \times P \times K)$$

式中，Q 为资源量，（$\times 10^8$t）；S 为烃源岩面积，km^2；E 为数学期望值；h 为烃源岩厚度，m；TOC 为有机碳含量，%；P 为烃产率，mg 烃/（g·TOC）；K 为运聚系数。

储量数域的分布及其形态反映在估算储量时对勘探目标了解的深浅程度，而某一个参数分布，反映了一定的地质特征，如孔隙度的分布应该受岩相等诸地质因素的影响。在特定环境和岩相带上积累越来越多的资料，为今后在未知地区工作和类比提供了基础。曲线在频率趋于零处的值，反映了勘探目标的最大可能和最大潜量，可为决策人提供参考，并决定根据需要投入力量的多少，当考虑经济效益时，它是不可缺少的。

（5）发现历程法。

发现历程法的思路是希望发现的油气储量与该探区已发现的含油气面积与其总面积的比值成正比。

设 $F_a(w)$ 为探区内总井数为 w 时的累积探明储量，A 为某一级别油气藏的平均面积，$F_a(\infty)$ 为探区发现 A 级油气藏的最终储量，则

$$F_a(w) = F_a(\infty)\left[1 - \exp(-C \cdot A \cdot W/B)\right] \tag{11.4}$$

式中，W 为累积探井数，口；B 为盆地面积，km^2；C 为勘探成功率，%。

根据该方法的示意图（图 11.3）可以看出，较大油气田勘探成功率高于较小油气田的勘探成功率，而且不同级别的油气藏勘探成功率也不相同。由于这个模型抓住了勘探历程和成功率之间的规律，因此用它对一个盆地或圈闭群的储量预测适用性好。20 世纪 70 年代以来，发现历程模型主要用于对同一级别的油气藏预测，那么式（11.4）就可写成

$$f = 1 - (1 - D/B_t)^C \tag{11.5}$$

式中，f 为已发现的油气藏在其级别中的比率，%；D 为已勘探的面积，km^2；B_t 为有效勘探面积，km^2；C 为该类油气藏的勘探成功率，%，随油气藏储量级别增加而变大。Drew 等人定义的 C 值在 0.5～4.0。同一盆地或圈闭群中已发现和预测出的储量大小、油气田数目是随时间增加而增加的，而且增加的部分主要是小级别的油气藏（图 11.4）。

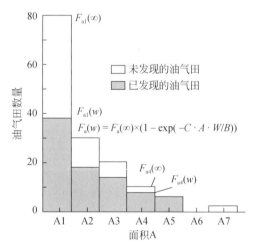
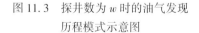
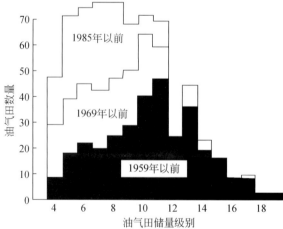

图 11.3　探井数为 w 时的油气发现　　　　图 11.4　得克萨斯浅海 Frio 峡谷平原圈闭群发现的
　　　　　历程模式示意图　　　　　　　　　　　　　油气田储量级别与数量分布

发现历程模型是对勘探区域内剩余油气藏个数和未来勘探成功率，以及探井数与发现储量关系的预测。它有很强的区域性，不同盆地、不同圈闭群有不同的模型。应用此模型分为两个步骤：对于大型油气田储量分布用非线性直接估计，对于小型油气田储量分布用油气田分布的相对频率进行间接估计；然后根据探井部署及油气发现历程来估算未来油气勘探成功率。

（6）随机模拟法。

随机模拟法包括 USGS 的 Olea 等（2010）所提出的随机模拟法和中国石油勘探开发研究院开发的油气资源空间预测法。该方法主要适用于中高勘探地区，具有以下优点：充分利用各种地质资料（地质模型）；考虑数据的空间位置关系及参数间的关系（随机模型）；能够给出资源量空间分布的具体位置；结果带有预测性，有可视化的预测成果图，能够更直接地指导油气勘探部署。同时该类方法也存在一些不足之处：需要较多的资料，如储量、成藏条件等；需要筛选成藏主控因素，非地质专业人员难以完成；数学算法及操作过程复杂，需要专门培训；评价周期较长。

1）资源空间分布预测法。

资源空间分布预测法是用马氏距离判别法对信息进行集成，用贝叶斯公式计算已知样本的含油气概率，并由此建立不同马氏距离值下的含油气概率模板，然后采用该模版预测油气资源在空间分布的概率。

该方法在实际应用中，一般要求应用地区达到中等勘探程度，已钻探的探井最好多于40 口，其中含油气井和干井均不低于 15 口。

输入的参数主要有：基础地质资料（如目的层构造图、沉积相带图、地层厚度图、圈闭幅度、断层指数、砂地比、孔隙度、渗透率等）、综合评价结果图（特别是盆地模拟结果图，如生、排烃强度图、流体势分布图、总有机碳图、成熟度图等）、地震解释成果图以及断层分布指数图等。

2）USGS 的随机模拟法。

该方法可分为 2 个评价过程：A 过程（统计法）和 B 过程（类比法），前者用于已钻井评价区，后者适用于未钻井评价区。由于在地球科学、地理学、工程学等领域，同一属性特征之间普遍存在着空间相关性，Olea 等对美国犹他（Utah）盆地致密气评价区不同基本单元的 EUR 空间关系研究，认为它们也存在着空间相关性。基于上述认识，在已钻井评价区，Olea 随机模拟法采用序贯随机模拟。对已钻井基本单元的 EUR 进行多次模拟（至少 100 次），生成具有空间关系 EUR 图件，对评价区资源量进行计算；而在未钻井评价区，该方法使用多点模拟的训练图像技术。由于训练图像能够定量化记录类比区 EUR 的相对空间结构和相关性，与绝对位置无关，因而可以用来预测未钻井评价区的 EUR 分布。值得指出的是：该方法中的基本单元与 FORSPAN 法的基本单元不同，本方法中的基本单元是指正方形单元格且其面积小于单井最小排泄面积。

（二）致密油资源评价方法论证及优选

由于非常规油气聚集成藏特征和勘探开发程度不同，且类型多样，所以针对不同类型的油气资源要选取不同的资源评价方法，因此常规资源评价方法中，有些方法并不适用于非常规资源评价，下面针对每种方法的适用性进行论证（表11.2）。

表11.2 非常规资源与常规资源的区别

	非常规资源	常规资源
分布	大面积、连续型分布	由圈闭控制的分散状分布
边界	无明显油气藏边界	油气藏边界明显
驱动力	浮力不是主要驱动力	浮力为主要驱动力
源储特征	具有固体矿产的特点，源储一体或近源分布	具有流体矿产的特点，源储分离
主控因素	生和储为主控因素	生、储、盖、圈和保为主控因素
资源量	原地资源量大、可采资源量小	原地资源品质好，可采比例大

1. 评价方法论证

（1）成因法论证。

成因法主要通过地层的埋藏史、热史、生烃史进行盆地模拟，得到烃源岩的生烃量、排烃量与运聚量，求得资源量。这类方法是针对常规油气聚集原理提出的，而致密油气等非常规油气藏不符合常规油气聚集原理，油气资源量评价中许多参数无法确定。目前应用成因法将生烃量转化为储集量时缺乏令人信服的手段，特别是在"运聚系数"或"聚集系数"的取值上缺乏根本性的定量方法，多依赖于对已有勘探成熟区的统计与推测，总体上随意性较大，而"运聚系数"或"聚集系数"在预测结果中的权重又很大，导致结果不够准确。

成因法中的盆地模拟法在评价过程中某些参数的取值缺乏科学依据，主观随意性较大。如模拟过程中，现阶段对油气聚集机理尚不完善的情况下，油气聚集系数的选取就带有很大的主观性，而该参数的取值大小对资源量的大小是十分敏感的。这类方法提供给决策者的信息较少，仅提供了一个油气保存量，而没有考虑油气保存的规模和经济下限，而油气保存的规模和经济下限是进行勘探决策所必不可少的。无论一个地区资源量有多大，如果大都分散在一个个规模很小的、处于经济下限之下的油气藏中，这样的油气藏即使再多，也没有开采价值。当然，油气聚集的经济下限与油气价格、油气开采技术密切相关，但作为勘探决策的重要依据，资源评价应该考虑到油气聚集的经济下限。

成因法中的物质平衡法在预测过程中，对评价区烃源岩的地质认识程度不足。这类方法使用的前提是假设评价区的烃源岩已知，但是地质过程的复杂性，往往不能简单地认为假设的烃源岩是准确的，特别是对于低勘探程度地区。在实际工作中，往往会因为烃源岩的认识问题而导致对资源量计算出现较大的误差，甚至有时会出现某一时期计算的资源量比现在已探明的储量还要小的情况。如在我国柴达木盆地西部地区，以前认为古近系、新近系为本区的唯一烃源岩，但现在越来越多的证据表明，该区古近系、新近系油气藏也有来自侏罗系的油源，从而动摇了前期评价的基础。

成因法中的氯仿沥青"A"法、热模拟法等，目前主要用于计算具体烃源层的生烃量，是比较成熟的方法，但对致密油而言，致密油资源量与烃源岩生烃量之间的关系目前尚难以估算。由于油气的生成、运移和保存是一个很复杂的过程，所以也远不成熟。重要参数受样品采集、测试等影响。例如在油气生成与演化史中，催化过程是一种重要的作用要素，但在目前的有机化学反应动力学模型中，还没有一个模型包括催化作用。即便对油气的生成量估算较为准确，排烃和运移目前尚无法精确计算。现阶段对油气的生成、保存和运移的认识程度有限，无法满足资源评价的要求。对于致密油气，由于其烃源岩生、排烃机理和致密储层充注机制等尚待进一步研究，利用成因法计算致密油的资源量时，大部分关键参数需要人为假定，故计算出来的资源量只能作为参考。

（2）类比法论证。

中国目前的数据库资源有限，缺乏世界范围内盆地资源量和地质特征的大型数据库，应用地质类比法进行致密油资源评价的条件尚不成熟，因此，地质类比法能发挥的作用有限，只有与其他方法结合才会更有价值。

类比法中的 EUR 法是国外常采用的致密油资源评价方法，该方法中的各参数来自于油井的实际生产数据，虽然评价结果较保守，但更可靠。该方法是建立在已有开发数据基础上，估算结果为未开发原始资源量。该方法适合于已开发地区剩余资源潜力的预测，优点是需要的参数少，数学模型简单，评价目标集中在"甜点"区，减少了巨大的评价工作量，便于实际操作。

资源丰度类比法主要适用于勘探初期，在没有或少有探井基础数据的情况下，应用类比法较为简单有效。可以用类比法将一些未知区域与一些勘探成熟区进行区域地质、储层、地球化学等多方面比较，从而更好地认识未知区域是否具有油气勘探潜力，为初期勘探提供一些指导。目前我国对致密油的评价仍处于初期探索阶段，应用资源丰度类比法对致密油进行评价可以为下一步的勘探提供指导。

（3）统计法论证。

统计法中发现过程法主要用于常规资源评价，应用的前提是评价单元内必须有足够多的已发现油气藏（田）（一般应多于 10 个）。而且对评价单元的边界划分较为敏感，一般适用于区带级评价单元。而致密油的评价单元划分目前还没有统一的标准，故此方法不适合对致密油进行资源评价。

FASPUM 法不仅需要的参数多（包括勘探层特征、目标层特征、储层特征、烃体积参数和附加参数等 5 个方面），且很多参数存在人为因素影响，对结果产生偏差，且应用过程复杂。故此方法不适合对致密油进行资源评价。

油气藏（甜点）规模序列法适用于中高勘探程度区的评价。该方法需要一个完整的、独立的石油体系，而且前提是最大油气藏已发现，评价单元中一定要有已发现的油气藏，并且发现油气藏的个数在 3 个以上。目前油气藏规模序列法主要应用于致密砂岩气的资源评价。现在普遍认为鄂尔多斯盆地延长组致密油为大面积连片分布，无法比较最大油藏。故此方法不适合对致密油进行资源评价。

随机模拟法是一类以概率统计理论为指导的数值计算方法。该方法需要较多的资料，如储量、成藏条件等，还需要筛选成藏主控因素。由于鄂尔多斯盆地致密油成藏机理复杂，成藏主控因素难以确定。而且随机模拟法数学算法及操作过程复杂，评价周期较长，故不适合评价致密油。

体积法具有输入参数少、评价过程简单、快速等优点，而且不依赖油气井的生产动态趋势，是勘探开发前期和初期资源量及储量评估的最好方法之一。该方法适用于不同勘探开发阶段、不同的圈闭类型、不同的储集类型和驱动方式，对致密油也同样适用。

需要补充的是，在体积法的运用过程中，应该采用不确定性方式（概率法）来表述资源量，量化石油勘探开发的风险性。可适当运用蒙特卡罗技术，该技术基于概率论和数理统计理论的统计实验方法，能够合理的给出油气资源量分布和大小估算值的概率模型并进行运算，是对风险性和不确定性的一种量化表达，便于合理地进行投资决策。

基于以上评价方法的适应性对比分析，得出几点认识：

1）地质评价应减少使用成因法，地质模型的建立应该避开对生烃史和运聚史的模拟。目前国外对致密油的资源评价主要是以建立在成熟的勘探开发数据基础上发展起来的类比法和统计法为主。

2）由上述对各类非常规油气资源评价方法比较分析可知，针对我国非常规油气资源勘探开发程度整体偏低的实际情况，资源丰度类比法和体积法是比较适合推广的方法，且它们评价过程具有简单、快速的优点。

3）中国致密油成藏机理特殊，成藏条件多样，具有普遍发育、广泛分布和资源量大等特点，需加强基础研究，查明成藏主控因素，以便于选取适应的方法进行资源量评价。

4）在非常规油气资源勘探及开发初期，可采用静态方法进行评价，待开发一段时间取得较多的生产资料后，可以采用动态法进行评价，进一步落实资源量及可采资源量。

2. 评价方法优选

鄂尔多斯盆地致密油资源潜力大，准确评价致密油资源是勘探开发的关键。为了提供可靠的石油、天然气资源量，应获取齐全、准确的计算参数，从油气田的具体地质条件出发，选择适合油气田实际情况的资源评价方法是目前亟待解决的问题。

致密油形成条件的分析结果表明，致密油资源潜力的估算必须以烃源岩评价为基础，以沉积体系、沉积相带研究和砂体预测为条件，通过系统分析总结致密油分布规律，深化圈闭面积、储层厚度、含油饱和度等资源评价关键参数研究，结合油气钻探情况进行评价。基于此，统计法的各参数来源于油田地质条件分析，得到的资源评价结果也是最可靠的，是国内外广泛采用的一种方法，结合鄂尔多斯盆地石油地质条件、油气成藏机制以及勘探开发程度，认为体积法是计算致密油资源量较好的方法之一。

鄂尔多斯盆地致密油与威利斯顿盆地巴肯组致密油地质特征相似，巴肯组在进行致密油资源量计算时采用了资源丰度类比，因此延长组致密油资源量的计算也可以尝试资源丰度类比法。

类比法中的 EUR 法是国外常采用的一种致密油资源评价方法，该方法中的各参数来自于油井的实际生产数据，评价结果也可靠。鄂尔多斯盆地已有多个致密油试验区，获取了大量生产数据，为 EUR 法的应用提供了条件。

每种资源评价方法都有一定的适用范围和优缺点。由于油气成藏特征和勘探开发程度不同，尤其是对于非常规油气，聚集成藏机制存在差异，用单一方法来估算某一地区的油气资源，可能由于方法的局限性以及参数选取不当而导致估算结果出现很大误差。因此，在实际工作过程中，应根据评价区的石油地质条件、油气成藏机制及勘探开发程度，针对性地选取评价方法体系，尽量选用多种方法从不同的角度进行估算，做到交叉验证，提高估算结果的可信度。

综合分析认为，体积法、资源丰度类比法和 EUR 类比法（图 11.5）比较适用于鄂尔多斯盆地延长组致密油资源潜力的估算。

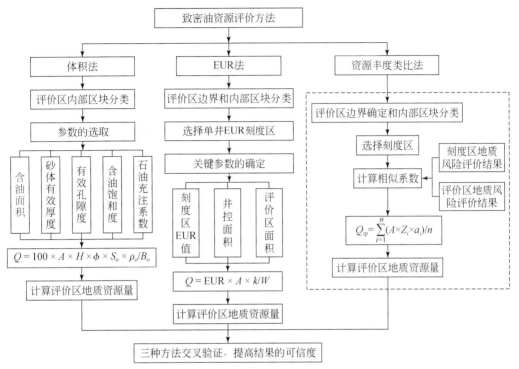

图 11.5　致密油资源评价方法流程

二、盆地致密油资源评价

对比分析鄂尔多斯盆地致密油与国内其他盆地致密油资源形成富集特点和石油资源各类评价方法的基础上，充分借鉴北美致密油资源评价方法和关键参数，建立了适合鄂尔多斯盆地延长组石油地质特征的致密油资源评价方法，并优选了关键参数。

通过对致密油特征及成藏地质条件的分析研究，明确致密油资源评价的研究思路、技术路线与实施方案。致密油资源潜力的评价以精细刻画烃源岩，尤其是富有机质页岩空间展布和评价为基础（杨华等，2016），开展生排烃效率研究，厘定长 7 段优质烃源岩生排烃量；重点分析沉积体系和沉积相以及砂体空间展布，明确优质储层和高渗区的分布规律。在致密油成藏条件及成藏机理研究的基础上，通过系统分析总结致密油分布规律，优选关键参数，运用多种方法，开展致密油资源潜力评价，明确鄂尔多斯盆地致密油资源潜力和储量规模及分布规律（杨华等，2013）。

针对鄂尔多斯盆地致密油特点，优选了体积法、资源丰度类比法和 EUR 类比法三种方法进行资源量计算，取权重系数综合计算鄂尔多斯盆地致密油资源量。

（一）体积法计算评价致密油资源潜力

体积法计算资源量的核心在于关键参数的选取，储集体含油圈闭面积、含油圈闭面积系数、有效储层厚度、含油饱和度、原油物性和体积系数等直接影响评价结果，相关其他计算参数来源于成藏地质条件和储层特征相近的新安边致密油大油田，该油田已提交亿吨级探明石油地质储量。

体积法的计算公式为

$$Q = 100 \cdot A_o \cdot H_o \cdot \phi \cdot S_o \cdot \rho_o / B_{oi}$$

式中，Q 为致密油地质资源量，$10^4 t$；A_o 为含油面积，km^2；H_o 为有效储层厚度，m；ϕ 为有效孔隙度，%；S_o 为含油饱和度，%；ρ_o 为地面原油密度，t/m^3；B_{oi} 为原始原油体积系数。

1. 评价参数的求取

应用体积法计算评价致密油资源潜力，评价所需的参数主要有含油圈闭面积、含油圈闭面积系数、有效孔隙度、有效储层厚度、原油密度、体积系数、含油饱和度及风险系数等。

（1）含油圈闭面积、原油密度、原油体积系数。

含油圈闭面积是将油层厚度大于 4m 所对应的试油产量一般为 2.0t/d 以上，且砂体厚度大于 10m 作为标准，来确定含油边界和含油面积；通过对鄂尔多斯盆地长 7 原油物性数据统计分析，并参考新安边致密油田已提交探明储量的参数取值，得到致密油原油密度和原油体积系数分别为 0.8428t/m³ 和 1.27（表 11.3）。

表 11.3　体积法参数取值表

层位	参数	圈闭面积 /km²	油层厚度/m	孔隙度/%	含水饱和度/%	地面原油密度 /（g/cm³）	原油体积系数
长 7₁	最小值	6627	1.1	7	20	0.8223	1.27
	中间值		9.6	8	30	0.8416	
	最大值		35.4	10	40	0.8609	
长 7₂	最小值	6845	1	7	20	0.8218	1.28
	中间值		8	8	30	0.8443	
	最大值		23.6	10	40	0.8668	

（2）有效孔隙度。

延长组长 7 致密油储层有效孔隙度主要分布在 6%~14% 范围内，有效孔隙度平均值为 8.5%（图 4.28）。

（3）含油饱和度。

含油饱和度既是体积法中计算石油资源量的关键参数，也是较难确定的参数之一。含油饱和度是储集层有效孔隙中含油体积与岩石有效孔隙体积的比值，一般用百分数表示：$S_o = V_o/V_p \times 100\%$，$S_o$ 为储层含油饱和度，%；V_p 为油层岩石的有效孔隙体积，cm^3；V_o 为油层岩石有效孔隙中的含油体积，cm³（王社教等，2014）。目前，确定原始含油饱和度的方法相对较多，不同方法计算的含油饱和度结果差异较大。须用多种方法，相互补充，综合取值（双立娜，2000）。以鄂尔多斯盆地陇东地区西233井区为例，含油饱和度取值主要采用阿尔奇公式计算、压汞法、密闭取心等方法综合确定。

　　1）测井计算法。

　　陇东地区西233井区木53、庄143、里89、庄93、庄233、白272、庄143井长7段的岩电实验分析表明，地层因数与孔隙度关系、电阻增大率与含水饱和度关系在双对数坐标系中有较好关系（图11.6、图11.7），阿尔奇公式能较好地表征长7段储层的岩电特征。

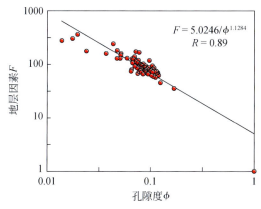

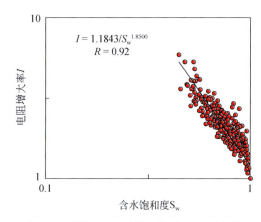

图11.6　西233井区长7储层 $F-\phi$ 关系图　　　　图11.7　西233井区长7储层 $I-S_\text{w}$ 关系图

陇东地区西233井区长7段测井计算含油饱和度采用阿尔奇公式（滕英翠，2009）：

$$S_\text{w} = \sqrt[n]{\frac{abR_\text{w}}{\phi^m R_\text{t}}} \tag{11.6}$$

式中，R_w 为地层水电阻率；$\Omega \cdot \text{m}$；R_t 为岩石电阻率，$\Omega \cdot \text{m}$；m 为孔隙度指数；n 为饱和度指数；S_w 为含水饱和度,%；a、b 为岩性系数；ϕ 为有效孔隙度,%。

　　选取7口油层井共56块样品，配置饱和盐水矿化度为41000ppm，在常温常压下获得岩电实验数据，回归得到 a、b、m、n 值（表11.4）。

表11.4　陇东地区西233井区长7储层岩电参数取值表

a	b	m	n
5.025	1.184	1.128	1.850

　　根据西233井区水分析资料得到长7地层水矿化度为34.65g/L，水型为 $CaCl_2$ 型，油层温度为61.84℃，换算成地层水电阻率为0.1$\Omega \cdot \text{m}$，利用阿尔奇公式计算得到长7含油饱和度平均值为70%。

　　2）压汞法。

　　毛管压力实验技术模拟了油驱水的油藏形成过程，油藏油水分布状态是驱动力与毛管压力平衡的结果，饱和度与毛管压力的关系曲线表明储油岩石孔隙结构的优劣与产油能力的高低相关，二者可作为确定原始含油饱和度的依据（双立娜，2010）。

从陇东地区西 233 井区长 7 段 15 口井 29 块样品的中值半径与渗透率关系图（图 11.8）可以看出，渗透率下限为 $0.03 \times 10^{-3} \, \mu m^2$，对应的中值半径值为 $0.025 \, \mu m$，与其相对应的毛管压力为 30MPa。西 233 长 7 段毛管压力曲线表明平均毛管压力曲线上对应的饱和度为 70%（图 11.9）。

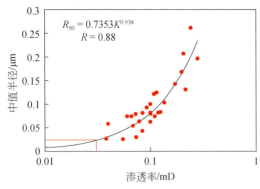

图 11.8　西 233 长 7 段渗透率–中值半径关系图

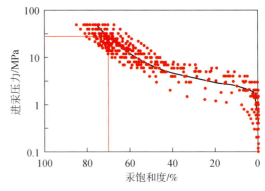

图 11.9　西 233 长 7 段毛管压力曲线图

3）密闭取心法。

采用木 53、城 98、城 75、白 496 四口井长 7 段 361 块样品的密闭取心资料分析发现，孔隙度与含水饱和度具有较好的相关性（图 11.10）。陇东地区西 233 井区长 7 段平均孔隙度为 8.7%，对应束缚水饱和度为 20%，校正水的挥发率 4%，确定含油饱和度平均值为 76%。

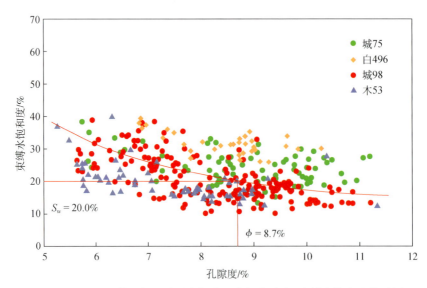

图 11.10　西 233 井区长 7 油层密闭取心分析孔隙度–束缚水饱和度关系图

4）平均原始含油饱和度。

根据以上测井计算、压汞和密闭取心三种方法求取含油饱和度的结果，并结合储层发育特征、孔隙特征和含油情况等，确定鄂尔多斯盆地长7致密油原始含油饱和度为76.0%。

（4）油层厚度。

鄂尔多斯盆地延长组长7段致密油油层厚度分布范围较广，不同亚段油层厚度及分布面积存在差异，长7_1油层厚度平均为13.1m，含油面积6627km^2；长7_2平均油层为10.7m，含油面积6845km^2。

2. 资源量计算

应用中国石油第四次油气资源评价软件（HyRAS1.0）开展致密油资源量计算，长7_1资源量为14.62×10^{8}t（图11.11），长7_2资源量为16.01×10^{8}t（图11.12），长7_3资源量为0.53×10^{8}t，合计31.16×10^{8}t。

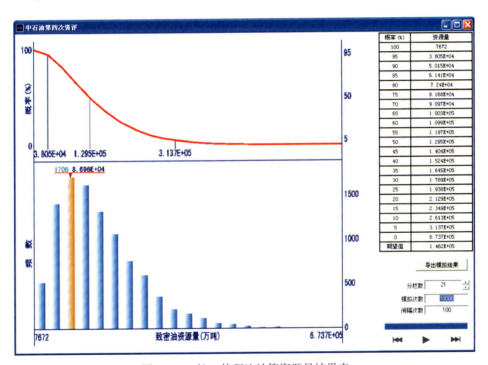

概率（%）	资源量
100	7672
95	3.805E+04
90	5.015E+04
85	6.141E+04
80	7.24E+04
75	8.168E+04
70	9.097E+04
65	1.003E+05
60	1.099E+05
55	1.197E+05
50	1.295E+05
45	1.404E+05
40	1.524E+05
35	1.645E+05
30	1.789E+05
25	1.938E+05
20	2.129E+05
15	2.349E+05
10	2.613E+05
5	3.137E+05
0	6.737E+05
期望值	1.462E+05

图11.11　长7_1体积法计算资源量结果表

（二）EUR 类比法计算评价致密油资源潜力

根据 EUR 值估算可采储量的研究思路和方法，评价区资源量计算公式为

$$R = \frac{A}{S}Q$$

式中，R 为预测区可采资源量，10^{4}t；A 为预测区面积，km^2；S 为井平均控制面积，km^2，由标准区给出；Q 为类比得到的平均 EUR，10^{4}t。

EUR 类比法的步骤如下：

1）根据地质研究开展分类研究。

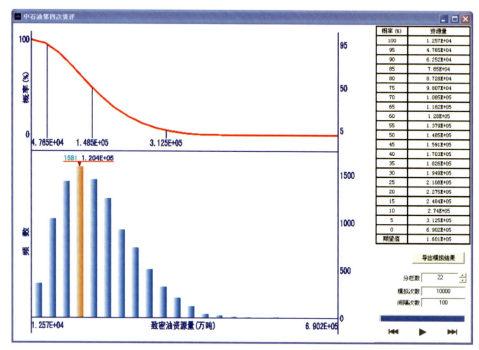

图 11.12　长 7_2 体积法计算资源量结果表

2）选择典型生产井作为单井 EUR。

3）计算单井的井控制面积 S 和采收率。

4）计算评价区可采资源量。

根据对应的平均井控面积、EUR 均值、评价区的面积，根据公式：可采资源量 = EUR 均值×评价区面积/单井控制面积，分别计算各分类区的可采资源量。

5）计算评价区地质资源量。

$$地质资源量 = 可采资源量/采收率$$

EUR 法评价致密油资源量，准确程度主要取决于评价区类比对象和地质参数的选择，关键参数主要为平均井控面积、采收率、平均 EUR（苟红光等，2016）。

采用 EUR 计算资源量，首先要有丰富的资料，建立典型井数据库，包括井网密度、压裂范围、递减率、EUR、采收率等数据，下面逐一介绍各参数。

1. 评价参数的求取

勘探生产实践表明，长 7 段致密油有效开发井型以水平井为主，因此 EUR 法相关参数的选择围绕水平井展开。

（1）单井控制面积。

影响水平井单井控制面积的关键参数是水平段长度，水平段长度直接控制油井的单井产能。合理的水平段长度能在储集体中形成有效的驱替系统，能够最大限度地提高单井产能，并获得较高的最终采收率。通过数值模拟五点井网及七点井网条件下油井生产曲线，结合开发实践，优选出适合长 7 段致密油的水平段长度参数。

新安边致密油田安 83 井区生产情况表明，长水平段五点注采井网水平段长度越大，初期单井产量越高（图 11.13）。

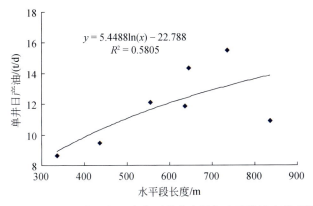

图 11.13 安 83 井区长五点井网单井产量与水平段长度关系图

数值模拟结果表明，五点注采井网形式下，水平段长度越长，单井产量越高，但地层压力保持水平低、单井产量递减快，最终采出程度低，故现阶段水平段长度主要为 800m 左右（图 11.14～图 11.16）。

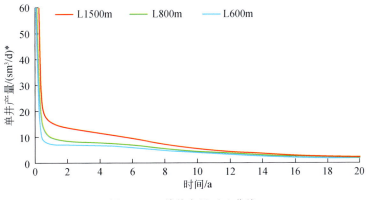

图 11.14 单井产量对比曲线

＊sm³/d 为基准立方米每日

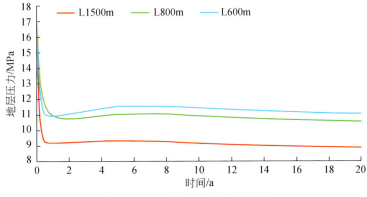

图 11.15 地层压力水平对比曲线

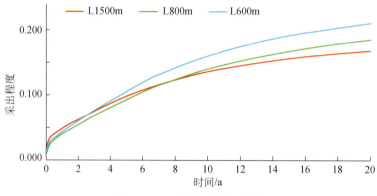

图 11.16　采出程度对比曲线

（2）单井采收率。

类比邻近开发时间较早的三叠系油藏吴 420 井区水平井规模开发的生产规律，考虑后期部署水平井水平段相对较短（800m），对比分析西 233 井区开发递减率，第一年取25%；以后随着单井产能的降低、生产周期延长、递减差距缩小，根据吴 420 井区水平井递减率分析，考虑西 233 井区物性比吴 420 井区差，故第二年、第三年递减率分别取值15%、10%；第四年后递减率参考国内外水平井递减规律及长庆油田投产时间较长的塞平1 井，取值 5% ~8%（表 11.5）。

表 11.5　陇东地区西 233 井区递减率预测表

井区	西 233 试验区	吴 420 井区	塞平 1 井	递减率取值/%
层位	长 7	长 6	长 6	
第 1 年	28.7			25.0
第 2 年		13.1		15.0
第 3 年		9.5		10.0
第 4 ~ 10 年		—	7.9	8.0
第 11 ~ 15 年			6.0	6.0
第 16 年后		—	5.1	5.0

西 233 井区目前完钻水平井初始日产油量为 11.7t，参考同层位安 83 井区 800m 水平段水平井投产第一年产量，取值 10t/d。根据西 233 井区致密油递减规律，拟定关井产量为 1.0t/d，预测采收率为 7.52%（表 11.6，图 11.17）。

表 11.6　陇东地区西 233 井区采收率计算结果表

初始单井产量/(t/d)	关井产量/(t/d)	水平井网参数				采收率预测		
		水平段长度/m	井网密度/(口/km²)	单井控制面积/km²	单井控制储量/(×10⁴t)	采收率/%	生产年限/a	单井产油/(×10⁴t)
10	1.0	800	1.79	0.56	43.19	7.52	33	3.25

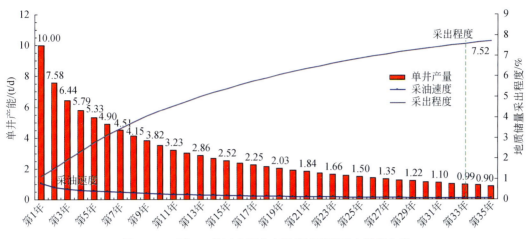

图 11.17　西 233 井区水平井产量递减预测采出程度曲线

（3）刻度井 EUR。

1）典型井分类。

根据长 7 致密油地质特点及勘探生产现状，参考致密油地质评价标准，将致密油富集区划分出 A、B、C、D 四类区。

其中 A 类为储集层上、下均发育最优质烃源岩，且储层物性好的区块，面积为 2594.67km²；B 类为紧邻优质烃源岩，且物性较好的区块，面积合计 1995.44km²；C 类为紧邻优质烃源岩的有利储集砂体且具有较好勘探潜力的区块，面积合计 3782.93km²；D 类为优质烃源岩发育区的其余储集砂体较发育的区块，面积合计为 4737.68km²。

2）各类井区 EUR。

以上述划分标准为依据，在大量统计工作的基础上，得出 ABCD 各类井区的 EUR 分别为 3.05×10^4t、1.97×10^4t、0.72×10^4t 和 0.31×10^4t（图 11.18）。

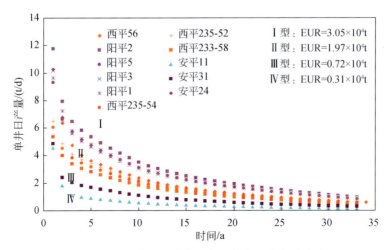

图 11.18　长庆油田致密油水平井产量递减预测图

2. 资源量计算

EUR 法计算资源量的公式：

可采资源量=刻度井的 EUR 均值×评价区面积/刻度区井控面积

即

$$Q_A = EUR_A \times S_A / W_A$$
$$Q_B = EUR_B \times S_B / W_B$$
$$Q_C = EUR_C \times S_C / W_C$$
$$Q_总 = Q_A + Q_B + Q_C$$

式中，$Q_总$ 为评价区可采资源总量，10^4t；Q_A、Q_B、Q_C 分别为评价区 A、B、C 三类区致密油可采资源量，10^4t；EUR_A、EUR_B、EUR_C 分别为 A、B、C 三类区对应刻度井的 EUR 均值，10^4t；S_A、S_B、S_C 分别为评价区 A、B、C 三类区对应的面积，km²；W_A、W_B、W_C 分别为 A、B、C 类区对应刻度井平均井控面积，km²（图 11.19）。

以西 233 井区为代表的水平井注水开发井控面积为 0.56km²；以安 83 井区为代表的开发井控面积为 0.48km²。W_A、W_B、W_C 所对应刻度井平均井控面积取值参考区域内水平井开发井控面积取值。

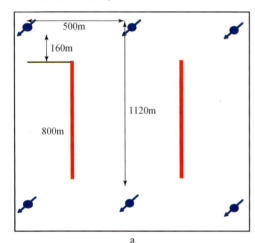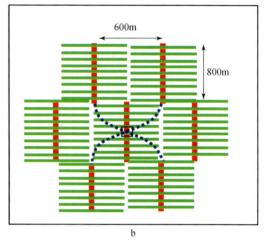

图 11.19 长 7 致密油 EUR 概率分布图

a. 西 233 水平井开发井网示意图；b. 安 83 水平井开发井网示意图

依据上述公式及井控面积、采收率和 EUR 值即可计算出鄂尔多斯盆地延长组 A、B、C、D 类区致密油的资源量（表 11.7）。

表 11.7 延长组长 7 段致密油资源量 EUR 类比评价结果表

地质参数	A 类区	B 类区	C 类区	D 类区	合计
面积/km²	2594.67	1995.44	3782.93	4737.68	13110.72
单井 EUR/（×10⁴t）	3.05	1.97	0.72	0.31	—
井控面积/km²	0.56	0.48	0.56	0.56	—

续表

地质参数	A 类区	B 类区	C 类区	D 类区	合计
采收率/%	11.7	11.7	11.7	11.7	–
地质资源丰/（$\times 10^4$ t/km²）	46.55	35.08	10.99	4.73	–
可采资源丰/（$\times 10^4$ t/km²）	5.45	3.52	1.29	0.55	–
地质资源/（$\times 10^8$ t）	12.08	7.00	4.16	2.24	25.48
可采资源/（$\times 10^8$ t）	1.42	0.82	0.49	0.26	2.98

（三）资源丰度类比法计算评价致密油资源潜力

应用地质类比法需满足的条件：首先，必须明确评价区的石油地质特征和成藏条件；其次，刻度区必须处于中高成熟阶段，已发现油气田或油气藏；第三，刻度区已进行了较为全面的含油气系统综合评价研究，地质规律认识明确，油气资源探明率或资源潜力与资源分布规律的认识程度较高。

对比发现，鄂尔多斯盆地延长组长 7 致密油特征与威利斯顿盆地的巴肯组致密油在构造背景、烃源岩生烃潜力、储层物性、原油流体特征和压力等方面具相近似的特征（表11.8）。巴肯组采用类比法较好地评价了致密油的资源量，为巴肯致密油勘探开发提供了坚实的基础，延长组同样具备应用类比法评价致密油资源量的地质理论基础和条件。

表 11.8　鄂尔多斯盆地延长组与北美典型致密油特征对比

	致密油区	鄂尔多斯盆地延长组	巴肯组	鹰滩组
	构造背景	克拉通盆地	克拉通盆地	前陆盆地
烃源岩	岩性	湖湘泥岩	海相泥岩	海相泥灰岩
	厚度/m	20～110	5～12	20～60
	TOC/%	2～20	10～14	3～7
	R^o/%	0.7～1.3	0.6～0.9	0.7～1.3
储层	岩性	细砂岩和粉砂岩	白云质-泥质粉砂岩	泥灰岩
	孔隙度/%	2～12	5～13	2～12
	渗透率/（$\times 10^{-3}$ μm²）	0.01～1	0.01～0.1	<0.01
	原油密度/（g/cm³）	0.80～0.86	0.81～0.83	0.82～0.87
	压力系数	0.75～0.85	1.35～1.58	1.35～1.80

1. 刻度区划分及评价

刻度区的选择以三高（勘探程度高、地质规律认识程度高、油气资源探明率较高或资源的分布与潜力的认识程度高）为基础（吴晓智等，2016），采用以下原则：

1）刻度区类型的划分宜粗不宜细，以实用为原则。

2）刻度区的选择既要满足三高条件，又能对评价区资源量的客观预测有指导作用，即选择的刻度区要能满足对相似未知区（或未评价区）油气资源总量的客观评价。

3）所选择的刻度区类型原则上能满足相关评价区的类比评价，并对所选择的每一类型刻度区可按资源丰度在区域与层段上的差异进一步细分。

通过鄂尔多斯盆地中生界延长组致密油成藏特征的分析研究，结合延长组石油地质特征和鄂尔多斯盆地石油勘探程度，根据物源、沉积体系和成藏特征，对长7致密油从平面上进行合理的评价区块划分，并按照上述划分原则选取了西233和安83两个刻度区，以及陇东、姬塬、志靖-安塞和盆地东南4个评价区（图11.20）。

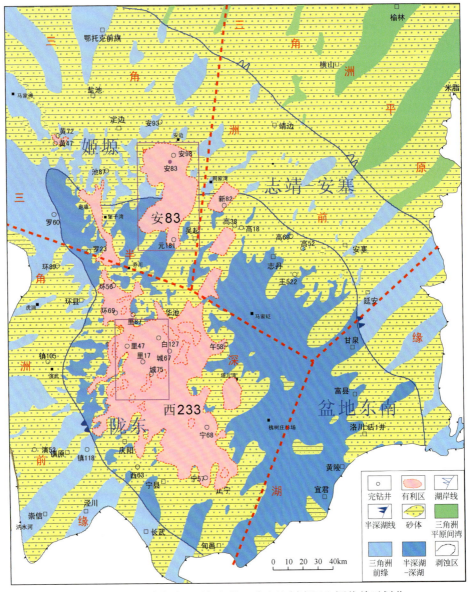

图11.20　鄂尔多斯盆地延长组长7致密油刻度区和评价单元划分

通过西 233、安 83 刻度区的分析，安 83 刻度区，面积约为 2830 km^2，致密油油藏类型为岩性油藏，刻度区内地质资源量为 $3×10^8 t$，可采资源量为 $0.23×10^8 t$；地质资源面积丰度为 $10.6×10^4 t/km^2$，可采资源面积丰度为 $0.8×10^4 t/km^2$。西 233 刻度区，面积约为 $2400 km^2$，致密油油藏类型为岩性油藏，刻度区内地质资源量为 $3.8×10^8 t$，可采资源量为 $0.58×10^8 t$；地质资源面积丰度为 $31.7×10^4 t/km^2$，可采资源面积丰度为 $2.4×10^4 t/km^2$（表 11.9）。

表 11.9　鄂尔多斯盆地中生界刻度区解剖结果表

刻度区参数	姬塬安 83	陇东西 233
地理位置	陕西	甘肃
构造位置	伊陕斜坡	伊陕斜坡
刻度区类型	岩性油藏	岩性油藏
刻度区面积/km^2	2830	2400
控制地质储量/（$×10^8 t$）	—	3.8
预测地质储量/（$×10^8 t$）	—	—
地质资源量/（$×10^8 t$）	3	7.6
可采资源量/（$×10^8 t$）	0.23	0.58
地质资源面积丰度/（$×10^4 t/km^2$）	10.6	31.7
可采资源面积丰度/（$×10^4 t/km^2$）	0.8	2.4

2. 刻度区评价

影响地质类比法评价结果的关键性因素，既有成藏条件方面的因素，也有其他单一地质因素。立足盆地致密油成藏控制因素，优选 2 大类共 8 项成藏地质条件进行评价区与刻度区的类比分析，求取类比评价区资源面积丰度相似系数，如陇东评价单元相似系数的求取（表 11.10），用相同的方法求取了其他类比评价区的相似系数及面积丰度。

根据资源丰度类比法的工作流程，对盆地四个评价区开展类比分析，类比法评价致密油资源量为 $32.96×10^8 t$（表 11.11）。

（四）致密油资源量评价结果

通过体积法、EUR 类比法和资源丰度类比法（苟红光等，2016；王飞宇等，2016），分别求取了鄂尔多斯盆地延长组致密油的资源量。考虑这三种方法的可靠性，对这三种方法取权重系数，综合计算鄂尔多斯盆地的致密油资源量（表 11.12），鄂尔多斯盆地延长组致密油的资源量为 $30×10^8 t$。

及认识程度基本要求，详见表11.13。

表 11.13 各级储量勘探开发及认识程度基本要求

类别	探明储量	控制储量	预测储量
地震	已实施二维地震或三维地震，满足构造解释、储集层及烃源岩空间分布预测需求		
钻井与取心	①已完成评价井和开发先导试验区钻探，控制了油层空间分布；②已钻部分开发井；③致密油层段岩心剖面，能准确反映主要油层平面变化情况，岩心收获率满足测井资料标定需求；④已取得代表性油基泥浆或密闭取心资料	①现有钻井基本控制了油层空间分布状况，已有代表性的开发先导试验井组；②致密油层段岩心剖面，能反映主要油层平面变化情况，岩心收获率满足测井资料标定基本需求；③已取得油基泥浆或密闭取心资料	①已有基本控制致密油范围的直井和通过技术措施证实了升级潜力的水平井；②致密油层段取得了完整的岩心剖面
测井	①直井取准高精度常规测井资料，水平井取高精度常规和阵列声波测井资料，关键井应用适合本地区致密油的测井系列（如常规、核磁共振、阵列声波、电成像等）满足"七性"评价（"七性"是指烃源岩特性、含油性、岩性、物性、电性、脆性和地应力各向异性）、有效厚度下限确定；每口井测井资料应满足储量计算参数解释需要；②已取得代表性的压裂效果监测与评价资料（如水平井产液剖面、套后阵列声波等）	①采用适合本地区的测井系列，满足"七性"评价、有效厚度下限确定和储量参数解释需要②获得了压裂效果监测与评价资料	采用适合本地区的测井系列，满足"七性"评价、有效厚度下限确定和储量参数解释需要
测试	①探评井测试比例不低于90%；②开发先导试验区试采超过12个月，油层生产规律（递减率）基本清楚，并证实了储量的商业开发价值；③取得代表性生产井压力、气油比等资料	①探评井测试比例不低于70%；②开发先导试验井组已试采，部分井试采超过12个月，证实了储量的商业可开发性；③取得生产井压力、气油比等动态资料	①探评井测试比例不低于50%；②单井试采超过6个月，表明了储量的可采性
分析化验	①已取得满足刻度"七性"关系的烃源岩、储层、岩石力学等"三品质"评价分析化验资料；②已取得致密油可动流体孔隙度、可动流体饱和度和主渗吼道大小等资料；③已取得地层及地面流体分析资料；④各项资料分布具有代表性	①已取得刻度"七性"关系的烃源岩、储层、岩石力学等"三品质"评价分析化验资料；②已取得流体分析资料；③各项资料分布有一定代表性	①已取得刻度"七性"关系的烃源岩、储层、岩石力学等"三品质"评价分析化验资料；②已取得流体分析资料
工程技术	钻采工艺技术已确定	钻采工艺技术基本确定	钻采工艺技术处于探索阶段
动用程度	新增区块储量动用程度不低于80%	新增区块储量动用程度不低于20%	

类别	探明储量	控制储量	预测储量
认识程度	①构造形态、储层空间分布形态清楚，能为水平井钻探提供准确导向； ②有效储层分布、储层物性、非均质性、脆性、地应力及烃源岩特征等清楚，现有实验条件下地层及地面条件下孔隙度与渗透率变化规律清楚； ③流体分布清楚； ④生产动态规律清楚； ⑤开发方案已批准	①甜点范围及储层空间分布基本清楚； ②有效储层分布、储层物性、非均质性、脆性、地应力及烃源岩特征等基本清楚； ③已有初步开发方案	①甜点范围已基本清楚； ②已有储量升级部署方案

2. 储量起算标准

储量起算标准应以本地区价格和成本为依据，在设定的合理生产年限内，测算回收开发井投资所需的单井累计产量。也可根据本地区实际井型（直井、水平井）和生产动态特征转换成单井初期最低相对稳定日产量作为储量起算标准。公式中的符号名称和计量单位符合 SY/T 5838 和 SY/T 6580 的规定。

未开发储量起算标准主要考虑开发井投资（含钻井、压裂、井口建设投资）和操作费等，已开发储量起算标准主要考虑回收操作费等。未开发储量起算标准可参考如下计算公式：

$$N_{\min} = \frac{I_d + I_f + I_c + 12Tt_mC_f}{R^o(P - T_{ax} - C_v)}$$

式中，C_f 为固定成本，元/d；C_v 为可变成本，元/t；I_c 为井口建设投资，元/井；I_f 为措施改造投资，元/井；I_d 为钻井投资，元/井；P 为油价，元/t；$N_{\min}$ 为单井最低累计产量，t；R^o 为原油商品率，%；T 为投资回收期，a；T_{ax} 为税费，元/t；t_m 为单井月生产天数，d。

单井初期最低相对稳定日产量，见如下公式：

$$q = \frac{(1-n)D_i}{t_m\left[1 - (1+12nD_iT)^{\frac{n-1}{n}}\right]}N_{\min}$$

式中，q 为单井初期最低稳定日产量，t/d；D_i 为单井初始月递减率，%；n 为递减指数；t_m 为单井月生产天数，d。

3. 储量计算单元

储量计算单元（简称计算单元）以致密油层段为基本单元。致密油层段划分还应与措施改造技术波及的范围相匹配，措施改造波及不到的零散油层不能计算储量。

计算单元划分涉及平面和纵向两部分：平面上，在致密油有效储层发育范围内，根据钻井控制程度、储层分布状况和各级储量界定条件分井区确定；纵向上，按致密油层段划分，各单元纵向厚度应不超过实际工程压裂波及的最大厚度，一般不超过 100m。

4. 地质储量计算方法

（1）容积法。

容积法地质储量计算参数主要包括含油面积、油层有效厚度、有效孔隙度、原始含油饱和度、原始原油体积系数和地面原油密度等，溶解气油比较高或储量规模大于 0.1×10^8 m³时，应计算溶解气地质储量。

原油地质储量计算公式：

$$N = 100 A_o h \phi S_{oi} \rho_o / B_{oi}$$

溶解气地质储量计算公式：

$$G_s = N R_{si} \times 10^{-4}$$

式中，A_o 为含油面积，km²；h 为有效厚度，m；ϕ 为有效孔隙度，%；S_{oi} 为原始含油饱和度，%；B_{oi} 为原始原油体积系数；ρ_o 为地面原油密度，t/m³；N 为原油地质储量，10^4t；R_{si} 为原始溶解气油比，m³/t；G_s 为溶解气地质储量，10^8m³。

（2）类比法。

与相邻已开发成熟区块的地质条件进行充分类比基础上，可利用已开发区的储量参数直接计算目标区的地质储量；

也可利用本区已进行较长时间试采井估算的地质储量，结合压裂工程效果和未来开发井网部署来估算地质储量。

（3）动态法。

在生产动态资料满足的情况下，可根据驱动类型和开发方式等选择合理的动态方法计算地质储量。

（4）概率法。

概率法计算储量分三个步骤：

1）根据构造、储层、断层、地层与岩性边界、流体分布等，确定含油面积的变化范围。

2）根据地质条件、有效储层下限标准、测井解释结果等，分别确定有效厚度等储量计算参数的变化范围。

3）根据储量计算参数变化范围，求得储量累积概率曲线，按规定概率值估算各类地质储量。

（二）储量计算参数确定原则

1. 总则

充分利用地质、地震、钻井、测井、测试和生产动态等资料，综合研究致密油分布规律，确定各类地质边界及致密油有效储层边界（"甜点"范围），并在构造背景下，编制有效厚度等值线图，作为圈定含油面积基础。

（1）探明含油面积相关参数确定原则。

探明已开发含油面积，依据生产井静、动态资料确定的开发井距，沿井外推半个开发井距确定，开发井距大小应与实际压裂工程波及范围相匹配。

探明未开发含油面积，在综合评价确定的"甜点"范围及矿权边界范围内，根据钻井控制程度确定：

1）含油面积边部，结合已批准的开发方案，沿井外推 1.5 倍开发井距圈定。

2）含油面积内，根据储层横向均质性程度，井间距离不大于 3~4 倍开发井距，在水平井段延伸方向可适度放宽，但不超过 1~2 口水平井部署需要。

3）含油面积圈定时要充分考虑未来开发可行性，严格扣除因地面条件、水源地保护、环境保护等因素不能开采的范围。

（2）控制含油面积相关参数确定原则。

在综合评价确定的"甜点"范围及矿权边界范围内，根据钻井控制程度确定：

1）含油面积边部，沿井外推 2.5 倍开发井距圈定。

2）含油面积内，根据储层横向均质性程度，井间距离不大于 5~6 倍开发井距，在水平井延伸方向可适度放宽，但不超过 2~4 口水平井部署需要。

3）含油面积圈定时要充分考虑未来开发可行性，严格扣除因地面条件、水源地保护、环境保护等因素不能开采的范围。

（3）预测含油面积相关参数确定原则。

在综合评价确定的"甜点"范围及矿权边界范围内，根据钻井控制程度确定：

1）含油面积边部，沿井外推 3.5 倍开发井距圈定。

2）含油面积内井的资料能基本控制储层的空间分布状况。

2. 相关参数确定

（1）有效厚度。

油层有效厚度（简称有效厚度），是指经措施后达到储量起算标准的致密油层段中具有产油能力的那部分储层厚度。包括以下三个方面：

1）有效厚度下限标准。以岩心分析和测井资料为基础，以测试和试采资料为依据，研究致密油储层岩性、物性、含油性和电性的相互关系，并考虑储层的脆性指数、致密油类型及其源储配置特点，确定划分有效厚度的下限标准。

2）有效厚度划分。以测井解释资料划分有效厚度时，应对有关测井曲线进行必要的井筒环境（如井径变化等）校正和不同测井系列的归一化处理；以岩心资料为主划分有效厚度时，致密油层段关键井应取全岩心，收获率不低于 80%。

3）单元平均有效厚度确定。采用等值线面积权衡法确定单元平均有效厚度；结合储层分布状况和钻井控制程度，也可采用井点面积权衡法或算术平均法确定；应采用多种方法相互验证后合理选值。

（2）有效孔隙度。

有效孔隙度是指有效储集层段地层条件下的平均有效孔隙度。

有效孔隙度取值可直接采用岩心分析资料计算，也可用岩心资料刻度后的测井资料解释结果确定。

对于不同时期、不同方法分析的孔隙度资料，要通过平行取样分析对地面孔隙度进行系统差异校正。

应取得岩心覆压孔隙度分析资料，并对地面孔隙度进行覆压校正。

井点的有效孔隙度采用有效厚度权衡法确定；单元平均有效孔隙度采用面积权衡法或算术平均法确定，并相互验证后选值。

（3）原始含油饱和度。

原始含油饱和度是指有效储集层段地层条件下的平均原始含油饱和度。

应以本地区有代表性的油基泥浆或密闭取心资料为基础，采用测井解释、毛管压力等资料综合确定。

（4）原始原油体积系数及原始溶解气油比。

原始原油体积系数是指原始地层条件下原油体积与地面标准条件下脱气原油体积的比值。

应进行井下取样或地面配样获得有代表性的高压物性分析资料，样品平面分布应相对均匀。

原始溶解气油比可以利用有代表性的井下取样高压物性分析资料获得，也可采用合理工作制度下的生产气油比确定。

（5）地面原油密度。

应取得一定数量有代表性的地面油样分析测定。

（三）技术可采储量

1. 计算公式

根据计算的地质储量和确定的采收率，按下述公式计算原油技术可采储量：

$$N_R = NE_R$$

溶解气技术可采储量按下述公式计算：

$$G_R = G_S E_R$$

式中，E_R 为技术采收率，%；N_R 为致密油技术可采储量，10^4t；G_R 为溶解气技术可采储量，10^8m^3。

2. 技术采收率确定条件

已实施的操作技术或近期将要采用的成熟技术，包括采油技术和提高采收率技术等；开发方案进展应符合相应级别储量需求；按近期平均价格和实际成本评价是经济的还是次经济的。

预计提高采收率技术增加的可采储量，要求该技术在致密油生产先导试验区或类似致密油储层已取得成功。

3. 技术采收率确定方法

（1）动态法。

根据区块或单井生产动态资料及其变化规律，采用递减曲线法计算预测产量为零时的累积产量作为技术可采储量，符合 SY/T 5367 的规定；预测产量不能为零时，预测废弃压力下技术极限产油量对应的累积产量作为技术可采储量。再利用微地震监测确定的压裂工程波及范围，计算单井控制的地质储量后，反求采收率。

对已实施提高采收率措施的致密油区块，如加密调整、二次压裂、补充能量开发等，可根据措施后效果，结合生产动态变化趋势，采用相适应方法，计算技术可采储量，求得采收率。

（2）类比法。

未生产或处于生产初期的致密油，根据地质特征及流体性质的相似性，类比相邻的成熟已开发区块后确定采收率；

也可根据地质条件相似的相邻区块致密油单井最终可采储量，利用本区块开发方案所部署的井数，直接计算可采储量。

类比条件要求除符合 Q/SY 182 规定外，还应符合下列条件：

1）目标区块与类比区块相邻。

2）烃源岩和储层沉积环境，储层特征、有效储层分布状况、流体特征与分布、温压条件及驱动方式等相似或相同。

3）已采用或预期采用的开发技术、开发方式、井网或井距相似或相同。

4）目标区块储层及流体特征要不差于类比区块。

（四）经济可采储量

1. 计算方法

已开发经济可采储量采用经济极限法计算；未开发经济可采储量采用现金流量法计算。在储量寿命期内，当评价的财务内部收益率大于或等于基准收益率时所求得的累计产量确定为经济可采储量，应符合 SY/T 5838 的规定。

2. 参数取值要求

主要包括四类：

（1）已开发储量采用实际油气销售价格，未开发储量执行公司的规定价格。

（2）产量及开发井数等工程参数采用开发方案确定值。

（3）投资、成本和税费等经济参数依据实际发生值求取。

（4）基准收益率取值根据有关规定执行。

第二节　盆地致密油勘探成效

鄂尔多斯盆地致密油勘探按照"搞清资源、准备技术、突破重点、稳步推进"的总体思路，重点开展以"水平井+体积压裂"为核心的技术攻关。通过攻关，落实了 20 亿吨级致密油规模储量，探明了中国首个亿吨级致密油田，形成了水平井体积压裂等关键技术，建成了西 233 等水平井试验区，实现了致密油有效动用，盆地致密油勘探成效显著。

一、落实 20 亿吨级致密油规模储量

近年来，通过深入开展地质综合研究明确了延长组长 7 烃源岩的分布范围及生烃强度，弄清了长 7 段砂体的物源、成因类型及空间分布规律，明确了盆地致密油的成藏规律（付金华等，2013a，2013b，2013c，2015a，2015b），并以此为指导在成藏组合精细分析基础上，优选东北沉积体系以三角洲前缘沉积为主的姬塬、吴起—志丹地区和湖盆中部及西南沉积体系以重力流沉积为主的环县—华池—庆城—合水—宁县地区，为致密油勘探的重点区域性目标，以直井、定向井"稀井广探"的原则开展勘探。通过勘探，在陕北地区

三角洲前缘沉积环境和陇东湖盆中部半深湖–深湖环境共落实了安83、西233等13个致密油规模有利含油富集区，含油有利面积达2000km²以上，预计储量规模可达20×10⁸t以上（付金华等，2015c）。

二、发现中国首个亿吨级致密油田

通过持续攻关，鄂尔多斯盆地致密油勘探取得重大突破，2014年，以提交1×10⁸t致密油探明地质储量为标志，在陕北地区发现了我国第一个亿吨级大型致密油田——新安边油田。

新安边油田位于盆地东北部陕北新安边地区，主要发育三角洲前缘相沉积，水下分流河道砂体是致密油发育的有利储集体。储层粒度细，细砂岩占到90%以上。储层极为致密，孔隙度平均值为7.9%，渗透率平均值为0.12×10⁻³μm²，是典型的致密油藏。

新安边油田的勘探经历了一个较为曲折的过程。勘探早期，由于对油藏致密特征认识不足，主要以常规勘探思路和技术手段为指导，在该区进行直井和丛式井勘探与开发，落实了含油范围，但单井产量低，勘探效果甚微。2012年开始，工艺改造上积极转变方式，开展大规模水平井体积压裂试验攻关，在安83先导开发试验区推广"水力喷射分段多簇压裂"技术，储层改造实现了"十方排量、千方砂量、万方液量"，改造规模和效果较以往大大提高；同时在开发方式上积极转变，由原来的直井、丛式井开发，转变为重点开展水平井体积压裂自然能量开发试验，取得良好效果，实施水平井初期日产油12t以上，较原来直井、丛式井开发仅1.5t的初期产量有了大幅提高，原来难以有效动用的致密油藏得到了有效动用。

同时，针对致密油储量提交的规范和要求，根据新安边油田致密油藏实际的岩心含油情况、试油结果、密闭取心、物性分析、测井等资料，综合确定含油面积圈定原则，科学论证物性、电性、含油性、有效厚度下限及储层孔隙度、含油饱和度等关键参数取值（付金华等，2014），最终在新安边油田提交致密油探明地质储量1×10⁸t，同时提交致密油预测地质储量2.6×10⁸t，鄂尔多斯盆地致密油勘探取得重大突破。

三、实现致密油有效动用

2011年以来，在落实盆地致密油有利目标及规模的同时，积极开展致密油有效动用技术攻关试验，重点开展水平井钻完井工艺与储层改造技术攻关试验，形成了以水平井+体积压裂为主的规模有效勘探开发技术，率先建成了中国致密油水平井体积压裂技术攻关示范区（牛小兵等，2016），实现致密油有效勘探（付金华等，2015c）。

1. 西233致密油水平井技术攻关示范区

西233井区位于盆地陇东地区，致密油发育层位长7层属湖盆中部深湖沉积环境，位于长7有利生烃中心（图11.20），发育以砂质碎屑流为主的厚层重力流沉积砂体，烃源岩与储层紧密接触或共生，成藏条件有利，发育大规模致密油藏，主力油层为长7₂亚段，油层分布稳定，平均油层厚度为11.5m，但储层致密，孔隙度平均为10.1%，渗透率平均

为 $0.24 \times 10^{-3} \mu m^2$。

2011 年首次在盆地陇东地区西 233 井区实施 2 口水平井（阳平 1，阳平 2），开展了水力喷射分段多簇双水平井同步压裂试验，通过攻关试验，形成了大排量油套同注双喷射器水力喷射分段多簇压裂技术、同步压裂施工技术、"低黏+交联混合"压裂液技术、体积压裂施工作业模式、井下微地震监测实时调整优化设计技术五项体积压裂改造技术，2 口水平井试油均获百方高产工业油流，投产初期产量均达 10t/d 以上，实现了水平井体积压裂的突破，明确了工艺技术攻关方向，坚定了致密油勘探的信心。

2012 年在前期 2 口水平井取得成功的基础上，继续实施 8 口水平井（阳平 3—阳平 10）开展水平井体积压裂扩大试验，重点开展"丛式水平井钻完井、大排量体积压裂工艺"、"三维水平井钻完井试验"、"丛式水平井交错布缝试验"、"大排量水力喷射分段多簇压裂"、"大排量速钻桥塞分段多簇压裂工艺"、"密集型体积压裂试验"和"不同裂缝网络、井网系统匹配性"等试验，试油均获百方高产工业油流，投产初期产量均达 15t/d 以上，扩大试验成效显著。同时研发了"新型高效喷砂器、钢带式长效封隔器"为核心的体积压裂工具，实现了"十方排量、千方砂量、万方液量"的新一代水力喷砂分段多簇体积压裂工艺，解决了致密油体积压裂工艺问题，形成了水平井体积压裂技术模式。

2011～2012 年，在西 233 井区长 7_2 层共实施水平井 10 口，水平段长 1500m，平均试油产量为 118t/d，最高达 156.4 t/d。2011 年 12 月陆续投产，平均初期日产油为 13.9t，含水为 29.7%。截至 2017 年年底，10 口水平井平均生产 2004 天，单井累产油最低为 $0.8 \times 10^4 t$，最高达 $3.4 \times 10^4 t$，其中 6 口井单井累产油超 $1 \times 10^4 t$，4 口单井累产油超 $2 \times 10^4 t$，10 口水平井总累计产油 $16.7 \times 10^4 t$，攻关试验取得重大突破，开创了致密油有效提高单井产量的新技术方法，同时也开启了鄂尔多斯盆地致密油水平井体积压裂试验攻关的序幕（牛小兵等，2016），为有效动用致密油开辟了新途径，被列为中国石油首个致密油水平井技术攻关示范区。

2. 庄 183 致密油水平井扩大试验区

2013 年，为了持续开展长 7 致密油水平井体积压裂攻关试验，在系统总结致密油西 233 水平井技术示范工程攻关成果基础上，以"深化试验、完善总结"为指导思想，按照"工厂化、低成本、动用高、更优化"的工作方针，不断扩大致密油体积压裂试验，持续深化试验内容，探索体积压裂的新途径，拓展压裂技术的应用范围，形成和完善盆地致密油勘探开发技术系列和工厂化作业模式，为实现致密油提交规模储量、有效动用、规模建产奠定基础，并且挑战长 7 致密油的新层位和物性下限，优选与西 233 井区相邻，但层位有所不同、物性更差的合水地区庄 183 井区持续开展致密油水平井体积压裂试验攻关。

庄 183 井区同样位于长 7 湖盆中部有利生烃中心内，储层沉积类型以砂质碎屑流为主，砂体分布厚而广。该区致密油主要发育于长 7_1 亚段。试验区油层分布稳定，平均油层厚度为 11.2m，与西 233 井区相当，孔隙度平均为 10.8%，而渗透率较西 233 井区略差一些，为 $0.19 \times 10^{-3} \mu m^2$。

前期西 233 井区攻关试验取得一项重要认识，即随着储层改造体积的增大，油井产量增大。因此，庄 183 试验区储层改造需要考虑的首先就是尽可能增大改造体积，不断优化压裂关键参数，提高单井产量。同时，在西 233 试验区基础上继续拓展水平井体积压裂改造工艺，以水力喷砂体积压裂工艺为主，开展了水力喷砂体积压裂、水力桥塞分段压裂试验、射孔投球分段多簇压裂试验和裸眼封隔器分段压裂四项储层改造工艺试验。

在攻关过程中，加大自主研发力度，自主技术实现了体积压裂。在前期引进"水力桥塞压裂技术"的基础上，立足自身，开展了该技术的国产化研究，通过攻关，完成了水力泵入式复合可钻桥塞等关键工具的自主研发，形成了多级点火分簇射孔技术、桥塞投放及泵入技术、桥塞钻磨技术、地面系统配套技术等一系列核心技术，关键技术指标达到了国外技术服务公司的水平，打破了该项技术国外垄断，大幅降低了成本，为该项技术在致密油储层改造提供新的技术手段；研发形成了具有非交联携砂、耐盐抗菌、低摩阻、可回收利用的特点的致密油体积压裂液体体系，同时配套研发了压裂液回收处理关键设备，实现了返排液回收再利用，再利用率达到80%；此外针对长庆油田地貌复杂、水资源缺乏的现状，围绕"提产、提效、降本"目标，通过优化布井方式、水源集中供应、压裂液回收重复利用、多井交替压裂提效，形成了长庆特色的"工厂化"作业模式，压裂时间由单井26天降至两口井24天。

2013～2014年，在陇东合水地区庄183井区实施水平井10口（合平1—合平10），水平段长度为1500m。10口水平井平均试油产量102t/d，最高达132.6t/d。2013年10月陆续投产，初期平均日产油14.1t，平均含水33.4%。截至2017年年底，10口水平井平均生产1500天，单井累产油最低为$1.1×10^4$t，最高达$1.6×10^4$t，10口井单井累产油均超$1×10^4$t，10口井总累计产油$15.1×10^4$t，探索形成了适合盆地致密油特征的"水平井+体积压裂"技术体系，为致密油规模开发先导试验区的建立提供了坚实的技术保障。

3. 宁89致密油水平井试验区

2014年，以继续挑战致密油物性下限、提高储量动用、提升开发效益、实现资源掌控为目标，突出"效益、创新、引领、评价"的工作思路，继续优选物性更差的合水地区宁89井区开展致密油水平井体积压裂扩大试验。攻关试验强调四个突出，即①突出效益，攻关致密油物性更差的区块，形成致密油规模效益开发的技术系列；②突出创新，试验斜交井网、套管定位球座、新型压裂液体系［EM30（S）、驱油添加剂］等技术；③突出引领，推广自主研发的水力泵送桥塞等技术，发挥技术引领作用；④突出评价，评价水平井对储量的动用程度、探索合理的工作制度，形成效果评价体系。通过攻关试验，既不断挑战致密油物性下限，拓宽致密油勘探范围，同时进一步优化已有技术、不断探索新技术，形成适合盆地致密油有效动用技术手段，提高致密油勘探开发效益。

宁89井区同样位于陇东地区长7湖盆中部长7有利生烃中心内，主力油层为长7_1亚段，油层分布面积大且稳定，平均油层厚度为11.9m，上下隔层稳定，储层物性较西233和庄183井区更加致密，孔隙度平均为9.7%，渗透率仅为$0.10×10^{-3}$ μm^2。

2014～2015年，在宁89井区实施4口水平井（宁平6—宁平9），水平段长1800m。继续开展套管定位球座多段压裂、速钻桥塞多簇射孔分段压裂、全过程携砂滑溜水和驱油添加剂等新型致密油压裂液体系试验，实现了长水平段旋转导向、宽带压裂等关键技术升级与产品国产化试验。2口试油获日产100t以上。2口试油获日产油50t以上，最高试油日产油达123.7t/d。2015年3月陆续投产，初期平均日产油8.1t，含水48.9%。截至2017年年底，平均生产天数888天，单井累产油最低为$0.4×10^4$t，最高为$0.9×10^4$t，4口

水平井总累计产油 $2.6 \times 10^4 t$，新的致密油水平井体积压裂试验取得成功，降低了盆地致密油有效动用的下限，为后续扩大致密油勘探开发成果，优化和推广技术产品奠定了基础。

综上所述，通过近几年的持续攻关，鄂尔多斯盆地长7致密油勘探取得了显著成效。无论是致密油规模储量的落实、亿吨级致密油田的发现，还是水平井体积压裂攻关试验的不断成功，都是不断转变勘探思路与方式、深化致密油地质理论认识、坚持技术创新所取得的重大成果。这些勘探重大成果的取得，更加坚定了鄂尔多斯盆地致密油大规模有效勘探开发的信心，为盆地油气持续稳产提供了坚实的资源基础和技术保障，为国内致密油勘探起到了重要的示范引领作用。站在新时代，长庆油田提出"稳油增气、持续发展"目标。可以预测，在不久的将来，致密油必将在鄂尔多斯盆地石油勘探开发中扮演起至关重要的角色，为盆地油气稳产及保障我国能源需求做出更大贡献。

参 考 文 献

董大忠，程克明，王世谦等.2009.页岩气资源评价方法及其在四川盆地的应用.天然气工业，（05）：33~39

冯胜斌，牛小兵，刘飞等.2013.鄂尔多斯盆地长7致密油储层储集空间特征及其意义.中南大学学报，44（11）：4574~4580

付金华，李士祥，刘显阳.2013a.鄂尔多斯盆地石油勘探地质理论与实践.天然气地球科学，24（6）：1091~1101

付金华，邓秀芹，张晓磊等.2013b.鄂尔多斯盆地延长组深水岩相发育特征及其石油地质意义.古地理学报，15（5）：928~938

付金华，邓秀芹，楚美娟等.2013c.鄂尔多斯盆地三叠系延长组深水砂岩与致密油的关系.沉积学报，31（5）：624~634

付金华，罗安湘，张妮妮等.2014.鄂尔多斯盆地长7油层组有效储层物性下限的确定.中国石油勘探，19（6）：82~88

付金华，罗顺社，牛小兵等.2015a.鄂尔多斯盆地陇东地区长7段沟道型重力流沉积特征研究.矿物岩石地球化学通报，34（1）：18~24

付金华，罗顺社，牛小兵等.2015b.浅水三角洲细粒沉积野外露头精细解剖~以鄂尔多斯盆地延河剖面长7段为例.吉林大学学报（地球科学版）增刊，45（1）：1515~1516

付丽，梁江平，白雪峰等.2016.松辽盆地北部扶余油层致密油资源评价.大庆石油地质与开发，35（4）：168~174

苟红光，赵莉莉，梁桂宾等.2016.EUR分级类比法在致密油资源评价中的应用—以三塘湖盆地芦草沟组为例.岩性油气藏，28（3）：27~33

郭秋麟，谢红兵，米石云等.2009.油气资源分布的分形特征及应用.石油学报，30（3）：379~385

黄籍中.2009.四川盆地页岩气与煤层气勘探前景分析.岩性油气藏，（02）：116~120

贾承造，郑民，张永峰.2012a.中国非常规油气资源与勘探开发前景.石油勘探与开发，39（2）：219~136

贾承造，邹才能，李建忠等.2012b.中国致密油评价标准、主要类型、基本特征及资源前景.石油学报，33（3）：343~350

金之钧，张金川.2002.油气资源评价方法的基本原则.石油学报，23（1）：19~23

李艳丽.2009.页岩气储量计算方法探讨.天然气地球科学，20（3）：466~470

马强民，范光华，宋泽元.1986.热解模拟法计算生油量在准噶尔盆地的应用.新疆石油地质，7（02）：

46~52

牛小兵，冯胜斌，尤源等．2016．鄂尔多斯盆地致密油地质研究与试验攻关实践及体会．石油科技论坛，4：38~46

双立娜．2010．新安边油田储量计算与开发方案研究．西安石油大学硕士论文，29~30

腾英翠．2009．利用毛管压力曲线求原始含油饱和度．内蒙古石油化工，35（17）：43~44

王飞宇，冯伟平，关晶等．2016．湖相致密油资源地球化学评价技术和应用．吉林大学学报（地球科学版），46（2）：388~397

王社教，蔚远江，郭秋麟等．2014．致密油资源评价新进展．石油学报，35（6）：1095~1105

吴晓智，王社教，郑民等．2016．常规与非常规油气资源评价技术规范体系建立及意义．天然气地球科学，27（9）：1640~1650

杨华，李士祥，刘显阳．2013．鄂尔多斯盆地致密油、页岩油特征及资源潜力．石油学报，34（1）：1~11

杨华，牛小兵，徐黎明等．2016．鄂尔多斯盆地三叠系长7段页岩油勘探潜力．石油勘探与开发，43（4）：511~520

杨华，梁晓伟，牛小兵等．2017．陆相致密油形成地质条件及富集主控因素——以鄂尔多斯盆地三叠系延长组长7段为例．石油勘探与开发，44（1）：12~19

尤源，牛小兵，辛红刚等．2014a．国外致密油储层微观孔隙结构研究及其对鄂尔多斯盆地的启示．石油科技论坛，1：11~18

尤源，牛小兵，冯胜斌等．2014b．鄂尔多斯盆地延长组长7致密油储层微观孔隙特征研究．中国石油大学学报，38（6）：18~23

张金川，金之钧，郑浚茂．2001．深盆气资源量—储量评价方法．天然气工业，21（4）：32~35

张林晔，李政，孔样星等．2014．成熟探区油气资源评价方法研究．天然气地球科学，25（4）：477~489

赵政璋，杜金虎．2012致密油油气．北京：地质出版社，1~197

邹才能，陶士振，侯连华．2014非常规油气地质学，地质出版社，1~310

Cipolla C L，London E P，Mayerhofer M J et al. 2009. Fracture Design Considerations in Horizontal Wells Drilled in Unconventional Gas Reseroirs. SEPM，119~366

Law B E，Curtis J B. 2002. Introduction to unconventional petroleum systems. AAPG Bulletion，86（11）：1851~1852

Olea R A，Cook T A，Coleman J L. 2010. A methodology for the Assessment of Unconventional（continuous）Resources with an Application to the Greater Natural Buttes Gas Field，Utah. Natural Resources Research，19（4）：237~251

Salazar J，McVay D A，Lee W J. 2010. Development of an Improved Methodology to Assess Potential Gas Resources. Natural Resources Research，19（4）：253~268

Schmoker J W. 1995. Method for assessing continuous type（unconventional）hydrocarbon accumulations. In：Gautier D L，Dolton G L，Takahashi K I et al National assessment of United States oil and gas resources-results，methodology and supporting data. US Geological Survey Digital Data. series DDS-30

Schmoker J W. 1999. US Geological survey assessment model for continuous（unconventional）oil and gas accumulations-the "FORSPAN" model. Denver：US geological survey，1~9

Schmoker J W. 2002. Resource- assessment Perspectives for Unconventional Has Systems. AAPG Bulletin，86（11）：1993~1999